数据库系统设计
（Access 2016版）

高裴裴　张健　程茜　编著

清华大学出版社
北京

内 容 简 介

本书是按照教育部高等教育司组织制定的《高等学校文科类专业大学计算机教学基本要求》编写的教材，满足大学计算机基础课程总体目标的第二个层次——“培养专业应用能力”的需要。全书共分11章，分别详细介绍了数据管理技术、数据库概念及逻辑/物理结构设计、常量/变量/表达式与函数、数据查询文件、SQL、报表与窗体、面向过程的程序设计、面向对象的程序设计、宏、数据库系统开发等内容。本书还配有实践指导，内容与教材相呼应，供读者上机实训自学使用。

本书可作为高等院校数据库课程教学用书，也可供各培训机构作为数据库应用教材和全国计算机等级考试参考用书。

图书在版编目(CIP)数据

数据库系统设计：Access 2016版/高裴裴，张健，程茜编著. —北京：清华大学出版社，2019(2023.1重印)
ISBN 978-7-302-53615-4

Ⅰ. ①数… Ⅱ. ①高… ②张… ③程… Ⅲ. ①关系数据库系统－程序设计－教材 Ⅳ. ①TP311.138

中国版本图书馆CIP数据核字(2019)第173912号

责任编辑：谢 琛 薛 阳
封面设计：常雪影
责任校对：李建庄
责任印制：沈 露

出版发行：清华大学出版社
网　　址：http://www.tup.com.cn，http://www.wqbook.com
地　　址：北京清华大学学研大厦A座　**邮　　编**：100084
社 总 机：010-83470000　**邮　　购**：010-62786544
投稿与读者服务：010-62776969，c-service@tup.tsinghua.edu.cn
质量反馈：010-62772015，zhiliang@tup.tsinghua.edu.cn
课件下载：http://www.tup.com.cn，010-83470236
印 装 者：三河市铭诚印务有限公司
经　　销：全国新华书店
开　　本：185mm×260mm　**印　　张**：21.5　**字　　数**：495千字
版　　次：2019年8月第1版　**印　　次**：2023年1月第5次印刷
定　　价：59.00元

产品编号：083150-01

前言

数据库技术产生于20世纪60年代，50多年来经历了三代演变，已经发展为现代信息科学的重要组成部分，是内容丰富、应用广泛的一门学科，并带动了一个巨大软件产业的兴盛。数据库技术不仅应用于事务处理，并且进一步应用到情报检索、人工智能、大数据技术等领域。

数据库技术是一种数据管理方法，它研究如何组织和存储数据，如何高效地获取和处理数据。数据库相关工具和解决方案是数据库技术的研究热点，其中，数据库管理系统(DBMS)是数据库技术的核心。Access 2016是微软系列办公自动化软件的组件之一，是一个功能丰富、鲁棒性强、成熟的64位关系型数据库管理工具，可用于大批量的数据规范管理与数据处理。Access 2016同时集成了VBA(Visual Basic for Application)程序设计模块，能编写类VB代码生成复杂的数据库应用系统程序。本书基于Microsoft Access 2016数据库管理系统，主要讲解数据库技术的应用以及VBA程序设计，训练读者关于数据管理的思维逻辑，培养读者面向对象程序设计和数据库系统设计与开发的能力。

本书是按照教育部高等教育司组织制定的《高等学校文科类专业大学计算机教学基本要求》编写的教材，满足大学计算机基础课程总体目标的第二个层次——"培养专业应用能力"的需要。全书共分为11章，分别详细介绍了数据管理技术、数据库概念及逻辑/物理结构设计、常量/变量/表达式与函数、数据查询文件、SQL、报表与窗体、面向过程的程序设计、面向对象的程序设计、宏、数据库系统开发等内容。本书还配有实践指导，内容与教材相呼应，供读者上机实训使用。

本书结合课程的教学目标，采用"案例"教学方式和"任务驱动"的方案，将软件工程中的数据库系统层次模块分解为"知识点拼图"，每一片拼图对应数据库应用系统开发中的一个模块。基于一套虚拟的完整数据库案例，知识点拼图既能让学习者从总体上把握知识点层次架构，又能够清晰了解各拼图之间的内在关系。从底层数据库设计创建，到各种数据库应用程序设计，最终整合为一个完整的应用系统，在学习过程中，逐步解锁新的拼图模块，关联下一层知识点，采用层层递进的方式实现整个数据库系统开发。知识点拼图如下所示。

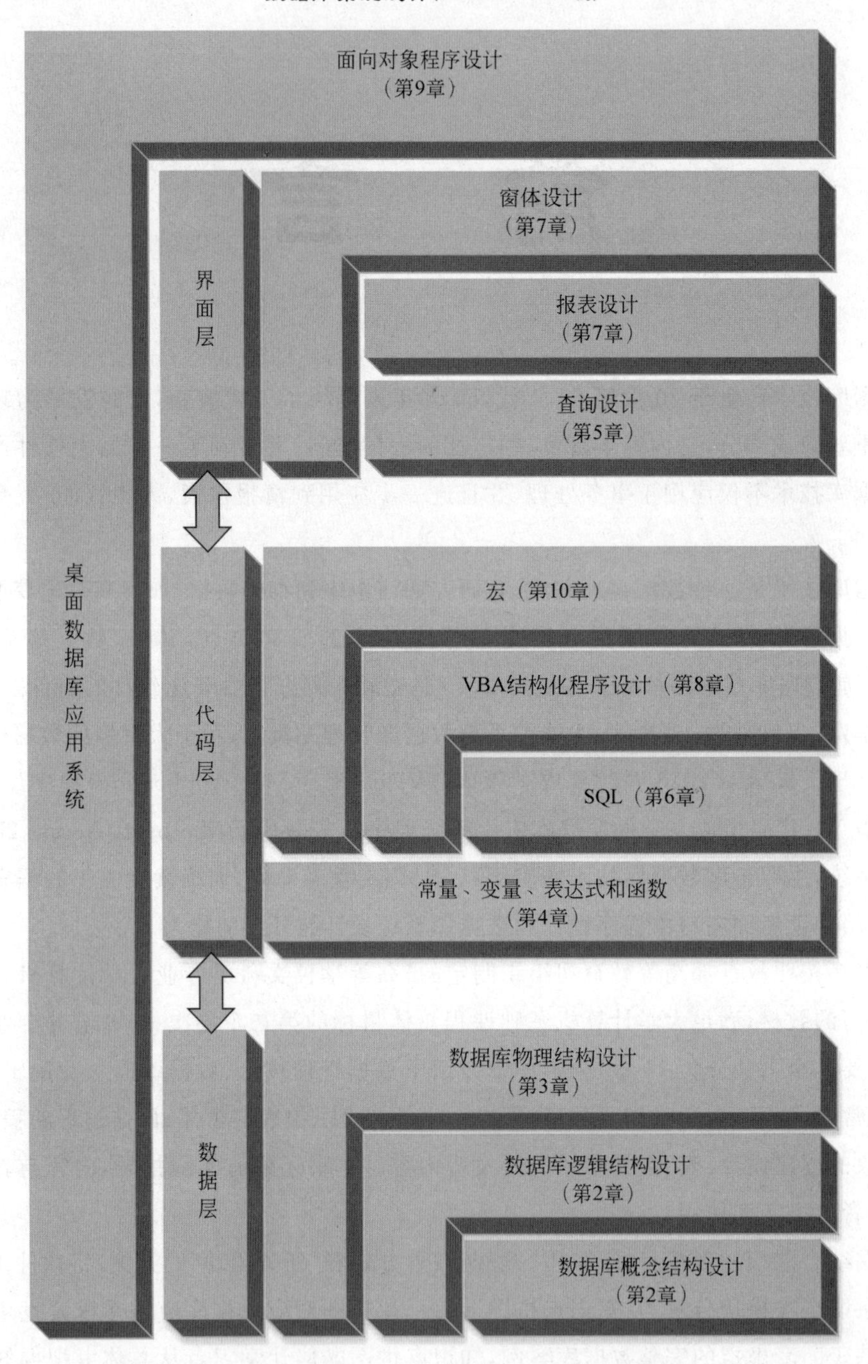

本书第3、5、6、9、10、11章由高裴裴编写，第4、8章由张健编写，第1、2章由高裴裴和程茜编写；第7章由张健和程茜编写；全书由程茜审校。感谢南开大学本科生李汀芷、靳一丹、谢振花、王佳琦、魏明阳、王中伟、王澍为本书提出意见和建议。

与本书配套的MOOC课程“数据库技术与程序设计”已在学堂在线上线，欢迎广大读者选修，也欢迎各教学单位开通 SPOC 平台。

本书读者可与作者联系索取相关课件及资料，E-mail 地址为：Watersky@nankai.edu.cn。由于作者水平有限，书中难免有疏漏和不足之处，恳请读者批评指正！

作 者

2019 年 6 月

目录

第1章 数据管理技术——数据库

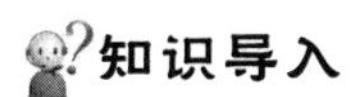

知识导入

大一新生的数字生活

今年九月，小南考入了南开大学，在入学第一天，他得到了一个南开大学信息门户的账号。早上7点半，他在信息门户中为舍友的一卡通充值，舍友终于在上课前吃到了二食堂的网红包子；下午2点，他在信息门户中选修了高老师的3D打印通识选修课，高老师的手机上同时就收到了云班加入新同学的消息推送……在线数据是如何做到更新及时、完整准确并且高度一致？其中当然少不了数据管理技术的贡献。

现代数据管理技术经过几个阶段的探索，最终数据库技术胜出，成为计算机软件学科的一个重要分支，也成为数据管理中最重要、最基本的技术。随着数据库和网络技术的相互渗透、相互促进，数据库技术的应用范围已不仅仅是事务管理，而是扩大到信息检索、人工智能、信息安全、大数据等非数值计算的各个方面。

1.1 数据与数据管理

1.1.1 数据、信息和数据库

数据(**Data**)在一般意义上被认为是对客观事物特征所进行的一种抽象化、符号化表示。例如，抽样测量10 000个人的体温样本，得到的数据有37℃、36.5℃、36.8℃、37.1℃……另外，数据可以有不同的形式，例如，出生日期可以表示为“1988.6.28”“{06/28/88}”等形式。

需要明确的是这里所指数据的概念，比以往在科学计算领域中涉及的数据已大大地拓宽了。这里的数据不仅包括数字、字母、汉字及其他特殊字符组成的文本形式的数据，而且包括图形、图像、声音等多媒体数据。总之，凡是能够被计算机处理的对象都称为数据。

信息(**Information**)通常被认为是有一定含义的、经过加工处理的、对决策有价值的数据。例如，通过分析上面采样的10 000个体温数据，得出人类正常腋下体温是36～37℃。由此可见，数据与信息有着千丝万缕的联系。数据与信息之间的关系可以表示为

信息＝数据＋处理

其中,处理是指将数据转换成为信息的过程,包括数据的收集、存储、加工、排序、检索等一系列活动。数据处理的目的是从大量的现有数据中,提取对人们有用的信息,作为决策的依据。可见,信息与数据是密切相关的,可以总结为:

- 数据是信息的载体,它表示了信息;
- 信息是数据的内涵,即数据的语义解释。

信息是有价值的,其价值取决于它的准确性、及时性、完整性和可靠性。为了提高信息的价值,就必须用科学的方法来管理信息,这种方法就是数据库技术。

扩展阅读:信息技术

数据库(**DataBase**,**DB**)是指存储在计算机存储设备上,以**一定数据结构**存储的**相关**数据的集合。试想,如果数以百万计的图书杂乱无章地堆放在一起,要从中找出一本所需要的书,就如同大海捞针!从定义中可以看出,实现数据库的数据存储关键有两点,一是"一定数据结构",二是"相关"。传统的数据库通常都严格规定数据存储的结构,称为**结构化数据库**;而随着大数据、人工智能等技术的发展,计算机需要处理越来越多的**半结构化**甚至**非结构化数据**,处理这类数据的数据库称为**非结构化数据库**,例如各种 NoSQL(Not Only SQL)数据库。

- 数据库中的大量数据按照一定的规则(即数据模型)来存放,这就是"**结构化数据**"。
- 数据结构不规则或不完整,没有预定义的数据模型,不方便用数据库二维逻辑表来表现的数据是"**非结构化数据**",包括所有格式的文档、文本、图片、XML、HTML、图像、音频、视频等。
- 数据库不仅包括描述事物的数据,而且还要详细准确反映事物之间的联系,这就是所谓的"**相关**"。

扩展阅读:NoSQL 数据库

本书仅就结构化数据库进行讨论。通过下面的例子,可以初步体会到数据处理的重要价值。

有一家网上书店,为了自身的经营管理以及给其顾客提供优质的客户服务,创建了基础数据库。数据库中保留了每个顾客的基本信息及其网上购书的销售信息。通过这些数据,书店可以推断出不同顾客的偏好,并有针对性地给顾客提供在线新书导购,以提高网上图书的销售量;同时,数据库中保存的图书基本信息与销售信息很好地控制了虚拟库存的数量,极大程度地降低了管理成本。

假设该数据库中存储的数据包括:会员信息表、图书信息表以及销售信息表,数据如

表 1-1～表 1-3 所示。

表 1-1　会员信息表

会员编号	姓名	性别	年龄	工 作 单 位	联系电话	E-mail
00001	李国强	男	35	和平医院	23529768	lgq@263. net
00002	陈新生	男	27	新都证券交易中心	23661745	cxs@eyou. com. cn
00003	刘丽娟	女	40	南开大学	23507583	llj@nankai. edu. cn
00004	赵晓航	男	33	软件开发公司	27466953	zxh@163. com
00005	徐彤彤	女	38	新蕾出版社	28289405	xtt@hotail. com

表 1-2　图书信息表

图书编号	书　　名	出　版　社	书类	作者	单价	库存量
00001	数据结构教程	清华大学出版社	计算机	李春葆	28.00	100
00002	C++ 程序设计基础	南开大学出版社	计算机	李　敏	37.00	50
00003	数据库原理与应用	上海财经大学出版社	计算机	赵龙强	34.00	150
00004	信息技术与管理	北京大学出版社	管理	陈丽华	68.00	20
00005	项目管理学	南开大学出版社	管理	戚安邦	25.00	30
00006	电子商务概论	高等教育出版社	管理	覃　征	33.00	10
00007	网络营销技术基础	机械工业出版社	管理	段　建	38.00	85
00008	网页制作实用技术	清华大学出版社	计算机	谭浩强	22.00	0
00009	数据结构教程	南开大学出版社	计算机	王刚怀	28.00	5

表 1-3　销售信息表

销 售 单 号	会 员 编 号	图 书 编 号	购 买 日 期	数　　量
X0001	00003	00001	06/02/2007	40
X0002	00003	00004	06/02/2007	200
X0003	00003	00006	06/02/2007	70
X0004	00003	00007	06/02/2007	30
X0005	00004	00002	11/23/2006	25
…	…	…	…	…

通过这些数据，书店可以了解读者的喜好。例如，可以得到如表 1-4 所示的查询结果。

表 1-4　购买计算机类图书的会员名单

会员编号	姓　名	联系电话	E-mail
00002	陈新生	23661745	cxs@eyou.com.cn
00003	刘丽娟	23507583	llj@nankai.edu.cn
00004	赵晓航	27466953	zxh@163.com

除此之外，还可以完成各种辅助销售的统计工作。例如，统计同一类书籍（譬如计算机类图书）不同出版社的销售数量，并按销售数量降序排列，得到的结果如表 1-5 所示。

表 1-5　计算机类图书销售排行榜

出　版　社	销售数量/册	销售额/元
清华大学出版社	60	1560.00
南开大学出版社	25	925.00
上海财经大学出版社	11	374.00

思考

数据管理确实带来很大便利。但是，是不是说只要将数据保存下来就一定能够满足信息化管理中的需求呢？

1.1.2　探索数据管理

随着计算机硬件和软件技术的不断发展，计算机数据管理技术也随之不断更新，其发展历程大致经历了人工管理、文件系统和数据库系统三个发展阶段。

1. 人工管理阶段

人工管理并不是指用手工的方式管理数据，而是指完全使用应用程序来处理数据，并且一个应用程序和它负责管理的数据是绑定在一起的，如图 1-1 所示。

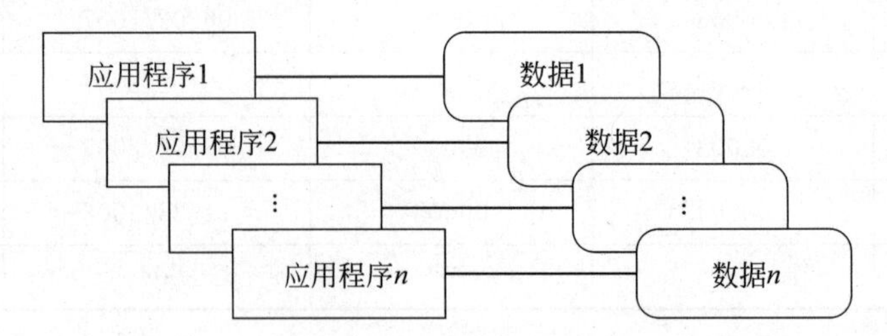

图 1-1　人工管理阶段应用程序与数据之间的关系

那么，这种管理方式带来什么样的问题呢？下面用一个实例来说明人工管理数据的特征以及人工管理方式的致命缺陷。以下程序算法用伪代码来描述，读者可以只关注算法程序对数据的处理方式。

【例 1-1】 人工管理阶段应用程序处理数据示例，如图 1-2 所示。

```
Public Sub sub1()
'伪代码 1：计算指定数据之和
定义变量 a，i，s
a = 数组(70, 53, 58, 29, 30, 77, 14, 76, 81, 45)
'将 10 个数读入数组
s = 0
For i = 0 To 9    '对 10 个数依次遍历
   s = s + a(i)   '将每一个数累加到变量 s
Next
MsgBox s          '输出累加和
Endsub
```

```
Public Sub sub2()
'伪代码 2：求指定数据的最大值
定义变量 a，i，s
a = 数组(70, 53, 58, 29, 30, 77, 14, 76, 81,
45)
'将 10 个数读入数组
s = a(0)    '将数组中第一个数设为当前数
For i = 1 To 9          '对后 9 个数依次遍历
   If s < a(i) Then     '如果当前数大于最大值
      s = a(i)          '将当前数指定为最大值
   End If
Next
MsgBox s                '输出最大值
```

图 1-2　人工管理阶段应用程序处理数据示例

图 1-2 中，分别有两段伪代码对同样的 10 个数求和与最大值。可以看出，数据没有单独存储，而是写在程序当中；虽然处理的数据集相同，但两个应用程序还是分别将 10 个数据各自描述了一遍。如果处理的数据不是 10 个而是 10 万个、10 亿个呢？如果还要求平均值、求方差呢？显然，随着数据量和处理要求的增加，这种方式的工作复杂度会急剧上升。通过这个例子，对人工管理阶段的特点总结如下。

特点一：数据不长期保存。在例 1-1 中，10 个数据直接写在程序 Sub1、Sub2 当中，没有单独存储，也就是说，数据随程序一起保存。

特点二：数据不具有独立性。在例 1-1 中，应用程序不仅描述了 10 个数据，还详细描述了如何遍历 10 个数据以及如何输出计算结果，试想，如果数据变为 11 个呢？程序 Sub1、Sub2 必定要相应地修改。

特点三：数据不共享，冗余度大。在例 1-1 中，两个应用程序分别将同样的数据各自描述了一遍。正如前面假设的，如果处理的是海量的数据，必将带来巨大的重复。

2. 文件系统阶段

在这一时期，计算机开始大量地用于数据处理工作，出现了高级语言和操作系统。操作系统中的文件系统是专门管理存放在外存中文件的软件。此时，文件系统将程序和数据分别存储为程序文件和数据文件，因而程序与数据有了一定的独立性。这个阶段称为文件系统阶段。应用程序和数据文件之间的关系如图 1-3 所示。

【例 1-2】 文件系统阶段应用程序处理数据示例，如图 1-4 所示。

这一阶段最主要的特点如下。

特点一：数据长期保存。在例 1-2 中，数据文件 Book1 就是在外存中长期存储数据的文件形式。计算机不仅用于科学计算，也开始应用到数据管理领域，并且，计算机的应用迅

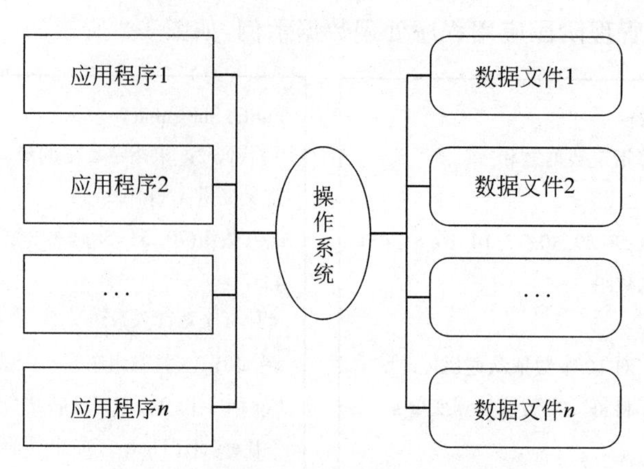

图 1-3 应用程序与数据文件之间的关系

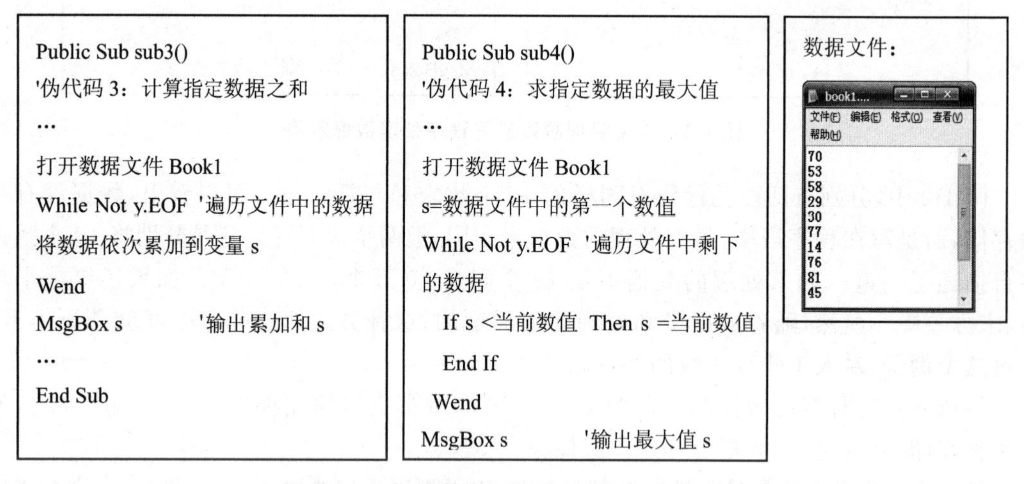

图 1-4 文件系统阶段应用程序处理数据示例

速转向信息管理。此时管理的数据以文件形式长期保存在外存的数据文件中，并通过对数据文件的存取实现对信息的查询、修改、插入和删除等常见的数据操作。

特点二：数据与程序分离。在例 1-2 中，数据文件 Book1 将数据单独存放，与程序 Sub3、Sub4 分离；并且在程序中，不再详细描述数据的个数、类型等，此时即便数据增加到 11 个，程序也无须做出修改。这都是由于操作系统中的文件系统有专门负责管理数据文件的软件。

特点三：数据冗余仍然存在。在这一时期，即使不同的应用程序需要使用相同的数据，这些数据也必须存放在应用程序各自的专用文件中，不能完全共享数据文件。

由此可见，文件系统阶段对数据的管理虽然有了长足的进步，但是一些根本性问题并没有得到解决。例如，数据冗余度大，同一数据项在多个文件中重复出现；缺乏数据独立性，数据文件只是为了满足专门需要而设计的，只能供某一特定应用程序使用，数据和程序相互依赖；数据无集中管理，各个文件没有统一管理机制，无法相互联系，其安全性与完整性得不到保证。诸如此类的问题造成了文件系统管理的低效率、高成本，这就促使人们研究新的数据管理技术。

3. 数据库系统阶段

从20世纪60年代后期开始，随着信息量的迅速增长，需要计算机管理的数据量也在急剧增长，文件系统采用的一次存取一个记录的访问方式，以及不同文件之间缺乏相互联系的存储方式，越来越不能适应管理大量数据的需要。同时，人们对数据共享的需求日益增强。计算机技术的迅猛发展，特别是大容量磁盘开始使用，在这种社会需求和技术成熟的条件下，数据库技术应运而生，使得数据管理技术进入崭新的数据库系统阶段。

数据库的数据管理方式如图1-5所示。

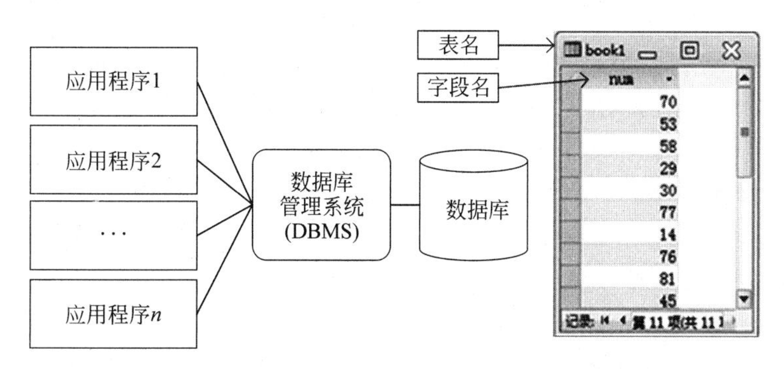

图1-5 数据库系统阶段应用程序与数据库之间的关系

使用数据库管理这10个数据，还需要编制长长的程序代码来完成求和、求最大值的运算吗？由于在数据和程序之间有了一个数据库管理系统，这个管理系统提供了一整套高效、安全的数据管理手段，使数据管理可以使用简单的命令行轻松实现。

```
求和命令：SELECT Sum(num) FROM book1
求最大值命令：SELECT Max(num) FROM book1
```

数据库系统克服了文件系统的种种弊端，它能够有效地储存和管理大量的数据，使数据得到充分共享，数据冗余大大减少，数据与应用程序彼此独立，并提供数据的安全性和完整性统一机制。数据的安全性是指防止数据被窃取和失密，数据的完整性是指数据的正确性和一致性。用户可以用命令方式或程序方式对数据库进行操作，方便而高效。数据库系统的优越性使其得到迅速发展和广泛应用。

数据库系统阶段数据处理的特点归纳为：数据冗余度得到合理的控制；数据共享性高；数据具有很高的独立性；数据经过结构化处理，具有完备的数据控制功能等。

扩展阅读：数据管理

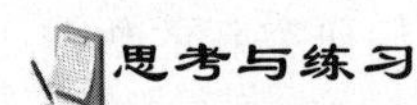

本节用伪代码描述数据管理的例子，你能看懂吗？伪代码和程序代码有什么区别呢？

从上面的叙述来看，程序和数据的相互独立似乎非常必要，你能总结出这种必要性吗？

1.2 DBS=DB+DBMS

1.2.1 DBS 由什么组成

通常把引进了数据库技术的计算机系统称为**数据库系统(DataBase System，DBS)**。数据库系统主要由数据库、数据库管理系统、相应的计算机软硬件、数据库管理员及其他人员几部分组成。其中，数据库、数据库管理系统两部分最为重要。

1. 计算机硬件系统

计算机硬件系统需要有容量足够大的内存和外存，用来运行操作系统、数据库管理系统核心模块和应用程序，以及存储数据库。

2. 数据库集合

数据库系统中的**数据库集合**是存储在计算机外存上的若干设计合理、满足应用需求的数据库。

3. 数据库管理系统

数据库管理系统(DataBase Management System，DBMS)是运行在操作系统之上的系统软件，是数据库系统的核心。它不仅可以帮助用户创建、维护和使用数据库，而且可以体现数据库系统中的各种功能和特性。流行的 DBMS 有 Sybase、Oracle、Informix、Visual FoxPro、Access 等。前面使用的 SELECT 查询语句就是在 Access 环境中实现的。

4. 相关的软件系统

相关的软件系统包括操作系统、编译系统、应用开发工具软件和计算机网络软件等。较大型的数据库系统，通常是建立在多用户系统或网络环境中的。

5. 数据库管理员及其他人员

在大型数据库系统中，负责数据库系统的建立、维护和管理工作的人员称为数据库管理员。其他人员包括系统分析和设计人员、应用程序员以及专业用户和最终用户。

1.2.2 DBS 的特点

数据库技术是在文件系统的基础上发展起来的技术。数据库系统克服了文件系统的缺陷，它不仅可以实现对数据的集中统一管理，而且可以使数据的存储和维护不受任何用户的影响，为用户提供了对数据更高级、更有效的管理手段。数据库系统的主要特点是：数据结构化、数据共享、数据独立性和统一的数据控制功能。

1. 数据冗余度小、数据共享性高

数据共享是指数据库中的数据可以被多个用户、多种应用访问，这是数据库系统最重要的特点。由于数据库中的数据被集中管理、统一组织、定义和存储，可以避免不必要的冗余，因而也避免了数据的不一致性。与此同时，这种处理模式便于数据的灵活应用，可以取整体数据的各种合理子集用于不同的应用系统。

2. 具有较高的数据独立性

在数据库系统中，数据与应用程序之间的相互依赖大大减小，数据的修改对程序不会产生大的影响或没有影响，数据具有较高的独立性。这一特点可以通过对图 1-3 和图 1-5 的对比，很清晰地表示出来。

从图 1-5 中可以看出，无论应用程序要对数据(数据保存在数据库 DB 中)进行何种操作，都是通过 DBMS(数据库管理系统)来完成的。也就是说，由于 DBMS 提供了数据定义、数据管理功能，应用程序中不用再包含这方面的内容。因此，当数据的结构(无论是物理结构即存储方式，还是逻辑结构)发生变化时，应用程序都是不变的。这样一来，数据和程序相互之间的依赖性很低、独立性很高。

数据独立性高给应用程序的开发、维护、扩充带来极大的方便，从而大大减轻了程序设计的负担。

3. 数据结构化

数据库中的数据是有结构的，这种结构是由数据库管理系统所支持的数据模型表现出来的。数据库系统不仅可以表示事物内部各数据项之间的联系，而且可以表示事物与事物之间的联系。这一特点决定了利用数据库实现数据管理的设计方法，即系统设计时应该先准确地规划出数据库中数据的结构(数据模型)，然后再设计具体的处理功能程序。

4. 具有统一的数据控制功能

数据共享必然伴随着并发操作，即多个用户同时使用同一个数据库。为此，数据库系统必须提供必要的保护措施，处理各种由于多用户共享数据而带来的问题。

扩展阅读

数据库的统一控制功能包括：

- 数据安全性控制。

数据安全性控制保证只有合法用户才能进行指定权限的操作，数据安全性遭到破坏是指信息系统中出现用户看到了不该看的数据、修改了无权修改的数据、删除了不能删除的数据等现象。

- 数据完整性控制。

数据的完整性控制保证系统中数据的正确性、有效性和相容性，以防止不符合系统语义要求的数据输入系统或者输出系统。此外，当计算机系统发生故障而破坏了数据或对数据的操作发生错误时，系统能提供相应机制，将数据恢复到正确状态。

例如，销售信息表(表 1-3)中的图书编号必须是图书信息表(表 1-2)中存在的图书编号，同样，表 1-3 中的会员编号必须是会员信息表(表 1-1)中存在的会员编号，这就是数据的

相容性。

另外,在数据安全性控制下,还可以规定性别数据项只能存入“男”或“女”两种值;规定单价这类的数值型数据的取值范围等。类似这样的规则也可以在数据完整性控制机制中实现。

- 数据并发控制。

当多个用户的并发进程同时存取、修改数据库时,可能会相互干扰而得到错误的结果,并使数据库的完整性遭到破坏。因此,必须对多用户的并发操作予以控制和协调。并发控制中有一概念称为事务(Transaction),它是并发控制的基本单位与控制对象。事务是一系列的操作。这些操作要么都做,要么都不做。两事务的并发操作可能造成数据的错误。通常采用封锁措施来保证数据的正确性。例如,事务 T1 要修改数据 A,首先封锁它,执行完读写操作之后才解锁 A。在事务 T1 的执行过程中,如果事务 T2 也提出对数据 A 的封锁要求,则必须等待,直到事务 T1 解锁数据 A 后,事务 T2 才能获得对数据 A 的控制权。

- 数据恢复。

数据恢复是通过记录数据库运行的日志文件和定期做数据备份工作,保证当数据库中的数据由于种种原因(如系统故障、介质故障、计算机病毒等)遭到破坏导致不正确,或者部分甚至全部丢失时,系统有能力将数据库恢复到最近某个时刻的一个正确状态。

1.3 不以六律不能正五音——数据模型

师旷根据六律来矫正五音,而数据库则凭借数据模型来反映事物本身及事物之间的各种联系。任何一个数据库管理系统都基于某种数据模型。基本的数据模型有 3 种:**层次模型**、**网状模型**和**关系模型**。其中,关系模型则是结构化数据库主要采用的数据模型。

1. 层次模型

利用树状结构表示实体及其之间联系的模型称为层次模型。图 1-6 就是一个层次模型的实例,它体现出实体之间一对多的联系。这里的“实体”暂且理解为对象,后面会有详细、准确的定义。什么是一对多联系也会在稍后介绍。

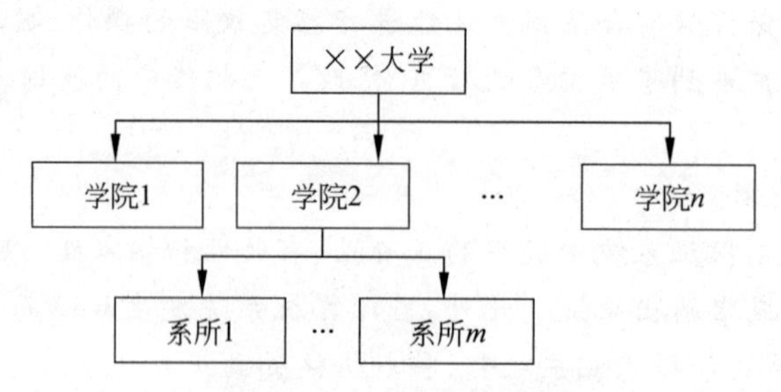

图 1-6 层次结构数据模型

2. 网状模型

利用网状结构表示实体及实体之间联系的模型称为网状模型。该模型体现多对多的联系，具有很大的灵活性。图1-7给出了一个用网状模型表示某学校中系所、教师、学生和课程之间的联系的示例。

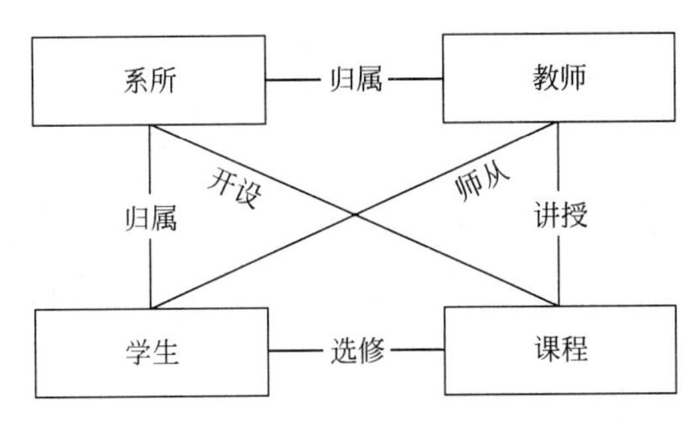

图1-7 网状结构数据模型

层次模型和网状模型的软件开发、生产率一直偏低。人们发现，在现实生活中，表达数据之间关联性的最常用、最直观的方法莫过于制成各种各样的表格，关系模型就是在这样的背景下提出来的。

3. 关系模型

用二维表结构表示实体以及实体之间联系的模型称为关系模型。关系模型把各种联系都统一描述成一些二维表，即由若干行和若干列组成的表格。每一个这样的二维表格就称为一个关系。例如，表1-1～表1-5，每一个都对应一个关系。

对我们来说，无论是浏览还是设计一张二维表格都没有什么困难，可见，关系模型很容易被用户所接受。此外，关系模型有严格的理论基础(关系数学理论)，因此，基于关系模型的关系型数据库管理系统成为当今最为流行的结构化数据库管理系统。

4. 非关系模型

在当今大数据技术蓬勃发展的背景下，各种用于处理非结构化数据的非关系型数据库也快速成长起来了，例如，NoSQL(Not Only SQL)数据库，泛指各类非关系型数据库；NewSQL，泛指各种新的可扩展/高性能数据库，这类数据库不仅具有NoSQL对海量数据的存储管理能力，还保持了传统数据库支持SQL的特性。

1.4 数据库系统结构

考察数据库系统的结构可以有多种不同的层次或不同的角度。从数据管理系统角度看，数据库系统通常采用三级模式结构，这是数据库管理系统内部的系统结构。

1.4.1 数据库系统的三级模式结构

数据库系统的三级模式结构是指数据库系统是由模式、外模式和内模式三级构成,如图 1-8 所示。

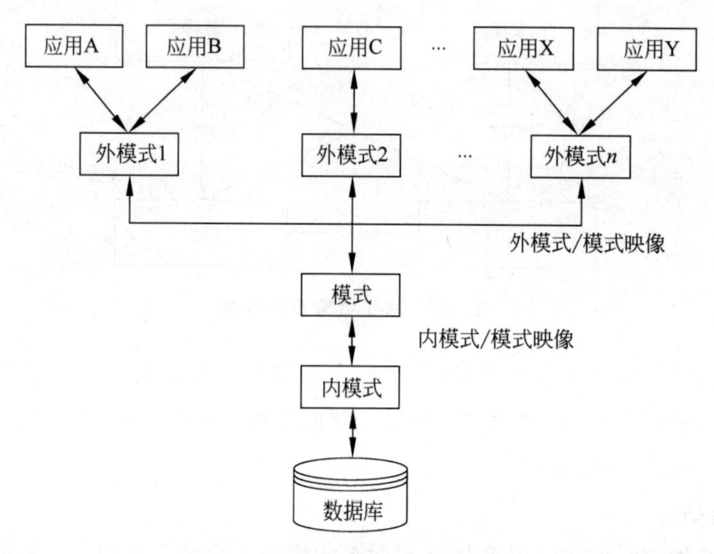

图 1-8 数据库系统的三级模式结构

1. 模式

模式(Schema)也称逻辑模式,是数据库中全体数据的逻辑结构和特征的描述,是所有用户的公共数据视图。它是数据库系统模式结构中的中间层,既不涉及数据的物理存储细节和硬件环境,也与具体的应用程序,与所使用的应用开发工具及高级程序设计语言无关。

一个数据库只有一个模式。数据库模式以某一种数据模型为基础,统一综合地考虑了所有用户的需求,并将这些需求有机地结合成一个逻辑整体。定义模式时不仅要定义数据的逻辑结构,例如数据记录由哪些数据项构成,数据项的名字、类型、取值范围等,而且要定义数据之间的联系,定义与数据有关的安全性、完整性要求等。

2. 外模式

外模式(External Schema)也称子模式(Subschema)或用户模式,它是数据库用户(包括应用程序员和最终用户)能够看见和使用的局部数据的逻辑结构和特征的描述,是数据库用户的数据视图。

外模式通常是模式的子集。一个数据库可以有多个外模式。由于它是各个用户的数据视图,如果不同的用户在应用的需求、看待数据方式、对数据保密的要求等方面存在差异,则其外模式描述就是不同的。即使对模式中同一数据,在外模式中的结构、类型、长度、保密级别等都可以不同。另一方面,同一外模式也可以为某一用户的多个应用系统所使用,但一个应用程序只能使用一个外模式。

外模式是保证数据库安全性的一个有力措施。每个用户只能看见和访问所对应的外模式中的数据，数据库中的其余数据是不可见的。

不妨打个比方，上文中提到的图书数据库中的三个表（表1-1～表1-3），它们涵盖了数据库所需的数据项，那么这些数据及其各种约定与数据管理规则形成了图书数据库的模式。表1-4和表1-5就是根据不同的需求而得到的外模式。

3. 内模式

内模式（Internal Schema）也称存储模式（Storage Schema），一个数据库只有一个内模式。它是数据物理结构和存储方式的描述，是数据在数据库内部的表示方式。例如，记录的存储方式是顺序存储、按索引顺序存储、按照B树结构存储……；索引按照什么方式组织；数据是否压缩，是否加密；数据的存储记录结构有何规定等。

1.4.2 数据库的二级映像

数据库系统的三级模式是数据的三个抽象级别，它把数据的具体组织留给DBMS管理，用户不必关心数据在计算机中的具体表示方式与存储方式。为了能够在内部实现这三个抽象层次的联系和转换，数据库管理系统在这三级模式之间提供了两层映像：

- 外模式/模式映像；
- 模式/内模式映像。

正是这两层映像保证了数据库系统中的数据能够具有较高的逻辑独立性和物理独立性。

1. 外模式/模式映像

当模式改变时（例如增加新的属性、改变属性的数据类型等），由数据库管理员对各个外模式/模式的映像做相应改变，可以使外模式保持不变。应用程序是依据数据的外模式编写的，从而保证应用程序不变，保证了数据与程序的逻辑独立性，简称数据的逻辑独立性。

本书介绍的查询文件和SQL查询就是这方面的具体实例。查询文件的工作原理很好地诠释了这一映像的作用。

2. 模式/内模式映像

数据库中只有一个模式，也只有一个内模式，所以模式/内模式映像是唯一的，它定义了数据库全局逻辑结构与存储结构之间的对应关系。例如，说明关系模型中行和列在内部是如何表示的。该映像定义通常包含在模式描述中。当数据库的存储结构改变了，如由顺序存储方式（如磁带，显然只能顺序访问）改为随机存储模式（更准确地说是链式存储，如磁盘既可顺序访问也可随机访问），由数据管理员对模式/内模式映像做相应改变，可以使模式保持不变，从而保证应用程序不变。这就保证了数据与程序的物理独立性，简称数据的物理独立性。

小结

本章再现了人们对数据管理技术的探索过程,我们看到数据库技术在数据共享方面的杰出应用,它使程序和数据得到分离,数据获得了独立性。可以看出,数据库技术是当代数据管理问题的最佳解决方案。本章还讨论了数据库系统的构成和主要特点,以及各种数据模型。最后,本章用数据库的三级模式和两级映像,进一步说明数据库技术如何在逻辑上和物理上成功地实现数据的独立性。

习题

1. 如何理解数据与信息之间的关系?
2. 简述什么是结构化数据与非结构化数据。
3. 计算机数据管理技术的发展历程经历了几个阶段?每个阶段的特点是什么?
4. 数据库系统由哪几部分组成?其核心是什么?
5. 简述数据库系统 DBS 的特点。
6. 数据库系统的统一控制功能包含哪几方面?
7. 基本的数据模型有 3 种:层次模型、网状模型和关系模型。举例说明生活中一些常见的、可以用这 3 种模型表示的实例。

第2章　数据库概念及逻辑结构设计

知识导入

小南的“混乱”社团

小南在南开的第二个月，加入了辩协社团，他接到的第一个工作，是为社团建立一个数据库，来管理辩协组织的各场主题辩论。在创建数据库时，小南犯了难，辩协一共32个人，每场辩论的身份角色不停地变，今天正方的主辩成了明天反方的二辩；明天反方的三辩成了正方的自由发言人；下周的辩论赛居然还来了两个校外辩手客串……小南彻底凌乱了。

一个数据库及其应用系统，能够有效地存储数据，满足各种用户的应用需求，如实地反映数据之间的联系，是数据管理最基本的要求。而数据库设计就是建立数据库以及应用系统最初、最主要的工作之一。具体地讲，数据库设计就是针对一个给定的应用环境建立数据库，并为这样特定的应用需求构造最优的数据库模型。

2.1　数据库设计流程

2.1.1　数据库设计的目标

数据库设计的最终目标是建立一个能满足用户需求、符合数据库组织规范的数据库结构。具体要求如下。

(1) 满足用户的要求；

(2) 符合选定的数据库管理系统的要求；

(3) 具有较高的范式。

简单地讲，范式是评价数据库结构是否合理的一种标准规范，不同级别的范式对数据的各种保障是不一样的，范式级别高才能保证数据有更好的完整性、更高的效益、更低的数据冲突。

丰富多彩的事物造就了其特性的多样化，应用环境的不同对同一个事物特性的关注点也不一样，多方面的原因使数据库的构造要遵循一定的设计准则和规范，才能保证其合理性、正确性和完整性。

2.1.2 数据库设计的基本步骤

规范化的数据库设计方法一般划分为以下几个阶段：**用户需求分析、概念结构设计、逻辑结构设计、物理结构设计、数据库实施、数据库运行维护**等。

1. 用户需求分析

需求分析阶段的主要任务是对所要处理的对象进行全面详细的了解，收集汇总用户对数据库的信息要求、处理要求、安全控制、完整性控制等，最后还要以各种标准文件记录下来。

需求分析是数据库设计的起点与基础，是数据库开发各个阶段的依据。简单地说，需求分析就是指数据库设计人员对数据库的功能和用户的要求进行科学分析，明确建立数据库的目的、需要从数据库中得到哪些信息等。

2. 概念结构设计

概念结构设计是在确定用户信息需求后，对信息进行规范的分析，最终规划出反映用户信息需求的数据库概念结构，也称为数据库的概念数据模型(简称概念模型)。在这个环节中常用的工具是 E-R 模型，也称为实体-联系模型。

3. 逻辑结构设计

逻辑结构设计是在上面形成的数据库概念模型基础上，结合所采用的某个数据库管理系统软件的数据模型特征，按照一定的转换规则，将概念模型转换为这个数据库管理系统所能接受、识别的逻辑模型。简单地讲就是遵循一定的转换规则，由概念模型推导出数据库的逻辑数据模型(简称逻辑模型)。前文曾介绍过的关系模型就是逻辑模型的具体表现形式。另外，在逻辑结构设计阶段还需要对产生的关系模型进行规范化处理。

4. 物理结构设计

这个阶段要选择一个适合的数据库管理系统，将已经设计好的逻辑模型实现，并很好地管理起来。选择的数据库管理系统不同，具体的操作命令和细节会有所区别，但关系数据库的构造原理都是相通的。

注意

最后，完整的数据库设计过程还要包括数据库的实施、运行和维护。相对数据库设计的基本步骤，本书将重点介绍概念结构设计、逻辑结构设计和物理结构设计。本章主要介绍其中最重要的两个环节：概念结构设计、逻辑结构设计。物理结构设计将在后续章节详细介绍。

2.2 概念结构设计

为了将现实世界中具体事物的特性抽象、组织成为数据库应用系统能够识别的数据模型，首先要将事物的特性信息结构化，最终设计出描述现实世界的概念模型。归纳后的这种信息结构并不依赖计算机系统，而是事物特性理念上的一种数据规范表示。

概念结构设计的一般方法是 **E-R 方法**，即**实体-联系模型**（也称为 **E-R 模型**）。

2.2.1　实体-联系模型

实体-联系模型（**Entity-Relationship Model**），涉及的基本概念如下。

1. 实体

实体（Entity）是指客观存在、可相互区分的事物。实体可以是一个具体的对象，例如，一个学生、一辆汽车。实体也可以是抽象的概念或行动，如一个部门、一门课等概念实体；学生的一次选课、部门的一次订货、一场比赛等也都是实体。

2. 属性

每个实体都具有一组描述自己特征的数据项，每一个数据项都代表了实体的一个特性，我们把实体所具有的某一特性称为属性（Attribute），如表 2-1 所示为学生实体的属性。

表 2-1　学生

学号	姓名	性别	出生日期	入学成绩	是否保送	系号	简历	照片
0101011	李晓明	男	01/01/85	601	否	01		
0101012	王民	男	02/04/85	610	否	02		
…	…	…	…	…	…	…	…	…

这里的每个学生被视为一个实体，学生实体可以用学号、姓名、性别、年龄、出生日期等数据项描述，这些数据项就是学生实体的属性。这些属性的第一行值组合起来便表示了李晓明这个具体的学生实体。

3. 实体集

性质相同的实体组成的集合称为实体集（Entity Set）。例如，全体学生就是一个学生实体集。表 2-1～表 2-3 分别表示了三个不同的实体集，每个实体集都有自己特定的结构和特性。实体集并不是孤立存在的，实体集之间有着各种各样的联系，例如，学生实体集和课程实体集之间可以存在选课联系；系名实体集与学生实体集之间存在隶属联系。

表 2-2　系名

系号	系名
01	信息系
02	人力资源系
…	…

表 2-3　课程

课程号	课程名	学时数	学分	是否必修
101	高等数学	54	5	是
102	大学英语	36	5	是
…	…	…	…	…

4. 实体型

简单地讲，实体型（Entity Type）是实体集的另一种表示。具体来说就是用实体的名称和实体的属性名称来表示同类型的实体,这一表示形式称为实体型。具体的表示形式如下。

```
实体名(属性名 1,属性名 2,…,属性名 n)
```

例如上面的课程实体集,用实体型表示如下。

```
课程(课程号,课程名,学时数,学分,是否必修)
```

5. 域

每一个属性都有一个值域(Field),即属性的取值范围。例如,学号的域为 6 位整数,姓名的域为字符串集合,性别的域为(男,女)两个汉字等。

6. 码

如果一个属性或若干属性(属性组)的值能唯一地识别实体集中的每个实体,就称该属性(或属性组)为实体集的码(Code),也称为键。例如,在学生实体集中,学号就是学生实体集的码。而姓名却不可以,因为不能排除存在同名的学生。

注意

一个实体集的码有可能由该实体中的若干属性组成。例如,选课成绩实体集的实体型为:选课成绩(学号,课程号,成绩),如表 2-4 所示,显然这个实体集的码是由(学号,课程号)两个属性共同承担的。

表 2-4 选课成绩

学　号	课　程　号	成　绩
0101011	101	95.0
0101011	102	70.0
…	…	…

7. 联系

现实世界中事物是相互联系的。这种联系必然要在数据库中有所反映,表现为实体之间的联系(Relation)。联系共有以下三种:一对一、一对多和多对多。

2.2.2 实体集间的联系

1. 一对一联系(1∶1)

如果对于实体集 A 中的每一个实体,在实体集 B 中至多只有一个(也可以没有)实体与之相对应,反之亦然,这时则称实体集 A 与实体集 B 具有一对一联系,记为 1∶1。例如,电影院中观众实体集和座位实体集之间具有一对一联系。

2. 一对多联系(1∶*n*)

如果对于实体集 A 中的每一个实体,在实体集 B 中都有多个(也可以没有)实体与之相对应；反过来，对于实体集 B 中的每一个实体最多和实体集 A 中的一个实体相对应，则称实体集 A 与实体集 B 具有一对多联系，记为 1∶n。例如，学校实体集和学生实体集之间便存在一对多联系。

3. 多对多联系(m∶n)

如果对于实体集 A 中的每一个实体，在实体集 B 中都有任意个(n 个，$n \geqslant 0$)实体与之相对应；反之，对于实体集 B 中的每一个实体，实体集 A 中也有 m 个实体($m \geqslant 0$)与之相对应，则称实体集 A 与实体集 B 具有多对多联系，记为 m∶n。例如，图书实体集和顾客实体集之间存在多对多联系。

2.2.3　实体-联系模型的图形表示

前面介绍过，在概念结构设计过程中最终要产生概念模型，而描述概念模型的工具是实体-联系模型，也称为 E-R 模型。E-R 模型使用 E-R 图来描述实体集、属性和实体集之间的联系，其基本规则如下。

1. 实体集

用矩形框表示，矩形框内注明实体的名称。

2. 属性

用椭圆形框表示，椭圆框内书写属性的名称，并用一条直线与其对应的实体相连接。

注意

如果一个联系具有属性，则这些属性也要用直线与该联系连接起来。

实体集的码属性用下画线标注。

3. 实体间的联系

用菱形框表示，菱形框内书写联系的名称，用直线将联系与相应的实体相连接，并且在直线附近靠近实体一端标上 1 或 n 等，以表明联系的类型(1∶1、1∶n 或 m∶n)。

【例 2-1】 用 E-R 图表示某校教学管理的概念模型。实体型包括：

- 学生(学号，姓名，性别，出生日期，入学成绩，是否保送，简历，照片)
- 系名(系号，系名)
- 课程(课程号，课程名，学分，学时数，是否必修)

这些实体之间的联系如下：系与学生是一对多联系；学生和课程是多对多联系，每门课程都有考试成绩，如图 2-1 所示。

注意

以上概念结构设计的最终目标是产生概念模型，接下来要进行逻辑结构设计，设计过程包括：

- 将 E-R 模型转换为关系模型；
- 将得到的关系模型转换为具体数据库管理系统(DBMS)支持的数据模型；

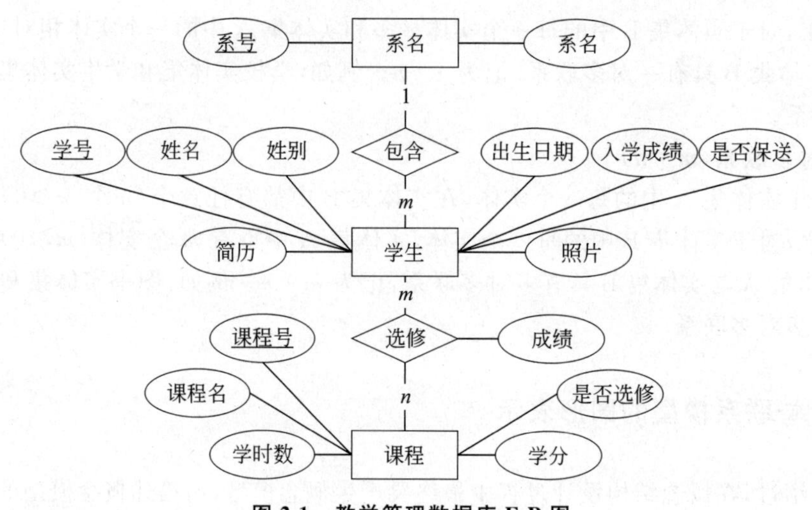

图 2-1 教学管理数据库 E-R 图

• 优化模型。

可见,讨论逻辑结构设计的详细过程之前,有必要先介绍关系模型的概念。

2.3 逻辑结构设计

2.3.1 关系模型

1. 关系术语

所谓的关系模型就是用**二维表**形式来表示实体集中的数据,简称为**关系(Relation)**。例如,表 2-1～表 2-4 都是二维表。

二维表(关系)表示了实体集的具体内容。在关系理论中关系模型常用的术语有以下几个。

- **元组(记录)**——二维表中的每一行称为一个元组。元组是构成关系的基本要素,即一个关系由若干相同结构的元组组成。
- **属性(字段)**——二维表中每一列称为一个属性。若干属性的集合构成关系中的元组。例如,表 2-1 中的学号、姓名等都是学生的属性。
- **值域(域)**——即属性的取值范围。例如,在表 2-4 中,“成绩”属性的域为大于 0 的整数。合理地定义属性的值域,可以提高数据表操作的效率。
- **关键字(主键、主码)**——在一个关系中有这样一个或几个字段,它(们)的值可以唯一地标识一条记录,这样的字段或字段组称为关键字(Key),也称为主关键字、主码或主键(Primary Key)。例如,表 2-1 的主键是学号,表 2-4 的主键是学号和课程号。
- **外部关键字(外键)**——某个属性或一组属性,不是当前关系的主键,而是另一个关系的主键,那么,这样的属性在当前关系中称为外键(Foreign Key)。例如,表 2-4 中的学号和课程号就分别是外键。外部关键字在各个数据表即关系之间架起了一座桥梁,使数据库中的表相互制约、相互依赖,形成一个整体。

- **关系模式**——对关系的一种抽象表示形式(类似实体型),其格式为:

```
关系名(属性名1,属性名2,…,属性名n)
```

例如,表 2-3 的关系模式为:

```
课程(课程号,课程名,学时数,学分,是否必修)
```

思考与练习

某数据库有三个关系。其关系模式如下。

会员信息(会员编号,姓名,性别,年龄,工作单位,联系电话,E-mail)

图书信息(图书编号,书名,出版社,书类,作者,单价,库存量)

销售信息(销售单号,会员编号,图书编号,购买日期,数量)

请分析这三个关系的关键字、候选关键字和外部关键字是哪些属性。

2. 关系的特点

在关系模型中,每一个关系模式都必须满足一定的要求,即关系必须规范化。规范化后的关系应具有以下特点。

(1) 每一个属性均不可再分,即表中不能再包含表。例如,表 2-5 就不是二维表。

表 2-5　职工工资表

<table>
<tr><td rowspan="2">职工号</td><td rowspan="2">姓　名</td><td colspan="3">应 发 部 分</td><td colspan="2">扣 除 部 分</td><td rowspan="2">实发金额</td></tr>
<tr><td>工资</td><td>津贴</td><td>奖金</td><td>水电费</td><td>公积金</td></tr>
<tr><td>…</td><td>…</td><td>…</td><td>…</td><td>…</td><td>…</td><td>…</td><td>…</td></tr>
</table>

(2) 同一个关系中不能有相同的属性名。

(3) 同一个关系中不能有内容完全一样的元组。

(4) 任意两行或任意两列互换位置,不影响关系的实际含义。

思考

表 2-5 不是二维表,因而不能直接存放到数据库中。那么怎样修改表格的结构,才能转换为二维表呢?

2.3.2　关系模型的完整性规则

在开发数据库应用系统时,人们非常关注的一个问题就是在对数据库进行各种更新操作时,如何保证数据库中的数据是有意义的、正确的数据。

1. 实体完整性规则

实体完整性规则规定：一个关系中任何记录的关键字不能为空值，并且不能存在重复的值。例如，一个学生不能没有学号，也不能和其他学生的学号重复。

2. 参照完整性规则

参照完整性解决关系与关系间引用数据时的合理性问题。不难发现，数据库中的表都是相关联的表，即数据库中的表之间都存在一定的联系，就是存在某种引用关系，而这种引用、制约关系是通过关键字与外部关键字来完成的。参照完整性的具体规则为：若属性(或属性组)F 是关系 R 的外部关键字，它与关系 S 的关键字 K 相对应(关系 R 和 S 不一定是不同的关系)，则 R 中每个 F 的取值必须等于 S 中某个 K 的值。

可以很容易在学生和选课成绩表中找到相应的参照规则，即选课成绩表的学号(外键)属性受到学生表的学号(主键)控制。所有选了课的学号，必须在学生表中都是存在的。

3. 用户自定义完整性规则

任何关系数据库系统都应该支持实体完整性和参照完整性。除此之外，根据具体需求会制定具体的数据约束条件，这种约束条件就是用户自定义的完整性，它反映某一具体应用所涉及数据必须满足的语义要求。例如，规定成绩必须是大于 0 的数值。

注意

我们已经了解了概念模型和关系模型的基本内容，接下来要进行逻辑结构设计的下一个环节，将得到的关系模型转为具体数据库管理系统(DBMS)支持的数据模型，我们选择的 DBMS 是 Access 2016 桌面型数据库。

扩展阅读：数据库技术与产品

2.3.3 E-R 模型与关系模型的转换

E-R 模型转换为关系模型的最终目的之一就是将 E-R 图中的数据项放到适当的表中。转换时要解决的问题是如何将实体和实体间的联系转换为关系模式，如何确定这些关系模式的属性(字段)和码(关键字)。在介绍 E-R 模型与关系模型时，曾出现过语义相同的术语(见表 2-6)，在转换过程中要用到这些基本概念。

表 2-6 E-R 模型与关系模型基本术语对照表

E-R 模型	关系模型	语义
实体	元组	二维表中的行，代表一个特定的事物
属性	属性	二维表中的列，即事物的具体特性
实体集	关系	一个二维表，表示具有相同特性事物的集合

续表

E-R 模型	关系模型	语　　义
实体型	关系模式	一般格式为：实体名(属性名 1,属性名 2,…,属性名 n) 关系名(属性名 1,属性名 2,…,属性名 n)
域	值域	属性的取值范围
码	关键字或主码	能唯一标识实体(元组)的属性或属性组
	候选关键字或候选码	一个关系中有多个属性或属性组具有关键字特性时,选定其中一个为关键字,其余的定义为候选关键字
	外部关键字或外码	某个属性或一组属性,不是当前关系的关键字,而是另一个关系的关键字,那么,这样的属性在当前关系中称为外部关键字
联系		实体集与实体集之间的联系(共有三种 1∶1、1∶n、m∶n)

关系模型的结构中包含一组相互之间有联系的关系模式,即关系模型是一组有关联的二维表组成的集合。而 E-R 模型则是由实体集、实体的属性和实体之间的联系三个要素组成的。所以将 E-R 模型转换为关系模型实际上就是要将实体集、实体的属性和实体之间的联系转换为关系模式,这种转换一般遵循以下原则。

规则 1　一个实体型转换为一个关系模型。实体的属性就是关系的属性,实体的码就是关系的主码。

规则 2　一个 1∶1 的联系可以转换为一个独立的关系模型,也可以与任意一端对应的关系模型合并。如果转换为一个独立的关系模型,则与该联系相连的各实体的码以及联系本身的属性均转换为关系的属性,每个实体的码均是该关系的候选码。如果与某一端实体对应的关系模型合并,则需要在该关系模型的属性中加入另一个关系模型的码和联系本身的属性。

规则 3　一个 1∶n 联系可以转换为一个独立的关系模型,也可以与 n 端对应的关系模型合并。如果转换为一个独立的关系模型,则与该联系相连的各实体的码以及联系本身的属性均转换为关系的属性,而关系的码为 n 端实体的码。或者在 n 端实体类型转换成的关系模型中加入 1 端实体类型转换成的关系模型的码和联系类型的属性。

规则 4　一个 m∶n 联系转换为一个关系模型。与该联系相连的各实体的码以及联系本身的属性均转换为关系的属性,而关系的码为各实体码的组合。

规则 5　三个或三个以上实体间的一个多元联系可以转换为一个关系模型。与该多元联系相连的各实体的码以及联系本身的属性均转换为关系的属性,而关系的码为各实体码的组合。

规则 6　具有相同码的关系模型可以合并。

【例 2-2】　将如图 2-1 所示的 E-R 模型转换成关系模型。

系名(系号,系名)

学生(学号,系号,姓名,性别,出生日期,入学成绩,是否保送,简历,照片)

课程(课程号,课程名,学时数,学分,是否必修)

选修(学号,课程号,成绩)

本章最开始给的 4 个表格就是根据这个原理得到的。其中,选课成绩表就是选修关系,并用下划线标出了主键。

思考与练习

将如图 2-2 所示的 E-R 图所代表的概念模型转换为关系模型。

扫码查看答案

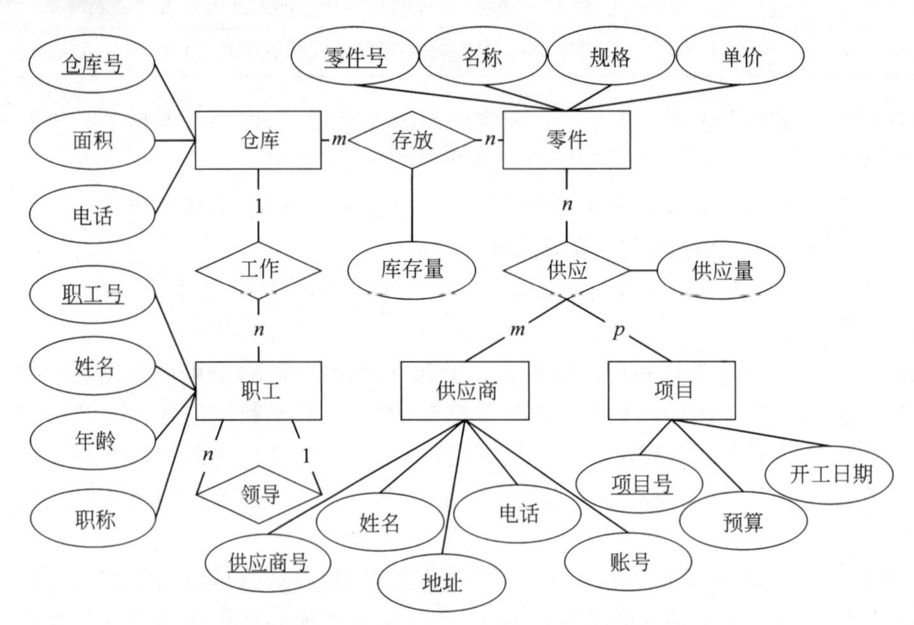

图 2-2　多元联系转换为关系模型

2.3.4　关系的规范化

规范化理论是数据库设计的重要理论基础和强有力的辅助工具。在数据库概念结构设计和逻辑结构设计时,用规范化理论做指导,可以产生更加合理规范的关系模式,从而进一步控制数据冗余度,以便保证所建立的数据库应用系统更加合理完善。

问题导入

假设某校数据库系统中教师以及学历记录的具体数据如表 2-7 所示。

我们直观感觉这个表格存在大量的数据冗余。例如,由于不同学历的记载保存到同一张表格中,使得姓名、性别等相关基本信息都要重复出现。

表 2-7　教师数据表

教师号	姓名	性别	年龄	职称	学历	毕业时间	院系号	工资
000001	马继光	男	55	教授	博士	1995	002	3500
000001	马继光	男	55	教授	硕士	1983	002	3500
000001	马继光	男	55	教授	学士	1978	002	3500
000002	黄晓春	女	29	教师	硕士	2004	002	1560
000002	黄晓春	女	29	教师	学士	2001	002	1560

例如，需要李明的年龄，必须保证所有相关的记录都要完成相同的处理，否则就会造成一部分记录被修改，而另一部分记录保留原值(出现同一个职工有不同的年龄数据值)，这就是数据的不一致性。另外，当某个职工退休需要在数据库中删除相应记录时，可能会涉及多条记录，从而使得数据库的维护相当烦琐。

不规范的关系模式还会引起许多问题，因此有必要对关系模式做进一步的处理。一个好的关系模式数据冗余度应该尽可能低，而且不应该存在修改异常、插入异常、删除异常等维护性错误。运用规范化理论对关系模式进行优化，就可以消除这些问题。

将表 2-7 所表示的关系模式分解为两个关系模式，如表 2-8 所示。

表 2-8　模式分解

(a) 模式分解 1

教师号	姓名	性别	年龄	职称	院系号	工资
000001	马继光	男	55	教授	002	3500
000002	黄晓春	女	29	教师	002	1560

(b) 模式分解 2

教师号	学历	毕业时间
000001	博士	1995
000001	硕士	1983
000001	学士	1978
000002	硕士	2004
000002	学士	2001

显然，后两个关系模式要更合理一些，而且所需的数据含义并没有丢失。简单地讲，关系的规范化就是要将不合理的关系模式修改为更合理的，使数据冗余度降到最低，并保证不存在更新异常、插入异常和删除异常等问题。

从关系数据库理论角度讲，一个关系模式之所以不合理，是由于关系模式中存在某些数据依赖。为了将不合理的关系模式改进为更合理的模式，主要方法就是通过分解不合理的模式，以便消除这个模式中的数据依赖。

1. 函数依赖

函数依赖(Function Dependency)是关系规范化理论中的重要概念。函数依赖是通过一个关系中属性间(即各列之间)数据值是否相互制约而体现出来的。例如，上面的教师关系模式表 2-8(a)：

教师(教师号,姓名,性别,年龄,……)

不难看出,当教师号属性的值确定后,姓名、性别、年龄等属性的值即可确定并且是唯一的。这几个属性完全由教师号确定。这时,就称该关系中教师号与姓名、教师号与性别、教师号与年龄、……属性之间存在函数依赖,并习惯上表示为:

教师号→姓名,教师号→性别,教师号→年龄,……

1) 函数依赖的定义

定义 2.1 设 R(U)是属性集 U 上的关系模式。X,Y 是属性 U 的子集。若对于 R(U)的任意一个可能的关系 r,r 中不可能存在两个元组在 X 上的属性值相等,而在 Y 上的属性值不等,则称 X 函数确定 Y 或 Y 函数依赖于 X,记作 X→Y。

仍以表 2-8(a)为例,R 表示教师关系,集合 U 为(教师号,姓名,性别,年龄,……),X 表示属性教师号,Y 表示属性姓名。可以看出,该表中不存在这样的两个元组(两行):教师号(属性 X)相等,而姓名(属性 Y)不等。因此教师号(属性 X)函数决定姓名(属性 Y),或姓名函数依赖于教师号。

反观表 2-7,该表中存在这样的两个元组(如第一、二行):教师号(属性 X)相等,但学历(属性 Y)不同,一个是博士,另一个是硕士。因此学历属性(属性 Y)不函数依赖于教师号(属件 X)。

注意

函数依赖不是指关系模式 R 的某个或某些关系满足的约束条件,而是指 R 的一切关系均要满足的约束条件。

考察表 2-4,即关系模式:

选课成绩(学号,课程号,成绩)

假定在当前表中仅记载了每个学生都选了一门课程,如表 2-9 所示。

表 2-9 函数依赖示例

学　号	课 程 号	成　绩
0101011	101	95.0
0101012	102	88.0
0101013	104	90.0
…	…	…

能不能断言,学号的属性值可以唯一地确定成绩的值?显然这样的分析是不全面的,纵观全局,我们应该得到:

(学号,课程号)→成绩

也就是说，在这个选课成绩表中不存在这样的两个元组：学号和课程号均相同，而成绩不同。如果有，则说明一个学生选修一门课程却得到两个不同的分数。显然，在实际情况中这是不可能的。

2）部分函数依赖和完全函数依赖

定义 2.2　在 R(U)中，如果 X→Y，并且对于 X 的任何一个真子集 X′，都有 X′→Y，则称 Y 对 X 部分函数依赖，记作：$X \xrightarrow{p} Y$，否则称 Y 完全依赖于 X，记作：$X \xrightarrow{f} Y$。

由定义 2.2 可知，当 X 是单属性时，由于 X 不存在任何真子集，所以若 X→Y，则 X、Y 之间的函数依赖一定是完全函数依赖。

仍以表 2-4 关系模式为例，属性集合 X 为(学号，课程号)，Y 为成绩，显然有(学号，课程号)→成绩，即 X→Y。X 的子集有：学号或者课程号，但是成绩不依赖学号(即已知学号的值并不能确定成绩的值)，而且成绩也不依赖于课程号(即已知课程号的值也不能确定成绩的值)。因此，该关系模式存在的函数依赖(学号，课程号)→成绩是完全函数依赖。

分析下面的关系模式：

学生(学号，姓名，性别，出生日期，系号，系名)

其数据如表 2-10 所示。

表 2-10　部分函数、完全函数依赖示例

学　　号	姓　　名	性别	出 生 日 期	系号	系　　名
0101011	李晓明	男	02/26/85	01	工商管理
0100112	王　民	男	11/05/84	02	会计
…	…	…	…	…	…

显然函数依赖有：学号→姓名、学号→性别、学号→出生日期、学号→系号、学号→系名、系号→系名、……，这些都是完全函数依赖，而(学号、系号)→系名，则为部分函数依赖。直观的感觉该关系模式并不是非常合理，存在数据冗余。由此也可以得到这样的结论：部分函数依赖的存在是关系模式产生存储异常的一个内在原因。

3）传递函数依赖

定义 2.3　在 R(U)中，如果 X→Y，并且 Y 不是 X 的子集，若 Y→X，Y→Z，则称 Z 对 X 传递函数信赖。

以教学管理关系模式为例，其中的函数依赖有：学号(X)→系号(Y)，系号(Y)→系名(Z)，显然属性集(系号)不是(学号)的子集，因此：

学号→系名

即该关系模式存在传递函数依赖。这是导致该关系模式存储异常的另一个原因。

2. 码与函数依赖的关系

定义 2.4　设 K 为 R<U，F>(U 为关系 R 的属性集合，F 为其函数依赖集合)中的属性或属性组合，若 K→U，则 K 为 R 的候选码。若候选码多于一个，则选定其中的一个为主码。包含在任何一个候选码中的属性，叫作主属性(Prime Attribute)。不包含在任何码中的属性称为非主属性(Nonprime Attribute)或非码属性(Non-key Attribute)。

需要说明的是，关系模式中最简单的码是由单个属性构成的。最极端的情况：整个属性组全是码，称为全码(All-key)。

已知关系模式：R(A,B,C,D,E,Q)，其函数依赖为

$$F=\{A\rightarrow B,C\rightarrow Q,E\rightarrow A,(C,E)\rightarrow D\}$$

求该关系的码。

因为　　$E\rightarrow A,A\rightarrow B$

所以　　$E\rightarrow B$

因为　　$C\rightarrow Q,(C,E)\rightarrow D$

所以　　$(C,E)\rightarrow A,(C,E)\rightarrow B,(C,E)\rightarrow D,(C,E)\rightarrow Q$

即(C,E)是该关系的码。

定义 2.5　关系模式 R 中属性或属性组 X 并非 R 的码，但 X 是另一个关系模式的码，此时称 X 是 R 的外部码，也称外码。

分析表 2-1～表 2-4 所表示的关系模式能再一次体会到：主码与外码架起了关系间联系的桥梁。如关系模式学生与成绩的联系就是通过学号来体现的。

3. 关系规范化理论

关系模式是以关系集合理论中的数学原理为基础的。通过确立关系中的规范化准则，就能保证数据库保存的数据更合理。在关系数据库设计过程中，令关系满足规范化准则的过程称为**关系规范化(Relation Normalization)**。

关系规范化理论重点讨论的是如何将不合理的关系模式，通过模式分解得到更为合理的关系模型。这一系列的分解过程都是围绕“范式”进行的。

1) 范式

通过前面的介绍，我们已经发现关系数据库中的关系是要满足一定要求的。我们将满足不同程度要求的关系称为属于不同的**范式(Normal Form,NF)**。满足最低要求的叫第一范式，简称 1NF。在第一范式中进一步约定从而满足更高要求的为第二范式，其余以此类推。根据满足规范的程度不同，范式被划分为 6 个等级 5 个范式：第一范式(1NF)、第二范式(2NF)、第三范式(3NF)、修正的第三范式(BCNF)、第四范式(4NF)和第五范式(5NF)。从范式发展演变过程来讲，各种范式之间的关系如下。

$$5NF\subset 4NF\subset BCNF\subset 3NF\subset 2NF\subset 1NF$$

其含义是高一级的范式具有低级范式的所有规则要求，而低一级的范式不具备更高一级范式的特殊要求。因此，更高一级的范式能够保证关系模式具有更强的安全性、完整性、一致性等控制。

2) 规范化

将一个低一级范式的关系模式，经过一定的处理转换为或分解为若干个高一级范式的关系模式集合(目标是将一个表分解成几个子表，称为模式分解)，这种过程就叫作关系模式的规范化。

3）各级范式定义

前面介绍过关系模式具有如下特点。

(1) 关系中的每个属性都不可以再分，即每一列必须是一个不可分的数据项，并且每一列中所有数据的类型一致；

(2) 同一个关系中不能有相同的属性名，即不能有两列的名称是一样的；

(3) 同一个关系中不能有完全相同的元组；

(4) 关系中的属性任意交换位置，或者任意元组交换，都不影响关系的语义。

第一范式(1NF)：若一个关系模式 R 的所有属性都是不可再分解的基本数据项，则该关系模式属于 1NF。

在任何一个关系数据库系统中，每一个关系都要属于第一范式，这是最基本的要求，否则这样的数据库不能称为关系型数据库。前文曾经给出过的表 2-5，该表不是一个关系表格，原因就是不符合第一范式的要求。如果将这个表格改为表 2-11，这个关系看似就符合了第一范式的约定。

表 2-11　符合第一范式规则的职工表

职工号	姓名	工资	津贴	奖金	水电费	公积金
121	王　芳	800	300	200	80	60
122	李健民	900	400	200	90	100
123	张大海	1000	500	400	100	200

仅满足第一范式的关系模式并不一定是好的关系模式，如表 2-7 所示的表格就是一个很好的例证。

读者仔细观察就会发现这个关系模式需要进一步规范化为更高一级别的范式。

第二范式(2NF)：若关系模式 R 属于第一范式，并且这个关系中的每个非主属性都完全依赖该关系的主码，这样的关系模式属于第二范式。

这里特别强调两个概念，一是主码，二是非主属性，请参考本章的相关内容。表 2-7 改造后的结果如表 2-8(a)所示。

表 2-8(a)的分解是否到此为止？我们不妨把问题简化一下，无论职称评定年限有多少年，教授的工资都是 3500、副教授 2350、讲师 1560 等。试想一个学校具有相同职称、相同评定等级的职工不止一人，那么工资数据就会出现大量的重复值。造成这一现象的原因是表 2-8(a)所对应的关系模式，其属性之间存在着传递依赖。也就是说，只要知道了教师号就能确定其职称，职称一经确定自然工资数就知道了，也可以认为属性教师号决定属性职称、属性职称决定属性工资，这就是前面介绍的传递函数依赖关系：

教师号→职称→工资

由此可见，表 2-8(a)并不是最合理的结果。表 2-8(a)和表 2-8(b)存在的其他依赖关系还有：

教师号→姓名,教师号→性别,教师号→年龄,教师号→职称,教师号→院系号

(教师号,学历)→毕业时间

或者

(教师号,毕业时间)→学历

我们得到的结论是:表 2-8(a)中的非主属性工资不是完全依赖主码教师号,而是通过职称传递依赖主码。表 2-8(a)需要进一步分解为如表 2-12 所示。

表 2-12 进一步分解

(a) 进一步分解 1

教师号	姓名	性别	年龄	职称	院系号
000001	马继光	男	55	教授	002
000002	黄晓春	女	29	教师	002
000003	李　明	男	35	副教授	004
000004	王建国	男	40	教授	002

(b) 进一步分解 2

职称	工资
教授	3500
教师	1560
副教授	2350

第三范式(3NF):若关系模式 R 属于第二范式,并且这个关系中的每个非主属性都不传递依赖该关系的主码,这样的关系模式属于第三范式。

显然,上面分解后的 3 个关系模式都属于 3NF。属于 3NF 的关系模式有可能存在“不彻底性”,主要表现在主码为组合属性的情况。因此,人们又定义了一个更强的范式 BCNF。

BCNF(Boyce Codd Normal Form):是由 Boyce 与 Codd 提出的,比上述的 3NF 又进了一步,通常认为 BCNF 是修正的第三范式,有时也称为扩充的第三范式。

需要说明的是,一个数据库系统中的所有关系模式如果都属于 BCNF,那么,在我们介绍的属性依赖(准确地讲是函数依赖)范畴内,这个数据库系统就已经消除了插入和删除异常等现象。另外,属性间的依赖有多种:函数依赖、多值依赖、连接依赖。如果只考虑函数依赖,则属于 BCNF 的关系模式其规范化程度是最高的。如果解决了多值依赖便可以规范到 4NF 阶范式,解决了连接依赖便可规范到 5NF 阶范式。

思考与练习

在订货系统数据库中,有关系模式如下:

订货(订单号,订购单位名,地址,产品型号,产品名,单价,数量)

(1) 给出你认为合理的数据依赖。

(2) 分析属于第几范式。

扫码查看答案

扩展阅读——模式分解

模式分解就是将一个低范式的关系模式分解为多个更高一级的关系模式。例如，前面的表 2-7，最终分解为表 2-8(b)、表 2-12(a)和表 2-12(b)。模式分解的目的是消除数据冗余和操作异常现象。模式分解的条件是：原关系模式 R 与分解后的多个 $R_1, R_2, \cdots, R_k$ 表示同一个关系模式，并且要遵循"无损分解"和"保持依赖"的原则。

这里仅给出无损分解和保持依赖原则的基本定义，具体的分解过程不在本书的涉及范围。

(1) 无损分解：关系模式 R 分解为 $R_1, R_2, \cdots, R_k$，如果对 $R_1, R_2, \cdots, R_k$ 进行投影、连接等操作后能恢复为原模式 R(即信息未丢失)，这种分解称为无损分解。

投影、连接等操作的含义请见第 3 章的相关内容。

(2) 保持依赖：关系模式 R 分解为 $R_1, R_2, \cdots, R_k$，而 R 的函数依赖集合与 $R_1, R_2, \cdots, R_k$ 的总函数依赖集合一致，这样分解称为保持依赖分解。

需要说明的是，数据库可以保持适量的数据冗余，以达到用空间效率换取时间效率的目的，这也是模式分解的一个原则。

小结

本章介绍了数据库设计的一般过程。主要从概念结构设计、逻辑结构设计两个方面出发。概念结构设计的主要方法是设计 E-R 模型，逻辑结构设计的主要方法是将 E-R 模型转换为关系模型中的二维表。在后面的章节中，还要学到如何将关系模型中的二维表用 Access 2016 数据库管理系统平台创建出来，即数据库的物理结构设计。

习题

1. 数据库设计的最终目标是什么？
2. 规范化的数据库设计方法一般划分为几个阶段？
3. 概念结构设计的一般方法是 E-R 方法，该方法中涉及实体、属性、实体集等基本概念。用生活中的实例说明所列举的案例中实体、属性、实体集等具体是什么。
4. 实体集之间的联系有三种，即一对一、一对多和多对多。能否找出生活中属于这三种联系的案例？
5. 如何理解关系模型中外键的作用？
6. 关系模型的完整性规则指的是什么？如何理解这些规则的重要性？
7. 简述关系规范化的重要意义。

第3章　数据库物理结构设计与维护

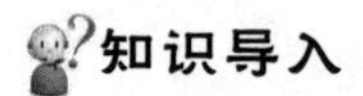

知识导入

小南的“辩协数据库”

小南最终决定，用Access 2016数据库管理系统为辩协建立数据库，管理辩协人员和日常事务。他按照设计好的逻辑模型，在Access 2016中创建数据库和数据表。但是在录入人员编号的时候，开头的一个“0”怎么也写不进去；一共只有四种分工信息，但还是需要一个个地重复录入；若不小心把手机号录成了10位数，辩手就联系不上了……这些问题难道就没有简单的解决办法吗？

在设计数据库的物理结构时，选择正确的数据类型、数据大小、格式，设计合理的数据有效性规则、参照完整性关系，对一个数据库的使用和维护非常重要。它的目的是为了最大限度地保证数据的正确性和完整性，将各种有意识或无意识的失误减少到最少。本章将以Access 2016数据库管理系统为环境，介绍数据库物理结构的创建和维护方法。

3.1　Access 2016数据库

Access作为Microsoft Office软件工具箱中的一员，是美国Microsoft公司于1994年推出的微机数据库管理系统。Access 2016是Access产品中的版本。它具有界面友好、易学易用、开发简单、接口灵活等特点，是典型的桌面数据库管理系统。

3.1.1　Access 2016简介

Access 2016能够完善地管理各种数据库对象，具有强大的数据组织、用户管理、安全检查等功能。Access 2016是一个数据库应用程序设计和部署工具，它可以建立基于本地硬盘的桌面级数据库系统。

与以前的Access版本相比，Access 2016有一些新的变化。

(1) 使用“操作说明搜索”快速执行。功能区上新增“告诉我你想要做什么”文本框，在其中输入与接下来要执行的操作相关的字词或短语，可快速访问要使用的功能或要执行的操作，还可以选择获取与要查找的内容相关的帮助。例如，输入“新建数据库”，如图 3-1 所示。

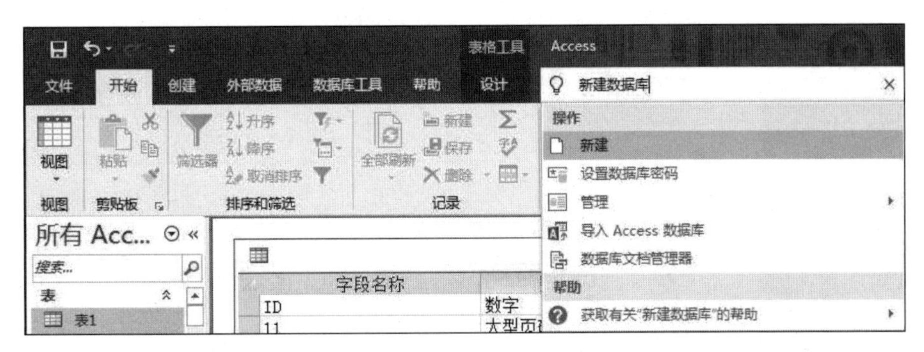

图 3-1 “操作说明搜索”文本框

(2) 将连接的数据源信息导出到 Excel。通过“链接表管理器”对话框中的内置功能，可以将所有连接的数据源的列表从 Access 数据库应用程序导入到 Excel 中。

(3) 新的外观，包括新的 Office 主题颜色；新的模板外观；较大的“显示表”对话框等。

注意

除了新增功能外，Access 2016 还取消了对 Web 数据库的支持。从 2017 年 6 月起，停止创建新的基于 Access 的 Web 应用和 Access Web 数据库，并于 2018 年 4 月关闭任何仍存在的 Web 应用和 Web 数据库。Microsoft 不再建议在 SharePoint 中创建和使用 Access Web 应用。

3.1.2 Office 2016 与 Office 365

Office 365 包含全套 Office 组件，是一种订阅式的跨平台办公软件，可以安装在多台主机上，能持续获得软件更新，同时支持 OneDrive 云存储。Office 365 可让任何人使用任何设备随时随地创建和共享内容。Office 2016 则是一个本地应用，不支持更新，但只要一次购买便可终身使用，无须像 Office 365 一样按年付费。

扩展阅读：Office 365

3.1.3 Access 2016 操作界面

Access 2016 用户界面的三个主要组件是 Backstage 视图、功能区和导航窗格。这三个元素提供了用户创建和使用数据库的环境。另外，还有选项卡式工具栏、状态栏、帮助工具栏等。

1. Backstage 视图

Backstage 视图是功能区的“文件”选项卡上显示的命令集合,如图 3-2 所示。

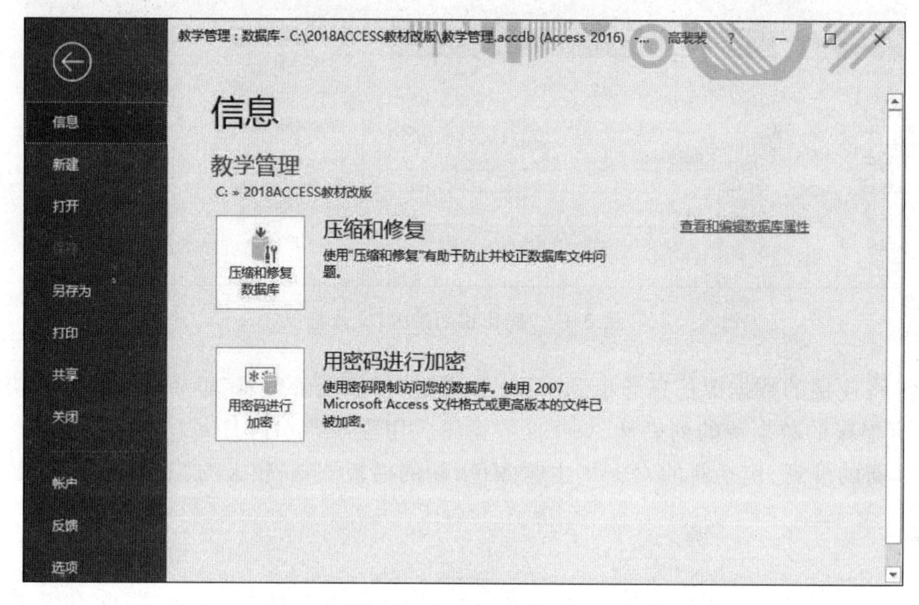

图 3-2 Backstage 视图

如果用户订阅了 Office 365,可以单击右上角登录,登录后会显示用户名,如图 3-3 所示。

图 3-3 登录 Office 365

2. 功能区

打开数据库后,功能区显示在 Access 2016 主窗口的顶部,此处显示了活动命令选项卡中的命令。功能区是菜单和工具栏的主要替代部分,并提供了 Access 2016 中主要的命令界面。功能区的主要优势之一是,它将通常需要使用菜单、工具栏、任务窗格和其他用户界面组件才能显示的任务或命令集中在一个地方,方便操作。

在功能区中还可以使用键盘快捷方式。Access 2016 兼容所有早期版本中的键盘快捷方式。按下 Alt 键时将在功能区中显示所有的键盘加速键,这些加速键指示用什么键盘快捷方式激活它上方的控件，如图 3-4 所示。

图 3-4　Access 2016 功能区和快捷键

Access 2016 功能区的主要内容如表 3-1 所示。

表 3-1　Access 2016 功能区

选　项　卡	主 要 命 令
文件	打开 Backstage 视图
开始	选择不同的视图
	从剪贴板复制和粘贴
	对记录进行排序和筛选
	使用记录(刷新、新建、保存、删除、汇总、拼写检查及更多)
	查找记录
	设置当前文本格式
	中文繁简体转换
创建	使用应用程序部件模板创建对象
	创建新数据表
	创建查询文件
	基于活动表或查询创建新窗体
	基于活动表或查询创建新报表
	创建新的查询、宏、模块或类模块
外部数据	导入或链接到外部数据
	导出数据
数据库工具	压缩与修复数据库工具
	启动 Visual Basic 编辑器或运行宏
	创建和查看表关系
	显示/隐藏对象相关性
	运行数据库文档或分析性能
	将部分或全部数据库移至新的或现有 SharePoint 网站
	将数据移至 Microsoft SQL Server 或 Access(仅限于表)数据库
	管理 Access 加载项
帮助	查询在线帮助文档

3. 导航窗格

在打开数据库或创建新数据库时,数据库对象的名称将显示在导航窗格中。数据库对象包括表、窗体、报表、页、宏和模块。如果要在数据表视图中将行添加到表,则可以从导航窗格中打开该表;若要对数据库对象应用命令,右键单击该对象,然后从快捷菜单中选择一个菜单项,快捷菜单中的菜单项因对象类型不同而不同。

4. 选项卡式文档

Access 2016 中可以用选项卡式文档代替重叠窗口来显示数据库对象,这样便于日常的交互使用。通过设置 Access 2016 自定义选项可以启用或禁用选项卡式文档。具体设置过程如下。

(1) 打开"文件"选项卡,然后单击"选项"。

(2) 出现"Access 选项"对话框。

(3) 在左侧窗格中,单击"当前数据库"。

(4) 在"应用程序选项"部分的"文档窗口选项"下,选择"选项卡式文档"。

(5) 选中或清除"显示文档选项卡"复选框。清除复选框后,文档选项卡将关闭。

(6) 单击"确定"按钮。

"Access 选项"对话框如图 3-5 所示。

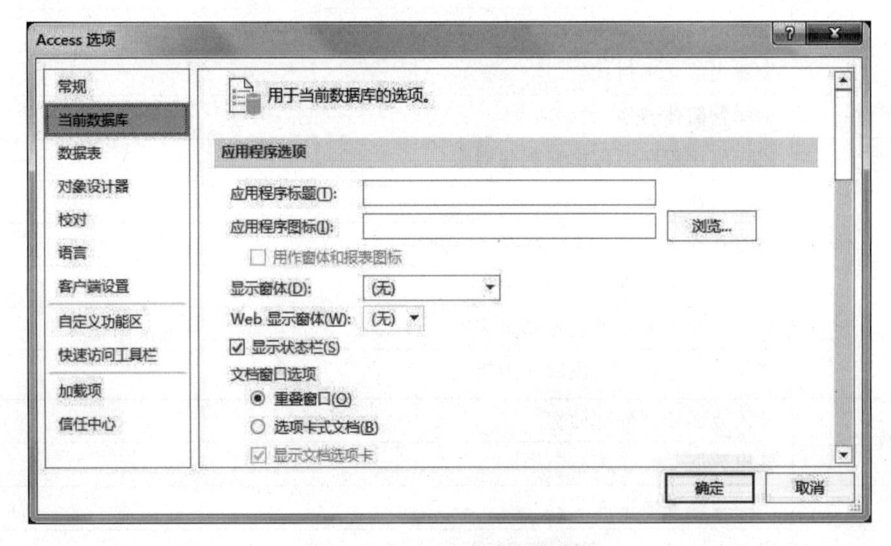

图 3-5 "Access 选项"对话框

注意

"显示文档选项卡"设置是针对单个数据库的,必须为每个数据库单独设置此选项;更改了选项卡式文档设置后,必须关闭数据库,然后重新打开,新设置才能生效。

5. 状态栏

与早期版本一样,Access 2016 中也会在窗口底部显示状态栏。继续保留此标准是为了显示状态消息、属性提示、进度指示等。在"Access 选项"对话框中,同样可以启用或禁用状态栏，具体方法和启用或禁用选项卡文档一样。

6. 获取帮助

如有疑问，选择功能区中的帮助选项来获取帮助。

3.2　创建数据库

3.2.1　数据库的建立

Access 2016 提供了多种创建新数据库的方式：

- 创建空白数据库。从头开始创建数据库。如果没有现成的模板，或对数据库有特别的设计要求，或需要在数据库中存放或合并现有数据，这将是一个很好的选择。
- 使用 Access 2016 模板创建数据库。Access 2016 附带安装多个模板，模板按功能分类，已经包含多种表、窗体、报表、查询、宏和关系，是一种面向用户的解决方案。

1. 创建一个本地空白数据库

【例 3-1】 不使用任何模板，创建一个空白数据库。

(1) 启动 Access 2016，单击“空白数据库”。

(2) 在右窗格中“空数据库”下的“文件名”框中输入文件名，如图 3-6 所示。若要更改文件的默认位置，请单击“文件名”框右侧的“浏览”按钮，通过浏览窗口到某个新位置来存放数据库，然后单击“确定”按钮。

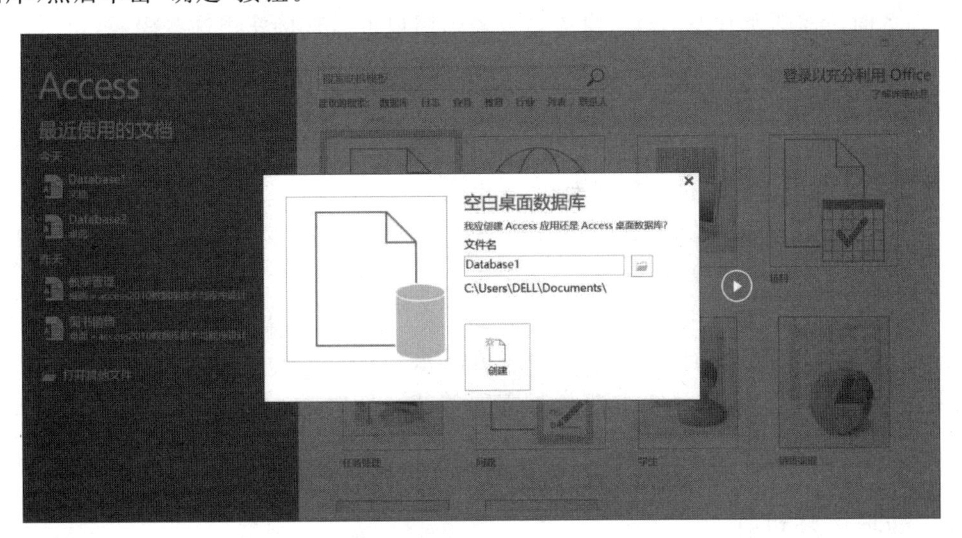

图 3-6　创建空白桌面数据库

(3) 单击“创建”按钮。Access 2016 将创建一个空数据库，该数据库含有一个名为“表 1”的空表，该表已经在“数据表”视图中打开。游标将被置于“单击以添加”列中的第一个空单元格中。

Access 2016 创建的数据库扩展名为“accdb”,如图 3-7 所示。

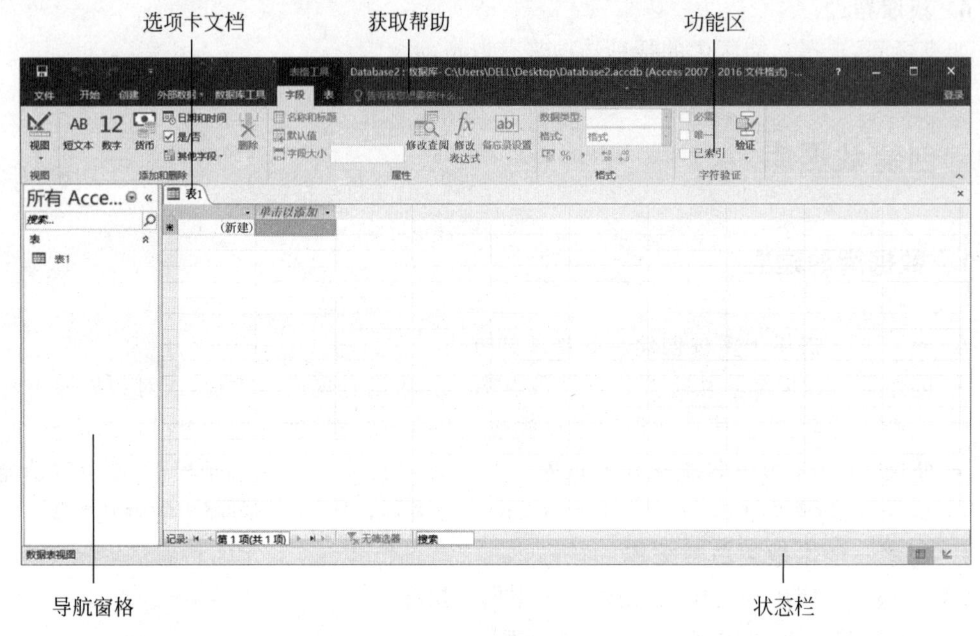

图 3-7　新建数据库界面

2. 用模板创建数据库

Access 2016 附带了各种各样的模板,模板是可以拿来直接使用的数据库,其中包含执行特定任务时所需的所有表、查询、窗体和报表。用户可以直接使用这些模板,也可以只是用这些模板作为创建数据库的起点。例如,有些模板可用于跟踪问题、管理联系人和记录费用;有些模板则包含一些可以帮助演示其用法的示例记录。如果用户可以找到完全符合需要的模板,则使用该模板可以加快创建数据库的进程。

【例 3-2】　用学生模板创建数据库。

(1) 启动 Access 2016,在“文件”选项卡中选择“新建”,使用“搜索联机模板”功能,可以搜索到多种类型的数据库模板,如图 3-8 所示。

(2) 选择联机模板“学生”。

(3) 输入数据库名称和存储位置,如图 3-9 所示。

(4) 单击“创建”按钮。下载联机模板需要等待一段时间。创建好的数据库如图 3-10 所示。

3.2.2　数据库的打开

在“文件”选项卡中单击“打开”按钮。在“打开”对话框中,浏览找到要打开的数据库,如图 3-11 所示,根据打开的需要完成以下步骤。

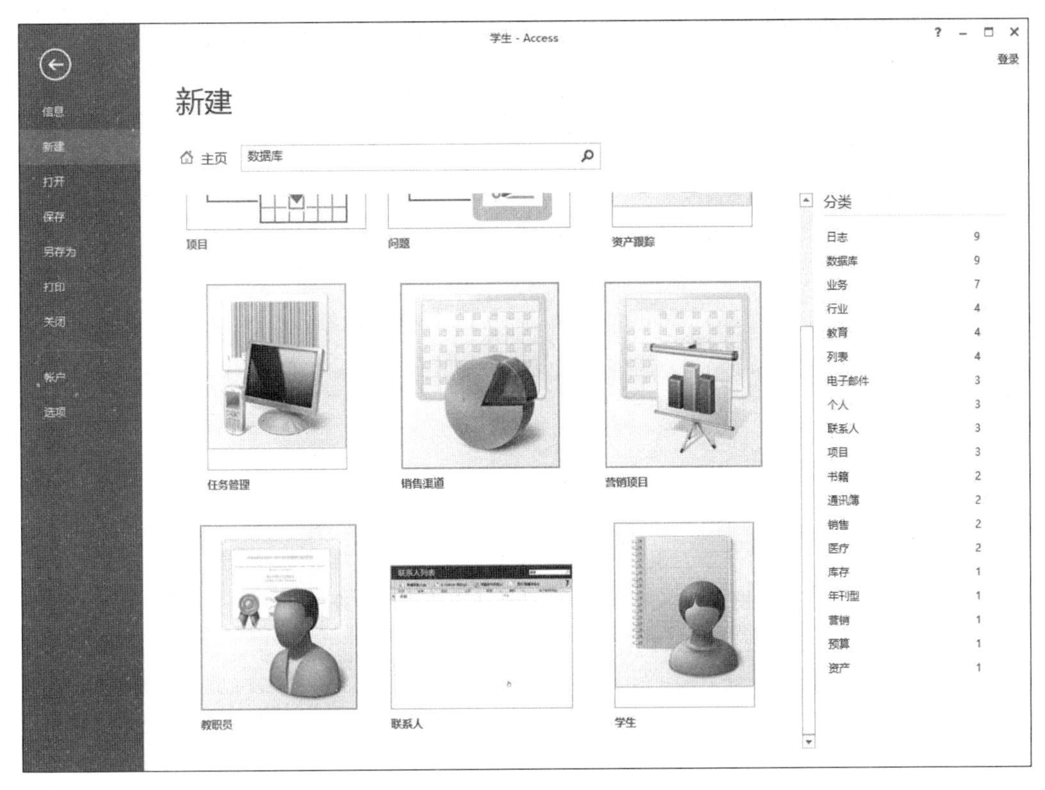

图 3-8　数据库联机模板

图 3-9　选择联机模板

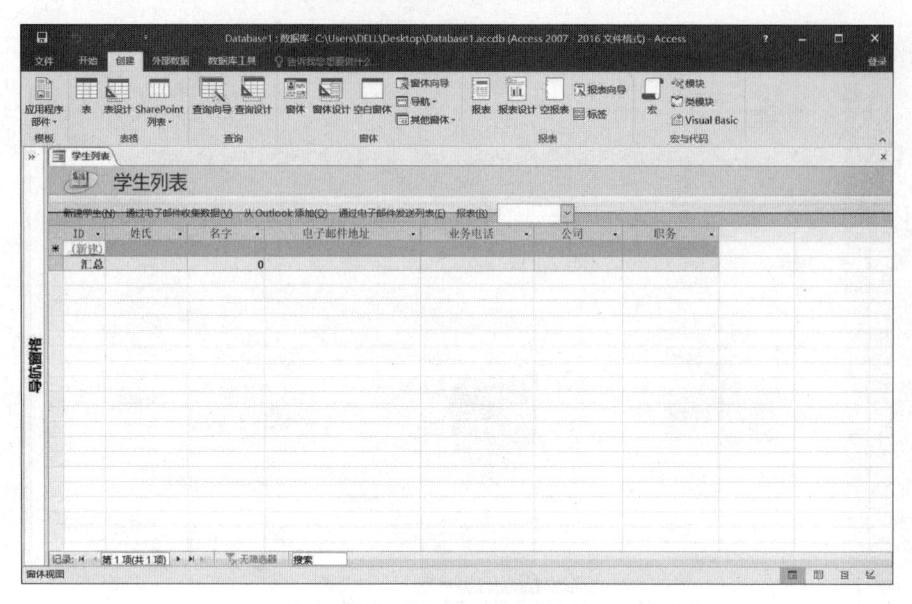

图 3-10　用“学生”数据库模板新建的数据库

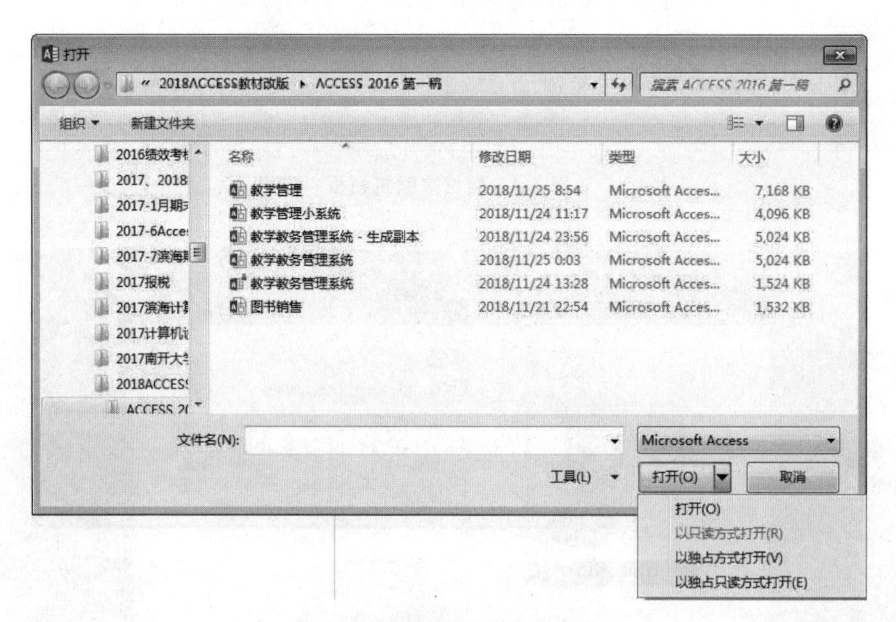

图 3-11　数据库文件打开方式

- 若要以默认模式或者由管理策略所设置的模式打开数据库，则双击该数据库。
- 若要打开数据库以在多用户环境中进行共享访问，以便所有用户都可以读写数据库，则单击“打开”按钮。
- 若要打开数据库进行只读访问，可查看数据库但不可编辑，则单击“打开”按钮旁边的箭头，然后单击“以只读方式打开”；此时共享用户仍然可以使用该数据库。
- 若要以独占访问方式打开数据库，请单击“打开”按钮旁边的箭头，然后单击“以独占方式打开”。当以独占访问方式打开数据库时，试图打开该数据库的任何其他人将收到“文件已在使用中”消息。

- 若要以只读方式打开数据库，同时不允许别的用户使用该数据库，则单击“打开”按钮旁边的箭头，然后单击“以独占只读方式打开”。

3.3　创建数据表

3.3.1　表的建立

这里说的数据表指的是数据库中的基本表，是数据库中存储数据的对象，也是所有查询、窗体、报表最根本的数据源。关系型数据库中的表采用二维表的数据结构，表中的每个字段都存储一定类型一定宽度的数据，并满足一定的数据有效性规则。创建基本表，实际上就是创建每个字段的信息，并为这些字段逐行添加数据的过程。在 Access 2016 中，有多种创建数据表的方法。

扩展阅读

1. 使用表模板创建表

Access 2016 提供了表模板来提高表格的创建效率，下面以创建“联系人”表为例，介绍使用表模板创建基本表的步骤。

【例 3-3】 用表模板创建“联系人”表。

选择“创建”选项卡，选择最左侧的“应用程序部件”，在弹出的菜单中选择“联系人”，如图 3-12 所示。

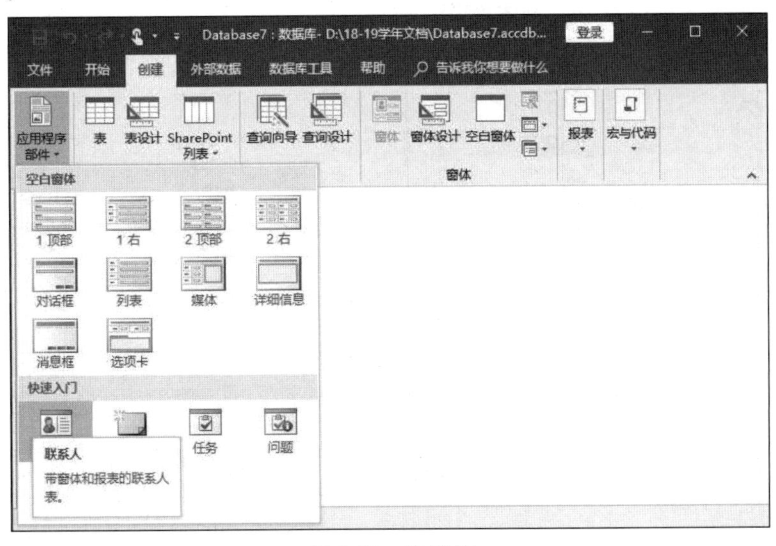

图 3-12　表模板

2. 使用字段模板创建表

字段模板中定义了字段的数据类型，用户可以根据需要选择使用。

【例 3-4】 用字段模板创建表。

(1) 选择“创建”选项卡，选择“表格”组中的“表”选项，在主窗口中出现新表的数据表视图，表默认名为“表 1”，如图 3-13 所示。

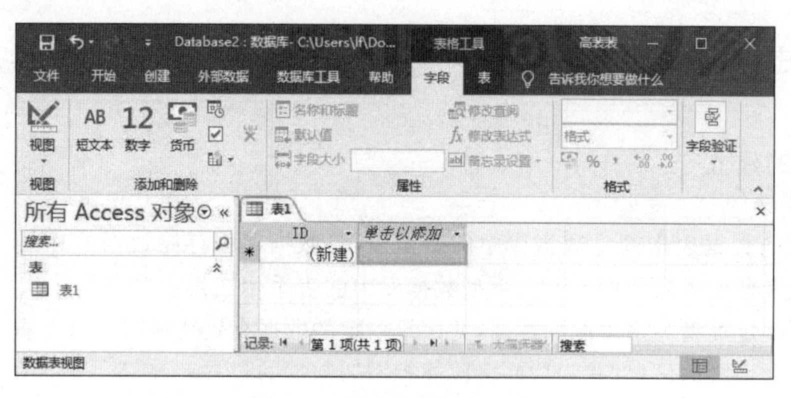

图 3-13 用字段模板创建表

(2) 在数据表视图表 1 字段名位置“单击以添加”处，用鼠标单击，选择此字段的基本数据类型；如果要详细设置该字段的数据格式，可以选择功能区“表格”选项卡下的“字段”选项卡，在“添加和删除”组中，单击“其他字段”下拉菜单，如图 3-14 所示。

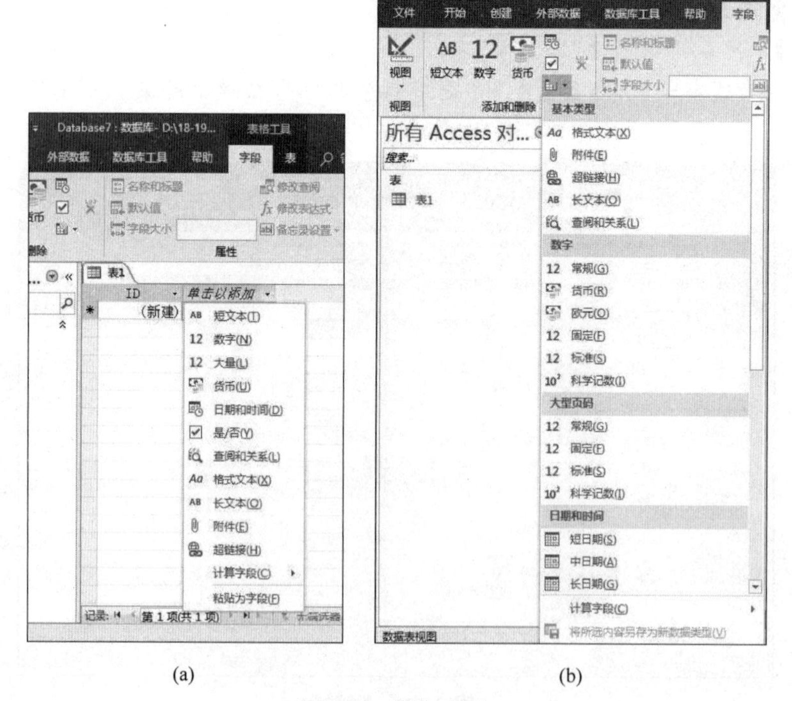

(a)　　　　　　　　(b)

图 3-14 添加字段

无论是表模板还是字段模板，样式都非常有限，要满足用户多种多样的数据格式要求，必须学会使用表设计视图创建表。这种创建方式虽然比使用模板的方式要慢，但是，数据表的结构可以由用户自己设计定义，是最灵活、最能体现用户需求的表创建方式。下面以创建“学生”表为例详细说明。

【例 3-5】 用设计视图创建教学管理数据库中的“学生”表。

(1) 启动 Access 2016，创建空数据库“教学管理.accdb”。

(2) 选择“创建”选项卡，选择“表格”组中的“表设计”选项。主窗口中出现新表的表设计视图，表名默认为“表 1”，如图 3-15 所示。

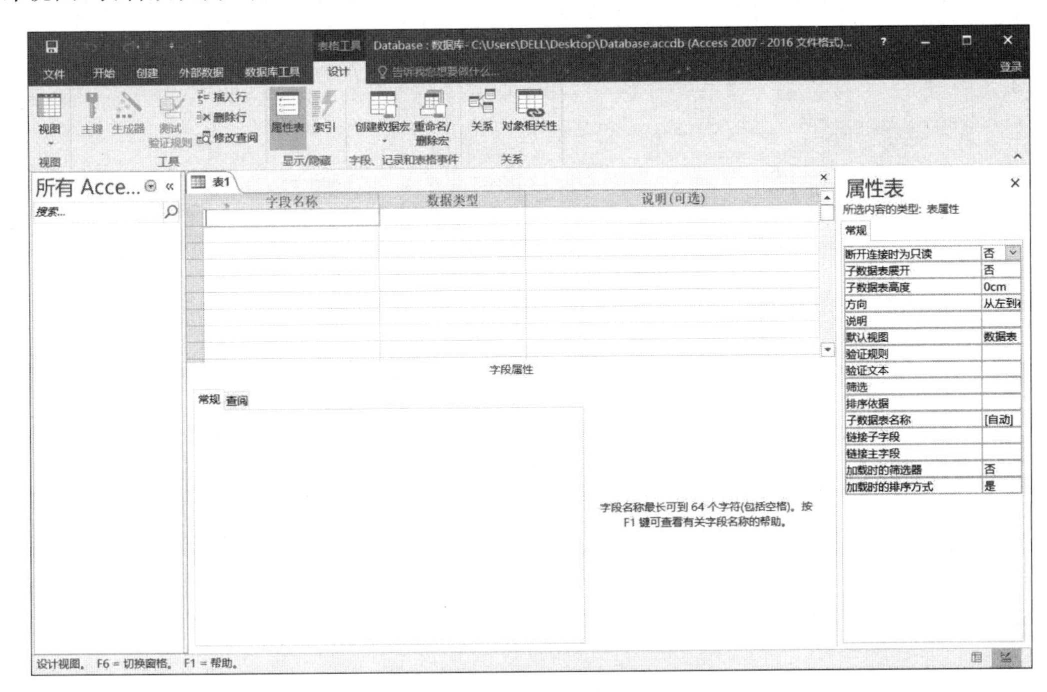

图 3-15　表设计视图

(3) 依次输入表的字段名称，并在“数据类型”列中选择正确的数据类型。

(4) 在“常规”选项卡中依次为每个字段设置属性，主要包括字段大小、格式、掩码、有效性文本、默认值、索引等，如图 3-16 所示。

(5) 为表格设置主键。在学号字段上单击右键，在快捷菜单中选择“主键”。此时学号字段前出现一个主键标记(Key)，如图 3-16 所示。

(6) 单击屏幕左上角快速访问工具栏上的“保存”按钮，弹出“另存为”对话框，输入表名称“学生”，单击“确定”按钮。此时导航区中出现学生表图标。

扩展阅读

有的数据表的主键是由两个或者两个以上的字段共同构成的，例如，选课成绩表的主键就由“学号”+“课程号”组成。设置这样的主键有以下两种方式。

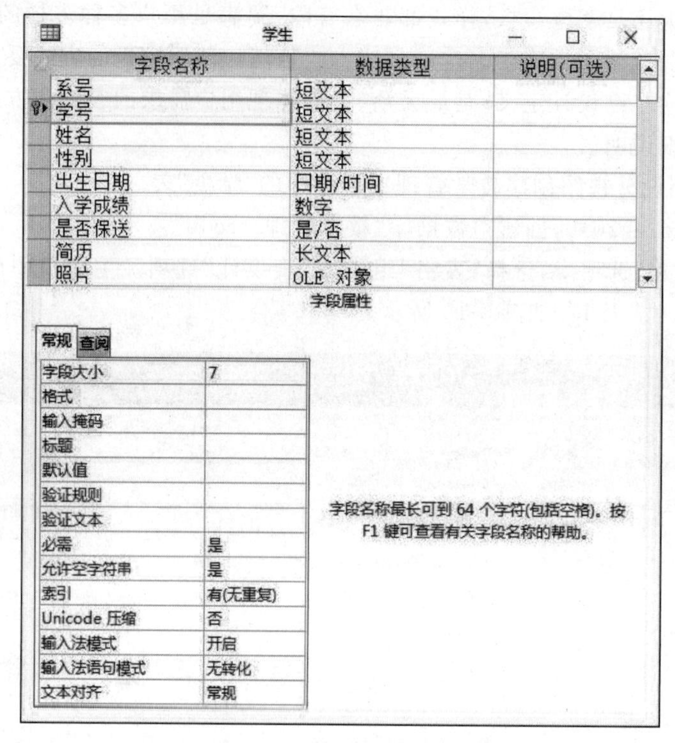

图 3-16 设计表字段和属性、主键

(1) 在表设计视图中,将光标放在窗格的左边,光标变为向右的箭头形式,此时拖动鼠标,同时选定“学号”“课程号”两行,外围出现一个黄色的实线边框,在边框上单击右键,弹出快捷菜单,单击“主键”。此时可以看到在“学号”“课程号”两个字段前面都出现了主键标志,但这并不代表数据表的主键有两个,如图 3-17 所示。

选课成绩

字段名称	数据类型	说明(可选)
学号	短文本	
课程号	短文本	
成绩	数字	

图 3-17 两个字段的主键

(2) 在设计视图中同时选定“学号”“课程号”两行,单击功能区上“表格工具”选项卡→“设计”→“工具组”→“主键”按钮。

至此,我们已经了解了创建数据表的一般方法。可见,在创建表的过程中,最重要的工作就是为表格的每一个字段定义数据类型、字段大小、字段格式等。那么 Access 2016 数据库可以存储和管理多少种类型的数据呢?这些数据类型又有什么样的数据格式呢?接下来的一节,将重点介绍 Access 2016 的字段数据类型和数据格式。

3.3.2　字段数据类型和数据格式

在创建数据表的时候，字段的数据类型非常重要，它直接决定将来表中可以存储什么数据、可以存储多大范围的数据以及可以对表中数据做什么操作。Access 2016 的表设计视图中，各字段的数据类型下拉列表中的可选类型共有 13 种。

1. 基本数据类型

在表设计视图中定义字段类型的时候，下拉列表中的就是基本类型，包括短文本、长文本、数字、大数、日期/时间、货币、自动编号、是/否、OLE 对象、超链接、附件、计算和查阅向导 13 种类型，具体如表 3-2 所示。

表 3-2　Access 2016 基本数据类型

数据类型	用　法	字段大小
短文本	字母数字数据（名称、标题等），例如姓名、电话号、学号等	由用户定义。最多 255 个字符，只保存输入的字符，不保存文本前后的空格
长文本	长短不固定或长度很长的文本	最多约 1GB，但显示长文本的控件限制为显示前 64 000 个字符，不可定义
大数	可用于算术运算的数字数据。分为字节、整型、长整型、单精度、双精度、同步复制 ID 和小数几种字段大小	由用户定义。不同分类的存储上限分别是 1、2、4、8、12 或 16 字节
大数	数字数据	8 字节，可存储非货币型数据，并与 ODBC 中的 SQL_BIGINT 数据类型兼容
日期/时间	可分别表示日期或时间，可显示为 7 种格式	8 字节，不可变
货币	货币数据，使用 4 位小数的精度进行存储	8 字节，不可变
自动编号	在添加记录时自动插入的唯一顺序号（每次递增 1）或随机编号，可用作默认关键字	4 字节，不可变
是/否	字段只包含两个值中的一个，例如“是/否”“真/假”“开/关”	1 字节，不可变
OLE 对象	对象的连接与嵌入，将其他格式的外部文件（二进制数据）对象链接或嵌入到表中	最大 2GB，不可定义
超链接	存储超链接的字段。超链接可以是 UNC 路径或 URL 地址	最多 8192 个字符（超链接数据类型的每个部分最多可包含 2048 个字符）
附件	附件可以链接所有类型的文档和二进制文件，不会占用数据库空间	最大约 2GB，不可定义
计算	显示根据同一表中的其他数据计算而来的值，可以用表达式生成器来创建	由参与计算的字段决定，不可定义
查阅向导	允许用户使用组合框选择来自其他表或来自值列表中的选项，选择此选项，将启动向导进行定义	取决于查阅字段的数据类型，不可定义

注意

在为字段定义基本类型和字段大小的时候必须注意以下几点。

- 所有基本类型中，只有短文本型的字段大小和数字型的小数位数两种情况可由用户定义，例如，姓名字段为短文本型、定义字段大小为 10 字符；入学成绩字段为数字型中的单精度型、小数位数为 1 位。
- 用户定义的字段大小属性只是为了限定输入数据大小的上限而已，并不是说该字段中存储的数据一定要等于定义的大小，例如，姓名字段存储的名字只要不超过 10 个字符即可；入学成绩只要在$-3.4\times10^{38}\sim+3.4\times10^{38}$即可。
- 日期/时间、货币、是/否等数据类型的宽度固定，不允许用户定义。因此，在表设计视图中没有这几种数据类型的字段大小属性栏。其余长文本、OLE 等字段大小虽不固定，但都是由 Access 2016 动态分配存储空间或者由外部数据链接嵌入。因此，也不允许更不需要用户来定义。

2. 三种字段数据格式

在选定了数据类型的前提下，Access 2016 还允许几种类型的数据选择不同格式显示输出。基本数据类型中有三种独特的数据格式。

(1) 数字、大数、货币等类型数据的输出格式有以下几个选择，如表 3-3 所示。

表 3-3　数字/大数/货币等类型数据的输出格式

格　式	显示说明	举　例
常规数字	存储时没有明确进行其他格式设置的数字	3456.789
货币	一般货币值	￥3456.79
欧元	存储为欧元格式的一般货币值	€3456.79
固定	数字数据	3456.79
标准	包含小数的数值数据	3456.79
百分比	百分数	123.00%
科学计数	计算值	3.46E+03

(2) 是/否类型数据的输出格式有以下几个选择，如表 3-4 所示。

表 3-4　是/否类型数据的输出格式

数据类型	显示说明	举　例
是/否	"是"或"否"选项	☑/☐
真/假	"真"或"假"选项	☑/☐
开/关	"开"或"关"选项	☑/☐

(3) 日期/时间类型数据的输出格式有以下几个选择，如表 3-5 所示。

表 3-5　日期/时间类型数据的输出格式

格　式	显示说明	举　例
常规日期	没有特殊设置的日期/时间格式	2019/11/9 15:33:25
长日期	显示长格式的日期。具体取决于用户所在区域的日期和时间设置	2019 年 1 月 19 日
中日期	显示中等格式的日期	19-01-19
短日期	显示短格式的日期。具体取决于用户所在区域的日期和时间设置	2019/1/19
长时间	24 小时制显示时间，该格式会随着用户所在区域的日期和时间设置的变化而变化	15:33:25
中时间	12 小时制显示的时间，带“上午”或“下午”字样	3:33 下午
短时间	24 小时制显示时间但不显示秒，该格式会随着用户所在区域的日期和时间设置的变化而变化	15:33

注意

数据格式不同于数据类型，格式设置对存储的数据本身没有影响，只是改变数据在屏幕上输出或是打印的样式。选择数据格式可以确保数据表示方式的一致性、数据样式的统一性。

3. 教学管理数据库中四张表格的字段设置

为了建立一个完整的教学管理数据库，共需要学生、系名、选课成绩、课程四张数据表。这四张表格的字段设置如表 3-6 所示。表格中的记录数据参见本章课后习题。

表 3-6　教学管理数据库中四张表格的字段设置

表　名	字段名称	字段类型	字段大小	字段格式
系名	系号	短文本	2	/
	系名	短文本	20	/
学生	系号	短文本	2	/
	学号	短文本	7	/
	姓名	短文本	10	/
	性别	短文本	1	/
	出生日期	日期/时间	/	短日期
	入学成绩	数字	单精度(1 位小数)	常规数字
	是否保送	是/否	/	是/否
	简历	备注	/	/
	照片	OLE	/	/

续表

表　名	字段名称	字段类型	字段大小	字段格式
课程	课程号	短文本	3	/
	课程名	短文本	10	/
	学时	数字	整型	常规数字
	学分	数字	整型	常规数字
	是否必修	是/否	/	是/否
选课成绩	学号	短文本	7	/
	课程号	短文本	3	/
	成绩	数字	单精度(1 位小数)	常规数字

3.3.3　字段属性设置

除了设置每个字段的名称、数据类型、数据宽度、数据格式以外，Access 2016 还为字段提供了其他几种重要的属性设置，加强数据存储的安全性、有效性定义，以及维护数据的完整性和一致性。设置字段属性的目的如下。

- 控制字段中的数据外观；
- 防止在字段中输入不正确的数据；
- 为字段指定默认值；
- 有助于加速对字段进行的搜索和排序。

定义字段属性实际上就是在为表格设置数据约束。

1. 输入掩码

掩码是一种格式，由字面显示字符(如括号、句号和连字符)和掩码字符(用于指定可以输入数据的位置以及数据种类、字符数量)组成。输入掩码的作用是表示这一字段输入数据的具体要求。使用此属性可以为即将在此字段中输入的所有数据指定模式，有助于确保正确输入所有数据，保证数据中包含所需数量的字符。在表设计视图输入掩码文本框右侧的按钮上单击，即可打开有关生成输入掩码的帮助。

Access 2016 的掩码格式如表 3-7 所示。

表 3-7　掩码字符含义

字　符	说　明
0	代表一个数字，必选项
9	数字或空格，可选项
#	数字或空格，可选项

续表

字　符	说　明
L	字母 A 到 Z,必选项
?	字母 A 到 Z,可选项
A	字母或数字,必选项
a	字母或数字,可选项
&	任一字符或空格,必选项
C	任一字符或空格,可选项
. :; - /	十进制占位符和千位、日期和时间分隔符
＜	使其后所有的字符转换为小写
＞	使其后所有的字符转换为大写
!	输入掩码从右到左显示
\	使其后的字符显示为原义字符
密码	文本框中输入的任何字符都按原字符保存,但显示为星号(*)

初学者面对如此复杂的掩码字符可能会无所适从,但实际上,数据库中对字段输入数据的模式限制往往没有那么严格,掌握好经常使用的几种掩码字符就足够应对一般的任务了。例如,在系号字段中,表示两个字符都得是数字而且不能缺少,可以用掩码"00";如果系号的两个字符可以缺少,就用掩码"99";姓名字段中最多可以缺少 10 个字符,用掩码"CCCCCCCCCC"。定义了姓名字段的掩码设置和输入情况如图 3-18 所示。

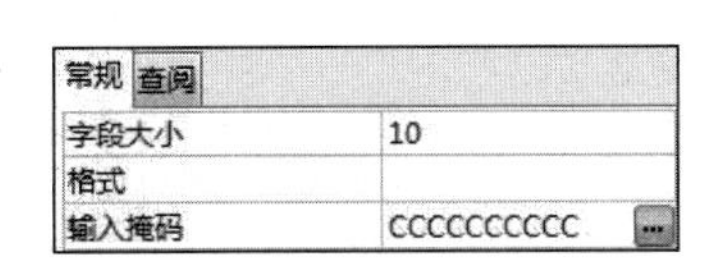

图 3-18　输入掩码

2. 验证规则和验证文本

验证规则设置属于数据库有效性约束的一部分功能。验证规则栏中要求用户输入一个逻辑表达式(此处要用到第 4 章介绍的逻辑表达式);而验证文本栏中要求输入一段作为提示信息的文本。录入数据时 Access 2016 将字段的值代入该表达式进行计算,如果计算结果为真值则允许该值存入该字段;如果为假则拒绝该值录入该字段,并弹出对话框提示验证文本栏中的提示信息。

例如,在性别一栏中输入验证规则:"男" Or "女",验证文本为:"性别字段值应为男或女!"。如果在性别字段中输入其他字符,则提示有效性文本,如图 3-19 所示。

在学生表的设计中还可以为入学成绩字段设置有效性规则"＞＝0 And ＜＝750",来规定入学成绩的输入范围。

常规 查阅	
字段大小	1
格式	
输入掩码	
标题	
默认值	
验证规则	"男" Or "女"
验证文本	性别字段值应为男或女！

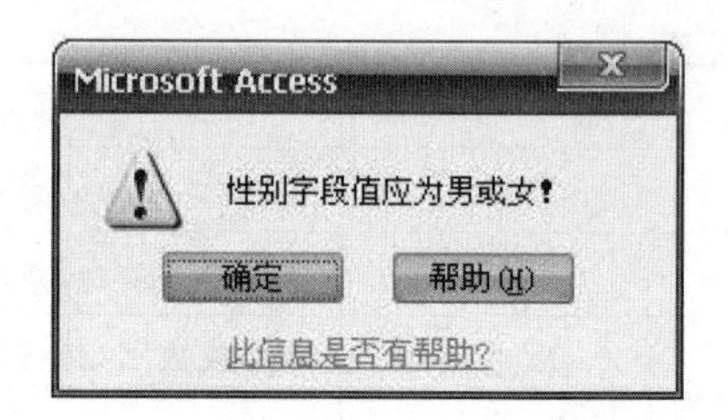

图 3-19 有效性规则设置

3. 默认值

默认值是数据表中增加记录时，自动填入字段中的数据。例如，若将性别字段的“默认值”行定义为“男”，则每向学生表添加一条记录，性别字段的值都自动存入汉字“男”。

4. 设置索引

如果经常依据特定的字段搜索表或对表的记录进行排序，则可以通过创建该字段的索引来加快执行这些操作的速度。

一般情况下，Access 2016 会对主键字段自动创建索引，其他情况需要用户自己创建。Access 2016 中的索引有两种：有重复索引（普通索引）和无重复索引（唯一索引）。其中，无重复索引要求本字段中的数据值不能有一样的，例如为主键建立的索引就是无重复索引；而有重复索引则没有这个限制。

注意

Access 2016 表设计视图中创建索引的下拉框中有以下三个选项。

- 无：不在此字段上创建索引（或删除现有索引）。
- 有（有重复）：在此字段上创建普通索引。
- 有（无重复）：在此字段上创建唯一索引。

3.3.4 表中数据的输入

定义好数据表的字段名称、类型、宽度、格式和其他属性后，就可以向表中输入数据了。输入数据可以有两种方式。一种是用数据表视图模式，手工单条录入数据，这种方式效率较低，不适于输入成批记录；另一种是用命令或屏幕操作的办法成批导入数据，这种方式效率高，适合一次输入大量数据。但无论采用哪种方式，输入的数据都必须满足各种字段属性的设置和数据约束。

1. 用数据表视图输入

【例 3-6】 用数据表视图方式输入学生表的数据，具体步骤如下。

(1) 打开教学管理数据库，在左侧导航区中双击学生表，直接打开数据表视图。

(2) 依次录入合法的数据。输入完一条记录后，自动出现下一条空白记录等待输入。

(3) 输入 OLE 类型的照片字段时，在字段单元格中单击右键，选用“插入对象”，如

图 3-20(a)所示。弹出对话框如图 3-20(b)所示。

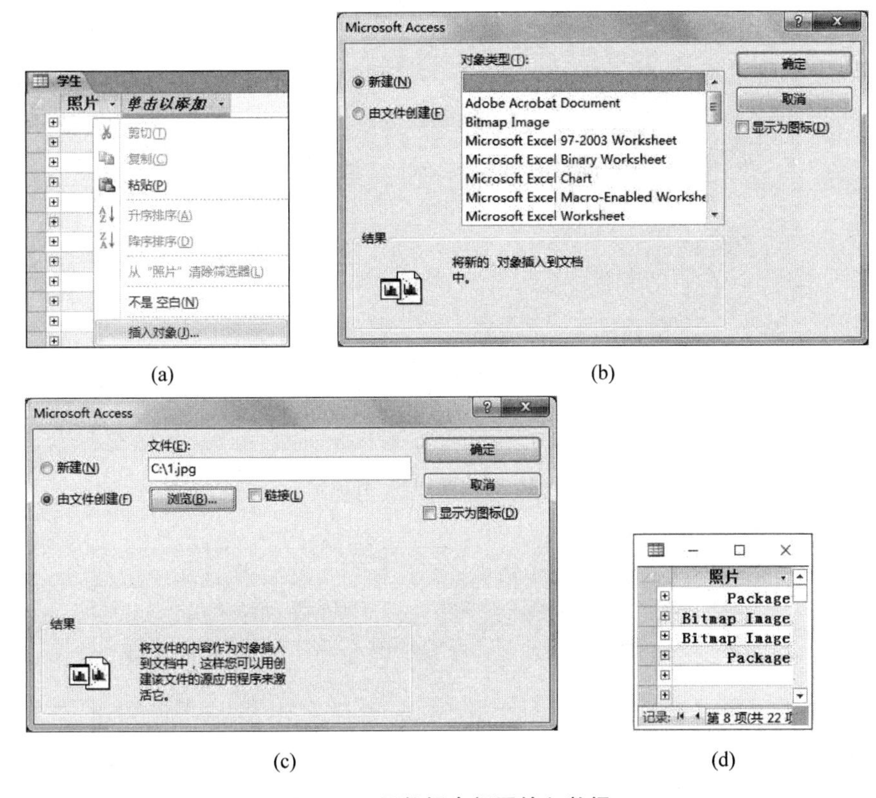

(a)　(b)

(c)　(d)

图 3-20　用数据表视图输入数据

(4) 在弹出的对话框中选择“由文件创建”,将一个已经存储在硬盘上的照片文件输入数据表,如图 3-20(c)所示。

(5) 单击“确定”按钮。回到数据表视图,可以看到照片字段中已经有了标识。如果照片文件是 BMP 位图格式,则显示 Bitmap Image;如果是 JPG 等压缩格式,则显示 Package,如图 3-20(d)所示。

扩展阅读

类似“性别”这种字段,仅有几个固定的取值,为了限定输入时的取值范围,也为了录入时的方便,可以将这些字段的数据类型设置为“查阅向导”。打开数据表的设计视图,将“性别”字段的数据类型修改为“查阅向导”,在其中选择“自行输入所需的值”,如图 3-21 所示。

然后输入所有备选值,如图 3-22 所示。

为查阅字段指定标签“性别”,如图 3-23 所示。

此时再回到数据表视图,可以看到性别字段中出现下拉列表,可在其中选择要录入的数据,如图 3-24 所示。

2. 从外部文件导入

Access 2016 可以使用多种格式的外部文件来导入数据,例如,文本文件、XML 文件、

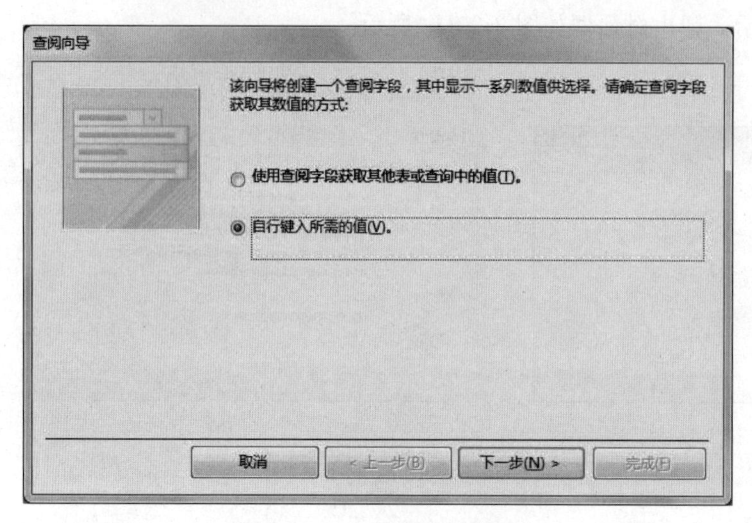

图 3-21 "查阅向导"对话框

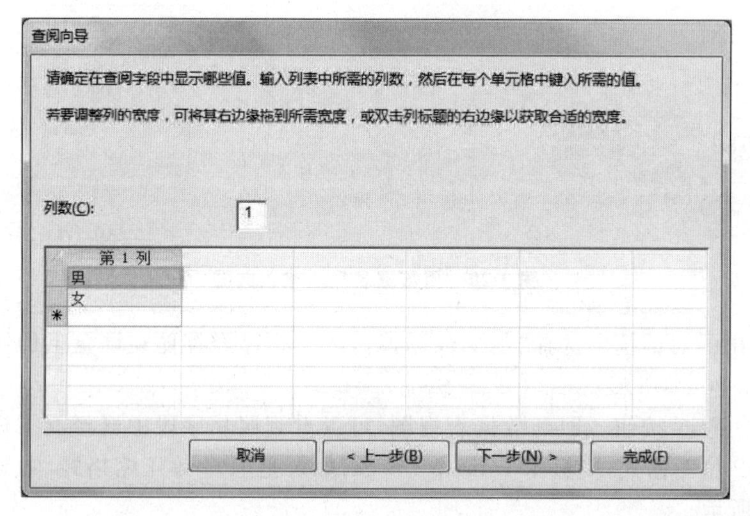

图 3-22 输入备选值

ODBC 数据库、Excel 表中的数据、用 FoxPro 或 SQL Server 等数据库管理系统建立的数据表中的数据等。

在准备数据导入之前要确保以下两件事。

- 确保数据源中的数据细节完全满足目标数据表的所有格式设置和数据约束。
- 确保目标数据库不是只读的，并且用户具有更改该数据库的权限。

例如，数据库中有一个"学生 1"表，其中存储了所有男生的信息；另有一个 Excel 工作簿"女生. xlsx"，其中存储了女生的信息。Excel 工作簿如图 3-25 所示。

【例 3-7】 将 Excel 工作簿"女生. xlsx"中的数据导入"学生 1"表。具体步骤如下。

(1) 打开 Access 2016 数据表"学生 1"。选择功能区的"外部数据"选项卡，选择 Excel，

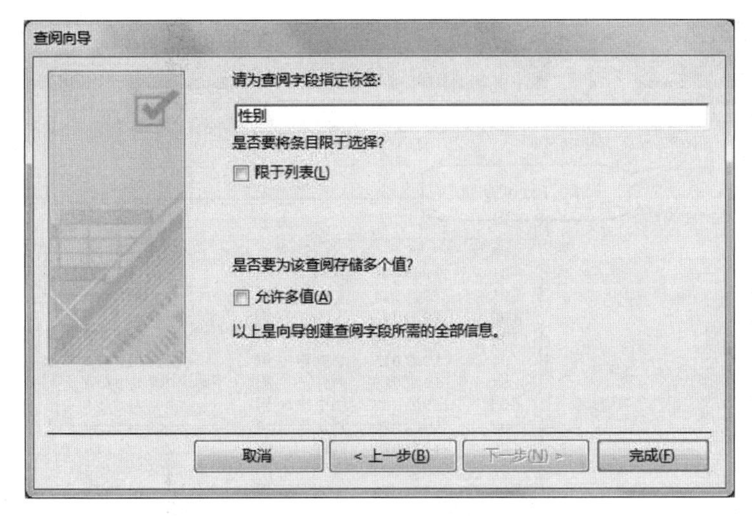

图 3-23　指定查阅字段标签

学生

系号	学号	姓名	性别	出生日期	入学成绩
01	1901011	李晓明	男	2001/1/20	601
02	1901012	王民	男	/2/3	610
01	1901013	马玉红	女	/12/4	620

记录: 第 1 项(共 22 项　无筛选器　搜索

图 3-24　字段内容下拉列表

女生 - Excel

文件　开始　插入　页面布局　公式　数据　审阅　视图　负载测试　团队　告诉我...　登录　共享

J22

	A	B	C	D	E	F	G	H	I
1	系号	学号	姓名	性别	出生日期	入学成绩	是否保送	简历	照片
2	01	1901013	马玉红	女	2001/12/4	620	FALSE		
3	01	1901016	田爱华	女	2001/3/7	608	FALSE		
4	02	1901017	马萍	女	2001/7/8		TRUE		
5	02	1901021	关艺	女	2001/1/23	614	FALSE		
6	03	1901022	鲁小河	女	2001/5/12	603	FALSE		
7	04	1901023	刘宁宁	女	2001/7/7		TRUE		
8	05	1901027	王一萍	女	2001/9/25	601	FALSE		
9	01	1901028	曹梅梅	女	2001/6/17	599	FALSE		
10	03	1901030	关萍	女	2001/3/28	607	FALSE		
11	06	1901031	章佳	女	2001/10/20	585	FALSE		
12	06	1901032	崔一楠	女	2001/8/27	576	FALSE		

女生

就绪　100%

图 3-25　女生.xlsx

如图 3-26 所示。

（2）在“获取外部数据”对话框中选择 Excel 工作簿“女生.xlsx”，指定“向表中追加一份记录的副本”，指定目标数据表“学生 1”，如图 3-27(a)所示。

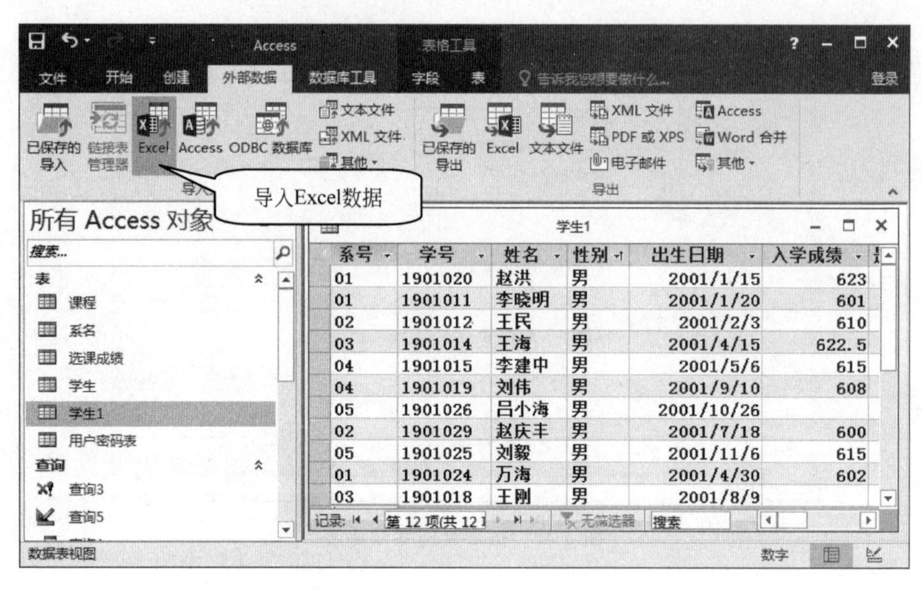

系号	学号	姓名	性别	出生日期	入学成绩
01	1901020	赵洪	男	2001/1/15	623
01	1901011	李晓明	男	2001/1/20	601
02	1901012	王民	男	2001/2/3	610
03	1901014	王海	男	2001/4/15	622.5
04	1901015	李建中	男	2001/5/6	615
04	1901019	刘伟	男	2001/9/10	608
05	1901026	吕小海	男	2001/10/26	
02	1901029	赵庆丰	男	2001/7/18	600
05	1901025	刘毅	男	2001/11/6	615
01	1901024	万海	男	2001/4/30	602
03	1901018	王刚	男	2001/8/9	

图 3-26　Access 2016 表“学生 1”

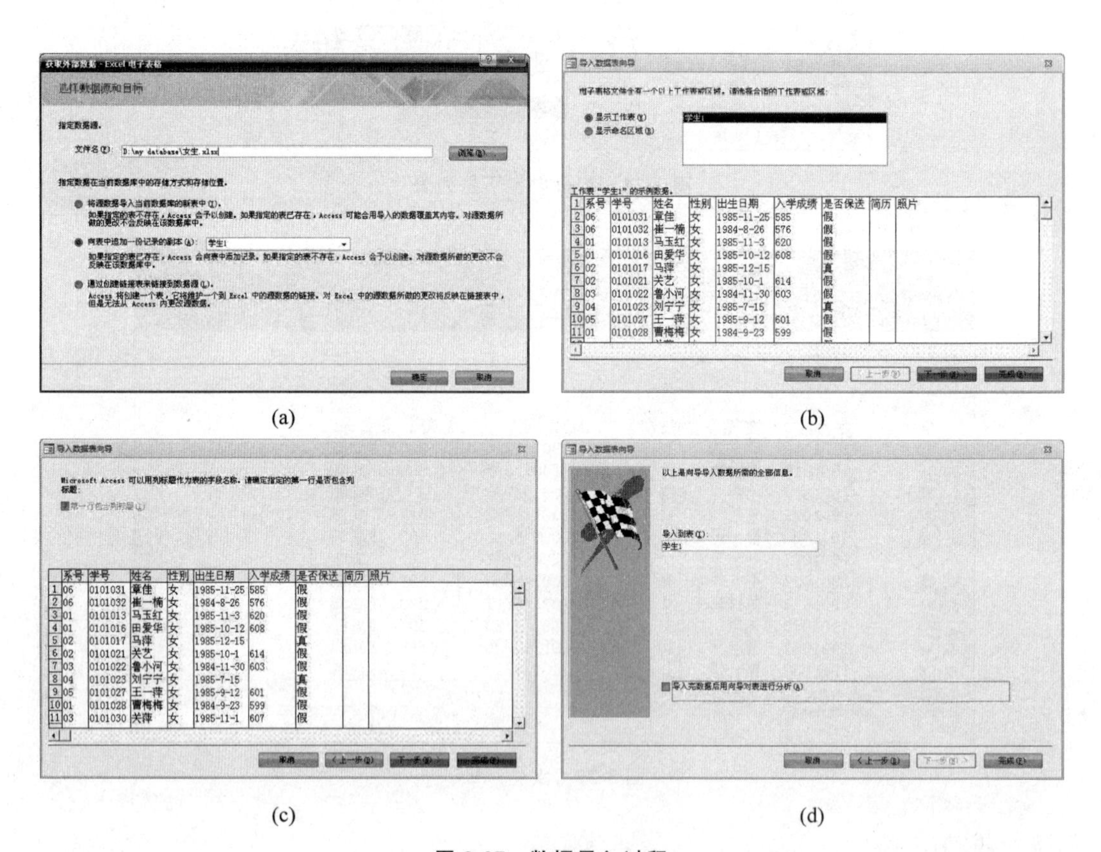

图 3-27　数据导入过程

(3) 选择工作表,如图 3-27(b)所示。

(4) 指定是否包含表格标题栏,将数据追加到一个已经有数据的表中时,不选择此项,如图 3-27(c)所示。

(5) 单击"完成"按钮,实现数据导入,如图 3-27(d)所示。

3.3.5 表的关联关系

至此,教学管理数据库的四张表已经定义了数据表结构和数据约束,并且输入了数据。为了使整个数据库成为一个相关数据的完整集合,还必须为表与表之间设置关联关系,实现数据库的参照完整性约束机制。

【例 3-8】 为教学管理数据库建立关联并设置参照完整性约束。具体步骤如下。

(1) 确定父表和子表的关系,在数据库"一对多"的关联中,"一"方就是父表,"多"方就是子表。教学管理数据库中的四张表存在三对关系,分别是:

系名(父表)——学生(子表)

学生(父表)——选课成绩(子表)

课程(父表)——选课成绩(子表)

(2) 为父表的关键字定义主键(创建数据表时若已定义,此步可省略)。注意:教学管理数据库中,系名、学生、课程三张表的主键分别是"系名.系号""学生.学号""课程.课程号"。

(3) 选择功能区的"数据库工具"选项卡,单击"关系"组中的"关系"按钮,弹出"关系"窗口。在窗口上单击右键,选择"显示表",弹出如图 3-28 所示对话框。

图 3-28 "显示表"对话框

(4) 依次添加系名、学生、选课成绩、课程四张表,如图 3-29 所示。

(5) 用鼠标将父表的主键拖动至子表的外键处,弹出"编辑关系"对话框。

(6) 在"编辑关系"对话框中选择实施参照完整性、级联更新、级联删除,如图 3-30 所示。

(7) 依次为三对数据表编辑关系,结果如图 3-31 所示。

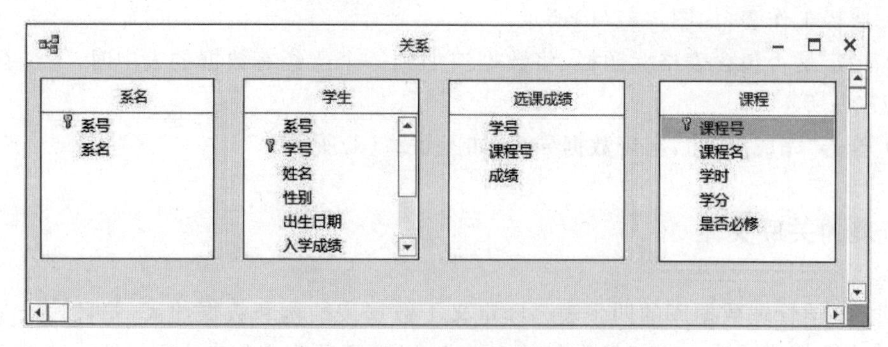

图 3-29 “关系”窗口

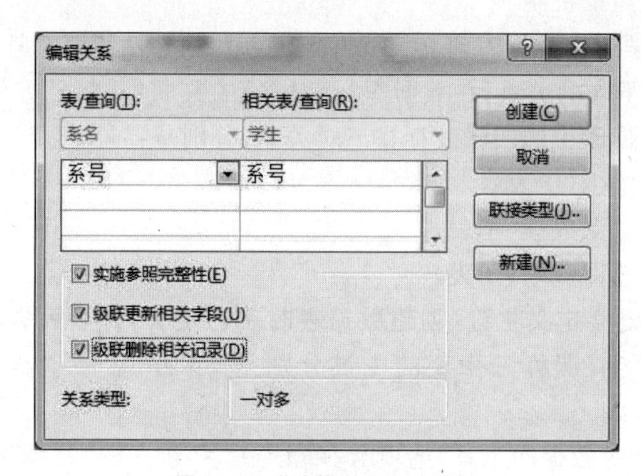

图 3-30 “编辑关系”对话框

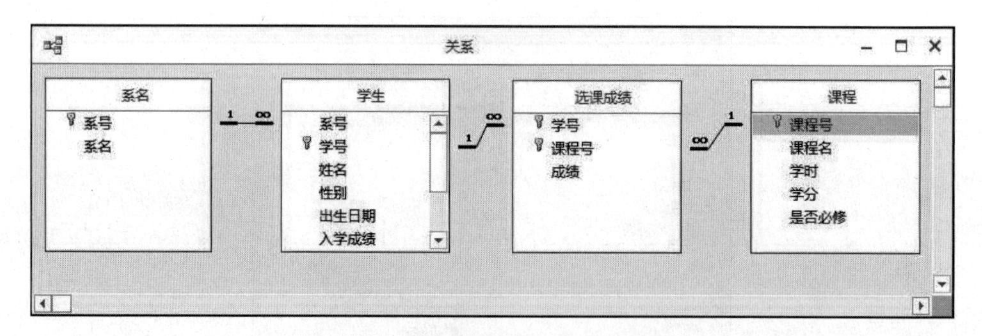

图 3-31 教学管理数据库的关联关系

注意

在建立了关联关系并设置了参照完整性约束后，数据表之间的数据产生了一种“联动”的效应。例如，当更新系名表中的“01”号系为“15”号系以后，学生表中所有原“01”号系学生的系号字段都自动更新成了“15”；又例如，在系名表中彻底删除了“01”号系的记录后，学生表中所有“01”号系的学生记录也一同被删除了。

3.4 维护数据表

在数据库创建的过程完成以后，数据库交付使用，对数据表的日常操作和维护就是数据库使用者要面对的主要问题。Access 2016 引入了一系列界面友好、功能强大的数据表维护工具，让用户轻松实现对数据库的维护。本节将主要介绍数据表记录的排序和筛选。

3.4.1 记录的排序

在 Access 2016 中，可以作为排序依据的字段类型有短文本型、数字型、日期/时间型和是/否型，其他几种类型的字段不可排序。只按照一个字段进行排序叫作单级排序；按照多个字段进行排序叫作多级排序。无论是单级排序还是多级排序，待排序的表都应该首先用数据表视图模式打开。

注意

这里说的记录排序，是在数据表视图中，按照某一个或多个字段的大小为记录设置显示顺序。关于排序必须注意以下两点。

- 记录排序实际上是按照某些字段的内容排序，排序字段可以是一个也可以是多个。
- 发生改变的只是记录在数据表视图中显示的逻辑顺序（即按指定字段或字段组有序排列后的顺序），数据库磁盘上存储的记录物理顺序并没有发生变化。

1. 单级排序

在 Access 2016 中对数据表进行单级排序主要靠排序和筛选组，共有以下三种方式可以实现。

【例 3-9】 使用功能区的排序和筛选组为数据表排序，具体步骤如下。

(1) 在数据表视图中选中要排序的字段。

(2) 选择功能区的“开始”选项卡。

(3) 在“排序和筛选”组中选择 A↓Z 表示升序，选择 Z↓A 表示降序。

【例 3-10】 使用筛选器的排序选项为数据表排序，具体步骤如下。

(1) 在数据表视图中选中要排序的字段。

(2) 选择功能区的“开始”选项卡。

(3) 在“排序和筛选”组中选择“筛选器”。

(4) 在弹出的“筛选器”菜单中，选择 A↓Z 表示升序，选择 Z↓A 表示降序。“筛选器”菜单如图 3-32 所示。

图 3-32 “筛选器”菜单

【例 3-11】 使用字段名快捷菜单的排序菜单项为数据表

排序,具体步骤如下。

(1) 在数据表视图中,在待排序的字段名称位置单击右键,弹出字段名快捷菜单。

(2) 在该快捷菜单中,选择A/Z↓表示升序,选择Z/A↓表示降序。

2. 多级排序

在 Access 2016 中对数据表进行多级排序主要靠“高级筛选/排序”选项。

【例 3-12】 在数据表视图中为学生表排序,要求先按照系号升序排列,若系号相同按照性别升序排列,若性别也相同按照学号降序排列。具体步骤如下。

(1) 在数据表视图模式中打开学生表。选择功能区的“开始”选项卡。

(2) 在“排序和筛选”组中,单击右下角“高级”下拉按钮并选择“高级筛选选项”下拉项。

(3) 主窗口中出现名为“学生筛选 1”的窗口,在窗口下方网格的“字段”栏中按顺序选择系号、性别、学号,并在对应的“排序”栏中按顺序选择“升序”“升序”“降序”。“学生筛选 1”窗口如图 3-33 所示。

图 3-33 “学生筛选 1”窗口

(4) 在“排序和筛选”组中,单击右下角“高级”下拉按钮并选择“应用筛选/排序”下拉项,在学生表的数据表视图中查看排序结果,如图 3-34 所示。

学生

系号	学号	姓名	性别	出生日期	入学成绩	是否保送	简历	照片
01	1901024	万海	男	2001/4/30	602	☐		
01	1901020	赵洪	男	2001/1/15	623	☐		
01	1901011	李晓明	男	2001/1/20	601	☐		
01	1901028	曹梅梅	女	2001/6/17	599	☐		
01	1901016	田爱华	女	2001/3/7	608	☐		
01	1901013	马玉红	女	2001/12/4	620	☐		
02	1901029	赵庆丰	男	2001/7/18	600	☐		
02	1901012	王民	男	2001/2/3	610	☐		
02	1901021	关艺	女	2001/1/23	614	☐		
02	1901017	马萍	女	2001/7/8		☑		
03	1901018	王刚	男	2001/8/9		☑		
03	1901014	王海	男	2001/4/15	622.5	☐		
03	1901030	关萍	女	2001/3/28	607	☐		
03	1901022	鲁小河	女	2001/5/12	603	☐		
04	1901019	刘伟	男	2001/9/10	608	☐		
04	1901015	李建中	男	2001/5/6	615	☐		
04	1901023	刘宁宁	女	2001/7/7		☑		
05	1901026	吕小海	男	2001/10/26		☑		
05	1901025	刘毅	男	2001/11/6	615	☐		
05	1901027	王一萍	女	2001/9/25	601	☐		
06	1901032	崔一楠	女	2001/8/27	576	☐		
06	1901031	章佳	女	2001/10/20	585	☐		

记录: 第 23 项(共 23 项) 无筛选器 搜索

图 3-34 排序结果

注意

取消数据表的排序，可以使用“排序和筛选”组中的“取消排序”按钮。

3.4.2　记录的筛选

要查找数据表中的一个或多个特定记录，可以使用筛选。用户给某些字段限定条件，满足该条件的记录可以保留在数据表视图中，其他记录则被隐藏。关于筛选操作必须注意以下三点。

(1) 筛选的条件设置对象虽然是字段，但筛选的结果却是以记录为单位的，也就是说，想通过筛选操作来隐藏某些字段是行不通的；

(2) 设置筛选条件的字段可以是一个，也可以是多个；

(3) 不满足条件的记录只是不在数据表视图中显示，并没有从数据库磁盘中删除。

最常用的筛选选项可以在功能区中轻松地找到，用户可以从字段的所有输入值中选择，可以基于输入的数据限制范围，还可以自己输入条件范围来限定条件。Access 2016 提供了使用筛选器筛选、基于选定内容筛选、使用窗体筛选和使用高级筛选四种筛选方式。

1. 使用筛选器筛选

【例 3-13】 使用筛选器筛选学生表中的记录。具体步骤如下。

(1) 在数据表视图中选中要设置筛选条件的字段，例如选定系号字段。

(2) 选择功能区的“开始”选项卡。

(3) 在“排序和筛选”组中，选择“筛选器”。

(4) 在弹出的“筛选器”菜单中有 8 个复选框，分别是“全选”“空白”和系号字段中所有已输入值的列表。选定“全选”表示筛选所有记录，选定“空白”表示筛选系号为空值的记录，其余的字段输入值列表可以复选。例如，选定“01”和“03”，表示筛选这两个系的学生记录。筛选器如图 3-35 所示。

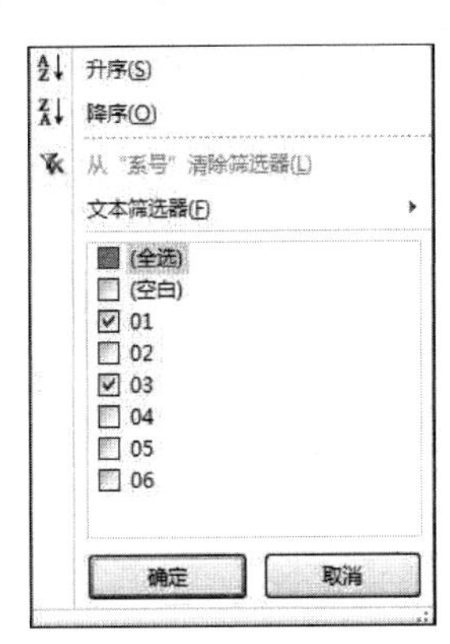

图 3-35　筛选器

筛选结果如图 3-36 所示。

学生

系号	学号	姓名	性别	出生日期	入学成绩	是否保送	简历	照片
01	1901024	万海	男	2001/4/30	602	☐		
01	1901020	赵洪	男	2001/1/15	623	☐		
01	1901011	李晓明	男	2001/1/20	601	☐		
01	1901028	曹梅梅	女	2001/6/17	599	☐		
01	1901016	田爱华	女	2001/3/7	608	☐		
01	1901013	马玉红	女	2001/12/4	620	☐		
03	1901018	王刚	男	2001/8/9		☑		
03	1901014	王海	男	2001/4/15	622.5	☐		
03	1901030	关萍	女	2001/3/28	607	☐		
03	1901022	鲁小河	女	2001/5/12	603	☐		

记录: 第 1 项(共 10 项)　已筛选　搜索

图 3-36　筛选器筛选结果

注意

取消筛选可以使用“排序和筛选”组中的“切换筛选”按钮，也可以单击数据表视图下边框的“已筛选”按钮。

Access 2016 还按照数据类型提供了文本、数字和日期三种数据类型筛选器，筛选器的选项根据数据类型自动变化。因此，当用户选定了要设置筛选条件的字段时，可以在筛选器中看到符合数据类型信息选项的级联菜单。

【例 3-14】 使用文本筛选器筛选学生表学号以“3”结尾的学生记录。具体步骤如下。

(1) 在数据表视图中选中学号字段。

(2) 选择功能区的“开始”选项卡。

(3) 在“排序和筛选”组中选择“筛选器”。

(4) 在弹出的“筛选器”菜单中，选择文本筛选器，在级联菜单中选择“结尾是”，弹出“自定义筛选”对话框，如图 3-37 所示。

图 3-37 “自定义筛选”对话框

(5) 在对话框中输入“3”，单击“确定”按钮。筛选结果如图 3-38 所示。

系号	学号	姓名	性别	出生日期	入学成绩	是否保送	简历	照片
01	1901013	马玉红	女	2001/12/4	620	☐		
04	1901023	刘宁宁	女	2001/7/7		☑		

图 3-38 筛选结果

扩展阅读

三种数据类型筛选器的选项如表 3-8 所示，其中日期筛选器功能最丰富。

表 3-8 三种数据类型筛选器的选项

筛选器类型	文本筛选器	数字筛选器	日期筛选器
筛选器选项	等于	等于	等于
	不等于	不等于	不等于
	开头是	大于	之前
	开头不是	小于	之后
	包含	介于	介于
	不包含		明天/今天/昨天
	结尾是		下周/本周/上周
	结尾不是		下月/本月/上月
			下季度/本季度/上季度
			明年/本年/本年度截止到现在/去年
			过去/将来
			期间的所有日期

2. 基于选定内容筛选

【例 3-15】 基于选定内容筛选学生表中出生日期不晚于李晓明出生日期的学生记录。具体步骤如下。

(1) 在学生表数据表视图中选中李晓明的出生日期#2001/1/20#。

(2) 单击右键,选择"不晚于 2001/1/20",筛选菜单和查询结果如图 3-39 和图 3-40 所示。

图 3-39　基于选定内容筛选

图 3-40　筛选结果

3. 使用窗体筛选

【例 3-16】 使用窗体筛选学生记录。要求显示 01 号系的男生和 03 号系的女生,具体步骤如下。

(1) 在数据表视图模式中打开学生表。选择功能区的"开始"选项卡。

(2) 在"排序和筛选"组中,选择"高级"下拉按钮中的"按窗体筛选"选项。

(3) 主窗口中出现名为"学生:按窗体筛选"的窗口,分别在系号下方输入"01",性别下方输入"男",如图 3-41(a)所示。

(4) 选择窗口下方的"或",并分别在系号下方输入"03",性别下方输入"女",如图 3-41(b)所示。

(5) 在"排序和筛选"组中,选择"高级"下拉按钮中的"应用筛选"。查询结果如图 3-42 所示。

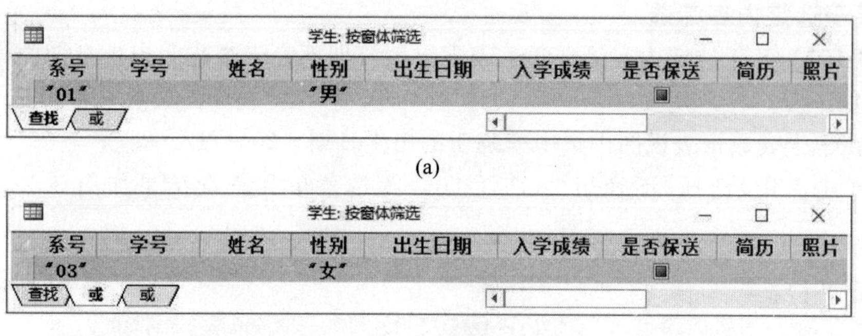

图 3-41　按窗体筛选窗口

学生

系号	学号	姓名	性别	出生日期	入学成绩	是否保送	简历	照片
01	1901024	万海	男	2001/4/30	602	☐		
01	1901020	赵洪	男	2001/1/15	623	☐		
01	1901011	李晓明	男	2001/1/20	601	☐		
03	1901030	关萍	女	2001/3/28	607	☐		
03	1901022	鲁小河	女	2001/5/12	603	☐		

记录: 第 6 项(共 6 项)　已筛选　搜索

图 3-42　按窗体筛选结果

4. 高级筛选

高级筛选实际上就是将按窗体筛选的功能集成在同一个窗口中的操作。下面用高级筛选再次实现例 3-16。

【例 3-17】 用高级筛选功能实现例 3-16 的筛选，具体步骤如下。

(1) 在数据表视图模式中打开学生表。选择功能区的“开始”选项卡。

(2) 在“排序和筛选”组中，选择“高级”下拉按钮中的“高级筛选/排序”选项。

(3) 主窗口中出现名为“学生筛选 1”的窗口，在窗口下方网格的“字段”栏中分别选择系号、性别；在“条件”栏的系号下方输入“01”，性别下方输入“男”；在“或”栏的系号下方输入“03”，性别下方输入“女”。“学生筛选 1”窗口如图 3-43 所示。

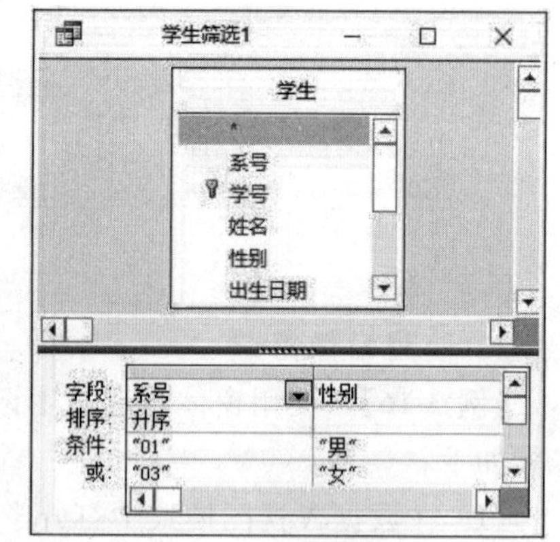

图 3-43　高级筛选

(4) 在“排序和筛选”组中，选择“高级”下拉按钮中的“应用筛选”。查询结果如图 3-42 所示。

思考

在本章的开头，小南创建辩协数据库时，遇到了三个麻烦：

(1) 人员编号开头为"0"无法录入；

(2) 辩手分工信息重复输入很烦琐；

(3) 手机号长度输入错误。

学完本章，你能替他解决这些麻烦吗？

小结

本章以"教学管理.accdb"为例，基于 Access 2016 介绍了数据库物理结构的创建和维护方法，包括数据库、数据表的创建；数据类型与数据格式；建立表与表之间的连接关系和参照完整性；数据表的排序和筛选方法。

习题

1. Access 2016 与早期版本相比，有哪些新的功能和特点？

2. 创建 Access 2016 数据库的方法有哪些？

3. 创建 Access 2016 数据表的方法有哪些？

4. Access 2016 数据表中的字段都有哪些常用的数据类型？简述各种数据类型都有哪些可选的数据大小和数据格式？

5. 什么是字段属性？Access 2016 中都有哪些字段属性？

6. 什么是掩码？如何设计掩码？

7. 如何为数据表建立关联关系和参照完整性？创建参照完整性的时候，可以选择级联更新和级联删除，为什么没有级联插入？

8. 怎样为数据表排序？

9. 怎样筛选数据表中的记录？

第 4 章　常量、变量、表达式与函数

知识导入

本章介绍 Access 2016 的基本知识，其中包括 Access 2016 支持的数据类型，常量、变量、数组、函数和表达式的定义和使用方法。

4.1　基本数据类型

在 Access 2016 系统中，基本的数据类型是由系统提供的，用户可以直接使用。常用的标准数据类型分为：数值型、文本型、货币型、日期时间型、布尔型、变体型、字节型、对象型 8 种类型。其中，数值型又分为整型、长整型、单精度型和双精度型四种；文本型又分为短文本和长文本两种。表 4-1 中列出了基本数据类型，及其占用空间和数据表示范围等。

表 4-1　Access 2016 标准数据类型

数据类型	类型符号	占用字节	取值范围
整型(Integer)	%	2	−32 768～ 32 767
长整型(Long)	&	4	−2 147 483 648～2 147 483 647
单精度(Single)	!	4	负数：−3.402 823E38～−1.401 298E-45 正数：1.401 298E-45～3.402 823E38
双精度(Double)	#	8	负数：−1.797 693 134 862 32E308～−4.940 656 458 412 47E-324 正数：4.940 656 458 412 47E-324～1.797 693 134 862 32E308
短文本型(String)	$	不定	0～255 个字符
长文本	无	不定	0～63 999 个字符
货币型(Currency)	@	8	−922 337 203 685 477.5808～922 337 203 685 477.5807
日期型(Date)	无	8	100-01-01～9999-12-31
布尔型(Boolean)	无	1	True 或 False

续表

数据类型	类型符号	占用字节	取值范围
对象型(Object)	无	4	任何引用的对象
变体型(Variant)	无	不定	由最终的数据类型而定
字节型(Byte)	无	1	0～255

无论是常量、变量、表达式，还是函数都会涉及数据类型，因此，理解和掌握数据类型的概念、数据类型的分类以及作用是非常重要的。下面分别介绍常量、变量、表达式和函数。

4.2 常量

常量(Constant)，顾名思义就是不变的恒定的量，在 Access 2016 中用常量来表示固定不变的值。常量分为文字常量、符号常量和系统常量三种。

4.2.1 文字常量

文字常量就是某一种数据类型的常数值，所以也称为直接常量。在 Access 2016 中经常使用的文字常量包括：数值型常量、文本型常量、货币型常量、日期型常量、布尔型常量。不同类型的文字常量其表现形式、适用范围也不同。

1. 数值型常量

简单地讲，数值型常量就是数学意义上的实数。更具体一些，整数、小数或用科学记数法表示的数都是数值型常量，即常数。例如：

```
100、-56、3.14159、0.28E6、1.25E12、2E-5
```

其中 1.25E12 这种表示数的方法称为科学记数法，表示 1.25×10^{12}、2E-5 表示 2×10^{-5}。

根据数据所需范围的不同，数值型常量又可以分为字节型、整型、长整型、单精度型和双精度型。每一种类型的取值范围见表 4-1。

2. 文本型常量

文本型常量也经常被称为字符型常量。文本型常量是用一对双引号("")括起来的字符串，双引号称为文本型常量的定界符。例如：

```
"1010552"
"关系数据库"
```

不包含任何字符的字符串("")称为空串。

提示

双引号("")为文本型的定界符,仅表示数据类型,不是该常量值的组成成分。

如文本常量"1010552"的值为1010552(不是数学意义上的一百零一万零五百五十二,不表示大小,不能用于计算。常见的手机号、身份证号、学号等数据都具有这一特性);"关系数据库"的值是5个汉字:关系数据库。

另外,空串""与值为一个空格的文本常量" "不同,前者长度为0,后者长度为1。

如果文本串本身包括双引号,例如,要表示字符串123"456,则用两个连续双引号表示,即"123""456"。

3. 货币型常量

货币型常量用于表示货币值,其格式与数值型常量相似。例如:

```
$863、$120.1235
```

货币常量没有科学记数法形式。货币数据在存储和计算时默认保留4位小数,若超过4位小数,系统会自动四舍五入取4位小数。

4. 日期型常量

日期型常量用来表示日期,或者是日期时间。任何可以识别的文本日期都可赋给日期变量。日期型常量必须用定界符"#"括起来,例如:

```
#04/12/98#: 表示 1998 年 4 月 12 日
#2004/02/19 10:01:01#: 表示 2004 年 2 月 12 日 10 点 1 分 1 秒
```

5. 布尔型常量

布尔型常量也称为逻辑型常量。这种常量只有两个值:真和假。用True表示真、False表示假。其他数据类型转换为布尔数据类型时,0对应False,其他数据均对应True。当布尔型数据转换为其他数据类型时,False转换为0,True转换为-1。在学习4.4节时,本书将给出例子做进一步讲解。

4.2.2 符号常量

符号常量是指由用户定义一个标识符代表一个常量,其类型取决于下列命令中表达式值的类型。定义一个符号常量语句格式如下:

```
Const 符号常量名 [As 类型|类型符号]=<表达式>
```

例如:

```
Const I1%=14135
```

表示定义符号常量：名为 I1，类型为整型（%的含义见表 4-1），值为 14135。

同时定义多个符号常量语句格式如下：

```
Const 符号常量名 [As 类型|类型符号]=<表达式>
[,常量名 [As 类型|类型符号]=<表达式>……]
```

例如：

```
Const I1%=14135,I2!=0.14135
```

表示定义两个符号常量：第一个名为 I1，类型为整型，值为 14135；第二个名为 I2，类型为单精度型，值为 0.14135。当编写程序时，如果在程序中需要使用特殊含义的常量，就可以使用符号常量。

提示

在上述命令格式中，中括号[]表示[]里面的内容是可选项，也就是可以有也可以没有，如上命令中[As 类型|类型符号]说明定义符号常量可以指定类型，也可以不指定类型，如果没有指定符号常量类型，则由等号右边表达式决定。[，常量名[As 类型|类型符号]=<表达式>……]表示可以定义一个符号常量，也可以在这一条命令中定义多个符号常量。本书后面章节命令格式中的[]都使用这个规则。

4.2.3 系统常量

系统常量是系统预先定义好的常量，用户可直接引用，例如，vbRed、vbOK、vbYes 等，这些常量将在第 7 章中给出具体的用法。

提示

系统常量的名称、系统提供的命令、函数名、数据类型等习惯上称为系统保留字，用户在定义自己使用的变量名、函数名时，不能引用保留字来命名。

4.2.4 立即窗口的使用

立即窗口是 Access 2016 为使用者提供的观察系统运行结果最简洁、最直观的一个界面。熟练操作立即窗口，对理解本章基本概念有很大的帮助。

立即窗口的打开：新建一个空数据库文件或者打开某一个数据库文件，选择“数据库工具”菜单项，如图 4-1 所示。

选择 Visual Basic（如图 4-1 菜单项“开始”的下方），进入 VBA 调试窗口，选择“视图”菜单中的“立即窗口”就会出现如图 4-2 所示的界面。

在立即窗口中测试简单的常量、变量、函数和表达式非常简单，只要输入“?”命令以及具

图 4-1 Access 2016 基本操作界面

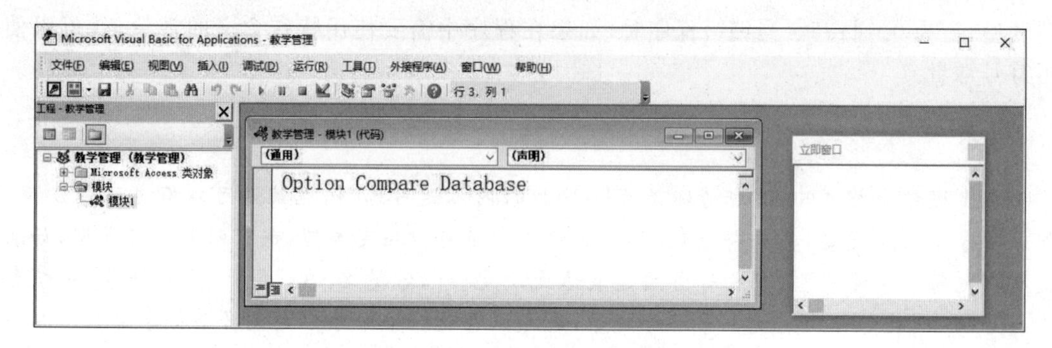

图 4-2 VBA 窗口和立即窗口

体的操作对象并按 Enter 键，便可立即观察结果。

例如，在立即窗口中，输入“? 2”后按 Enter 键，结果就会显示在下一行。如果输入“print 2”，效果相同，如图 4-3 所示。

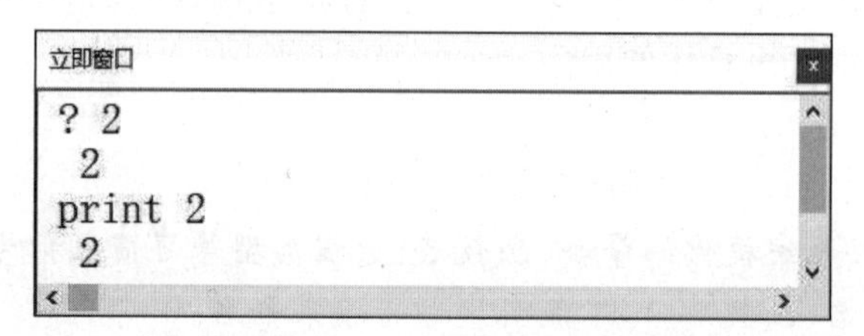

图 4-3 立即窗口的使用

提示

? 命令和 print 命令后面是一个表达式的时候，系统会先对表达式进行运算，然后输出运算的结果。

也可以在立即窗口中通过使用 Access 2016 提供的 TypeName()函数来测试各种常量或表达式的类型。如图 4-4 所示，三个“10/18/2019”外观虽然相似，但代表的数据类型不同。10/18/2019 不加双引号，是除法运算，表示 10÷18÷2019；成对的双引号是字符型常量定界符，所以"10/18/2019"表示的是一个字符串，虽然看起来很像日期但实则不然；成对的双井号是日期型常量定界符,所以#10/18/2019#表示的是日期 2019 年 10 月 18 日。

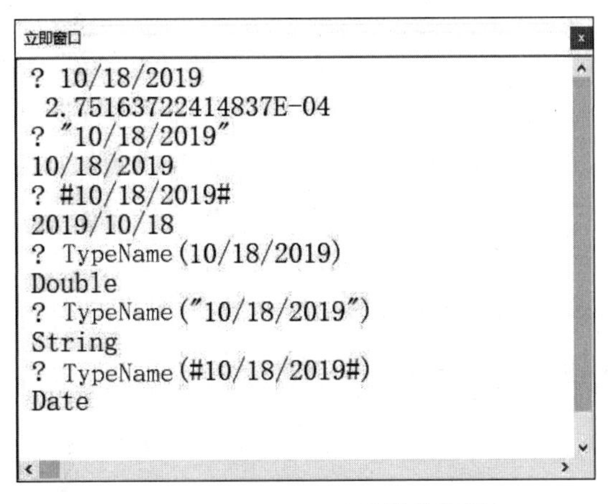

图 4-4 TypeName()函数的使用

4.3 变量和数组

4.3.1 变量

变量(Variate),顾名思义就是在命令操作或程序执行过程中,其值可以改变的量。在 Access 2016 中,变量分为两大类:字段变量和内存变量。

1. 字段变量

二维表的每一个字段即每一列都是一个字段变量。例如,学号、姓名、性别、出生日期、简历、照片等都是字段变量。字段变量与表相关联,在建立表结构时定义,修改表结构时可重新定义。字段变量随着表的打开和关闭而在内存中存储和被释放。字段变量属于多值变量,其值因记录不同而不同。有关字段变量的相关说明,请参阅第 4 章的相关内容。

2. 内存变量

本节主要介绍内存变量的定义,内存变量的使用将在第 8 章详细介绍。内存变量与字段变量不同,它独立于表而存在,用来保存在命令或程序执行中,临时用到的输入、输出或中间数据,由用户根据需要定义或删除。本节讨论的都属于内存变量,简称为变量。

3. 变量的命名规则

定义(内存)变量时需要为它命名。变量定义后即存储于内存中。内存变量命名规则有以下 4 条。

(1) 以字母、汉字或下画线开头;

(2) 由字母、汉字、下画线或数字组成;

(3) 长度不超过 255 个字符;

(4) 不能使用 VBA 的保留字作变量名。

例如,x1、姓名、Flag_101、Birthday 等都是合法的内存变量名。而 123abc、a b、integer 都是不合法的变量名。

4. 变量的声明

在 VBA 程序中使用变量,要先给变量定义名称及类型,这就是对变量进行声明。变量的声明有两种方式:显式声明和隐式声明。还有两种声明状态:强制声明状态和非强制声明状态。

1) 显式声明

变量显式声明意味着在使用变量之前进行声明,声明局部变量语句格式如下:

```
Dim 变量名 [As 类型/类型符][,变量名 [As 类型/类型符]……]
```

例如:

```
Dim x As Integer
```

这条命令的含义是声明一个变量:变量的名字为 x,变量的类型为整型。声明了变量后,系统就会在内存中为这个变量分配两个字节的空间,我们就可以把某一个整数值存储在这个空间中。根据表 4-1,也可以使用类型符号来声明变量,例如:

```
Dim x%
```

当然,也可以同时声明多个变量,例如:

```
Dim x As Integer,y As Integer
```

其作用是同时声明两个变量:变量名分别为 x 和 y,变量类型均为整型,或者:

```
Dim x As Integer,y As Single
```

即同时声明两个变量:变量名分别为 x 和 y,变量 x 类型为整型,变量 y 类型为单精度型。

2) 隐式声明

未进行显式声明而通过赋值语句直接使用变量,或使用 Dim 命令而省略了[As 类型/类型符]短语的变量,此时变量的类型为变体类型。例如:

```
x=100
Dim y
```

3) 强制声明状态

在 VBA 程序的开始处,如果出现(系统环境可设置),或写入下面命令:

```
Option Explicit
```

则程序中所有的变量必须进行显式说明，不能使用隐式声明，在非强制声明状态下，才可以使用隐式声明，对初学者来说最好使用强制声明状态和显式声明。

4.3.2 数组

数组不是一种数据类型，而是一组数据，也就是一组内存变量，确切地说是按照一定顺序排列的基本类型内存变量，其中各个内存变量称为数组元素。数组元素用数组名及其在数组中排列位置的下标来表示，下标的个数称为数组的维数。有关数组的详细说明请参阅 8.7 节。

4.4 表达式和函数

4.4.1 表达式

表达式是由常量、变量、函数、运算符及圆括号组成的有意义的式子。通常也将常量、变量和函数看作是表达式的特例。表达式按其值的类型分为 5 种，即数值表达式、字符表达式、关系表达式、逻辑表达式和货币表达式(货币表达式不在本书的讨论范围之内，感兴趣的读者可查阅相关的参考书)。下面分别予以介绍。

1. 数值表达式

数值表达式由数值型常量、变量、函数、算术运算符及圆括号构成，其运算结果仍为数值型。算术运算符有 6 种，按优先级由高到低的顺序如表 4-2 所示。

表 4-2　算术运算符

运　算　符	功　　能	举　　例	表 达 式 值
^	乘方	2^3	8
－	取负数	－2	－2
*、/	乘、除	2 * 3/4	1.5
\	整除	2 * 3\4	1
Mod	取余数	2 * 3 Mod 4	2
＋、－	加、减	2＋3－4	1

在立即窗口中输入：

```
? 10 Mod 3, -10 Mod -3, -10 Mod 3, 10 Mod -3
```

运算结果为：

```
1    -1    -1    1
```

说明：求余运算 mod 运算后得到余数的正负与表达式中的被除数的正负一致。

提示

其他类型的数据如果与数值型数据进行算术运算时，会进行强制类型转换，将其他类型转换为数值型，然后进行运算。

例如：

```
? "1"+2          显示结果为：3,"1"被转换为数值 1,然后做加法
? 1+true         显示结果为：0,true 被转换为-1,然后做加法
? 1+false        显示结果为：1,false 被转换为 0,然后做加法
```

2. 字符表达式

字符表达式由字符型常量、变量、函数和字符运算符组成，其运算结果仍为字符型。

字符运算符只有两种，其优先级相同，如表 4-3 所示。

表 4-3　字符运算符

运　算　符	功　　能	示　　例	表达式值
＋	连接两个字符型数据	"科学"＋"技术"	"科学技术"
&	连接两个字符型数据	"科学"&"技术"	"科学技术"

“＋”运算符和“&”运算符两者都是完成字符串连接运算。不同的是前者既可以做加法运算又可以做字符串连接，后者只能做字符串连接。

例如，在立即窗口中运行下列命令：

```
?"123"+"45"
```

显示结果为：12345，两个字符串连接。

```
?"123"+45
```

显示结果为：168，"123"被转换为数值 123，然后做加法运算。

```
?"123"&"45"
```

显示结果为：12345，两个字符串连接。

```
?"123" & 45
```

显示结果为：12345，数值 45 被转换为字符串"45"，然后做字符串连接运算。

3. 关系表达式

关系表达式可以由关系运算符和数值表达式、字符表达式组成，但关系运算符两侧的数

据类型必须一致，其运算结果为逻辑值。

关系运算符有 8 种，见表 4-4，它们的优先级相同，运算次序由其先后顺序和圆括号来决定。

表 4-4　关系运算符

运　算　符	功　　能	示　　例	表达式值
>	大于	3 * 5<20+8	True
<	小于	5<4	False
=	等于	5=4	False
<>	不等于	5<>4	True
>=	大于或等于	5>=4	True
<=	小于或等于	5<=4	False

例如，在立即窗口中运行下列命令：

```
?  #11/12/2005#<#10/12/2005#
```

显示结果为：False。

```
?  "一">"二"
```

显示结果为：True。

```
? "AB">"AD"
```

显示结果为：False。

关系运算符的比较规则说明如下。

(1) 数字型量(常量，变量或者表达式的值)进行比较时，按照代表数值的大小确定比较结果。

(2) 货币型量与数值型量相同。

(3) 系统认为逻辑型量的 False 大于 True。

(4) 日期型量，是后面的日期比较大。例如，今天肯定比昨天大。

(5) 比较字符型量的时候，按照按位比较的原则。对应位比较的时候，英文字母、数字标点符号，按照 ASCII 的值进行比较，ASCII 值大的字符比较大。例如，"ab"和"ac"比较，第一位"a"相同，比较第二位"c"比"b"要大，所以字符串"ac"大于字符串"ab"。同样，"abcde"和"ac"比较，虽然前者很长，但是按照按位比较原则，"ac"大于字符串"abcde"。对于汉字来说，是对汉字拼音的 ASCII 值按位比较。

4. 逻辑表达式

逻辑表达式由逻辑运算符和逻辑常量、变量、函数及关系表达式组成，其运算结果仍为逻辑值真或者是假。

常用的逻辑运算符有 3 种,按优先级由高到低排列顺序如表 4-5 所示。

表 4-5 逻辑运算符

运算符	功能	示例	表达式值
Not	取其右边逻辑值的相反值	Not True	False
And	两边的逻辑值都是真时结果才为真	True and True	True
Or	两边的逻辑值都是假时结果才为假,只要有一个是真就为真	True or False	True

逻辑表达式在运算过程中遵循的运算规则见表 4-6。

表 4-6 逻辑表达式运算规则

A	B	Not A	A And B	A Or B
True	False	False	False	True
True	True	False	True	True
False	True	True	False	True
False	False	True	False	False

5. 运算符优先级

以上介绍了各种表达式及其使用的运算符,注意每一种运算符都有其优先级。当不同运算符出现在同一个表达式中时,优先级最高的是算术运算符、字符运算符,它们为同一优先级;其次是关系运算符;优先级最低的是逻辑运算符。例如,在立即窗口里输入:

```
num1=60
num2=180
? num1>num2 And "abc">"ad" Or num2+20<=200
```

表达式的运算顺序如下。

(1) 首先进行算术运算:数值表达式 num2+20 的值为 200。

(2) 然后进行关系运算:

```
num1>num2 的值为 False
"abc">"ad"的值为 False
200<=200 的值为 True
```

以上表达式等价于:

```
False And False Or True
```

(3) 最后进行逻辑运算。在逻辑运算中,首先进行与运算:

```
False And False 的值为 False
```

然后进行或运算：

```
False Or True 的值为 True
```

即整个表达式的值为 True。

此外，可以使用圆括号改变运算符的运算顺序。例如，在以上表达式中加一个圆括号，变成以下形式：

```
num1>num2 And("abc">"ad" Or num2+20<=200)
```

首先计算圆括号内部表达式的值，结果为 True。这时，整个表达式的值为 False。

4.4.2 函数

Access 2016 为用户提供了大量功能强大的函数。

1. 函数的一般形式

函数一般由函数名、参数和函数值三部分组成，称为函数的三要素。函数的一般形式为：

```
函数名([参数 1][,参数 2]…)
```

例如，在立即窗口里输入命令：

```
? Abs(-128)  '
```

运算结果为 128。这个函数的函数名是 Abs，参数是－128，函数的功能是求参数的绝对值，函数值(或称为返回值)为 128。

提示

函数的书写格式中，函数名后紧接圆括号，括号内是参数(即自变量)。没有参数的函数称为无参函数。函数类型通常由函数返回值的类型决定。如上例返回值 128 是一个数值型数据，所以 Abs()函数是一个数值型函数。

在 Access 2016 中，除了可以单独使用函数，函数还可作为表达式的一部分参与运算。例如：

```
Sqrt(2)+5
```

其中，函数 Sqrt(2)的功能是计算 2 的平方根，函数值为 1.41(默认 2 位小数)，所以表达式 Sqrt(2)＋5 先运算函数，再运算加法，表达式的值为 6.41。

2. 常用函数

这里将一些常用函数以表格形式列出(包括函数格式、功能及简单应用示例),以便于读者学习、查阅。每个基本示例之后,各类函数都列举了一些例题,请读者仔细阅读,并结合上机练习,掌握其使用方法。

1) 数值计算函数

常用的数值计算函数见表 4-7。注意表中 N 代表数值型常量、数值型变量、数值型函数和算术表达式,而数值计算函数的返回值仍是数值型常量。

表 4-7 数值计算函数

函数格式	功 能	示 例	函 数 值
Abs(N)	求 N 的绝对值	Abs(－6.5)	6.5
Cos(N)	返回余弦值	Cos(45 * 3.14/180)	0.707
Exp(N)	求 e 的 N 次方	Exp(2)	7.38905
Fix(N)	返回 N 的整数部分	Fix(－2.4),Fix(2.4),Fix(2.6)	－2 2 2
Int(N)	返回不大于 N 的最大整数	Int(18.6),Int(－18.6)	18 －19
Log(N)	求 N 值的自然对数	Log(Exp(1))	1
Rnd	返回一个区间[0,1)内的随机数	Rnd	0≤函数值<1
Round(N1,N2)	将 N1 四舍五入,小数位数由 N2 的值确定	Round(3.14159,3)	3.142
Sgn(N)	求 N 的符号。当 N 的值为正、负和 0 时,函数值分别为 1、－1 和 0	Sgn(12)	1
Sin(N)	返回正弦值	Sin(30 * 3.14/180)	0.4998
Sqr(N)	求指定 N 的平方根	Sqr(9)	3.00
Tan(N)	返回正切值	Tan(30 * 3.14/180)	0.5769

下面通过例子来说明求绝对值函数 Abs()、符号函数 Sgn()的使用方法。在立即窗口里输入:

```
a=60
?   Abs(a-68), Abs(68-a),Sgn(a-68),Sgn(68-a)
```

运算结果为:

```
8       8       -1       1
```

下面通过例子来说明四舍五入函数 Round()的使用方法。在立即窗口里输入:

```
? Round(12.325,2), Round(12.324,3), Round(12.324,4)
```

运算结果为：

```
12.33     12.324     12.324
```

说明：Round()函数指定的小数位数超过实际小数位数时，小数位数不会再增加。

下面通过例子来说明取整函数 Int()的使用方法。在立即窗口里输入：

```
? 33+Int(17.66), Int(-16.38)
```

运算结果为：

```
50     - 17
```

说明：取整函数 Int()取出小于数值表达式的整数中最大的那个整数。

2）字符处理函数

常用的字符处理函数见表 4-8。注意：表格中的 C(C1,C2 含义相同)可以是字符型常量、字符型变量、字符函数和字符表达式；N 代表的是一个整数。

表 4-8　字符处理函数

函数格式	功　能	示　例	函数值
Instr(C1,C2)	在 C1 中查找 C2 的首字符的位置	Instr("ABCDE","DE")	4
LCase(C)	将 C 中大写字母转换为小写字母	LCase("Word")	"word"
Left(C,N)	返回 C 左侧 N 个长度的子串	Left("Access6.0",3)	"ACC"
Len(C)	求 C 的长度，即字符个数	Len("Access")	6
Ltrim(C)	删除 C 中第一个非空格字符前面的空格	X=" 数据库" Len(X) Len(Ltrim(X))	 5 3
Mid(C,M,N)	取 C 中第 M 个字符起共 N 个字符	Mid("ABCD",2,2)	"BC"
Right(C,N)	返回 C 右侧 N 个长度的子串	Right("Access6.0",3)	"6.0"
Rtrim(C)	删除字符串 C 尾部空格	姓名="李江 " 职称="教授" Rtrim(姓名)+职称	 "李江教授"
Space(N)	产生含 N 个空格的字符串	"a"+Space(4)+"b"	"a b"
Trim(C)	删除字符串前导和尾部空格	Trim(" Windows ")	"Windows"
UCase(C)	将 C 中小写字母转换为大写字母	UCase("y=1")	"Y=1"

下面通过例子来说明如何利用函数 Left()从姓名中取出姓氏。在立即窗口里输入：

```
姓名="王和平"
? Left(姓名,1)
```

运算结果为：

```
"王"
```

如果使用 Mid()函数完成上述功能，可以在立即窗口中输入：

```
? Mid(姓名,1,1)
```

提示

Left()函数是从字符串的左边，也就是开头开始截取若干个字符；而 Mid()函数需要给出截取的起始位置。

Mid(C,M,N)函数中如果省略<N>，或者<N>的值大于子串的实际长度，则子串取到字符表达式的最后一个字符为止。例如：

```
? Mid("关系数据库管理系统",6,2)
```

运算结果为：

```
"管理"
```

在立即窗口中输入：

```
? Mid("关系数据库管理系统",6)
```

运算结果为：

```
"管理系统"
```

输入：

```
? Mid("关系数据库管理系统",6,100)
```

运算结果也是：

```
"管理系统"
```

下面通过例子来说明使用判断子串位置函数 Instr()来判断变量姓名的值是否包含“王”这个字符。在立即窗口里输入(注意变量姓名的值为"王和平")：

```
? Instr(姓名,"王")>0
```

运算结果为：

```
True
```

Instr()函数的返回值是后面字符串"王"在前面字符串第一次出现的位置。

提示

上例运算结果为真，只能说明在姓名中包含“王”这个字，不能说明一定姓“王”，如果将命令改为

```
? Instr(姓名,"王")=1
```

也就是说“王”这个字在变量姓名值的第一个位置上，才说明姓“王”。

下面通过例子来说明函数Ucase()是如何工作的。在立即窗口里输入：

```
c="y"
? Ucase(c)="Y"
```

显示结果为：True。

3）日期时间函数

常用的日期时间函数见表4-9。注意：表格中的N可以是数值型常量、数值型变量、数值型函数和算术表达式。D(D1,D2含义相同)表示日期型的常量、变量、函数或者表达式，T表示日期时间型的常量、变量、函数或者表达式。C是专门的字符串，表示两个日期之间是间隔日或者是年等。专门的字符串的含义如表4-10所示。

表4-9 日期时间函数

函数格式	功能	示例	函数值
Date	返回系统的当前日期	Date	2019/1/4
DateAdd(C,N,D)	按照C的要求返回比当前日期增加N个增量的日期	DateAdd("yyyy",1,#2019/1/4#)	2020/1/4
DateDiff(C,D1,D2)	按照C的要求返回D1,D2时间间隔	DateDiff("q",#2019/1/4#,#2018/1/4#)	−4
Year(D)	返回年份	Year(#2019/1/04#)	2019
Month(D)	返回月份	Month(#2019/01/04#)	1
Day(D)	返回某月里面的天数	Day(#2019/01/04#)	4
Time	返回系统的当前时间	Time	10:55:52
Hour(T)	返回小时(24小时制)	Hour(time)	10
Minute(T)	返回分钟	Minute(time)	55
Sec(T)	返回秒数	Sec(time)	52
Now	返回当前日期时间	Now	2013/1/4 10:55:52
WeekDay(D)	返回日期D是这一周的第几天，星期日被定义为一周的第一天	WeekDay(Now)	6

表 4-10　日期时间函数中字符含义

字　符	含　义
YYYY	表示年
Q	表示季度
M	表示月
WW	表示星期
D	表示日
H	表示小时
N	表示分
S	表示秒

假设当前时刻为：2019 年 1 月 4 日 10 点 55 分 52 秒星期五，表 4-9 是以此数据为依据的计算结果。

下面通过例子来说明 Year()函数的使用方法，写出由出生日期计算年龄的命令序列：

```
出生日期=#1987-05-21#
? Year(Date)-Year(出生日期)
```

如果系统当前日期是 2019 年 1 月 4 日，则表达式 Year(Date)的值为 2019，表达式 Year(出生日期)的值为 1987，二者的差是 32。

下面通过例子来说明 DateDiff()函数的使用方法。2019 年 10 月 1 日建国 70 周年国庆日，那么今天距建国 70 周年还有多少天？在立即窗口中输入两条命令：

```
? DateDiff("D",Date,#2019/10/1#)
```

说明：函数 DateDiff 运算时，用后面的日期减去前面的日期，根据字符 C 的不同计算两个日期之间相差的天数或者是月数等。

4）数据类型转换函数

在 Access 2016 中书写表达式或者命令时，经常需要把一种类型的数据转换成另一种类型的数据，Access 2016 提供了数据类型转换函数，见表 4-11。

表 4-11　数据类型转换函数

函数格式	功　能	示　例	函　数　值
Asc(C)	返回 C 首字符的 ASCII 码	Asc("ABC")	65
Chr(N)	将 N 表示的 ASCII 码转换为字符	Chr(65)	A
Val(＜字符表达式＞)	将字符串转换为数值	Val("603")	603.00
Str(N)	将 N 转换为字符串	Str(－603) Str(603)	"－603" " 603"

下面通过例子来说明Str()函数的使用方法。Str()函数是将数值型的量转换为字符型的量，在立即窗口中输入命令：

```
x=57
?"本月销售量增长" & Str(x) & "%"
```

运行结果：本月销售量增长57%。

提示

在函数Str(<数值表达式>)中，如果数值表达式的结果是正数，则转换后的字符串是以空格开始(即符号位，表示正号省略不写)，后面是需要转换的数值，如Str(57)=" 57"(结果含3个字符)；如果是负数，直接加上双引号，见表4-11。上例运算结果中“增长”和“57”之间有一个空格，这个空格就是正数57前面的符号位。

如果本例不使用Str()函数，将命令写成：

```
?"本月销售量增长" &x& "%"
```

则运行结果为：本月销售量增长57%，系统将数值型量x进行强制类型转换为字符型。

5）判断函数IIf

基本格式：

```
IIf(表达式1,表达式2,表达式3)
```

功能：如果第一个表达式的值为真，则整个函数值是第二个表达式的值；如果第一个表达式为假，则整个函数值是第三个表达式的值。一般表达式1是一个逻辑表达式，如果是其他表达式，按照前面提到的规则进行转换。在立即窗口中输入命令：

```
? IIf(34>33, "Access", "VBA")
```

结果是：“Access”。

小结

本章介绍了Access 2016使用的基本数据类型；介绍了常量、变量的定义和使用方法；介绍了一些常用函数的格式和使用方法；介绍了使用常量、变量、函数和运算符书写表达式的方法。本章是后续章节的基础，只有很好地理解并掌握上述概念，才能更好地进行后续的学习。

习题

1. Excel 中对数据类型也进行了定义，Access 对数据类型的定义比 Excel 严格，Access 中为什么对数据类型要进行如此严格的定义？

2. 为什么 Access 中要提供定义符号常量的功能？

3. 变量的本质是什么？

4. Access 2016 的表达式和数学中书写的表达式有哪些相同点？有哪些不同点？

第 5 章　数据检索与查询文件

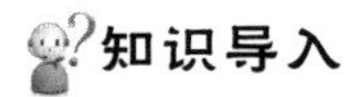
知识导入

大海捞针——高效的数据检索

小南选修了一门通识课——信息与情报检索。在课堂上，老师让小南用网络搜索引擎检索了几个关键词，分别统计了它们的检索时长。小南平时经常使用网络检索功能，却从来没想过，在浩如烟海的网络数据中，如何才能在零点几秒的时间内，从整个 Internet 世界中找到那几个关键的字眼呢？小南隐隐约约地觉得，一定是谷歌这种搜索引擎在数据库的检索上使用了特殊的方法。

用户建立数据库的目的就是为了存储和提取信息，信息提取的关键在于方便快速地查询数据。因此，查询便成了数据库操作的主要内容。除了直接的查询操作外，对数据的追加、更新、删除等操作也常常要首先找到需要处理的数据，所以，这些操作也通常以查询为基础。本章将介绍如何使用 Access 2016 提供的查询工具检索数据。

5.1　数据检索方法

5.1.1　检索时长是否与 N 无关

数据检索——把数据库中存储的数据根据用户的需求提取出来，数据检索的结果会生成一个数据表，既可以放回数据库，也可以作为进一步处理的对象。

在人类的常识中，数据总量 **N 越大**，要从中检索到需要的信息，需要的时间**越长**。检索的时间复杂度 $O(N)$，永远是一个以 N 为自变量的函数。

如果 $N \to \infty$，那么 $O(N) \to \infty$

但如果是这样的话，要在 Google 中检索一个关键词，检索范围是整个 Internet，那么检索的时长或许将是无穷无尽的。这显然让人无法忍受。因此我们要想办法，让检索的时间复杂度 $O(N)$ 等于一个与 N 无关的常量。

1. 顺序检索

一个**无序**数据列 N 中,找到目标数据 66。如果进行顺序检索,需要将 N 个数据一一查找,才能保证找到所有的 66,如图 5-1 所示。

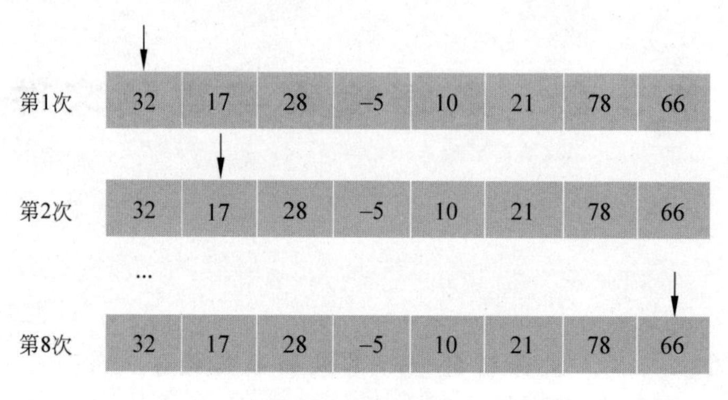

图 5-1 顺序检索

$$O(N)=N$$

如果 $N\to\infty$,那么 $O(N)\to\infty$

2. 折半检索

对于一个**有序**序列,可以采用折半查找的检索策略,每次从数据列的中间位置开始比对,比较中间值与目标值的大小,就可以一次排除掉一半数据,再用剩下的一半数据进行折半检索。这也是经典算法分治算法的典型思想,如图 5-2 所示。

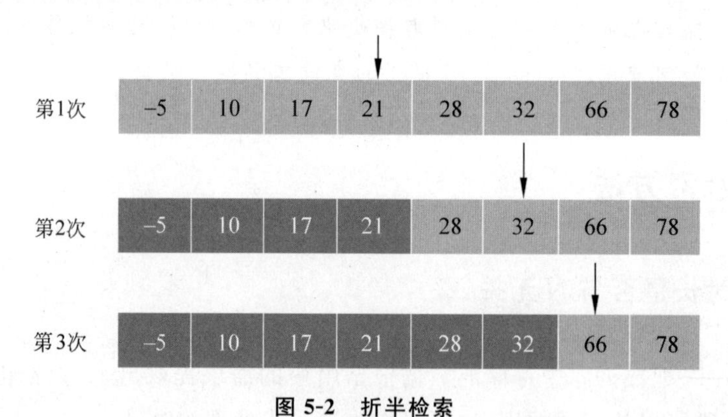

图 5-2 折半检索

$$O(N)=\log_2 N$$

如果 $N\to\infty$,那么 $O(N)\to\infty$

这种检索方法大大降低了时间复杂度,尤其是 N 值很大的时候,这种降低愈加明显。但遗憾的是,当 N 趋于无穷时,$\log_2 N$ 仍然趋于无穷。

3. 索引检索

索引(Index)是对数据库表中一列或多列的值进行排序的一种结构,使用索引可快速访问数据库表中的特定信息。

我们在设计数据库的物理结构时，曾为某些数据字段设置过索引。主键索引是无重复索引，也有些其他字段是有重复索引。索引就能将检索的时间复杂度 $O(N)$ 变成一个与 N 无关的常量。

在表中使用索引就如同在书中使用目录一样：要想查找某些特定的数据，先在索引中查找数据的位置。为一个字段创建的索引会生成一个索引序列，这个序列存储在数据库的索引文件中。一个字段的索引序列在逻辑上可以表示为一个有两列的表，分别存储索引内容和地址指针，如图 5-3 所示。

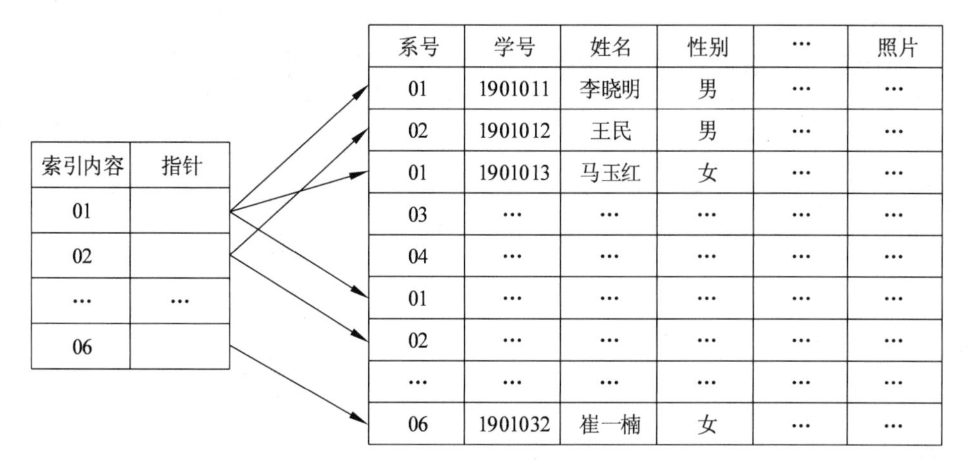

索引内容	指针
01	
02	
…	…
06	

系号	学号	姓名	性别	…	照片
01	1901011	李晓明	男	…	…
02	1901012	王民	男	…	…
01	1901013	马玉红	女	…	…
03	…	…	…	…	…
04	…	…	…	…	…
01	…	…	…	…	…
02	…	…	…	…	…
…	…	…	…	…	…
06	1901032	崔一楠	女	…	…

图 5-3　设置索引和索引文件

当我们要检索“01”号系的学生时，不用直接去检索学生表，只要找到系号字段的索引序列就行了。可以按照索引中“01”系号后面的地址指针，直接找到这个系学生在数据硬盘中的位置。要知道，一个真正运行的商业数据库往往存储了海量的数据，经常整个内存都放不下一张表，动辄就对数据表检索是非常浪费时间和空间的，不亚于大海捞针，而索引文件往往都非常小，并且索引是一个有序序列，可以使用折半查找，检索起来很容易。

$$O(N) = 1$$

$$\text{如果 } N \to \infty, O(N) \to 1$$

扩展阅读：数据库索引

思考

如果数据量实在太大呢？就连数据库的目录——索引文件都大到无法装入内存？那就为索引文件建立索引，称为二级索引，甚至三级索引，四级索引……索引文件有几级，那就查找几次，即便 N 趋于无穷，索引文件的级数也仅仅是一个常量罢了。

5.1.2 索引不是万能的

1. 索引的优势

(1) 通过创建无重复索引,可以保证数据库表中每一行数据的唯一性。

(2) 大大加快数据的检索速度。

(3) 可以加速表和表之间的连接,特别是在实现数据的参照完整性方面特别有意义。

2. 索引的劣势

(1) 创建索引和维护索引要耗费时间,这种时间随着数据量的增加而增加。

(2) 索引需要占物理空间,当数据量不大的时候,谈论索引是毫无意义的。

(3) 对表中的数据进行增加、删除和修改的时候,索引也要动态维护,降低操作速度。

数据量小的时候建立索引毫无必要,为所有字段建立索引也不明智,通常应该为主键、外键和经常需要搜索的列创建索引。

5.2 Access 2016 的数据检索

问题导入

使用 Access 2016 提供的筛选器、选择、高级筛选等工具可以对表格中的特定数据进行筛选。那是不是就不需要其他的检索方式了呢?

虽然使用这些工具可以找到所需要的记录,但最主要的问题是,筛选是一种实时的屏幕交互式操作,随着筛选结果的输出,筛选的操作也就结束了,整个过程不能以文件的形式存储在数据库磁盘上,如果下次要执行同样的或类似的筛选任务,只能将这一操作过程一一重现。如果需要反复查找大量数据,就要不断重复筛选操作,这显然非常烦琐而浪费,并且无法将其开发成应用程序发布给用户使用。

为了便于用户在数据库中检索自己需要的数据,Access 2016 提供了一种能以文件形式存储的检索工具——**查询文件**。

5.2.1 什么是查询文件

所谓查询就是找到用户所需数据库子集的过程。Access 2016 根据用户定义的查询条件,在数据库中的一张或多张表中检索出满足条件的一组记录,这些记录只显示用户指定的所需字段。因此,用户建立查询时可以定义需要显示的字段及筛选条件,当运行查询时,只有那些指定的字段和符合筛选条件的记录才被检索出来。Access 2016 在磁盘上建立一个查询文件来存储这些检索需求。不论何时运行这个查询文件,Access 2016 都根据文件中保存的需求将相关数据组合起来建立一个动态数据集,也就是查询结果。这个动态数据集看起来像一张表,但它不是真正的表,不存储在数据库磁盘上,只在内存中临时存储和显示。当用户关闭这个动态数据集后,内存中的存储就可以清除了。因为这个动态数据集(查询结果)来源于数据库中的数据,当数据源发生改变后,再运行查询文件,查询结果就发生改变;反过来,当用户修改查询结果中的数据,查询结果从内存写回数据库磁盘时,同样也会改变数据源。

实际上,用户在前台运行了查询文件后,DBMS 自动在后台按照查询文件中的查询要求生成一条查询命令,该命令用数据库标准语言 SQL 写成,再通过执行这条 SQL 命令来实现查询操作。

Access 2016 中的查询一旦生成,可以作为窗体、报表,甚至是另一个查询的数据源。查询过程如图 5-4 所示。

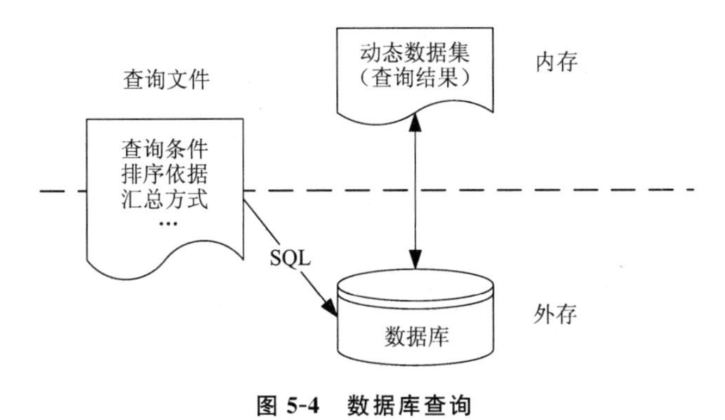

图 5-4　数据库查询

5.2.2　查询文件的分类

为了完成上述查询功能,Access 2016 主要提供了两种查询方式,一种是屏幕操作方式,通过建立查询文件的可视化方法存储查询条件;另一种是程序方式,通过直接书写 SQL 命令的方式实现查询,如图 5-5 所示。

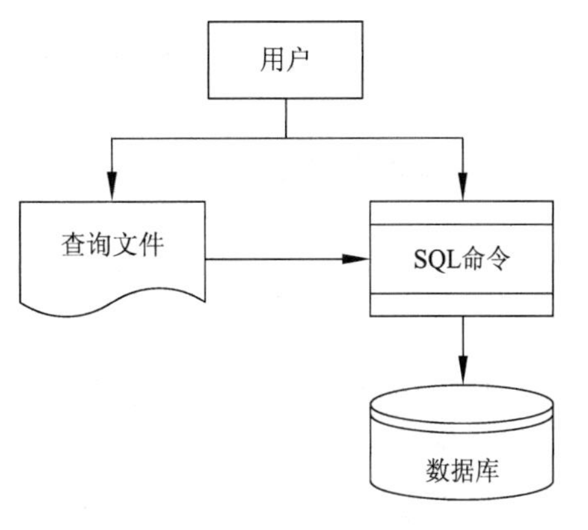

图 5-5　数据库查询方式

本章着重介绍第一种方式即查询文件。SQL 的语法和使用将在第 6 章介绍。每一个查询文件都能转换成 SQL 命令来编译执行,但并不是所有直接书写的 SQL 命令都能用查询文件显示。

Access 2016 的查询文件有多种形式,包括选择查询、参数查询、操作查询(动作查询)、交叉表查询、重复项查询、不匹配查询等。总结起来有 4 大类:选择查询、参数查询、操作查询和特殊用途查询。具体的分类和功能说明如表 5-1 所示。

表 5-1 Access 2016 查询文件类型

<table>
<tr><th>查询类型</th><th>查询方式</th><th>功能说明</th><th>举例</th></tr>
<tr><td>选择查询</td><td>选择查询</td><td>最基本的查询方式,指定记录和字段并对查询结果排序、分组、统计汇总</td><td>查询学生表中男生的学号和姓名,并按姓名升序排列</td></tr>
<tr><td>参数查询</td><td>参数查询</td><td>执行查询时提供参数的输入接口,实现用户交互式查询,本质上也是选择查询</td><td>按用户输入的系号查找学生信息</td></tr>
<tr><td rowspan="4">操作查询</td><td>生成表查询</td><td>查询结果生成一张新的基本表</td><td>用学生表中的男生记录生成新数据表学生 1</td></tr>
<tr><td>追加查询</td><td>将查询结果插入至另一张基本表</td><td>将学生表中的所有女生记录插入学生 1 表</td></tr>
<tr><td>更新查询</td><td>对查询结果进行更新,存入原基本表</td><td>给 102 号课成绩 80 分以下的学生每人加 5 分</td></tr>
<tr><td>删除查询</td><td>将查询结果从数据源中删除</td><td>删除大学英语的选课记录</td></tr>
<tr><td rowspan="3">特殊用途查询</td><td>交叉表查询</td><td>用交叉表的形式组织查询结果,本质上也是一种选择查询</td><td>横纵字段名分别为学号和课程号,交叉位置显示成绩</td></tr>
<tr><td>重复项查询</td><td>查找指定字段的重复项</td><td>统计每个系的人数</td></tr>
<tr><td>不匹配项查询</td><td>在一张表中查询和另一张表不相关的记录</td><td>查找没有人选修的课程</td></tr>
</table>

注意

Access 2016 提供了两种方法建立查询,一种是使用“查询向导”,另一种是使用“查询设计”视图(查询设计器)建立查询。查询向导可以按照一定的模式引领用户创建查询,实现基本的查询操作,不需要使用者具备过多的数据库查询知识,最简单易行。但向导的功能比较单一,要想完成丰富多变的查询任务,必须使用“查询设计”视图。

5.2.3 查询的视图

Access 2016 的查询文件主要提供了三种模式的视图:设计视图、SQL 视图、数据表视图。

- 设计视图是创建一个查询文件的主要方式,它提供了完善的设计手段去实现各种条件设置。
- SQL 视图是输入 SQL 语句实现查询的界面,仅提供了命令文本的录入功能。
- 数据表视图是查询结果的显示界面,无论是用设计视图还是 SQL,查询的结果都以二维表的形式在数据表视图中显示。

视图的切换如图 5-6 所示。

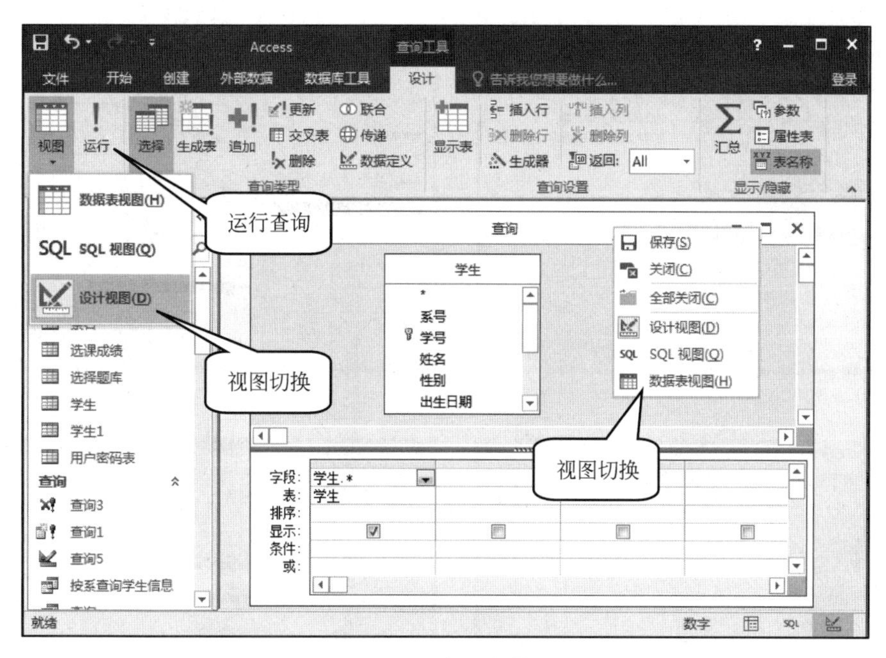

图 5-6　视图切换

5.3　选择查询

选择查询是一种最基本的查询方式，其功能包括指定记录和字段的查询条件和对查询结果的排序、分组、统计汇总。

5.3.1　利用向导创建简单查询

【例 5-1】 利用简单查询向导创建查询：学生选课成绩单。

建立"查询向导"，可以看到如图 5-7(a)所示的几种向导。其中，使用第一种"简单查询向导"即可创建一个选择查询文件。在"表/查询"下拉列表框中选择数据源，如果所需字段来自多个表，可以先后选定多张表格来一一添加。本例最终选取的字段是系名、学号、姓名、性别、课程名、学分和成绩，分别来源于四张表，如图 5-7(b)所示。

单击"下一步"按钮，确定采用明细查询还是汇总查询。如果选择明细查询，将查出所选数据源中所有满足条件的记录，并且不对查询结果做统计汇总，如图 5-7(c)所示。

最后一步，为查询指定标题，在标题文本框中输入"学生选课成绩单"，如图 5-7(d)所示。单击"完成"按钮，可以看到查询结果，如图 5-7(e)所示。

如果要查询学生成绩的统计汇总，如查询学生选课的总学分和平均成绩。首先应该在字段选取的阶段去掉"课程名"字段，因为汇总成绩是要考察每个学生考试的总体情况，不关

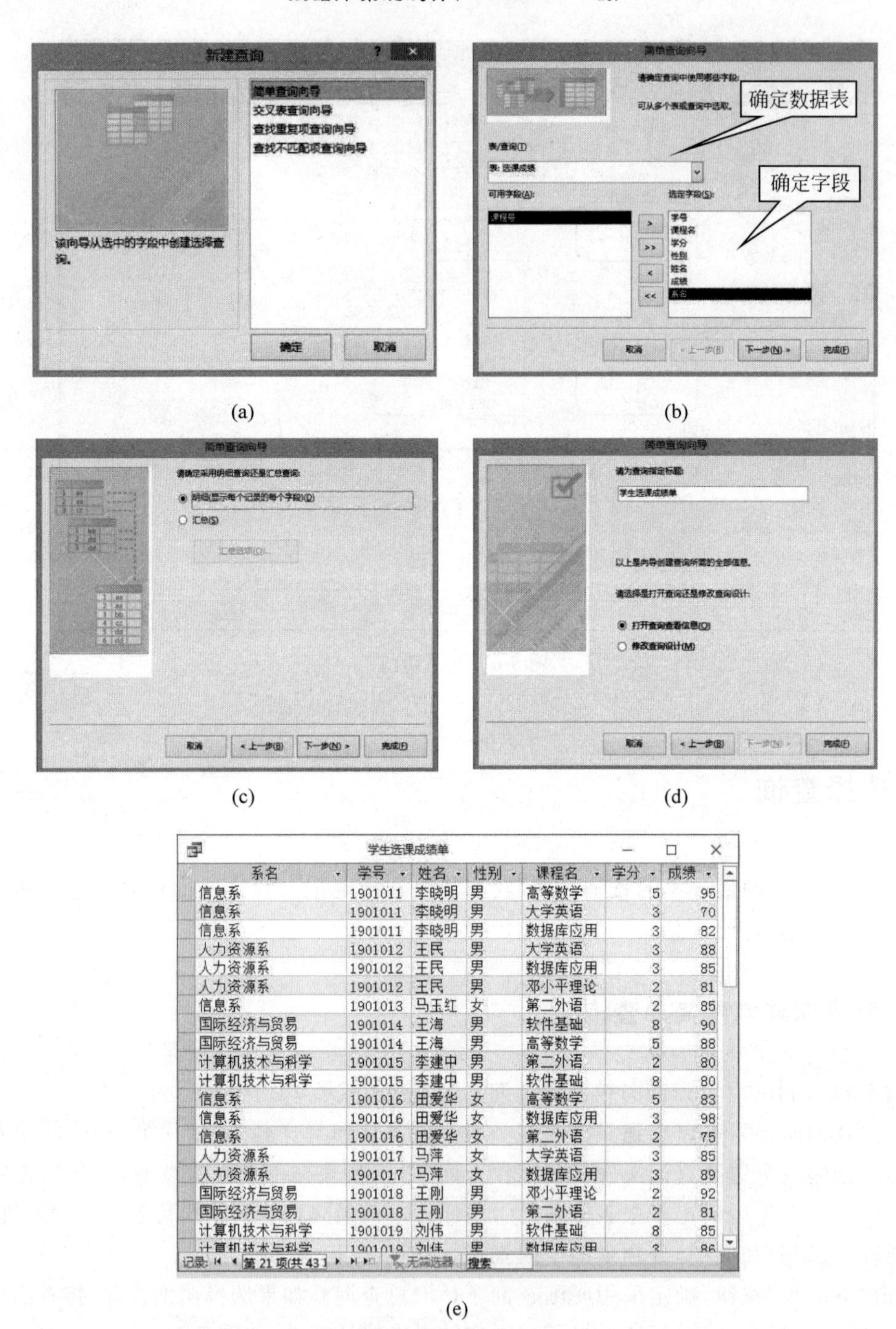

系名	学号	姓名	性别	课程名	学分	成绩
信息系	1901011	李晓明	男	高等数学	5	95
信息系	1901011	李晓明	男	大学英语	3	70
信息系	1901011	李晓明	男	数据库应用	3	82
人力资源系	1901012	王民	男	大学英语	3	88
人力资源系	1901012	王民	男	数据库应用	3	85
人力资源系	1901012	王民	男	邓小平理论	2	81
信息系	1901013	马玉红	女	第二外语	2	85
国际经济与贸易	1901014	王海	男	软件基础	8	90
国际经济与贸易	1901014	王海	男	高等数学	5	88
计算机技术与科学	1901015	李建中	男	第二外语	2	80
计算机技术与科学	1901015	李建中	男	软件基础	8	80
信息系	1901016	田爱华	女	高等数学	5	83
信息系	1901016	田爱华	女	数据库应用	3	98
信息系	1901016	田爱华	女	第二外语	2	75
人力资源系	1901017	马萍	女	大学英语	3	85
人力资源系	1901017	马萍	女	数据库应用	3	89
国际经济与贸易	1901018	王刚	男	邓小平理论	2	92
国际经济与贸易	1901018	王刚	男	第二外语	2	81
计算机技术与科学	1901019	刘伟	男	软件基础	8	85
计算机技术与科学	1901019	刘伟	男	数据库应用	3	86

(a) (b) (c) (d) (e)

图 5-7 简单查询向导

心每门课程的细节,如图 5-8(a)所示。接下来在如图 5-7(c)所示界面中选择"汇总",单击下方的"汇总选项"按钮,出现如图 5-8(b)所示的界面。给学分字段选择"汇总",即求和;给成绩字段选择"平均",即求均值。最后查询的结果如图 5-8(c)所示。

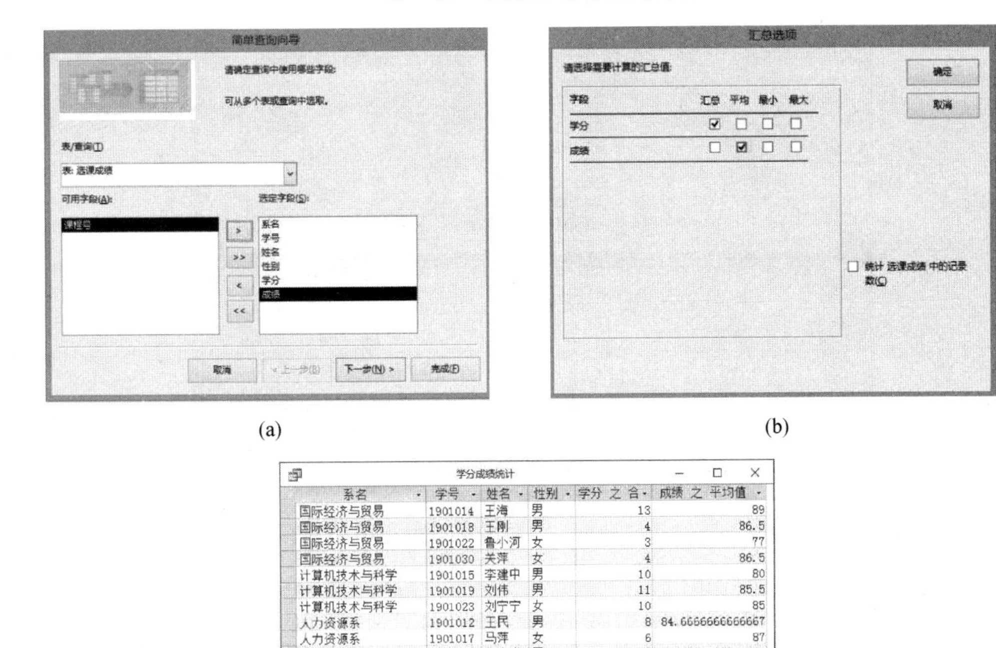

(a)　(b)

学分成绩统计

系名	学号	姓名	性别	学分 之 合	成绩 之 平均值
国际经济与贸易	1901014	王海	男	13	89
国际经济与贸易	1901018	王刚	男	4	86.5
国际经济与贸易	1901022	鲁小河	女	3	77
国际经济与贸易	1901030	关萍	女	4	86.5
计算机技术与科学	1901015	李建中	男	10	80
计算机技术与科学	1901019	刘伟	男	11	85.5
计算机技术与科学	1901023	刘宁宁	女	10	85
人力资源系	1901012	王民	男	8	84.6666666666667
人力资源系	1901017	马萍	女	6	87
人力资源系	1901029	赵庆丰	男	7	92.6666666666667
信息系	1901011	李晓明	男	11	82.3333333333333
信息系	1901013	马玉红	女	2	85
信息系	1901016	田爱华	女	10	85.3333333333333
信息系	1901020	赵洪	男	10	92.3333333333333
信息系	1901024	万海	男	10	59.6666666666667
信息系	1901028	曹梅梅	女	2	91
中文系	1901025	刘毅	男	5	80
中文系	1901026	吕小海	男	6	90
中文系	1901027	王一萍	女	15	94

记录: 第 19 项(共 19 项)　无筛选器　搜索

(c)

图 5-8　汇总查询向导

可以看出,用向导建立选择查询确实非常简单,但建立的查询文件的形式也极其单一。如果要想为查询结果按照考试平均分排序,或者只想查询计算机系或中文系的学生成绩,诸如此类的查询要求,在以上的向导中都没有体现。因此,向导的方式只适合初步建立查询文件,其余的设置要在接下来的查询设计视图模式中完成。下面将介绍使用查询文件设计视图创建选择查询。

5.3.2　利用设计视图创建选择查询

查询设计视图可以独立地创建查询文件,也可以对向导创建的查询文件进行修改。

1. 查询设计视图界面

查询设计视图由上下两部分组成,上半部分是数据源区,显示查询数据源使用的数据表和关联关系;下半部分是设计网格区,负责设计查询的主要内容,如图 5-9 所示。

设计网格默认有以下几个主要内容。

- 字段:查询设计中所使用的字段名,从数据源区的表中选取。
- 表:说明上方对应的该字段来自哪个数据源表。

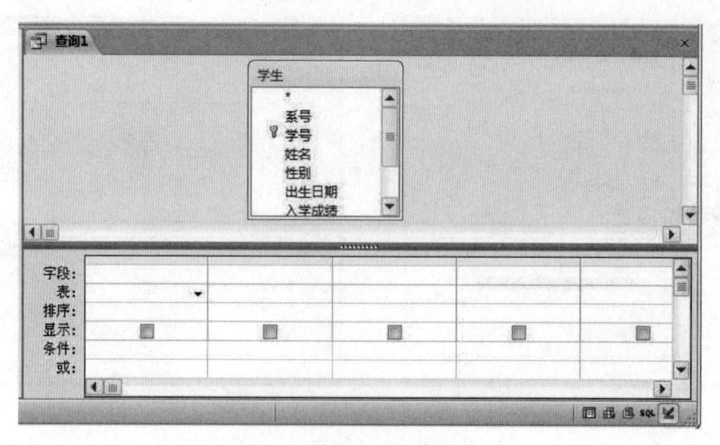

图 5-9 查询设计视图界面

- 排序：查询结果是否按该字段排序，如果排序，是升序还是降序。
- 显示：该字段在查询结果表中是否显示。
- 条件：限定该字段的查询条件。
- 或：当查询条件多于一个，且多个条件之间采用逻辑或运算时，将用到该网格。

在设计网格区域的过程中，将用到的工具按钮会显示在 Access 2016 上方的查询工具选项卡中，如图 5-10 所示。

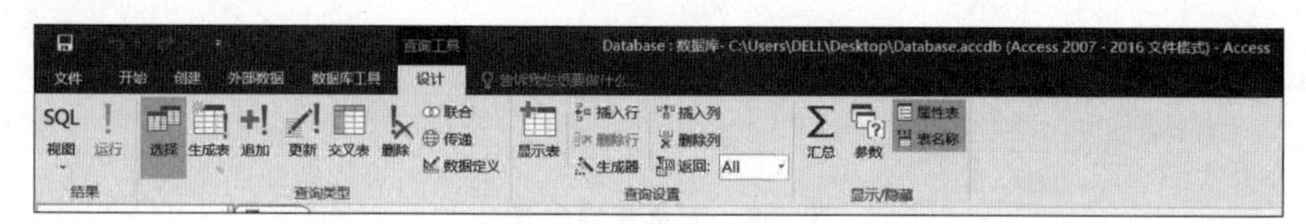

图 5-10 查询工具选项卡

具体的按钮和功能如表 5-2 所示。

表 5-2 查询工具选项卡功能

工具类别	按　钮	功能说明
结果	视图	弹出“视图”菜单，选择数据表视图、SQL 视图、设计视图三种模式
	运行	运行设计好的查询文件，单击此按钮查看结果
查询类型	选择/生成表/追加……	查询文件类型的选择，默认共有选择、生成表、追加、更新、交叉表、删除、联合、传递、数据定义 9 种
查询设置	显示表	数据源选择窗口，可选择基本表或已有的查询作为数据源
	生成器	弹出“表达式生成器”对话框，在这里可以选择 Access 2016 内置函数、数据库对象、常量、操作符、通用表达式等内容，当用户不熟悉 Access 2016 表达式的写法时，可以用该生成器辅助生成表达式，减少语法错误的概率
	插入行/删除行	在设计网格的最下方增加或删除一行
	插入列/删除列	在设计网格的最右侧增加或删除一列
	返回	指定查询结果返回多少条数据，可以按照行数或是百分比指定

续表

工具类别	按　钮	功能说明
显示/隐藏	汇总	显示或隐藏设计网格中的“汇总”行，默认处于隐藏状态
	参数	弹出“查询参数”窗口
	属性表	显示或隐藏屏幕右侧的“属性表”浮动窗口，默认处于隐藏状态
	表名称	显示或隐藏设计网格中的“表”行，默认处于显示状态

2. 设计字段网格

【例 5-2】 用设计视图查询学生选课成绩单。

(1) 确定查询所需的数据表。

单击选项卡中的“查询设计”按钮，在弹出的“显示表”对话框中选择，如图 5-11 所示。

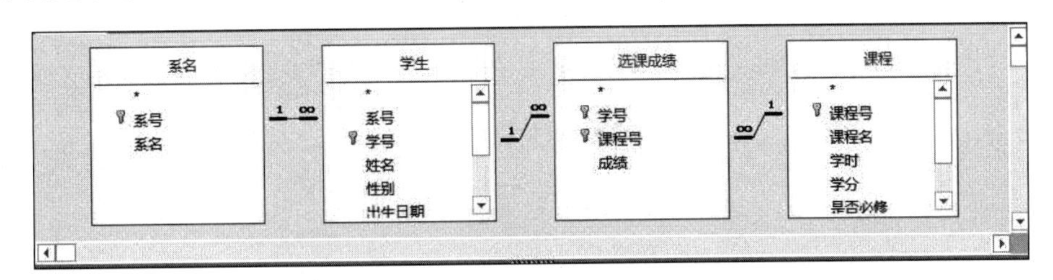

图 5-11　数据源区

注意

注意，如果在设计数据库的时候已经为四张表建立了关联关系，那么添加的表格之间会自动按照设置好的关联显示连接线；如果还设置了表格之间的参照完整性，连线的父表（主键）一端显示“1”，子表（外键）一端显示“∞”。

(2) 确定查询结果中要包含的字段。

在设计网格中的字段一行依次选择。在每个网格的下拉列表中，都可以看到所有数据源表中的所有字段，要选择一个表格中的所有字段请选择列表中的“表名. *”。字段选择的同时，网格第二行的“表”栏目中自动出现所选字段的所属表，如图 5-12 所示。

字段:	系名	学号	性别	姓名	课程名	学分	成绩
表:	系名	选课成绩	学生	学生	课程	课程	选课成绩
排序:							
显示:	☑	☑	☑	☑	☑	☑	☑
条件:							
或:							

图 5-12　设计字段网格

(3) 运行查询，就可以看到如图 5-7(e)所示的查询结果了。

3. 设计排序网格

【例 5-3】 查询结果按指定顺序显示。

要让例 5-2 中的查询结果按照系名升序排列，选择“系名”下方的排序网格，在下拉列表中选择“升序”。排序时可以设置多级排序字段，例如，先按系名升序，再按性别降序，最后按姓名升序，如图 5-13 所示。

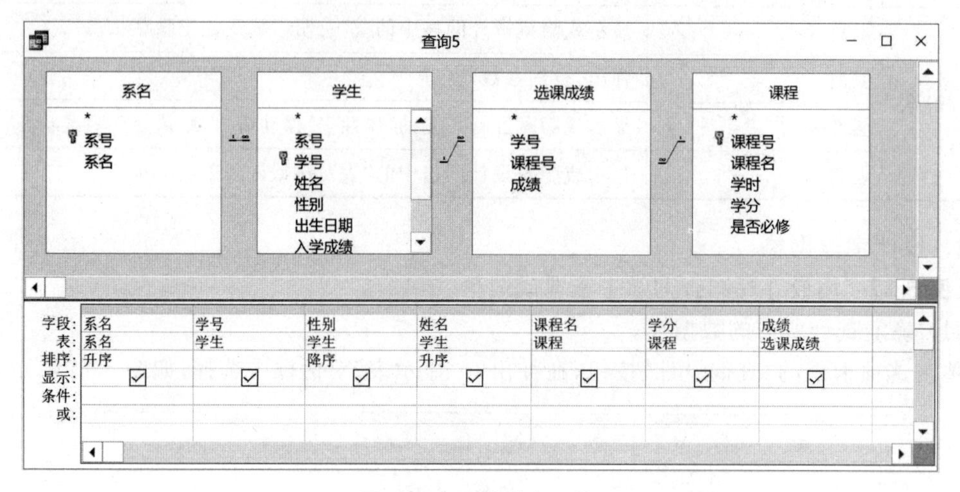

图 5-13　设计排序网格

注意

注意，排序的级别按照“排序”网格从左至右的顺序设定，要想让“性别”排序先于“姓名”，就必须将网格中“姓名”一列移动到“性别”的右侧。可以直接使用鼠标拖动的方式交换网格列的位置。

运行查询，结果如图 5-14 所示。

查询

系名	学号	性别	姓名	课程名	学分	成绩
国际经济与贸易	1901030	女	关萍	第二外语	2	87
国际经济与贸易	1901030	女	关萍	邓小平理论	2	86
国际经济与贸易	1901022	女	鲁小河	数据库应用	3	77
国际经济与贸易	1901018	男	王刚	邓小平理论	2	92
国际经济与贸易	1901018	男	王刚	第二外语	2	81
国际经济与贸易	1901014	男	王海	高等数学	5	88
国际经济与贸易	1901014	男	王海	软件基础	8	90
计算机技术与科学	1901023	女	刘宁宁	邓小平理论	2	84
计算机技术与科学	1901023	女	刘宁宁	大学英语	3	87
计算机技术与科学	1901023	女	刘宁宁	高等数学	5	84
计算机技术与科学	1901019	男	刘伟	软件基础	8	85
计算机技术与科学	1901019	男	刘伟	数据库应用	3	86
计算机技术与科学	1901015	男	李建中	第二外语	2	80
计算机技术与科学	1901015	男	李建中	软件基础	8	80
人力资源系	1901017	女	马萍	大学英语	3	85
人力资源系	1901017	女	马萍	数据库应用	3	89

记录: 第 1 项(共 43 项　无筛选器　搜索

图 5-14　查询结果

4. 设计条件网格

要限制某些字段的范围，应该使用条件网格。在相应字段的条件网格中输入条件表达式。设计网格中的“条件”和“或”两行都属于条件网格。输入在同一行的条件表示“并且(And)”逻辑关系；输入在不同行的条件表示“或者(Or)”逻辑关系。

【例 5-4】 查询国际经济与贸易系或计算机系的学生成绩单。

该条件翻译成表达式：系名="国际经济与贸易" Or 系名="计算机技术与科学"

条件网格的写法有两种，一是直接在系名的条件网格中输入"国际经济与贸易" Or "计算机科学与技术"，二是分两行输入两个系名。两种条件设置方式如图 5-15 所示。

字段:	系名
表:	系名
排序:	升序
显示:	☑
条件:	"国际经济与贸易" Or "计算机技术与科学"
或:	

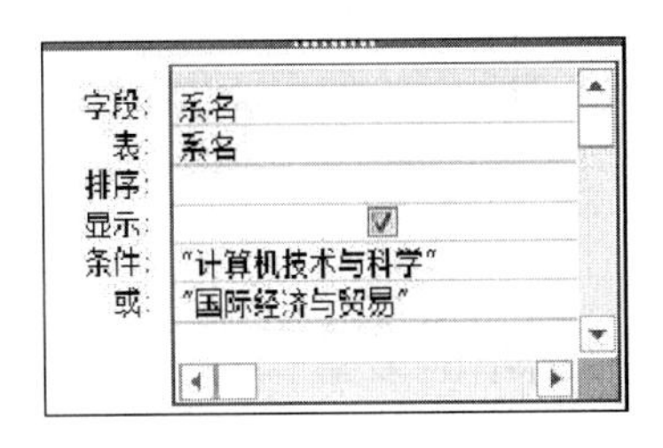

图 5-15　条件网格的两种设计方式

进一步，只查询国经贸系的女生和计算机系的男生成绩单。该条件翻译成表达式如下。

系名="国际经济与贸易" And 性别="女" Or 系名="计算技术与科学" And 性别="男"

查询设计如图 5-16 所示，查询结果如图 5-17 所示。

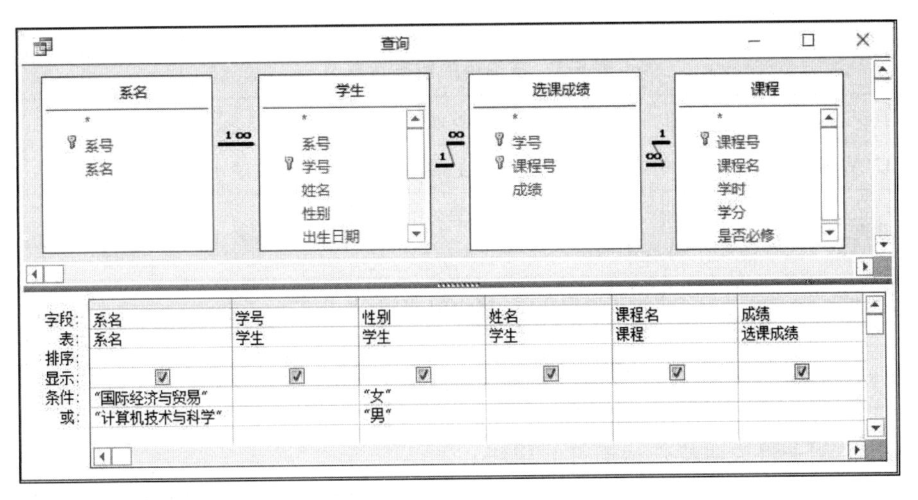

图 5-16　条件网格的设计

5. 设计显示网格

如果想在查询结果中隐藏某些字段，可以将该字段的“显示”网格中的复选框取消选定，这样，该字段的内容不会在结果中显示，但对该字段的排序、条件等设置效果不会消失。后面的例子很多都用到了隐藏字段的功能。

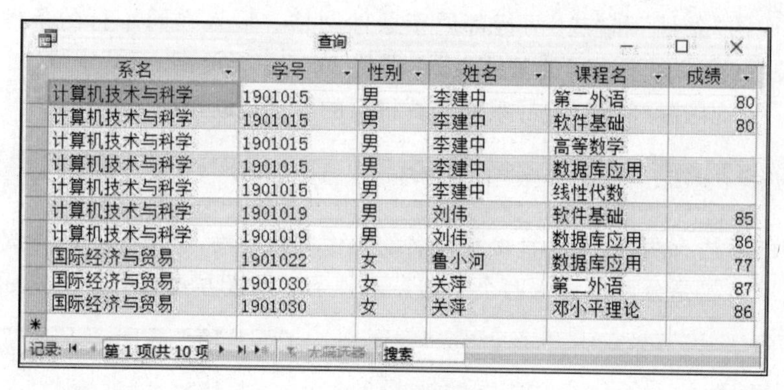

查询

系名	学号	性别	姓名	课程名	成绩
计算机技术与科学	1901015	男	李建中	第二外语	80
计算机技术与科学	1901015	男	李建中	软件基础	80
计算机技术与科学	1901015	男	李建中	高等数学	
计算机技术与科学	1901015	男	李建中	数据库应用	
计算机技术与科学	1901015	男	李建中	线性代数	
计算机技术与科学	1901019	男	刘伟	软件基础	85
计算机技术与科学	1901019	男	刘伟	数据库应用	86
国际经济与贸易	1901022	女	鲁小河	数据库应用	77
国际经济与贸易	1901030	女	关萍	第二外语	87
国际经济与贸易	1901030	女	关萍	邓小平理论	86

记录: 第 1 项(共 10 项) 无筛选器 搜索

图 5-17 查询结果

5.3.3 查询中的表达式

在查询文件的建立过程中,有多处可以用到表达式。可以在条件网格设计中使用复杂的表达式,也可以用表达式自定义新的查询字段。

1. 条件表达式

在查询条件的设计中,条件表达式的计算结果应该是一个逻辑值,表达式的内容已经在本书之前的章节中详细介绍过。我们介绍的运算符有算术运算符、关系运算符、逻辑运算符,这里重点介绍几个特殊运算符的用法,如表 5-3 所示。

表 5-3 查询中的特殊运算符

运 算 符	功能说明	举 例
[NOT] BETWEEN…AND…	指定字段值在(或不在)某个区间之内	成绩 Between 75 And 80
[NOT] LIKE	指定字段值与某个字符串模式匹配(或不匹配)	姓名 Like "王 * "
[NOT] IN	指定字段值包含(或不包含)在某几个值当中	课程号 In ("101","102","103")
IS [NOT] NULL	指定字段值是(或不是)空值	入学成绩 Is Null

以下几个例子将说明特殊运算符的用法。

【例 5-5】 查找所有考试成绩为 75～80 分的学生学号、姓名、课程名和成绩。查询的条件是一个区间,可以使用 Between 75 And 80 来表示。具体操作步骤如下。

注意

本例的数据源应该是学生、选课成绩和课程。系名表不包含在数据源内,就不要将它也加入到查询中。

(1) 在数据源区中添加学生、选课成绩、课程三张表;

(2) 选定学号、姓名、课程名、成绩四个字段；

(3) 在成绩字段的条件网格中输入“Between 75 And 80”。

查询网格的设计如图 5-18 所示，查询结果如图 5-19 所示。

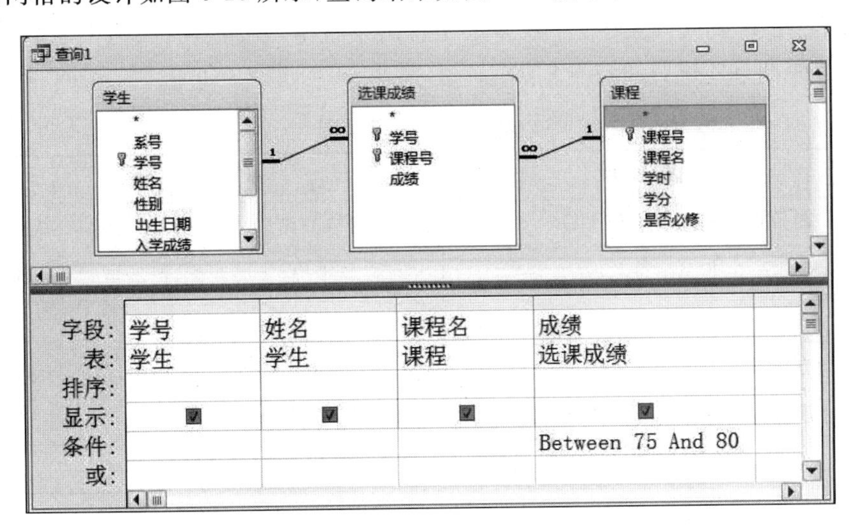

图 5-18　Between And 查询条件设置

学号	姓名	课程名	成绩
1901015	李建中	第二外语	80
1901015	李建中	软件基础	80
1901016	田爱华	第二外语	75
1901022	鲁小河	数据库应用	77
1901025	刘毅	第二外语	75

记录: 第 1 项(共 5 项)　搜索

图 5-19　查询结果

思考与练习

查询的结果包含成绩为 75 分和 80 分的记录，因此，Between…And…运算符的限定区域是一个闭区间。该条件也可以表示为“>=75 And <=80”，查询结果相同。

要表达与 Between…And…相反的区间范围，可以使用 Not Between…And…。例如，将条件设置成 Not Between 75 And 80，查询的是成绩为 75 分以下或者 80 分以上的记录，且不包含 75 和 80。

【例 5-6】 查询所有姓“王”的同学的学号、姓名、性别。

如果使用传统的表达式方式来表示一个姓名的第一个字符是“王”，可以用 Access 2016 的内置函数 Left，具体形式为：Left(姓名，1)="王"。但是要想对姓名的第一个字进行限制，就必须生成一个叫 Left(姓名，1)的新字段。有没有办法在现有的“姓名”字段网格下，完成条件设置呢？

Access 2016 的查询中提供了更方便灵活的办法解决这一问题，就是使用特殊运算符 Like。使用 Like 运算符可以对字符型数据进行字符串匹配。像 Windows 中的搜索操作一样，匹配字符串的时候可以使用通配符表示某种字符串模式。例如，使用问号“?”匹配任意一个字符，使用星号“*”匹配 0 个或多个字符的字符串，使用“#”匹配一个数字等。Like 通配符的分类和具体说明如表 5-4 所示。

表 5-4 Like 通配符

通配符	功能说明	举例
*	表示 0 个或多个字符	"王*"可以与王民、王海、王一萍匹配
?	表示一个非空字符	"王?"可以与王民、王海匹配，但不与王一萍匹配
#	表示一个数字	"图 5-#"可以与图 5-1、图 5-2 匹配
[ ]	方括号内为任何单个字符	"[王万]海"可以与王海、万海匹配，但不与张海匹配
!	排除方括号内任何单个字符	"[!王万]海"可以与张海匹配，但不与王海、万海匹配
-	某个范围内的任何一个字符	"0[2-4]"可以与 02、03、04 匹配，但不与 01、05 匹配

要表示姓名的第一个字是“王”，可以用表达式 Like "王*"。建立该查询的具体过程如下。

(1) 在数据源区中添加学生表；

(2) 选定学号、姓名、性别三个字段；

(3) 在姓名字段的条件网格中输入：Like "王*"。

查询网格的设计和查询结果如图 5-20 和图 5-21 所示。

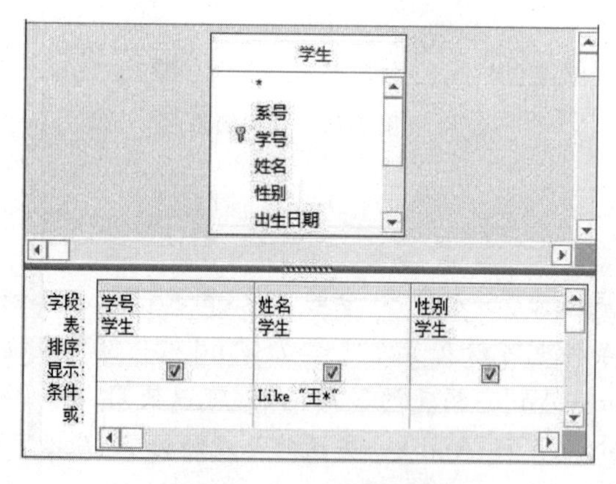

图 5-20 Like 条件设置

注意

如果要查询不姓王的同学，条件可以使用：Like "[!王]*"；或者：Not Like "王*"。如果要限定全名只有两个字，条件可以用：Like "王?"。

学号	姓名	性别
1901012	王民	男
1901014	王海	男
1901018	王刚	男
1901027	王一萍	女

记录：第 1 项(共 4 项)　搜索

图 5-21　查询结果

【例 5-7】　查询选修 101 号课和 103 号课的全体学生的学号、姓名、课程号、课程名和成绩。

如果使用传统的表达式方式来表示，课程号的条件网格可以写成："101" Or "103"。也可以使用 Access 2016 的 In 运算符：In ("101", "103")，如图 5-22 所示。

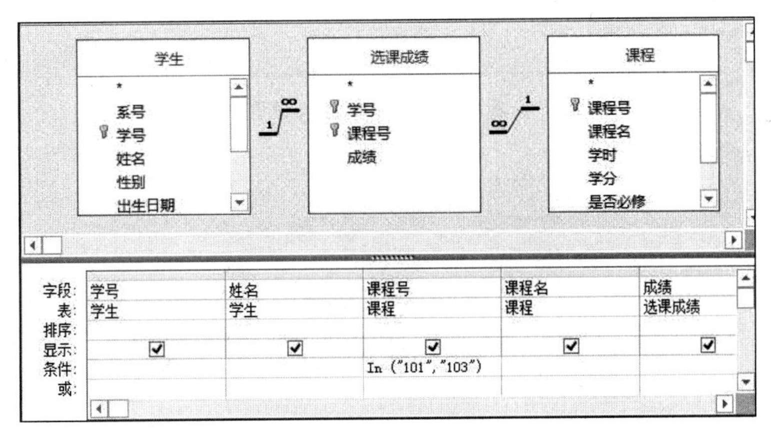

图 5-22　In 条件设置

查询结果如图 5-23 所示。

学号	姓名	课程号	课程名	成绩
1901011	李晓明	101	高等数学	95
1901011	李晓明	103	数据库应用	82
1901012	王民	103	数据库应用	85
1901014	王海	101	高等数学	88
1901016	田爱华	101	高等数学	83
1901016	田爱华	103	数据库应用	98
1901019	刘伟	103	数据库应用	86
1901020	赵洪	101	高等数学	95
1901022	鲁小河	103	数据库应用	77
1901023	刘宁宁	101	高等数学	84
1901024	万海	101	高等数学	91
1901026	吕小海	103	数据库应用	91
1901027	王一萍	101	高等数学	93

记录：第 14 项(共 14 项)　搜索

图 5-23　查询结果

【例 5-8】　列出入学成绩为空值的学生学号、姓名。

表示某字段值为空可以使用：Is Null 的形式，但不能写成：字段名＝Null。

Is Null 条件设置如图 5-24 所示，查询结果如图 5-25 所示。

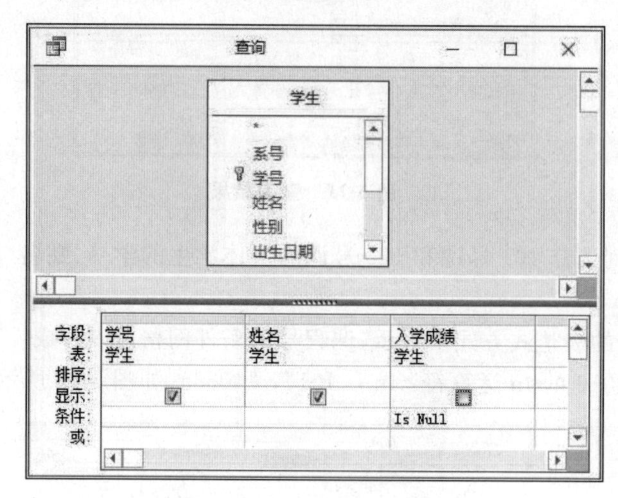

图 5-24　Is Null 条件设置

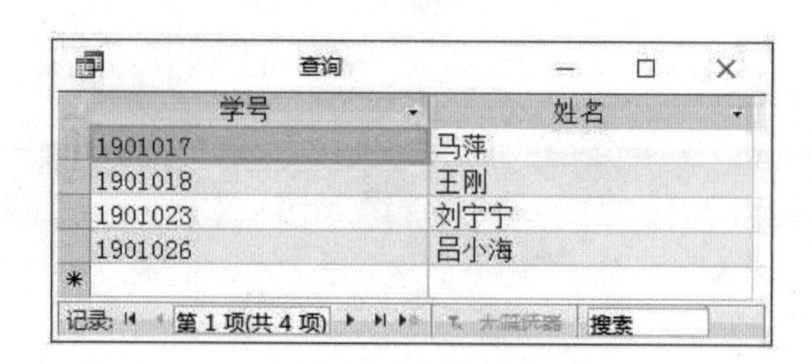

学号	姓名
1901017	马萍
1901018	王刚
1901023	刘宁宁
1901026	吕小海

记录：第 1 项(共 4 项)　搜索

图 5-25　查询结果

2. 自定义字段

之前介绍的所有查询例题中，查询的列对象都是直接选自数据源表，在实际的数据库操作中，经常会遇到查询的列对象不是现有的字段，而需要用表达式计算生成的情况。这就需要使用者灵活运用各种类型的表达式自定义新字段，达到查询的目的。

【例 5-9】 查询所有学生的姓名和年龄。

年龄字段是学生表中不存在的，可以通过出生日期计算得出，计算年龄的表达式是：Year(Date())－Year(出生日期)。新字段默认命名为“表达式 1”，为了给新字段起一个恰如其分的名字，可以在表达式前增加“年龄：”。查询网格的设计如图 5-26 所示。

【例 5-10】 改写例 5-6：用 Left 函数查询所有姓“王”的同学的学号、姓名、性别。

在数据源区中添加学生表；选定学号、姓名、性别三个字段；在空白字段网格中输入表达式：Left(姓名，1)；在该表达式字段的条件网格中输入："王"；取消该表达式字段的显示网格选定，如图 5-27 所示。

3. 表达式生成器

表示复杂的查询条件，或是自定义新的字段，都可能会用到复杂的表达式。书写表达式

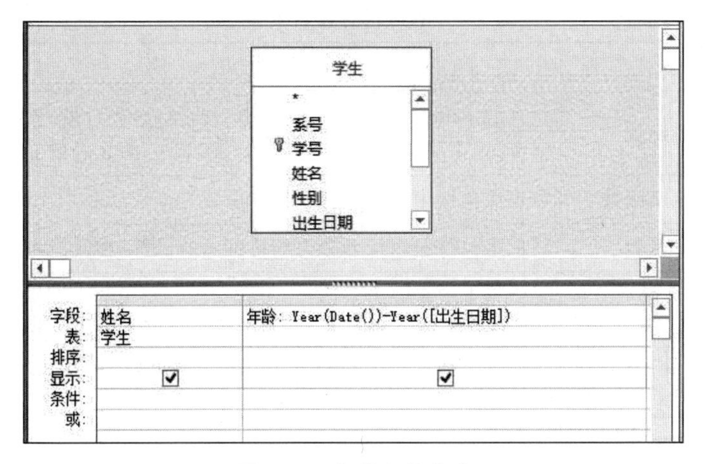

图 5-26 年龄字段生成

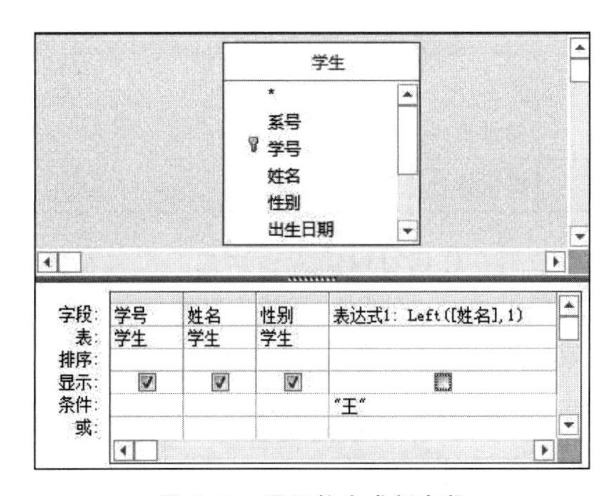

图 5-27 用函数生成新字段

的时候，不仅要注意正确地组织语法、正确地引用字段名、正确地判断数据类型，还要注意正确地拼写关键词、正确地使用英文标点符号等，否则，甚至一个空格都会导致对表达式的非法判定，初学者往往会被这些精确的细节弄得不知所措。

针对这个问题，Access 2016 提供了表达式生成器工具。该工具的功能主要包括：

(1) 囊括所有的 Access 2016 内置函数、数据库对象、常量、操作符、通用表达式等供用户选择，用户可以通过简单的单击鼠标生成表达式元素的正确拼写和语法格式，避免键盘输入。

(2) 在组织表达式的过程中提供实时的帮助信息，提示函数、运算符的使用方法，参数、字段的数据类型等。

当用户不熟悉 Access 2016 表达式的写法时，可以用该生成器辅助生成表达式，减少语法错误的概率。表达式生成器包含以下主要的表达式元素，如表 5-5 所示。

表 5-5　表达式生成器主要内容

表达式元素	表达式类别	说　明
函数	内置函数	包含基本的文本、日期、数字、类型转换、检查、(域)聚合函数，以及常规、财务、程序流程、错误处理、数组、数据库、消息函数等
	自定义函数	数据库模块中由用户自定义的函数类型
	外部函数	其他未包含在内置函数中的特殊函数，可以在线提供
数据库对象	表	提供基本表字段名备选
	查询	提供查询表字段名备选
常量	专有名词常量	""(空字符串)、True、False、Null
操作符	算术运算符	+、-、*、/、\、^、Mod
	比较运算符	>、<、>=、<=、<>、Between、In、Like
	逻辑运算符	And、Or、Not 等
	字符串运算符	&
通用表达式	页码	提供页码、页数备选
	日期	提供各种格式的日期备选

Access 2016 表达式生成器在任何可以输入表达式的位置都能打开，不仅包括查询，在建立窗体、报表等数据库对象时也可以使用。具体方法是单击右键，在快捷菜单中选择“生成器”菜单项。表达式生成器界面如图 5-28 所示。

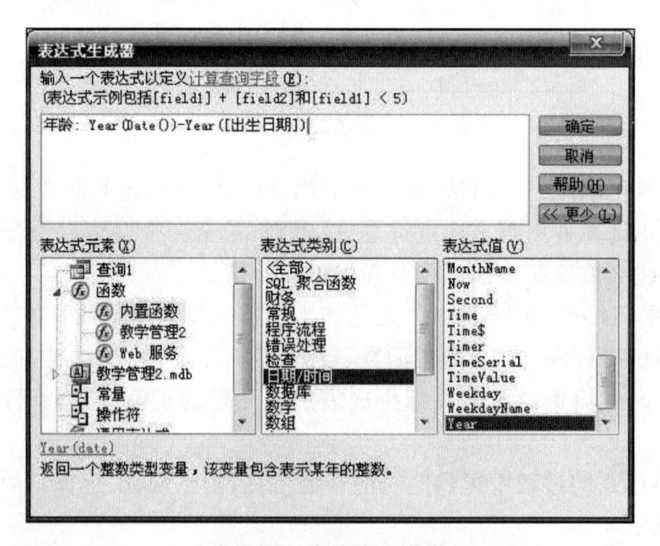

图 5-28　表达式生成器

至此，我们介绍了一般选择查询的方法，但是，以上的例子中只是对满足条件的行列值进行简单的检索，并没有根据这些检索值做更深一层次的分析和汇总。有时，用户可能对表中的每一条记录的具体细节并不十分关心，而更感兴趣的是从整体上把握数据表层之下蕴藏的信息。为了获得这些信息，要在查询中执行汇总统计。

5.3.4 查询汇总

汇总统计查询结果中的数据往往要对已选记录进行分组，然后在每个组的内部实现统计汇总。因此查询汇总的要点有以下两个。

(1) 确定分组项。要确定依据什么对已选的数据进行分组(分组以行为单位)。分组的依据可以是某个字段，例如按照系号分组，那么同一个系号的学生就被分到了一组；分组依据也可以是某个表达式，例如 Year(出生日期)，那么同一年出生的学生就被分到了一组。如果在查询汇总的时候不设分组依据，那么所有已选的记录被认为同处一组中。

(2) 确定统计汇总项。分组的最终目的还是为了汇总，要指定对组内的哪些列、做什么汇总操作。常用的汇总操作由 Access 2016 内置函数中的聚合函数实现，例如 Sum()求和、Avg()求均值、Count()计数等。

选择查询中汇总的方法是，在设计网格的任意位置单击右键，在弹出的快捷菜单中选择第一个菜单项“汇总”，设计网格中会多出一行，名为“总计”。在“总计”网格中可以说明已选字段是分组项、是汇总项、是自定义的新字段还是用作记录筛选的条件。

“总计”网格的总计项如表 5-6 所示。

表 5-6 “总计”网格的总计项

总计项		说明
GROUP BY	分组	用以指定分组字段
SUM	合计	为每一组中指定的字段进行求和运算
AVG	平均值	为每一组中指定的字段进行求平均值运算
MIN	最小值	为每一组中指定的字段进行求最小值运算
MAX	最大值	为每一组中指定的字段进行求最大值运算
COUNT	计数	根据指定的字段计算每一组中记录的个数
STDEV	标准差	根据指定的字段计算每一组的统计标准差
变量	方差	根据指定的字段计算每一组的统计方差
FIRST	第一条记录	根据指定的字段获取每一组中首条记录该字段的值
LAST	最后一条记录	根据指定字段获取每一组中最后一条记录该字段的值
EXPRESSION	表达式	用以在设计网格的“字段”行中建立计算表达式
WHERE	条件	限定表中的哪些记录可以参加分组汇总

下面用几个例子说明查询汇总的方法。

【例 5-11】 查询每个系的学生入学成绩的总分、平均分、最高分、最低分以及学生的总人数。

查询网格的设计如图 5-29 所示。

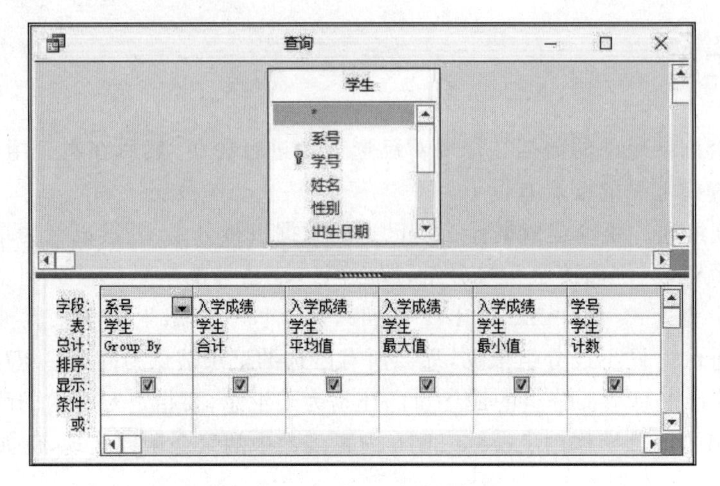

图 5-29　汇总查询设计网格

查询结果如图 5-30 所示。

查询1

系号	入学成绩之合计	入学成绩之平均值	入学成绩之最大值	入学成绩之最小值	学号之计数
01	3653	608.833333333333	623	599	6
02	1824	608	614	600	4
03	1832.5	610.833333333333	622.5	603	4
04	1223	611.5	615	608	3
05	1216	608	615	601	3
06	1161	580.5	585	576	2

记录: 第 1 项(共 6 项)　无筛选器　搜索

图 5-30　汇总查询结果

注意

要为字段指定别名,在字段网格的字段名前面写“新字段名:”,冒号一定要用英文格式。

【例 5-12】　列出最少选修了三门课程的学生姓名。

该例题首先按照学号分组,同一个学生选修的课程被分到了一个组中,再对每个小组分别计算课程的个数。建立该查询的具体过程如下。

(1) 新建选择查询,在数据源区中添加学生、选课成绩两张表;

(2) 选定学号字段、姓名字段、课程号字段;

(3) 在设计网格上单击右键,选择“汇总”菜单项;

(4) 为学号和姓名字段设置总计项为“Group By”,课程号字段设置总计项为“计数”;

(5) 取消学号和课程号字段的显示网格选定;

(6) 为课程号的计数字段设置条件网格“>=3”。

运行查询，查询网格的设计和查询结果如图 5-31 所示。

字段:	学号	姓名	课程号
表:	学生	学生	选课成绩
总计:	Group By	Group By	计数
排序:			
显示:	☐	☑	☑
条件:			>=3
或:			

查询1

姓名	课程号之计数
李晓明	3
刘宁宁	3
田爱华	3
万海	3
王民	3
王一苹	3
赵洪	3
赵庆丰	3

记录: 第 1 项(共 8 项)

图 5-31　对组的条件筛选

【例 5-13】　查询平均成绩大于 90 分的学生系名、学号、姓名及平均分，结果按照学号降序排列。

该例题首先按照学号将选课的记录分组，同一个学生选修的课程被分到了一个组中，再对每个小组分别统计平均分，最后按照平均成绩大于 90 分的条件筛选汇总结果，只留下满足条件的记录。建立该查询的具体过程如下。

(1) 新建选择查询，在数据源区中添加系名表、学生表和选课成绩表；

(2) 选定系名、学号、姓名、成绩字段；

(3) 在设计网格上单击右键，选择“汇总”菜单项；

(4) 为系名、学号、姓名字段设置总计项为“Group By”，为成绩字段设置总计项为“平均值”；

(5) 为成绩汇总项设置条件网格“>90”；

(6) 为学号字段设置“降序”。

运行查询，查询网格的设计和查询结果如图 5-32 和图 5-33 所示。

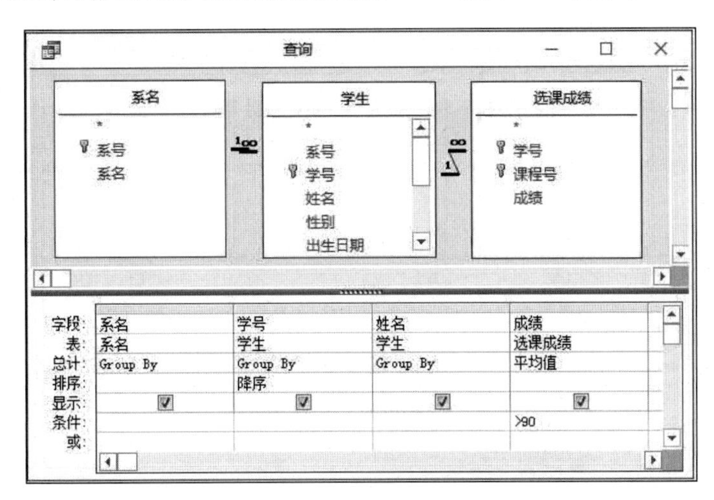

字段:	系名	学号	姓名	成绩
表:	系名	学生	学生	选课成绩
总计:	Group By	Group By	Group By	平均值
排序:		降序		
显示:	☑	☑	☑	☑
条件:				>90
或:				

图 5-32　对组的条件筛选

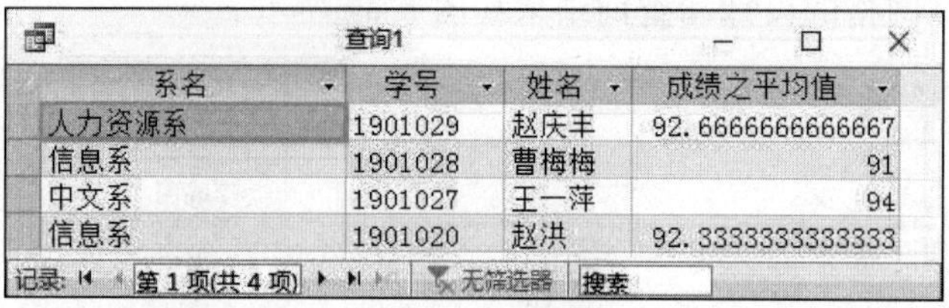

查询1

系名	学号	姓名	成绩之平均值
人力资源系	1901029	赵庆丰	92.6666666666667
信息系	1901028	曹梅梅	91
中文系	1901027	王一萍	94
信息系	1901020	赵洪	92.3333333333333

记录: 第1项(共4项) 无筛选器 搜索

图 5-33 查询结果

思考

如果对上例稍加修改,计算平均成绩的时候不包含 102 号课呢?那就应该在分组之前,首先将 102 号课的选课记录从数据源中排除,再对学生分组,实现成绩汇总。此时求均值的成绩中已经不再包括 102 号课程了。具体的做法是添加一个课程号字段,令其条件网格为<>"102",并将其总计项设置为"Where",如图 5-34 所示。

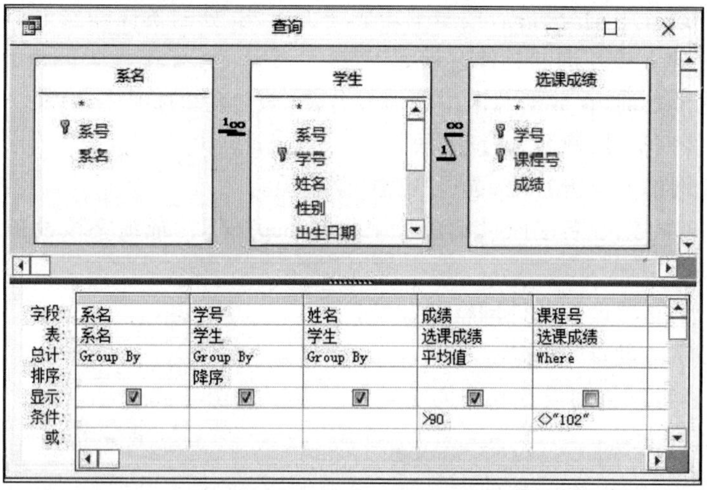

查询

系名: *, 系号, 系名

学生: *, 系号, 学号, 姓名, 性别, 出生日期

选课成绩: *, 学号, 课程号, 成绩

字段:	系名	学号	姓名	成绩	课程号
表:	系名	学生	学生	选课成绩	选课成绩
总计:	Group By	Group By	Group By	平均值	Where
排序:		降序			
显示:	☑	☑	☑	☑	☐
条件:				>90	<>"102"
或:					

图 5-34 设置 Where 总计项

和例 5-13 的查询结果相比,由于分组之前就排除了 102 号课,成绩的均值发生了改变,如图 5-35 所示。

查询

系名	学号	姓名	成绩之平均值
人力资源系	1901029	赵庆丰	91.5
信息系	1901028	曹梅梅	91
中文系	1901027	王一萍	94
中文系	1901026	吕小海	91
信息系	1901020	赵洪	96

记录: 第1项(共5项) 无筛选器 搜索

图 5-35 查询结果

扩展阅读：数据库查询

5.4　参数查询

前面介绍的各种设计方法所创建的查询，无论是对行还是对列的限定条件，都是由数据库程序员事先设计好的，一旦提交给数据库管理员或者是用户使用，查询条件便不能再更改。

在实际的数据库开发项目中，数据库的设计者和使用者往往是不同的人，而且设计好的数据库应用程序必须经过打包封装，使用者要想修改原始程序往往是不可能的。就像我们不满意网络游戏中的某个情节，无法修改游戏程序一样。即便是程序设计者创建给自己使用，总是进入设计视图修改也很不方便。因此，为了提高数据库查询程序的通用性，Access 2016 提供了参数查询功能。**参数查询本质上也是一种选择查询。**

参数查询在设计的时候为条件设置参数，用一段提示信息代替想要用户输入的参数值，这段提示信息一定要用“[ ]”括起来。查询文件执行时将弹出对话框提示该信息，让用户输入具体的参数值，再将该值代入条件表达式完成查询。可以设置参数的位置包括设计网格中的“条件”网格和“或”网格。

下面用两个实例分别说明在一个选择查询中分别使用单个参数和多个参数的情况。

【例 5-14】　按照用户输入的年份，查询该年出生的学生的学号、系名、姓名、性别和出生日期。

在设计网格上插入一新列，自定义字段为：Year([出生日期])；为自定义字段的条件网格设置参数提示信息：[请输入学生的出生年份：]，注意中括号不能省略；取消自定义字段的显示网格选定。

查询网格的设计如图 5-36 所示。

运行该查询时将首先弹出以下对话框，如图 5-37 所示。

字段：	学号	系名	姓名	性别	出生日期	表达式1: Year([出生日期])
表：	学生	系名	学生	学生	学生	
排序：						
显示：	☑	☑	☑	☑	☑	☐
条件：						[请输入学生的出生年份：]
或：						

图 5-36　参数查询设计网格

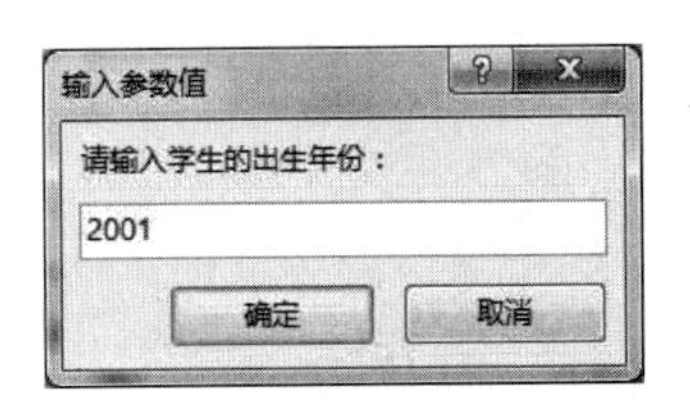

图 5-37　参数输入

【例 5-15】　按照用户输入的入学成绩上下限范围，查询学生的全部信息。

为入学成绩字段的条件网格设置参数提示信息：Between [请输入查询成绩下限：]

And [请输入查询成绩上限：]，如果觉得条件网格宽度有限，可以打开表达式生成器输入，Between…And…运算符在“操作符”表达式元素栏里的“比较”表达式类别中；取消入学成绩字段的显示网格选定。

参数查询网格的设计如图 5-38 所示。

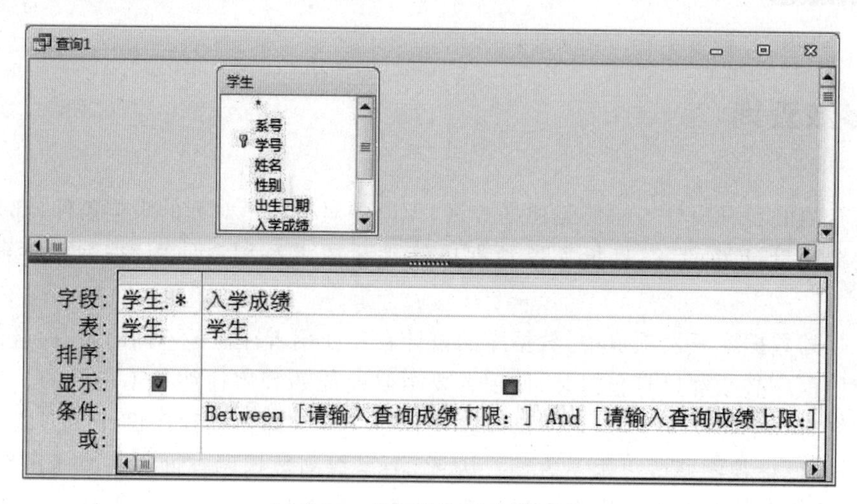

图 5-38 参数查询网格的设计

运行查询，先后弹出如图 5-39 所示的参数输入对话框，分别输入 550 和 590，查询结果如图 5-40 所示。

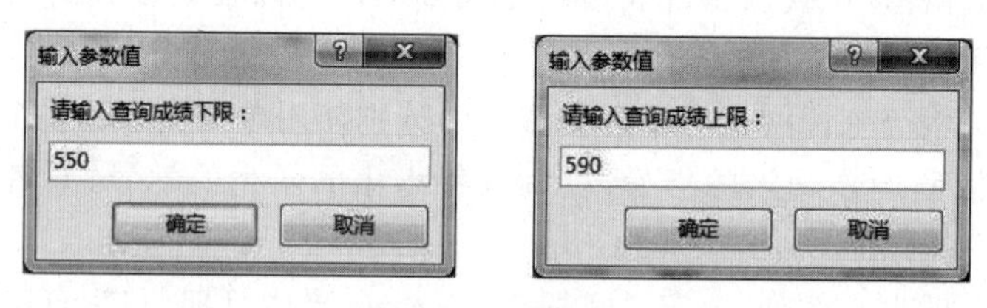

图 5-39 参数输入

查询

系号	学号	姓名	性别	出生日期	入学成绩	是否保送	简历	照片
06	1901031	章佳	女	2001/10/20	585	☐		
06	1901032	崔一楠	女	2001/8/27	576	☐		
*						■		

记录：第 1 项(共 2 项) 无筛选器 搜索

图 5-40 查询结果

5.5 操作查询

在数据库的日常维护和使用过程中，常常要运行大量的数据修改操作。例如，插入记录、更新记录、删除记录。如果对数据的修改是大批量的、有规律的，那么完全用人工的数据修改方式无疑十分笨拙且没有效率。Access 2016 的操作查询用一个查询文件就可实现成批数据的插入、更新和删除，还可以将以往查询的结果由一个临时数据集保存成一个基本表文件，并写入数据库磁盘。

5.5.1 生成表查询

生成表查询本质上完成的是一个基本表的创建，只不过这个基本表的结构不是由表设计视图定义的，表中的数据也不是由数据表视图录入的，而是由一个选择查询的查询结果而得。本章介绍的所有选择查询，都可以经过进一步设置，变成一个生成表查询，将其查询结果从一个内存中的临时数据集保存成一个真正的基本表文件。而生成表查询就是将查询结果从内存写入硬盘的过程。

生成表查询创建的一般过程如下。

(1) 正确创建一个选择查询文件，打开该选择查询的设计视图；

(2) 在 Access 2016 窗口上方选择查询工具选项卡，查询类型组选用“生成表”；也可以在设计视图设计网格以外的位置单击右键，查询类型的级联项中选用“生成表查询”；

(3) 在弹出的“生成表”对话框中输入新表的表名和所属数据库名；

(4) 运行查询，之后在导航栏中查看新表。

注意

如果要将查询数据生成到一个已经存在的表中，表里原来的数据将被替代，且不可撤销，因此应该慎重选择。

【例 5-16】 将所有人力资源系的男生选课信息存入一个新表，表名为“男生选课成绩单”，其中包括系名、学号、姓名、性别、课程名、学分、成绩字段。

建立该查询的具体过程如下。

(1) 正确创建“男生选课成绩单”查询文件，如图 5-41 所示。

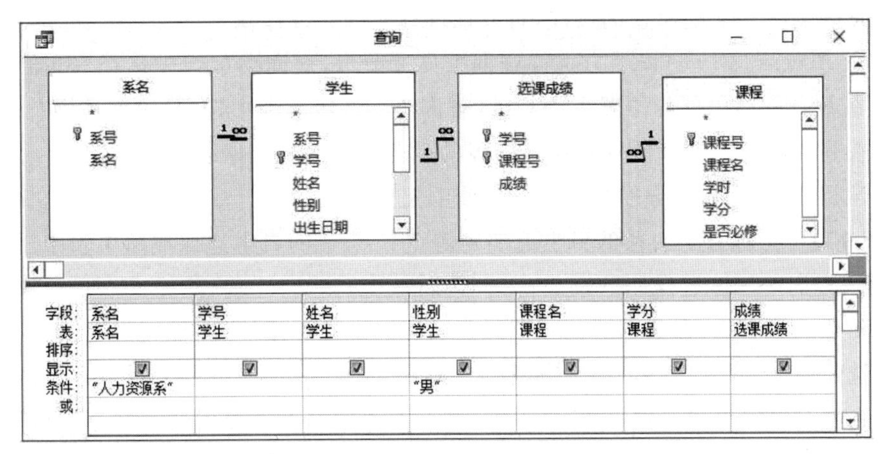

图 5-41 “男生选课成绩单”查询文件

(2) 在查询类型组中选择生成表,弹出如图 5-42 所示对话框。

图 5-42 “生成表”对话框

(3) 在“表名称”文本框中输入表名,选择让新表存储在当前数据库。如果要让新表存储在另一个数据库,请选择“另一数据库”单选按钮,并在“文件名”文本框中输入另外一个数据库文件的路径和名称。

(4) 运行查询,查看导航栏,出现一个新的基本表“男生选课成绩单”。

5.5.2 追加查询

追加查询的前提也是一个选择查询,它将这个选择查询的结果插入另一个已经存在的基本表中。追加查询应该满足以下几点要求。

(1) 追加查询的数据源表和插入数据的目标表不能是同一个表。

(2) 一旦追加不可撤销。

(3) 新数据和目标表字段个数一样,且字段类型、字段大小一一对应。

(4) 新数据不能违背目标表的数据约束。例如,允许空值的字段才可以接受空值数据、新追加的关键字不能和原来的关键字有重复值等。

追加查询创建的一般过程如下。

(1) 正确创建一个选择查询文件,打开该选择查询的设计视图。

(2) 在 Access 2016 窗口上方选择查询工具选项卡,查询类型组中选择“追加”;也可以在设计视图设计网格以外的位置单击右键,查询类型的级联项中选择“追加查询”。

(3) 在弹出的“追加”对话框中输入新表的表名和所属数据库名称。

(4) 运行查询,之后在导航栏中打开表查看追加情况。

【例 5-17】 将所有中文系的男生追加到例 5-16 创建的男生选课成绩单表中。

建立该查询的具体过程如下。

(1) 新建选择查询,在数据源区中添加系名、学生、选课成绩、课程四张表。

(2) 选定系名、学号、姓名、性别、课程名、学分、成绩字段。

(3) 为系名字段设置条件网格:="中文系",为性别字段设置条件网格:="男"。

(4) 在查询类型组中选择追加,弹出如图 5-43 所示对话框。

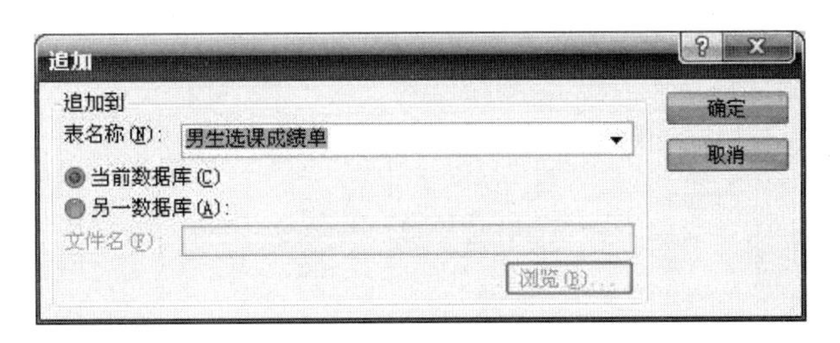

图 5-43　“追加”对话框

(5) 在“表名称”文本框中输入或选定目标表名。

(6) 运行查询。

5.5.3　更新查询

更新查询将改变设计网格的结构，去掉“排序”网格和“显示”网格，增加一个“更新到”网格。它将对满足条件的字段值进行修改，具体怎样修改由“更新到”网格说明。同样，更新查询也要注意以下几个方面。

(1) 更新操作始终在一个表中完成。

(2) 更新操作不可撤销。

(3) 更新的数据不能违背原字段的字段类型、字段大小。

(4) 更新的数据不能违背原表的数据约束。

更新查询创建的一般过程如下。

(1) 打开查询设计视图，在 Access 2016 窗口上方选择查询工具选项卡，查询类型组中选用“更新”；也可以在设计视图设计网格以外的位置单击右键、查询类型的级联项中选择“更新查询”。

(2) 设置设计网格的更新条件和更新内容。

(3) 运行查询，之后在导航栏中打开表查看更新情况。

【例 5-18】 为选修高等数学课程、考试成绩在 80 分以下的同学成绩加 5 分。

建立该查询的具体过程如下。

(1) 打开设计视图，在查询类型组中选择 更新。

(2) 在数据源区中添加课程、选课成绩两张表。

(3) 选定成绩、课程名字段。

(4) 为成绩字段设置更新到网格：[成绩]＋5，为成绩字段设置条件网格：＜80，为课程名字段设置条件网格：="高等数学"。注意，更新表达式中引用的字段名成绩一定要加方括号“[ ]”，设计视图如图 5-44 所示。

(5) 运行查询，打开课程表和选课成绩表，比对查看高等数学的成绩是否更新。

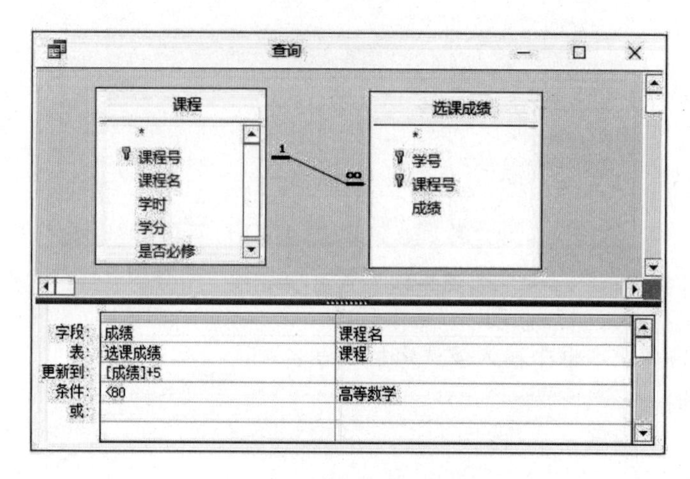

图 5-44　更新查询设计视图

5.5.4　删除查询

删除查询将改变设计网格的结构，去掉“排序”网格和“显示”网格，增加一个“删除”网格。它将对满足条件的记录进行删除。删除查询也要注意以下几个方面。

(1) 删除网格有“From”和“Where”两个选项，“From”指明从哪个表删除记录，“Where”指明删除记录要满足的条件。

(2) 删除操作不可撤销。

(3) 删除查询删除的是整条记录，而不是字段。

删除查询创建的一般过程如下。

(1) 打开查询设计视图，在 Access 2016 窗口上方选择查询工具选项卡、查询类型组中选择 ；也可以在设计视图设计网格以外的位置单击右键，查询类型的级联项中选用“删除查询”。

(2) 设置设计网格的删除目标表和删除条件。

(3) 运行查询，之后在导航栏中打开表查看删除情况。

【例 5-19】 删除学生表中出生日期为 2001 年 5 月 1 日到 2001 年 12 月 1 日的学生信息。

建立该查询的具体过程如下。

(1) 打开设计视图，在查询类型组中选择“删除”。

(2) 在数据源区中添加学生表。

(3) 选定学生.＊、出生日期字段。

(4) 为学生.＊字段设置删除项为 From，为出生日期设置删除项为 Where。

(5) 为出生日期字段设置条件网格：Between ＃2001-05-01＃ And＃2001-12-01＃，设计视图如图 5-45 所示。

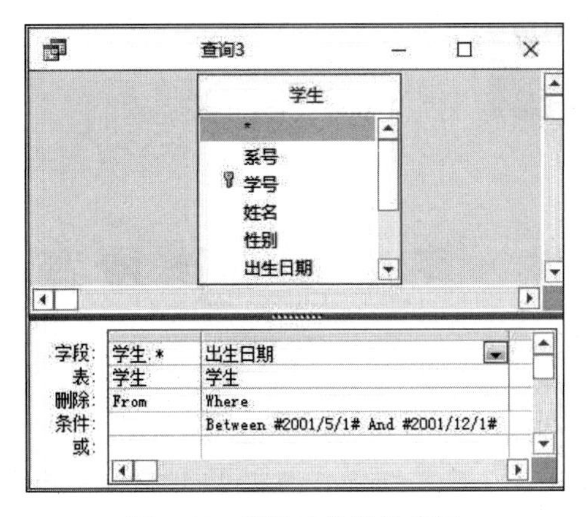

图 5-45　删除查询设计视图

(6) 运行查询,查看导航栏,打开学生表,比对查看是否删除。

小结

本章介绍了数据检索的概念和几种常见的数据检索方法,从时间复杂度的角度去衡量了几种检索方法的检索速度,讨论了索引检索的优势与缺点。本章还详细介绍了 Access 2016 数据库查询文件的各种不同类型及其设计方法。

习题

1. 如何理解查询操作的时间复杂度? 如何降低这一复杂度?
2. 索引是什么? 索引应该怎样创建?
3. 为数据库中所有字段都创建索引合理吗?
4. 什么是多级索引?
5. 查询文件的查询结果包含的记录越多,这个查询文件就越大,这个说法对吗? 为什么?
6. 查询结果作为动态数据集,在内存中临时存储,它与外存中的数据库之间的数据传导是单向的还是双向的?

第6章　数据库标准语言SQL

知识导入

数据库管理系统的“普通话”——SQL

小南虽然是大一新生，但幸运地入选了南开大学本科生创新科研计划项目，负责收集并整理数据。小南通过管理社团数据库，深谙Access 2016的使用之道。可没想到，项目组使用的数据库管理系统却是MySQL。它的操作界面和Access 2016大相径庭，小南想，难道我之前的数据库操作经验就没用了吗？

常用的数据库管理系统有很多，在数据库技术发展之初，不同的数据库管理系统使用不同风格的操作界面，有的甚至开发了专用的命令体系。但是，就像人类的自然语言体系一样，虽然各地可能有不同发音的方言，但全国通用的却是汉语普通话。各种数据库管理系统有各种“方言”，而SQL则是数据库领域的“普通话”。使用SQL可以完成数据库的所有基本交互任务，它是所有关系型数据库管理系统都支持的标准语言。

本章以教学管理.accdb为环境，从SQL的数据定义功能、数据查询功能、数据操作功能出发，分别讲解如何使用SQL建立和修改数据库和表，如何进行数据的查询以及维护。

6.1　SQL概述

6.1.1　SQL的历史与发展

关系型数据库通用的标准语言SQL（Structured Query Language，结构化查询语言）的前身是SQUARE（Specifying Queries As Relational Expressions）语言，最先应用在IBM的System R上。20世纪70年代，Boyce和Chamberlin将其修改为SEQUEL（Structured English Query Language），简称SQL。

1987年，国际标准化组织ISO将SQL定为国际标准，推荐它为标准关系数据库语言。经过不断的补充和完善，ANSI于1989年修订了这一标准，称为SQL-89，也叫SQL1。为了解决该标准与商业软件的冲突，ANSI相继又发布了SQL-92版本，也叫SQL2。1999年，在原来的SQL2版本上增加了许多新特性的SQL1999问世，也叫SQL3。1990年，我国也颁布了《信息处理系统数据库语言 SQL》,将其确定为中国国家标准。

SQL 具有功能丰富、使用方式灵活、语言简洁易学等突出特点,许多数据库产品都相继推出各自支持 SQL 的软件或软件接口。1982 年发布的 DB2 是第一个引入 SQL 接口的大型商用数据库产品,接着是与 DB2 同时发展起来的 Oracle。目前,上述两个软件均已成为大型商用数据库的成功典范。不同的数据库管理系统虽然在 SQL 的某些技术细节或高级语法方面有差异,但几乎所有版本都支持 SQL,而且在基本的数据查询和数据维护方面并无显著区别。

6.1.2 SQL 的特点

1. 非过程化

SQL 是一种非过程化编程语言,它允许使用者不关心数据的具体组织方式、存放方法和数据结构,这就是 SQL 可以作为数据库管理系统的"普通话"工作在不同数据库软件产品平台上的原因。当面对不同底层平台时,只需用 SQL 告诉数据库管理系统"What to do"(做什么),而具体"How to do"(怎么做)就不是我们需要关心的了,数据库管理系统会自行确定一个较好的任务完成方式。

例如,当使用 SQL 检索"01"号系的学生时,只需要指出查询条件"系号='01'",具体的查询算法用户不得而知。根据 5.1 节的介绍,一个可能的检索算法选择流程如图 6-1 所示。

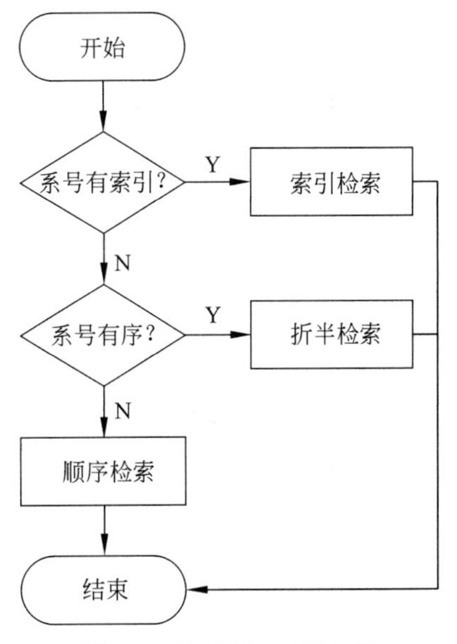

图 6-1 检索算法选择流程

到底选择哪种算法,每种算法的代码实现,都不需要 SQL 的编写者来完成,全部由 DBMS 来决策和实现,这样就把用户从对底层数据结构的依赖中解脱出来。

SQL 的这种非过程化特点也使得 SQL 程序的可移植性增强,那么请思考,当数据的物理存储结构发生改变时,SQL 代码需要做出调整吗?

2. 面向集合

SQL 是一种面向集合的数据库编程语言,这里说的集合也可以理解为关系数据库中的表。这就意味着 SQL 的操作对象是表,它的操作结果也以表的形式输出。

这种特性允许一条 SQL 语句的输出结果作为另外一条 SQL 语句的操作对象。所以,SQL 可以实现嵌套,这就使 SQL 的程序设计具有强大的功能和极大的灵活性,如图 6-2 所示。

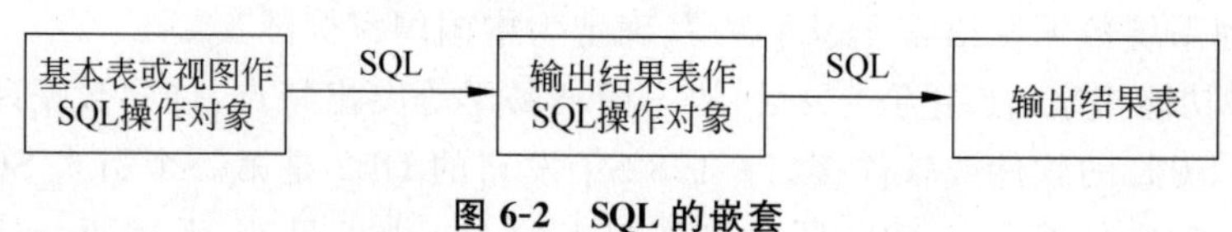

图 6-2 SQL 的嵌套

3. 通用性强

SQL 既是一种自含型的程序语言，又可以作为一种嵌入式语言嵌入其他语言中使用。一般来说，SQL 有以下两种使用方式。

1）在数据库管理系统的工具中使用

自含型的语言可以直接使用，SQL 在各种不同数据库软件提供的 SQL 执行界面中，都可以直接输入并执行。

2）嵌入其他语言执行

在编写其他语言程序代码时，直接写入一段 SQL 语句，由高级语言的编译程序决定该段 SQL 语句用哪种数据库编译器来编译。这种特性使得 SQL 的通用性变强，例如 C#、Java、Python 和 VB 等编程语言中都可以嵌入 SQL 语句。

6.1.3 SQL 的功能

SQL 直译为“结构化查询语言”，但不要认为 SQL 的功能就仅仅是数据的查询，本章前言中曾提到“使用 SQL 可以完成数据库的所有基本交互任务”。SQL 完整功能具体如下。

1. SQL 数据定义功能

数据定义语言 DDL，用于描述数据库中各种数据对象的结构。例如，对数据库、表、索引、视图的建立、修改或删除都属于数据定义的范畴。此类常用的 SQL 语句有 Create（建立）、Alter（修改）、Drop（删除），后面可加 Database、Table、Index、View 等表示操作的对象。

2. SQL 数据查询功能

SQL 的查询语句只有一个，可以由六个子句构成，分别是 Select、From、Where、Order By、Group By 和 Having。这六个子句根据查询需要增删组合，也可以嵌套连接，实现千变万化的查询操作。

3. SQL 数据操作功能

数据操作语言 DML，用于对数据库对象的日常维护。例如，对数据库中的数据进行插入、删除、修改等操作。此类常用的 SQL 语句有 Insert（插入）、Delete（删除）、Update（修改）。也有的资料中将 SQL 的查询功能归入数据操作功能中，称为广义的 DML，而将插入、删除、修改称为狭义的 DML，也叫数据更新。

4. SQL 数据控制功能

数据控制语言 DCL，用于维护数据库的安全性、完整性和事务控制。数据库中的数据是宝贵的共享资源，必须使用适当的安全保障机制确保数据不受破坏。SQL 对数据的控制功能主要体现在 Grant（授权）、Revoke（授权回收）几个命令上。

注意

不同 DBMS 中的 SQL 命令体系有稍许不同，不同权限的用户可以使用的 SQL 命令也有区别。本章仅就 Access 2016 桌面型数据库的常用 SQL 命令进行介绍，如表 6-1 所示。

表 6-1 Access 2016 SQL 基本功能

功 能	命 令	语 法	语 义
数据定义	Create	Create Table	创建新表，同时可添加数据约束
		Create Index	创建一个新的数据索引文件
		Create View	创建一个新的视图
	Alter	Alter Table Add	修改数据库表结构，添加新字段
		Alter Table Alter	修改数据库表结构，修改字段属性
		Alter Table Drop	修改数据库表结构，删除字段
	Drop	Drop Table	删除数据表
		Drop Index	删除索引
数据查询	Select	Select…From…	数据查询，与查询文件功能相似
数据操作	Insert	Insert Into…Values…	在表中追加新记录
	Update	Update…Set…	更新表中记录
	Delete	Delete From	删除表中记录
数据控制	Grant	Grant To	将某操作权限授予某用户
	Revoke	Revoke From	用户操作权限的回收

注意

作为 SQL 标准的官方解释，SQL2 和 SQL3 版本中都将数据库(Database)的创建、修改、删除归为 SQL 数据定义功能一类，但 Access 2016 中并不支持 Create Database、Alter Database 或 Drop Database 这样的命令。在 Access 2016 的 SQL 平台上输入这样的命令会提示语法错误，Access 2016 要求用屏幕操作的可视化方式管理数据库。但这并不是说 Access 2016 中的 SQL 有功能上的缺失。事实上，当我们使用图形界面的方式建立、删除一个数据库文件时，Access 2016 会生成一条相应的 SQL 命令，再由数据库编译器执行这条命令实现操作。

扩展阅读：结构化查询语言

6.1.4 Access 2016 的 SQL 操作平台

Access 2016 在建立查询文件的基础上提供 SQL 的执行平台，输入 SQL 命令并执行的具体过程如下。

(1) 创建一个查询文件。

(2) 关闭随之弹出的“显示表”对话框。

(3) 在查询文件的空白位置上单击鼠标右键，在弹出的快捷菜单中选择“SQL 视图”。查询窗口此时切换到 SQL 输入平台，可以在空白区域输入 SQL 语句，如图 6-3 和图 6-4 所示。

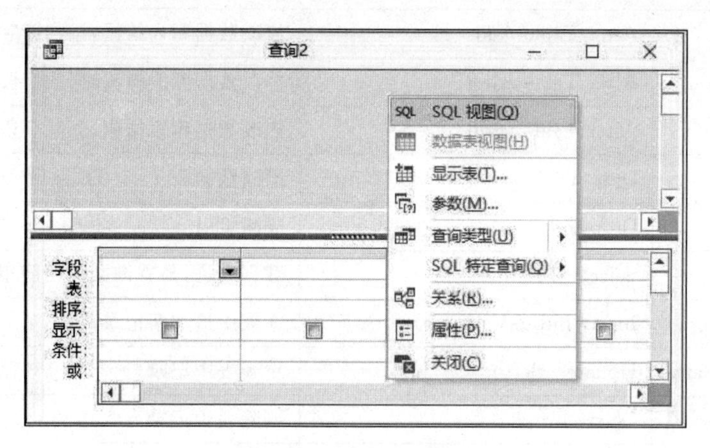

图 6-3 选择 SQL 视图

图 6-4 输入 SQL 语句

在输入 SQL 命令时要注意以下几个问题。

① 每个 SQL 视图只能编辑一条 SQL 命令。

② 语句中间可以不换行，也可以根据需要多次换行，结尾可以加分号作为结束标识。

③ SQL 语句中所有的标点符号均要求使用英文格式。

④ 语句中使用的数据对象都不用指出存储的路径。

(4) 语句输入完成后，单击窗口左上角的 ! 运行 按钮执行该语句。如果该 SQL 语句是数据定义或数据操作语言，请打开对应的数据对象查看运行结果，是否实现了创建/插入/删除/修改的要求；如果该语句是数据查询，那么查询的结果将直接显示在查询窗口中。

(5) 如果发现命令的执行结果有误，需要返回SQL视图窗口重新编辑，单击窗口左上角的“视图”按钮，在下拉菜单中选择“SQL视图”选项，即可返回SQL编辑窗口，如图6-5所示。

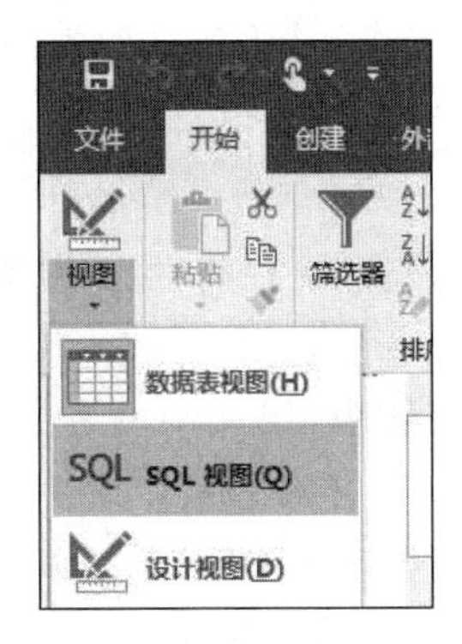

图6-5 返回SQL视图

6.2 SQL数据定义语言

这里介绍SQL数据定义包含的三个命令动词，可以实现对基本表和索引的定义。在创建的同时，还可以定义数据对象的数据约束。

6.2.1 创建基本表

创建基本表的SQL语句基本语法结构如下：

```
Create Table<表名>
    (<字段名><数据类型>[(<数据宽度>)][NULL | Not NULL]
    [<字段名><数据类型>[(<数据宽度>)][NULL | Not NULL],
    <字段名><数据类型>[(<数据宽度>)][NULL | Not NULL],
    Primary Key (主键字段名),
    Unique (候选键字段名),
    Foreign Key (外键字段名) References 父表名(父表主键字段名),…]);
```

1. 表名

Create Table之后的<表名>指出了要创建的数据表名称。注意，在此处不需要指明表存储的路径，Access 2016的所有数据对象(基本表、查询、窗体、报表等)都不在存储器上生成独立的文件，全部存在扩展名为.accdb的数据库文件中。

2. 字段说明

从第二行语句开始说明基本表的结构，包括表中的字段信息和数据约束信息，这些信息必须加括号。创建一张基本表的时候,数据约束信息不是必需的,但表中至少要有一个字段存在,从第三行开始,之后的语句都是可选的。字段说明主要描述字段名称、字段类型和字段宽度,对于字段宽度由系统默认的日期型、逻辑型、各种数值型等数据,宽度值省略。

【例 6-1】 用 SQL 语句创建系名表,其语句结构为:

```
Create Table 系名(系号 Char(2),系名 Char(14));
```

执行该语句后,在数据库对象的"表"一栏将会出现"系名"表。

3. 空值约束

Null 和 Not Null 是字段的空值约束,语法中两者之间的竖线"|"表示二者可选其一。如果为某一列加上 Not Null 约束,就意味着表格中这一列必须有值。如果添加记录时该字段值为空,或修改记录时将该字段的值改变为空,系统都会产生错误提示。此约束的默认值为 Null,即如果不特殊说明,当该字段允许不输入数据时,系统将使用一个 Null 值填充该字段。例 6-1 中的系名表中的两个字段没有指明,则系统默认允许 Null 值。如果不允许系号字段出现空值,那么例 6-1 可以写为:

```
Create Table 系名(系号 Char(2) Not NULL,系名 Char(14) NULL);
```

由于该约束的对象针对单个字段,因此属于字段级别的约束机制。

4. 主键约束

一张表的主键也就是关键字只能有一个,被定义为主键的字段非常重要,它不但是整张表格中每个记录的唯一独特标识,也是表与表之间建立一对多联系的重要依据。因此,在"教学管理"数据库中的所有表都必须指定主键,才能在关联窗口中建立表与表之间的连接,为数据库日后的维护、查询操作提供依据。在 SQL 的表格定义命令中,用 Primary Key 指定一张表的关键字,称为主键约束。

还是以创建系名表为例,创建时定义"系号"字段为主键。

【例 6-2】 用 SQL 语句定义系号为主键,其语句结构为:

```
Create Table 系名(系号 Char(2),系名 Char(14),Primary Key (系号));
```

注意

这表示系号字段是系名表的主键。根据主键的定义,作主键的字段值不能重复也不能为空,指定系号为 Primary Key,就可以省略该字段的 Not NULL 空值约束。

在语法上,可以直接将 Primary Key 标注在主键字段说明的后面:

```
Create Table 系名(系号 Char(2) Primary Key,系名 Char(14));
```

5. 候选键约束

在一张表格中,具备主键资格的字段可能会有不止一个。例如,学生表中有字段学号、身份证号,除了学号可以作为主键外,一名学生的身份证号也可以单独作为主键,唯一地标识一条学生的记录。根据一张表格的主键只能有一个的原则,只能选取一个作为主键,另外的可以声明为候选键,称为候选键约束。

下面以创建包含学号、身份证号、姓名、性别四个字段的学生表为例,定义学号为主键,身份证号为候选键。

【例6-3】 用SQL语句定义学号为主键,身份证号为候选键,其语句结构为:

```
Create Table 学生(学号 Char(7),身份证号 Char(18),姓名 Char(10), 性别 Char(2),
Primary Key (学号), Unique (身份证号));
```

注意

被定义了候选键约束的字段允许出现空值,但不允许重复,该字段上会出现无重复索引。

同样,在语法上,也可以直接将Unique标注在候选键字段说明的后面。

```
Create Table 学生(学号 Char(7) Primary Key,身份证号 Char(18)Unique, 姓名
Char(10), 性别 Char(2));
```

6. 参照完整性约束(外键约束)

参照完整性约束主要是为了说明所创建的表和其父表的关联关系,也叫外键约束。如果该表没有父表,则不需要定义外键约束。例如,学生表的父表是系名表,即一个系名记录关联着多条学生记录(一个系有多个学生),而一个学生记录只能关联一条系名记录(一个学生只能属于一个系)。这种一对多的关联关系是系名.系号=学生.系号,那么在创建学生表的时候就应该说明这一关系,如图6-6所示。

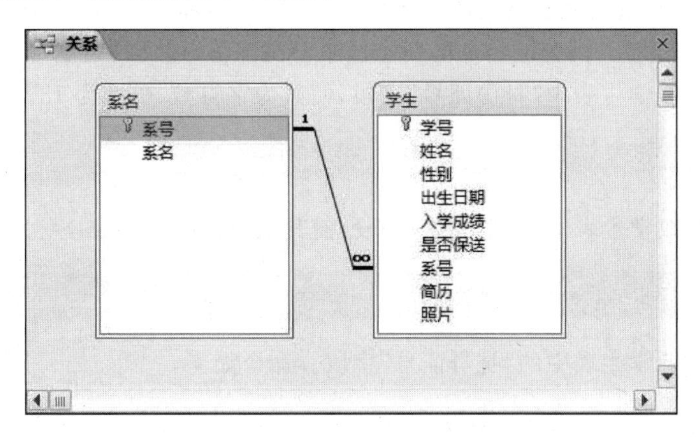

图6-6 用SQL语句创建外键约束

【例6-4】 用SQL语句定义学生表的系号为外键,其语句结构为:

```
Create Table 学生
(学号 Char(7),姓名 Char(10),性别 Char(2),出生日期 Date,入学成绩 Real,
是否保送 Logical,系号 Char(2),简历 Memo,照片 General,Primary Key (学号),
Foreign Key (系号) References 系名(系号));
```

注意

定义外键约束后,相当于为系名表和学生表建立了参照完整性关系,当插入一条新的学生记录或修改记录时,其中的系号值必须是系名表中已经存在的系号(即学生不能就读于一个不存在的系),而当删除系名表中的一条记录时,对应系号的学生记录也随之删除(撤销一个系的时候,这个系的学生也一并解散)。

6.2.2 修改基本表

在创建基本表后,还可以对创建的数据表设计结构做出修改,如增加或者删除字段、修改字段的数据类型和数据宽度等。修改表结构命令的一般格式是:

```
Alter Table 表名
Add|Alter |Drop [Column]<字段名><数据类型>[(数据宽度)];
```

【例 6-5】 在学生表中添加一个“身份证号”字段、字符型、长度为 15。

```
Alter Table 学生 Add 身份证号 Char(15) Unique;
```

例 6-5 在添加字段的同时指定其列的数据约束为 Unique,该列被定义为候选键,其内容可以为空但不能有重复值。显然,空值约束 Not NULL 和主键约束 Primary Key 不能在 Alter Table 命令中使用,因为刚添加的新字段中都是空值,违反约束规则。

【例 6-6】 修改学生表中“身份证号”字段,使其为字符型、长度为 18。

```
Alter Table 学生 Alter 身份证号 Char(18);
```

【例 6-7】 修改学生表中“入学成绩”字段,使其从单精度型(Real)变为整型(Smallint)。

```
Alter Table 学生 Alter 入学成绩 Smallint;
```

【例 6-8】 删除学生表中的“身份证号”字段。命令如下。

```
Alter Table 学生 Drop 身份证号;
```

注意

这时,是不是发现身份证号字段无法删除?这是因为该字段被设置为候选键,同时增加了无重复索引，因此要先取消该索引，再删除字段。

在一个处于运行状态的数据库系统中，修改一个基本表的结构往往会牵一发而动全身：修改一个字段的数据类型或减小数据宽度可能会造成数据的丢失或舍入错误；修改字段信息可能影响表格之间参照完整性关联关系；修改表的结构还可能使上层运行的应用程序产生错误。因此，在数据库设计阶段修改表结构时应该注意：

- 删除字段后，该字段的所有记录将全部被删除。
- 修改字段类型或宽度时，可能造成数据丢失。

6.2.3 删除基本表

SQL 中的 Drop 命令可以将基本表从数据库中彻底清除，当然也将同时删除与表相关的数据约束和索引。该命令的基本格式是：

```
Drop Table Tablename;
```

【例 6-9】 彻底删除学生表。命令如下。

```
Drop Table 学生;
```

注意

表的删除操作是不可逆的，一旦删除不可恢复，使用删除命令时应该确定表的确不再使用。错误地使用 Drop Table 命令会带来灾难性的后果。

6.2.4 索引的创建与删除

1．创建索引

命令的一般格式：

```
Create Index<索引名称>On<表名>(<索引字段名>)
```

【例 6-10】 为学生表的入学成绩字段创建索引，命令如下。

```
Create Index 索引 1 On 学生(出生日期);
```

“索引 1”是我们为新建索引起的名字，只要不与已经命名过的索引重名即可。创建索引后打开表设计器，可以在“出生日期”字段属性的“常规”选项卡中看到，索引一栏的内容已经变成“有(有重复)”。

2．删除索引命令的一般结构

```
Drop Index<索引名称>On<表名>;
```

【例 6-11】 删除学生表的入学成绩字段索引。

```
Drop Index 索引 1 On 学生;
```

扩展阅读：数据定义语言

6.3 SQL 数据查询语言

6.3.1 SQL 查询语句的一般结构

命令的一般格式如下：

```
Select [*|Distinct][(字段名 1[,字段名 2,…])][Into 生成表名]
From 表名 1[,表名 2,…]
[Where 连接条件 [And 连接条件…][And 查询条件[And|Or 查询条件…]]]
[Group By 分组字段名]
[Having 分组条件表达式]
[Order By 排序字段名 [Desc][, 排序字段名 [Desc]…]];
```

各子句的说明如下。

(1) Select 子句列举查询结果中包含的检索项,检索项可以是 From 子句中表的字段名、常量、函数、表达式。这些检索项可能来自一张表或几张表。如果不同表中有同名的检索项,通过在各项前加表别名予以区分。表别名与检索项之间用“.”分隔。

星号“*”表示选取 From 子句中所列举数据表中的所有字段。

Distinct 指定消除查询结果中的重复行。每个 Select 子句只能用一次 Distinct 选项。

Into 后面可以跟一个数据表的名字,整条语句的查询结果就可以生成一个以此名命名的基本表,存放在当前数据库中。如此子句省略,查询的结果只在内存中临时存储,用临时窗口的形式显示。

(2) From 子句指出查询的数据来源于哪几张表(或查询文件)。如果查询数据来自多张表,表名间用逗号分隔。当不同数据库中的表同名时,在表名前加数据库名。数据库名与表名之间用“!”分隔。

(3) Where 子句是条件语句,其中包含的条件有两种,一是连接条件,二是查询条件。在 From 子句指定的数据源表有两个以上时,要用 Where 子句指定多表之间主键=外键的连接条件。例如,系名和学生两表的连接条件就是系名.系号=学生.系号。查询条件就是查询结果中记录应该满足的条件。

(4) Group By 子句将查询结果按指定的字段名分组，以备汇总用。

(5) Having 子句如果出现，一定要跟在 Group By 子句后使用。该子句指定每一分组所应满足的条件，只有满足条件的分组才能在查询结果中显示。同是条件语句，但它与 Where 子句不同，Where 子句用在分组前筛选满足条件的记录，而 Having 子句用在分组之后筛选满足条件的组。

(6) Order By 子句指明查询结果按什么字段排序，默认为升序，加 Desc 后缀为降序。该子句要放在整个 Select 语句的最后。

一个极小化的查询语句中，只有 Select 子句和 From 子句是必需的，因为至少要说明从哪些表中选取哪些字段输出。省略 Where、Group By、Having 和 Order By 子句说明无条件地选取所有记录，无须分组和排序。各子句的功能可以概括如表 6-2 所示。

表 6-2　SQL 查询命令子句及其功能说明

SQL 子句	功 能 说 明	是 否 必 需
Select	查询结果包含哪些字段	是
From	从哪些表中查询这些字段	是
Where	数据源表怎样连接，查询字段满足什么条件	否
Group By	查询结果如何分组	否
Having	保留满足什么条件的分组	否
Order By	查询结果如何排序	否

6.3.2　SQL 查询语句和查询文件的关系

问题导入

Access 2016 的查询文件就可以实现数据检索，SQL-Select 语句的功能与选择查询文件相当，那么二者之间的关系是什么？查询文件可以完全代替 SQL-Select 语句么？

其实，查询文件也是通过 SQL 语句实现查询的，Access 2016 建立的每一个查询文件的背后，都由 Access 2016 自动生成一条与之对应的 SQL 语句，再由该 SQL 语句的编译执行得到查询文件的查询结果。不仅是选择查询，操作查询中的生成表查询、追加查询、更新查询、删除查询也都一样。选择查询生成 SQL-Select 语句；生成表查询生成一个带有 Into 子句的 SQL-Select 语句；追加查询生成一个 SQL-Insert 语句；更新查询生成一个 SQL-Update 语句；删除查询生成一个 SQL-Delete 语句。

查询文件使数据库的查询和日常维护工作可视化，交互性更强。但是，查询文件不能完全代替 SQL 语句，原因有以下两点。

(1) 查询文件只能完成部分查询任务，而 SQL 的功能更完善、更强大，查询文件在功能上是 SQL 的子集。

(2) 查询文件是一种屏幕交互的使用方式,而 SQL 可以独立编程或者嵌入其他编程语言,实现数据库的应用程序开发。

下面以一个查询文件为例,说明选择查询的查询文件如何与 SQL-Select 语句的 6 个子句相对应,希望读者可以从查询文件入手,更快地理解 SQL-Select 语句的结构与用法。对应关系如图 6-7 所示。

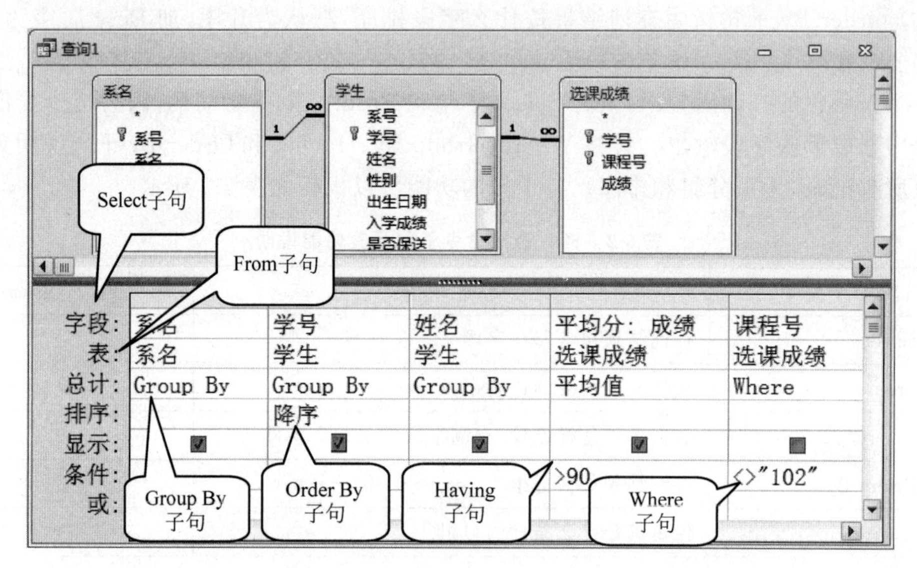

图 6-7　查询文件与 SQL 查询 6 个子句的对应关系

在查询文件设计视图界面的空白位置单击右键,选择"SQL 视图",可以看到由该查询文件自动生成的 SQL 语句。当回到查询文件的设计视图模式修改查询设计后,生成的 SQL 语句也会随之发生改变,如图 6-8 所示。

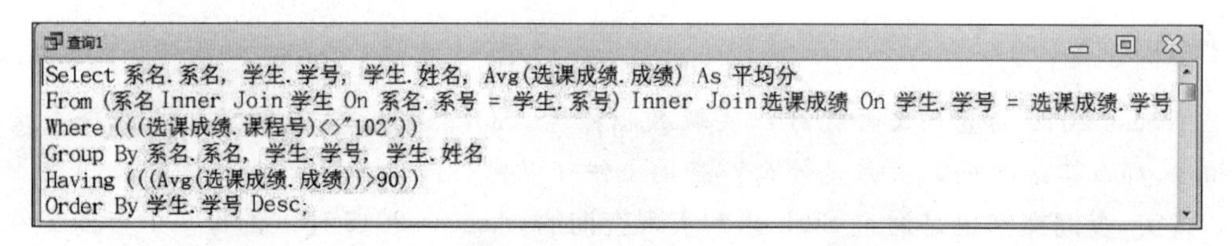

图 6-8　查询文件自动生成的 SQL 语句

为清楚起见,我们将 SQL-Select 查询概括为四大类:简单查询、连接查询、嵌套查询(子查询)、分组查询。

6.3.3 简单查询

简单查询是指从查询条件到查询结果,所有的查询操作都在一个表中完成。

1. 用 Select 子句指定查询字段

1）字段选取

【例 6-12】 列出全部学生的学号及姓名。

```
Select 学号,姓名 From 学生;
```

此例句是一条最简单的 SQL 命令，只包含 SQL 语句中必不可少的两个成分：从(From)哪里、选择(Select)什么。

【例 6-13】 列出学生表的所有行和列。

```
Select * From 学生;
```

当字段列表中包含数据源表中的所有字段时，可以用“ * ”号表示表的全部数据列。

2）Distinct 消除重复记录

【例 6-14】 列出所有学生已选课程的课程号。

```
Select Distinct 课程号 From 选课成绩;
```

选课成绩表中存储着所有学生选修的课程号，有多名学生都选修了同样的课程，将有许多重复行出现。可以用 Distinct 去掉查询结果中完全一样的行。

3）用表达式生成自定义新字段

【例 6-15】 列出所有学生的姓名和年龄，如图 6-9 所示。

```
Select 姓名, Year(Date())-Year(出生日期)From 学生;
```

查询

姓名	Expr1001
李晓明	17
王民	17
马玉红	17
王海	17
李建中	17
田爱华	17
马萍	17
王刚	17
刘伟	17
赵洪	17
关艺	17
鲁小河	17
刘宁宁	17

记录: 第 1 项(共 22 项

图 6-9　查询结果

Select 子句中用一个函数表达式计算了学生的年龄，用 Date()函数返回当前系统日期，再用 Year()函数提取年份的方法使得该语句随着时间的推移保持正确，增加程序的通用性。

新的字段自动命名为“Expr1001”，如果还有新字段，自动命名为 Expr1002、Expr1003…，以此类推。能够生成新的 Select 检索项的表达式可以是单独的常量、变量、函数，也可以是各种类型的表达式。更常用的 Select 函数主要是实现汇总功能的聚合函数，几个常见的聚合函数如表 6-3 所示。

表 6-3　Select 子句中的聚合函数

函 数 名 称	函 数 功 能
Sum(字段名)	计算字段值的总和
Avg(字段名)	计算字段值的平均值
Count(字段名)	计算字段值的个数
Count(*)	计算查询结果的总行数
Max(字段名)	计算(字符、日期、数值型)字段值的最大值
Min(字段名)	计算(字符、日期、数值型)字段值的最小值
First(字段名)	字段中的第一个值
Last(字段名)	字段中的最后一个值

Select 语句中使用聚合函数的目的主要是为了汇总查询结果中的数据项，这种操作往往不关心每个具体记录的细节是什么，而着眼于对数据整体的把握。

【例 6-16】　列出所有学生入学成绩的总分、平均分、最高分、最低分以及学生总人数，如图 6-10 所示。

```
SELECT "入学成绩汇总", SUM(入学成绩), AVG(入学成绩),MAX(入学成绩), MIN(入学成绩),
COUNT(学号)FROM 学生;
```

查询

Expr1000	Expr1001	Expr1002	Expr1003	Expr1004	Expr1005
入学成绩汇总	10909.5	606.083333333333	623	576	22

记录: 第 1 项(共 1 项)　无筛选器　搜索

图 6-10　查询结果

Count 函数的参数为学号，对学生表中的学号个数进行统计，也可以换成其他字段，或者“*”，统计记录的个数。

4) 为字段定义别名

为例 6-15 中的新字段自定义别名，可以使用关键词 As。

【例 6-17】　为例 6-15 中新字段定义别名“年龄”，如图 6-11 所示。

```
Select 学生.姓名, Year(Date())-Year(出生日期) As 年龄 From 学生;
```

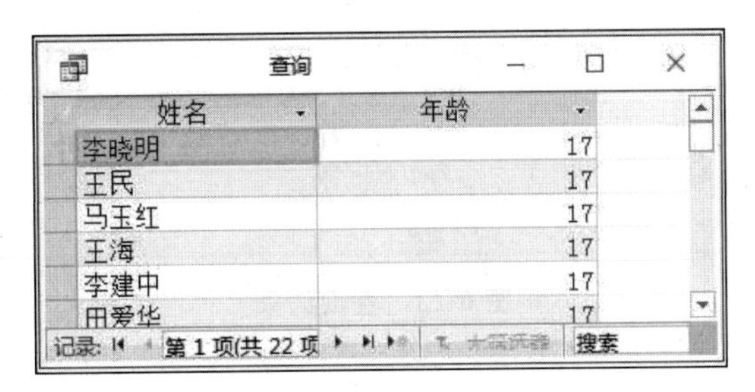

查询

姓名	年龄
李晓明	17
王民	17
马玉红	17
王海	17
李建中	17
田爱华	17

记录: 第 1 项(共 22 项　搜索

图 6-11　查询结果

注意

用 As 子句给查询结果中的字段指定新的名字，不仅适用于新生成的字段，也适用于原来表中的字段。

2. 用 Where 条件子句指定查询记录

Where 子句中可以用算术运算符、关系运算符、逻辑运算符及特殊运算符构成较复杂的条件表达式。

1）记录选取

Where 子句后要跟一个逻辑表达式。查询时系统对 From 指定的数据源表进行逐条记录的扫描，凡是代入该表达式计算结果为真值的，该记录的相应字段就纳入查询结果，代入结果为假值的就排除。

【例 6-18】 列出“02”号系全部学生的学号及姓名，如图 6-12 所示。

```
Select 学号, 姓名 From 学生 Where 系号="02";
```

查询

学号	姓名
1901012	王民
1901017	马萍
1901021	关艺
1901029	赵庆丰

记录: 第 1 项(共 4 项)　搜索

图 6-12　查询结果

【例 6-19】 查找保送生中男同学的信息，如图 6-13 所示。

```
Select * From 学生 Where 是否保送 And 性别="男";
```

“是否保送”为逻辑型字段，这里的“是否保送”等价于“是否保送＝True”“是否保送＝－1”或“是否保送＝Yes”。

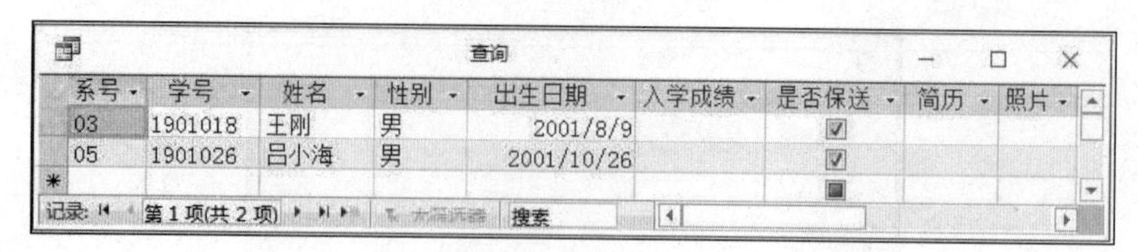

系号	学号	姓名	性别	出生日期	入学成绩	是否保送	简历	照片
03	1901018	王刚	男	2001/8/9		☑		
05	1901026	吕小海	男	2001/10/26		☑		

图 6-13　查询结果

注意

Access 2016 中的 SQL 语句也提供了参数查询功能，可以在条件的任何位置输入一段提示信息，语句执行时将弹出对话框提示该信息，以方便用户输入具体的值，之后再将该值代入公式完成查询。相当于创建参数查询文件。例如将例 6-19 改为如下语句：

```
Select * From 学生 Where 是否保送 And 性别=请输入性别:;
```

语句执行时先弹出参数对话框，如图 6-14 所示。

2) Between…And…运算符

【例 6-20】　查找所有考试成绩为 75～80 分的选课信息，如图 6-15 所示。

```
SELECT * FROM 选课成绩 WHERE 成绩 BETWEEN 75 AND 80;
```

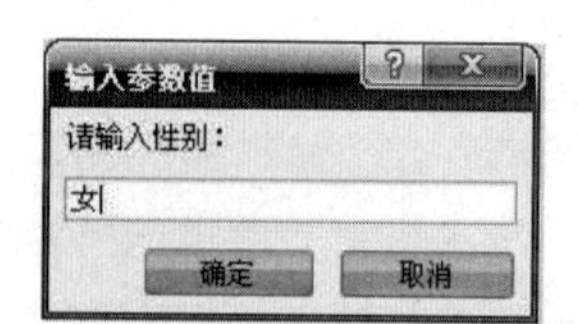

图 6-14　“输入参数值”对话框

学号	课程号	成绩
1901015	105	80
1901015	106	80
1901016	105	75
1901022	103	77
1901025	105	75

图 6-15　查询结果

注意

该语句的条件相当于“成绩＞＝75 And 成绩＜＝80”。要表达与 Between…And…相反的区间范围，可以使用 Not Between…And…。

```
Select * From 选课成绩 Where 成绩 Not Between 75 And 80;
```

该语句的条件相当于“成绩＜75 Or 成绩＞80”。

3) Like 运算符

【例 6-21】　列出所有姓“王”的同学的学号、姓名、性别，如图 6-16 所示。

```
Select 学号, 姓名, 性别 From 学生 Where 姓名 Like  "王*";
```

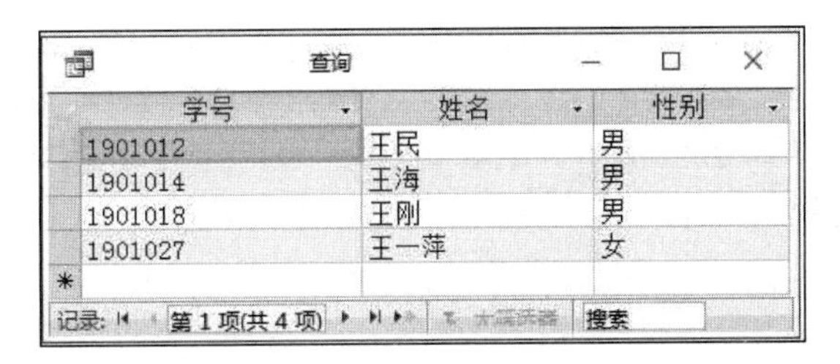

查询

学号	姓名	性别
1901012	王民	男
1901014	王海	男
1901018	王刚	男
1901027	王一萍	女

记录: 第 1 项(共 4 项)　搜索

图 6-16　查询结果

也可以使用 Access 2016 的内置函数表达同样的查询条件,命令如下。

```
Select 学号, 姓名, 性别 From  学生 Where  Left(姓名,1)= "王";
```

注意

如果要查询姓王的同学,全名共两个字的,应该使用一个“?”进行限制。结果中“王一萍”同学的记录将不包含在内。

```
Select 学号, 姓名, 性别 From  学生 Where 姓名 Like  "王?";
```

如果使用 Access 2016 内置函数表示,条件语句为“Left(姓名,1)="王" And Len(姓名)=2”。同样可以使用 Not Like 表示与 Like 相反的含义。

```
Select 学号, 姓名, 性别 From  学生 Where 姓名 Not Like  "王*";
```

4) In 运算符

在查询中,经常会遇到要求表的字段值是某几个值中的一个。此时,用 In 运算符。

【例 6-22】 列出选修 101 号课和 103 号课的全体学生的学号、课程号和成绩,如图 6-17 所示。

```
Select 学号,课程号,成绩 From 选课成绩 Where 课程号 In ("101","103");
```

查询

学号	课程号	成绩
1901011	101	95
1901011	103	82
1901012	103	85
1901014	101	88
1901016	101	83
1901016	103	98
1901019	103	86
1901020	101	95
1901022	103	77

记录: 第 1 项(共 17 项)　搜索

图 6-17　查询结果

注意

条件语句等价于“课程号="101" Or 课程号="103"”。同样可以使用 Not In 来表示与 In 完全相反的含义，意为字段值不等于括号中的任何一个。

```
Select 学号, 课程号, 成绩 From 选课成绩 Where 课程号 Not In ("101","103");
```

它等价于“课程号<>"101" And 课程号<>"103"”。

5) Is NULL 运算符

【例 6-23】 列出入学成绩为空值的学生的学号、姓名、入学成绩，如图 6-18 所示。

```
Select 学号,姓名,入学成绩 From 学生 Where 入学成绩 Is NULL;
```

学号	姓名	入学成绩
1901017	马萍	
1901018	王刚	
1901023	刘宁宁	
1901026	吕小海	

图 6-18 查询结果

同样可以使用 Is Not NULL 来表示与 Is NULL 完全相反的含义，意为字段值不等于空值。

```
Select 学号,姓名,入学成绩 From 学生 Where 入学成绩 Is Not NULL;
```

3. 用 Order By 子句排序查询结果

SQL 语句的查询结果可以用 Order By 子句根据需要排序，当有多个排序系列时，按系列的先后顺序一一列举。

【例 6-24】 查询入学成绩 550 分以上的学生信息，查询结果先按照系号升序排列，同一个系的学生按照性别升序排列，性别相同的按照入学成绩由高到低排列，查询结果如图 6-19 所示。

```
Select * From 学生
Where 入学成绩>=550
Order By 系号,性别,入学成绩 Desc;
```

关于排序的语法总结如下。

(1) 当有多个排序项时，各项之间也使用逗号隔开。

(2) Desc 后缀指明显示结果的顺序是降序；升序用后缀 Asc 表示，也可以省略。

(3) 排序项列表可以是 Select 子句中的一个字段名，也可以是 Select 子句中排序项的

查询

系号	学号	姓名	性别	出生日期	入学成绩	是否保送	简历	照片
01	1901020	赵洪	男	2001/1/15	623	☐		
01	1901024	万海	男	2001/4/30	602	☐		
01	1901011	李晓明	男	2001/1/20	601	☐		
01	1901013	马玉红	女	2001/12/4	620	☐		
01	1901016	田爱华	女	2001/3/7	608	☐		
01	1901028	曹梅梅	女	2001/6/17	599	☐		
02	1901012	王民	男	2001/2/3	610	☐		
02	1901029	赵庆丰	男	2001/7/18	600	☐		
02	1901021	关艺	女	2001/1/23	614	☐		
03	1901014	王海	男	2001/4/15	622.5	☐		
03	1901030	关萍	女	2001/3/28	607	☐		
03	1901022	鲁小河	女	2001/5/12	603	☐		
04	1901015	李建中	男	2001/5/6	615	☐		
04	1901019	刘伟	男	2001/9/10	608	☐		
05	1901025	刘毅	男	2001/11/6	615	☐		
05	1901027	王一萍	女	2001/9/25	601	☐		
06	1901031	章佳	女	2001/10/20	585	☐		
06	1901032	崔一楠	女	2001/8/27	576	☐		

记录: 第1项(共18项) 搜索

图 6-19 查询结果

排名位置,如1表示 Select 子句中第一项,2表示 Select 子句中第二项。本例还可表示为:

```
Select * From 学生 Where 入学成绩>=550 Order By 1, 4, 6 Desc;
```

(4) 如果没有使用 Order By 子句,返回的数据将按照数据表的物理存储顺序排列。

6.3.4 连接查询

从数据库的定义中可以知道,数据库是"结构化""相关"的数据集合。数据库中每个数据表仅存储了一部分的数据,多个数据表之间按照关联关系连接,共同表述一个完整的数据集合。在多数情况下,单独使用一个表是无法查询到所有数据的,这时就需要连接查询。

连接查询是多表查询,能用一条 SQL 语句将多个表中的数据按照表的一对多关系结合到一起。进行连接操作时,用于连接的字段是非常重要的,表与表之间到底依靠哪个字段产生联系,这需要用户对数据表的结构、各个数据表之间的连接关系非常熟悉。

1. 连接查询的一般过程

【例 6-25】 查询所有男同学的系名、姓名、性别和出生日期。

查询的结果包含系名信息和学生信息,说明要用到系名和学生两张表,用连接查询的方法要经过以下几步。

第一步,建立连接。

在内存大小允许的情况下,将系名表和学生表在内存中做连接操作,如图 6-20 所示。连接的条件是系名表中的系号和学生表中系号相同的记录建立连接,用条件表达式描述就是:"系名.系号=学生.系号",即"父表.主键=子表.外键"。连接时可以根据查询条件,只连接"性别='男'"的记录。

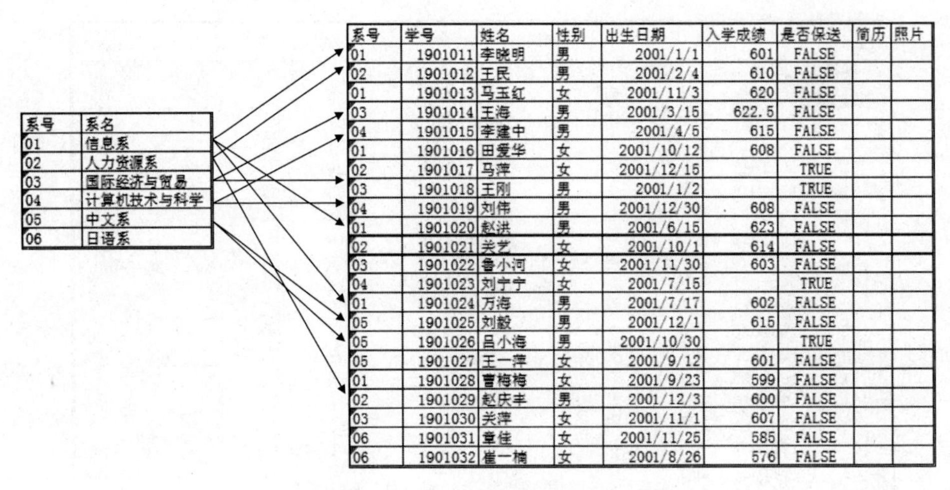

系号	系名
01	信息系
02	人力资源系
03	国际经济与贸易
04	计算机技术与科学
05	中文系
06	日语系

系号	学号	姓名	性别	出生日期	入学成绩	是否保送	简历	照片
01	1901011	李晓明	男	2001/1/1	601	FALSE		
02	1901012	王民	男	2001/2/4	610	FALSE		
01	1901013	马玉红	女	2001/11/3	620	FALSE		
03	1901014	王海	男	2001/3/15	622.5	FALSE		
04	1901015	李建中	男	2001/4/5	615	FALSE		
01	1901016	田爱华	女	2001/10/12	608	FALSE		
02	1901017	马萍	女	2001/12/15		TRUE		
03	1901018	王刚	男	2001/1/2		TRUE		
04	1901019	刘伟	男	2001/12/30	608	FALSE		
01	1901020	赵洪	男	2001/6/15	623	FALSE		
02	1901021	关艺	女	2001/10/1	614	FALSE		
03	1901022	鲁小河	女	2001/11/30	603	FALSE		
04	1901023	刘宁宁	女	2001/7/15		TRUE		
01	1901024	万海	男	2001/7/17	602	FALSE		
05	1901025	刘毅	男	2001/12/1	615	FALSE		
05	1901026	吕小海	男	2001/10/30		TRUE		
05	1901027	王一萍	女	2001/9/12	601	FALSE		
01	1901028	曹梅梅	女	2001/9/23	599	FALSE		
02	1901029	赵庆丰	男	2001/12/3	600	FALSE		
03	1901030	关萍	女	2001/11/1	607	FALSE		
06	1901031	章佳	女	2001/11/25	585	FALSE		
06	1901032	崔一楠	女	2001/8/26	576	FALSE		

图 6-20　内存中的连接操作

连接的结果形成一张完整的大表，习惯上称为虚表。这个表也只存在于内存中，并不真正存入数据库的磁盘。

第二步，简单查询。

在如图 6-20 所示的虚表中执行字段的筛选，将要查询的系名、姓名、性别和出生日期四个字段选出。这是一个简单的连接查询，结果如图 6-21 所示。

查询4

系名	姓名	性别	出生日期
信息系	李晓明	男	2001/1/20
人力资源系	王民	男	2001/2/3
国际经济与贸易	王海	男	2001/4/15
计算机技术与科学	李建中	男	2001/5/6
国际经济与贸易	王刚	男	2001/8/9
计算机技术与科学	刘伟	男	2001/9/10
信息系	赵洪	男	2001/1/15
信息系	万海	男	2001/4/30
中文系	刘毅	男	2001/11/6
中文系	吕小海	男	2001/10/26
人力资源系	赵庆丰	男	2001/7/18

记录: 第 1 项(共 11 项 搜索

图 6-21　连接查询结果

总结与思考

连接查询本质上就是简单查询(单表查询)的一种变形，先将各个数据源表连接到一起，形成一张完整表，这时查询过程中要用到的所有数据就存在于一张表当中了，再基于这张连接表做一个单表查询即可。

请读者思考一下，上述过程是实现连接查询的唯一方法吗？这种方法效率高吗？还有没有别的做法更加优化呢？实际上，上述过程只是连接查询过程各种可能性中的一种，而且并不是最聪明的一种。根据不同的系统优化选择，该过程也可能有不同的顺序。例如，先将每个表的有用字段、有用记录筛选出来，再进行连接，这样可以减小在内存中操作的数据量，可以提高连接效率。尤其是在有用字段、有用记录占总行列数比例非常小的时候，这种效果越发明显。

2. 连接查询的两种语法

实现连接的语法可以分为两种，一种是传统连接语法，一种是 SQL 连接语法。

(1) 传统的连接语法：From…Where…语法。

用传统的连接语法，实现例 6-25 查询的 SQL 语句如下。

```
Select 系名,姓名,性别,出生日期 From 系名,学生 Where 系名.系号=学生.系号 And 性别=
"男";
```

该语法的特点是，在 From 子句中列举所有表名，用逗号隔开；在 Where 子句中除了查询条件(性别＝"男")外，增加表格的连接条件(系名. 系号＝学生. 系号)。对更多的表格进行连接查询时，多个连接条件用 And 运算符连接。

【例 6-26】 查询选修大学英语课的学生名单。

```
Select 姓名 From 学生,选课成绩,课程 Where 学生.学号=选课成绩.学号 And 课程.课程号=选
课成绩.课程号 And 课程名="大学英语";
```

【例 6-27】 查询全体学生的学号、系名、姓名、选修课程名和考试成绩，如图 6-22 所示。

```
Select 学生.学号,系名,姓名,课程名,成绩 From 系名,学生,选课成绩,课程 Where 系名.系
号=学生.系号 And 学生.学号=选课成绩.学号 And 课程.课程号=选课成绩.课程号;
```

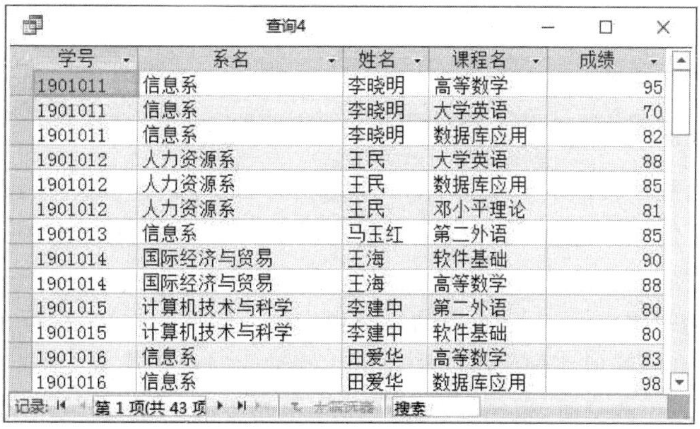

查询4

学号	系名	姓名	课程名	成绩
1901011	信息系	李晓明	高等数学	95
1901011	信息系	李晓明	大学英语	70
1901011	信息系	李晓明	数据库应用	82
1901012	人力资源系	王民	大学英语	88
1901012	人力资源系	王民	数据库应用	85
1901012	人力资源系	王民	邓小平理论	81
1901013	信息系	马玉红	第二外语	85
1901014	国际经济与贸易	王海	软件基础	90
1901014	国际经济与贸易	王海	高等数学	88
1901015	计算机技术与科学	李建中	第二外语	80
1901015	计算机技术与科学	李建中	软件基础	80
1901016	信息系	田爱华	高等数学	83
1901016	信息系	田爱华	数据库应用	98

记录: 第 1 项(共 43 项 搜索

图 6-22　查询结果

注意

从例 6-27 中可以看出，Select 子句只有学号前面加了表名，而其他字段只写了字段名。

这是因为查询结果中只有学号字段在系名、学生表中都存在，为了避免二义性，必须指明从哪个表中选取学号，由于连接条件中有“系名. 系号=学生. 系号”，因此改为系名. 学号效果相同。但如果不加指明，系统提示如图6-23所示的消息。

图 6-23　字段二义性系统提示

思考

观察例6-27的查询结果，可以看到在连接查询后，很多字段中都出现了重复值。例如，李晓明选修了三门课程，他的学号、系名、姓名就重复显示了三遍，这是不是数据的“冗余”呢？数据冗余不是数据库的大敌吗？

就像前文提到的，数据库的查询操作生成的是一个“查询表”，查询表是虚表，它只在内存中临时存储，并不会真正存储在磁盘上。当我们关闭查询窗口或关闭数据库管理系统的时候，该临时表就清除了，在磁盘上存储的只有实现查询的一条SQL语句而已。因此，连接查询并不会造成数据库的冗余。

(2) SQL连接语法：From…Join…On…语法。

该语法在From子句中提供了关键字Join…On…。在From一个子句中就描述了数据源表和连接关系。用Access 2016的查询文件中自动生成的SQL语句，采用的就是这种语法结构。

将例6-25用From…Join…On…语法改写，形式如下。

```
Select 系名.系名,学生.姓名,学生.性别,学生.出生日期 From 系名 Inner Join 学生 On 系名.系号=学生.系号 Where 学生.性别="男";
```

本节介绍的两种连接语法形式在Access 2016中都适用，具体选择哪种写法，可以根据个人的习惯。为了统一，后面例题中均采用传统的From…Where…语法形式。

3. 表的别名

尽管加表名前缀防止了二义性，但输入时很麻烦。解决的方法是，可在From子句中定义临时标记，在查询的其他部分使用这些标记。这种临时标记称为“别名”。这样做的另一个好处是，当表名发生改变时，仅需要修改From子句中的一处，其他用别名的地方不用变化。当然，在数据库中改变表名称的情况十分罕见。

【例6-28】 查询选修102号课的学生的学号、姓名、成绩。

```
Select S.学号,姓名,成绩 From 学生 S, 选课成绩 C Where S.学号=C.学号 And C.课程号="102";
```

扩展阅读

1. 使用别名进行自连接

【例 6-29】 查询同时选修了 102 号课和 103 号课的学生学号。

能不能把查询写成如下形式呢?

```
Select 学号 From 选课成绩 Where 课程号="102" And 课程号="103";
```

上面语句的查询结果为空,因为查询是以记录为单位筛选的,一条选课记录中只有一个课程号,这个课程号绝对不可能同时等于 102 和 103,因此没有记录入选。那么能不能把查询条件写成“Where 课程号＝"102" Or 课程号＝"103"”呢?这次的查询结果也不对,这样查出的是选修 102 或 103 其中任一门课的学生,查不出同时选修两个课的结果。正确的写法如下。

```
Select  X.学号, X.课程号, X.成绩, Y.课程号, Y.成绩
From 选课成绩 X, 选课成绩 Y
Where  X.学号=Y.学号 And X.课程号="102" And Y.课程号="103";
```

结果只有四个同学同时选修了这两门课程,查询结果如图 6-24 所示。

查询5

学号	X.课程号	X.成绩	Y.课程号	Y.成绩
0101011	102	70	103	82
0101012	102	88	103	85
0101017	102	85	103	89
0101026	102	89	103	91

记录: 第 1 项(共 4 项)　无筛选器　搜索

图 6-24　自连接的查询结果

选课成绩表中描述的都是单门课的选课信息,要想知道同时选修两门课程的学生学号,可以将选课成绩表按学号进行自连接,连接的结果是一个人选修课程的两两组合,在其中找到 102 和 103 号课程的组合即可。这时就需要用别名区分同一张表在内存中的两个副本。

2. 非等值连接

【例 6-30】 查询选修 102 号课的同学中,成绩大于学号为“0101017”的同学该门课成绩的那些同学的选课信息。

```
Select  X.学号,X.成绩
From 选课成绩 X, 选课成绩 Y
Where  X.成绩>Y.成绩 And X.课程号=Y.课程号 And Y.课程号="102" And Y.学号=
"0101017"
```

例 6-30 中,将选课成绩表同样看作 X 和 Y 两张独立的表,Y 表中选出的是学号为“0101017”同学的 102 号课成绩,X 表中选出的是选修 102 号课学生的成绩,X.成绩＞Y.成绩反映的是不等值连接。

6.3.5 嵌套查询

SQL 面向集合的特点说明,SQL 查询的输入(查询对象)和输出(查询结果)都是二维表的形式。一条 SQL 语句的查询结果可以作为另一条 SQL 语句的查询对象或查询条件,因此,这是一种天生适合嵌套结构的语言。

嵌套查询,是两个或两个以上独立的 SQL 语句层层包含的结构,被包含的 SQL 语句叫作内层查询(子查询),包含其他语句的 SQL 语句叫作外层查询。内层查询可以嵌套在外层查询的 Where 子句、From 子句、Having 子句中,其中,Where 子句中嵌套的情况最为常见。使用子查询符合人们最自然的表达查询的方式,因为一个人解决实际生活中的检索任务时,通常会选用嵌套的查询方式。

1. 嵌套查询的一般过程

和连接查询一样,嵌套查询本质上就是几次简单查询(单表查询)的叠加。内层查询只能得到中间结果,再用此中间结果继续下一层查询得到最终结果。下面用一个查询实例说明嵌套查询的一般过程。

【例 6-31】 查询所有选修大学英语课的同学的学号。

查询的唯一线索是大学英语,课程名称在课程表中,查询结果的学号在选课成绩表中,其间隐含着一个查询的中间结果:课程号。

第一步,根据课程名称:大学英语,查询英语课的课程编号,这是一个简单查询。

```
Select 课程号 From  课程 Were  课程名="大学英语";
```

大学英语的课程号是 102。

第二步,用课程号 102 去选课成绩表中置换出选修该课程的学生学号,这也是一个简单查询。

```
Select 学号 From  选课成绩 Where  课程号="102";
```

查询过程如图 6-25 所示。

将以上两个步骤的 SQL 语句嵌套起来,先进行的查询是内层查询,后进行的是外层查询。嵌套后的语句如下。

```
Select 学号 From  选课成绩 Where 课程号=(Select 课程号 From  课程 Where  课程名="大学英语");
```

2. 返回单个值的子查询

如果子查询的查询结果只有一行一列,那么它就是返回单个值的查询。一般这样的子查询比较容易处理,内外层查询的连接运算符可以用普通的比较运算符“=”“>”“<”“<>”等。例 6-31 就是一个典型的返回单值的子查询,大学英语课的课程号是一个唯一的值,外层查询就可以用“课程号=”来连接。

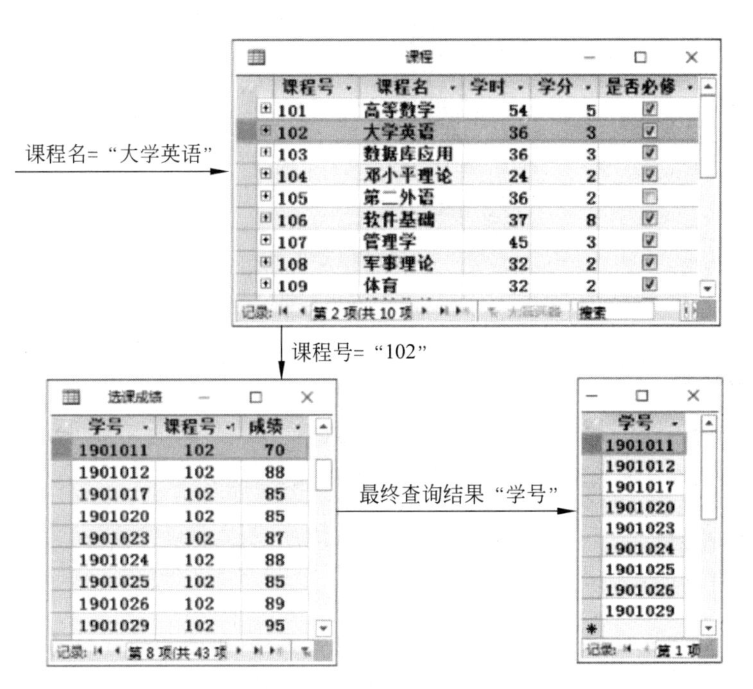

图 6-25　两次简单查询的嵌套过程

【例 6-32】　查询年龄最小的同学的学号、姓名、出生日期。

```
Select 学号,姓名,出生日期 From 学生 Where 出生日期=(Select Max(出生日期)From 学生);
```

注意

日期型数据的比较是日期越往后的值越大,因此年龄最小的同学出生日期最大。

查询结果恰巧是唯一的一条记录,如图 6-26 所示。

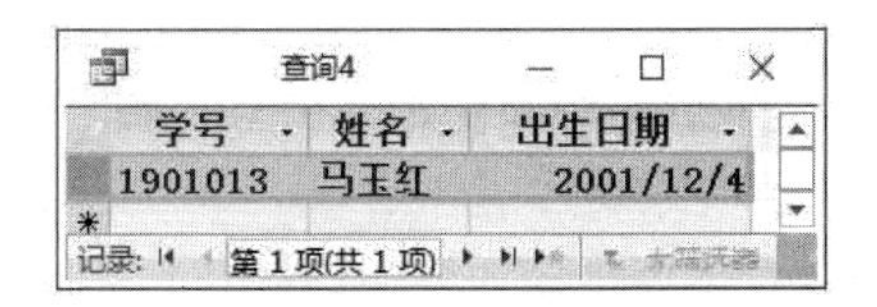

图 6-26　返回单值的嵌套查询结果

【例 6-33】　查询和李晓明同一个系的**其他**学生的名单,如图 6-27 所示。

```
Select 姓名 From 学生 Where 系号=(Select 系号 From 学生 Where 姓名="李晓明") And 姓
名<>"李晓明";
```

为了查询和李晓明同一个系的学生,内层查询先查出了李晓明的系号,外层查询用这个系号查出了该系的学生,为了在结果中排除李晓明本人,外层查询的条件还加入了“姓名<>"李晓明"”,两个条件用 And 连接,其中内层查询嵌套在了第一个条件中。

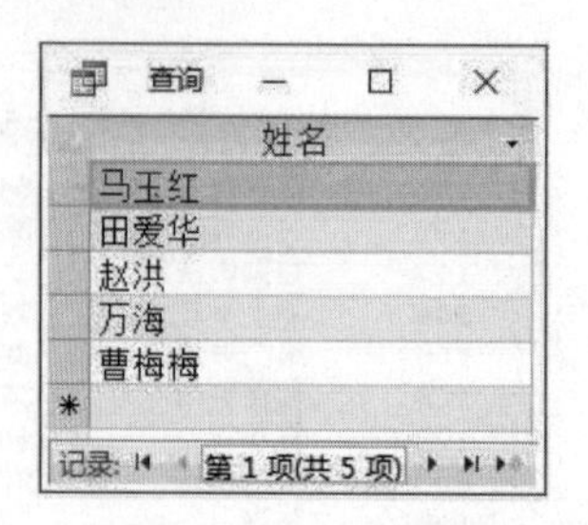

图 6-27 查询结果

扩展阅读

【例 6-34】 用嵌套查询改写例 6-30,查询选修 102 号课的同学中,成绩大于学号为"0101017"的同学该门课成绩的那些同学的选课信息。

```
Select 学号,成绩 From 选课成绩 Where 课程号="102" And 成绩>(Select 成绩 From 选课成绩 Where 学号="0101017" And 课程号="102");
```

内层查询先查出 0101017 同学 102 号课的考试成绩(内查询的结果为单值,此时外查询的连接运算符才可以使用比较运算符),外层查询在所有 102 号课的考试成绩中筛选比这个值大的,即为所求。可以看出,比起非等值连接查询,使用嵌套查询的方法似乎更容易理解。

3. 返回多个值的子查询

如果某个子查询返回值不止一个,就不能简单地用比较运算符连接内外层查询,因为比较运算大多都是典型的双目运算,要求它的前后的操作数都必须唯一。这时就需要用到一些特殊的命令谓词,常用的有[Not] In、Any、All。

1) In 谓词的用法

这里命令谓词 In 的用法类似于介绍 Where 子句时提到的 In 运算符。当内层查询返回多个值时,In 表示和其中某一个值相等。在例 6-31 的基础上再加一层嵌套,查询选修大学英语课的学生姓名。原来查询学生学号只需要课程号一个中间结果,现在查询姓名就需要学号作为第二层中间结果,去学生表中将姓名置换出来。此时查询涉及三张表格,需要三层嵌套。

【例 6-35】 查询所有选修大学英语课的同学的姓名。

```
Select 姓名
From 学生
Where 学号 In(Select 学号
            From 选课成绩
            Where 课程号=(Select 课程号
                        From 课程
                        Where 课程名="大学英语"));
```

对比两个层次的连接符号可以看出,第一层嵌套内层返回值唯一,因此使用"="连接;

第二层嵌套返回了多个选修大学英语课的学生学号，因此用“In”连接。

如果用“=”替换了上述语句中的 In，系统将给出如图 6-28 所示的提示信息。

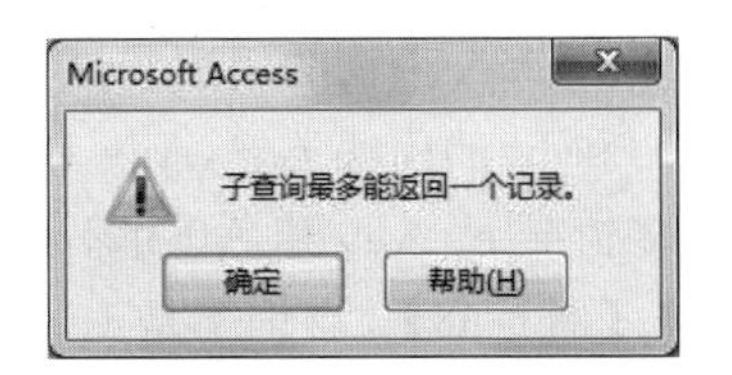

图 6-28　子查询返回结果不唯一的错误提示

用嵌套查询改写例 6-28：查询选修 102 号课的学生的学号、姓名。

```
Select 学号,姓名 From 学生 Where 学号 In (Select 学号 From 选课成绩 Where 课程号=
"102");
```

【例 6-36】 用嵌套查询改写例 6-29：查询同时选修了 102 号课和 103 号课的学生学号。

```
Select 学号 From 选课成绩 Where 课程号="103" And 学号 In (Select 学号 From 选课成绩
Where 课程号="102");
```

或者写成：

```
Select 学号 From 选课成绩 Where 课程号="102" And 学号 In (Select 学号 From 选课成绩
Where 课程号="103");
```

这两种写法的结果都对，其含义为：在选修 102 号课的学生中找出选修了 103 号课的学生；或者在选修 103 号课的学生中找出选修了 102 号课的学生。结果同为选修了两门课的学生学号。

表示与 In 完全相反的含义可以使用 Not In，有时使用 Not In 可以巧妙解决一些棘手的查询问题，常常是别的语句无法替代的。

【例 6-37】 查询未选修 103 号课程的学生信息。

能不能写成如下形式呢？

```
Select * From 学生 Where 学号 In (Select 学号 From 选课成绩 Where 课程号<>"103");
```

这样处理实际上查询的是：“除了 103 号课以外还选修了其他任意一门课程的人”。原因仍然是一样的，查询是以记录为单位进行扫描的，当找到任何一条记录的课程号不是 103 时，该学生就被选择了，但这样并不能保证该学生在其他记录行中没有选修 103 号课的情况。因此不能简单地从字面翻译查询语句。正确的写法如下。

```
Select * From 学生 Where 学号 Not In (Select 学号 From 选课成绩 Where 课程号=
"103");
```

该问题利用了典型的反向思维，无法直接查询未选修 103 号课程的学生，可以反其道而行之，先找到选修了该课程的学生，再从学生表的所有学生中将他们排除，剩下的即为所求。

2）Any 谓词的用法

和 In 的用法类似，Any 和 All 命令谓词也可以用来解决子查询返回多个值的问题，在很多情况下，Any 和 All 并不是不可替代的。

【例 6-38】 查询不是 102 号课考试成绩最低分的学生的学号和成绩。

```
Select 学号,成绩 From 选课成绩 Where 课程号="102" And 成绩>Any (Select 成绩 From 选课成绩 Where 课程号="102");
```

内层查询返回了 102 号课的所有考试成绩，外层查询每次用一个 102 号课的成绩与所有 102 号课的成绩做比较。＞Any 的含义是：只要其中一个比较取得真值，那么对整个内层查询的比较就为真值，该成绩即为所求。

＞Any 的用法很容易代替，例 6-38 也可以写成如下形式。

```
Select 学号,成绩 From 选课成绩 Where 课程号="102" And 成绩>(Select Min(成绩) From 选课成绩 Where 课程号="102");
```

3）All 谓词的用法

【例 6-39】 查询 102 号课考试成绩最高分的学生的学号和成绩，如图 6-29 所示。

```
Select 学号,成绩 From 选课成绩 Where 课程号="102" And 成绩>=All (Select 成绩 From 选课成绩 Where 课程号="102");
```

内层查询返回了 102 号课的所有考试成绩，外层查询每次用一个 102 号课的成绩与所有 102 号课的成绩做比较。＞＝All 的含义是：只要其中一个比较取得假值，那么对整个内层查询的比较就为假值，该成绩即被排除；只有所有比较都取得真值，整个内层查询的比较就为真值，该成绩即为所求。

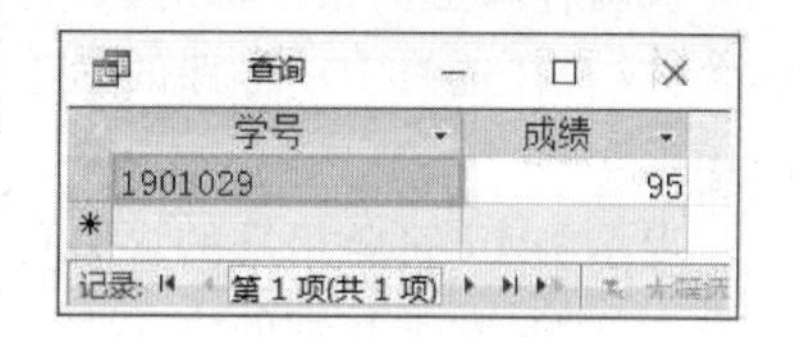

图 6-29　查询结果

＞＝All 的用法很容易代替，例 6-39 也可以写成如下形式。

```
Select 学号,成绩 From 选课成绩 Where 课程号="102" And 成绩=(Select Max(成绩) From 选课成绩 Where 课程号="102");
```

关于命名谓词 Any 和 All 的用法，可以参考表 6-4。

表 6-4　Any 和 All 的用法

用　法	说　明
＞Any	大于子查询结果中的某个值，相当于＞Min()
＜Any	小于子查询结果中的某个值，相当于＜Max()
＞＝Any	大于或等于子查询结果中的某个值，相当于＞＝Min( )

续表

用　法	说　明
＜＝Any	小于或等于子查询结果中的某个值，相当于＜＝Max()
＝Any	等于子查询结果中的某个值，相当于 In
＜＞Any	无意义
＞All	大于子查询结果中的所有值，相当于＞Max()
＜All	小于子查询结果中的所有值，相当于＜Min()
＞＝All	大于或等于子查询结果中的所有值，相当于＞＝Max()
＜＝All	小于或等于子查询结果中的所有值，相当于＜＝Min()
＝All	无意义
＜＞All	不等于子查询结果中的任何一个值，相当于 Not In

从表 6-4 可以看出，多数情况下 Any 和 All 的用法都是可以替代的。在实际应用中可以根据习惯选择。

扩展阅读

作为 SQL 查询语句的两种重要的形式，连接查询和嵌套查询既有区别又有相似，前面的例题中有很多用两种查询方式都可以实现。初学者往往会纠结什么时候该用连接查询，什么时候该用嵌套查询。比较两者的特点可以得出：

(1) 多数情况下，连接查询和嵌套查询可以互换；

(2) Access 2016 的查询文件自动生成的查询语句都是连接查询，遇到查询要求，可以先考虑连接查询，再考虑嵌套查询；

(3) 当查询数据源用到一张表的两个副本时，一般用嵌套查询更加清晰明确；

(4) 嵌套查询最终的查询结果只能从最外层的查询数据源中选取，查询结果要求包含不同表的字段时，应该考虑连接查询。

6.3.6 分组查询

1. 用 Group By 子句分组

在例 6-16 中，介绍了查询中聚合函数的用法，为学生表中的所有人做了成绩汇总。试想一下，查询要求发生了改变：要求以系为单位，分别统计每个系学生的总分、平均分、最高分、最低分和人数。如果用已经介绍过的知识来解决这个问题，我们可以为每个系分别建立一个查询，共分 6 次来汇总数据。但这种方法无疑非常烦琐。有没有办法在一条 SQL 语句中完成 6 组查询呢？SQL 的 Group By 子句便解决了这个问题。

Group By 子句可以将数据源先分组再查询，分组的对象是记录，类似 Excel 中“分类汇总”的概念。Group By 后面指出按照什么字段为依据进行分组，该字段取值相同的记录分成一组，然后对每一组分别进行相同的查询，这种查询多数情况下会使用聚合函数统计汇总。

【例 6-40】 改写例 6-16，列出每个系的学生入学成绩的总分、平均分、最高分、最低分以及学生的总人数，如图 6-30 所示。

```
Select 系号, Sum(入学成绩) As 总分,Avg(入学成绩) As 平均分,Max(入学成绩) As 最高分,
Min(入学成绩) As 最低分,Count(学号) As 总人数 From 学生 Group By 系号;
```

查询8

系号	总分	平均分	最高分	最低分	总人数
01	3653	608.83333	623	599	6
02	1824	608	614	600	4
03	1832.5	610.83333	622.5	603	4
04	1223	611.5	615	608	3
05	1216	608	615	601	3
06	1161	580.5	585	576	2

记录: 第 1 项(共 6 项) 无筛选器 搜索

图 6-30 分组查询结果

在书写分组查询语句时，最重要的，无疑是确定 Group By 的后面应该写什么。Access 的 SQL 规定：Select 子句中除聚合函数以外的字段都必须作为分组字段写入 Group By 子句。

【例 6-41】 查询每个学生的学号、姓名、平均分，并按平均分降序排列，如图 6-31 所示。

```
Select 学生.学号,姓名,Avg(成绩) As 平均分
From 学生,选课成绩
Where 学生.学号=选课成绩.学号
Group By 学生.学号,学生.姓名
Order By 3 Desc;
```

查询

学号	姓名	平均分
1901027	王一萍	94
1901029	赵庆丰	92.666666666667
1901020	赵洪	92.333333333333
1901028	曹梅梅	91
1901026	吕小海	90
1901014	王海	89
1901018	王刚	86.5
1901030	关萍	86.5
1901019	刘佳	85.5

记录: 第 1 项(共 19 项 无筛选器 搜索

图 6-31 查询结果

注意，也可以用"Order By Avg(成绩) Desc"表示按照平均成绩降序排列；而在 Access 2016 中用别名"平均分"来表示排序字段是非法的。

可否在Select列表中加入课程号？这样做在语法上没有问题，但却没有实际意义，查询将每个学生的考试成绩分成一组，在组内求平均值，查询结果中每名同学只有一条记录，分组汇总后不再关心每一课程的具体情况。

2. 用Having子句限定分组条件

【例6-42】 列出最少选修了三门课程的学生姓名。

查询任务应该由三个步骤完成。首先应查询每个学生的选课数，其次筛选出选课数大于等于3的学号，最后用学号从学生表中置换出姓名。下面用SQL语句模拟分析每一步应该完成的任务，最后再写出完成的SQL语句。

(1) 第一个步骤，是一个典型的分组查询，按学生分组，统计每组的课程数。这很容易完成，语句如下。

```
Select 学号,Count(*) From 选课成绩 Group By 学号;
```

(2) 第二个步骤，需要筛选课程数大于或等于3的记录，这一步看似很好完成，可不可以写成如下形式呢？

```
Select 学号, Count(*) From 选课成绩 Where Count(*)>=3 Group By 学号
```

执行该语句，系统提示如图6-32所示。

图6-32　Where子句中使用聚合函数的错误提示

这是因为搞错了Having子句和Where子句的区别。Where子句的筛选对象是记录，在Group By子句分组之前进行，只有满足Where子句限定条件的记录才能被分组；而Having子句的筛选对象是组，在Group By子句分组之后进行，只有满足Having子句限定条件的那些组才能在结果中被显示。在例6-42中，课程数大于或等于3的限定显然是针对分组的，因此Count(*)＞＝3的条件应该写在Having子句中。正确的语句如下。

```
Select 学号, Count(*) From 选课成绩 Group By 学号
Having Count(*)>=3;
```

(3) 最后一步，用筛选出的学号置换出姓名，完整的语句如下。

```
Select 姓名 From 学生
Where 学号 In (Select 学号 From 选课成绩
               Group By 学号
               Having Count(*)>=3);
```

在例 6-42 的基础上增加分组限定条件,要求学生的每门课的成绩都大于 90 分,如例 6-43 所示。

【例 6-43】 改写例 6-42,查询每门课程都大于 90 分的学生学号、姓名及平均分,如图 6-33 所示。

```
Select 学生.学号,学生.姓名,Avg(成绩) As 平均分
From 学生, 选课成绩
Where 学生.学号=选课成绩.学号
Group By 学生.学号,姓名
Having Min(成绩)>90
Order By 3 Desc;
```

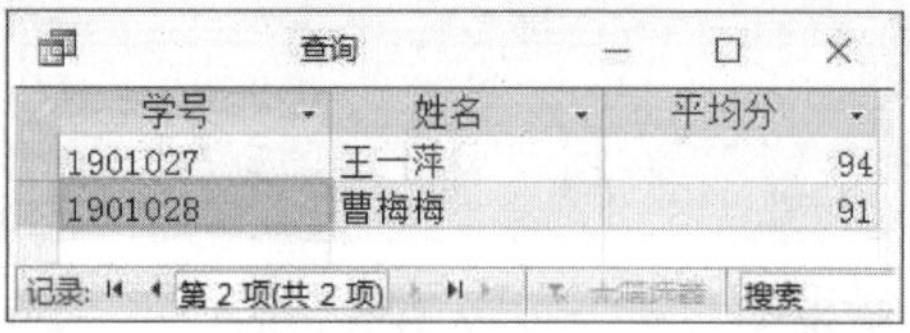

学号	姓名	平均分
1901027	王一萍	94
1901028	曹梅梅	91

记录: 第 2 项(共 2 项) 搜索

图 6-33 查询结果

最后再回到本节的开始,看看如图 6-7 所示的 SQL 语句如何实现。

【例 6-44】 查询除了 102 号课以外,其他各门课程平均成绩大于 90 分的学生系名、学号、姓名及平均分,结果按照学号降序排列,如图 6-34 所示。

```
Select 系名, 学生.学号, 姓名, Avg(成绩) As 平均成绩
From 系名, 学生, 选课成绩
Where 系名.系号=学生.系号 And 学生.学号=选课成绩.学号
And 课程号<>"102"
Group By 学生.学号, 姓名,系名
Having Avg(成绩)>90
Order By 学生.学号 Desc;
```

系名	学号	姓名	平均成绩
人力资源系	1901029	赵庆丰	91.5
信息系	1901028	曹梅梅	91
中文系	1901027	王一萍	94
中文系	1901026	吕小海	91
信息系	1901020	赵洪	96

记录: 第 1 项(共 5 项) 搜索

图 6-34 查询结果

扩展阅读

在某些特殊的查询要求下,不能按照表中原有的字段直接分组,这时可以使用表达式作

为分组字段。

【例6-45】 统计每个分数段的考生人数,结果按分数区间降序排列。

定义每10分为一个分数段,各个分数区间为100分、90～99分、80～89分、70～79分……以此类推。统计每个分数区间的人数,应该按照分数区间为依据进行分组。可是选课成绩表中只有具体成绩信息,要计算分数区间则必须使用表达式。这里使用整除运算符"\",分别计算每个成绩的十位数,将"成绩\10"作为分组依据,如图6-35所示。

统计各分数段人数

分数区间	考生人数
9	14
8	22
7	6

记录: 第1项(共3项) 无筛选器

图6-35 每个分数段的考生人数

```
Select 成绩\10 As 分数区间, Count(成绩) As 考生人数
From 选课成绩
Where 成绩 Is Not NULL
Group By 成绩\10
Order By 1 Desc;
```

为了让查询结果更具可读性,还可以对分数区间字段的表述进一步处理,让其显示"90分数段""80分数段"……为此在成绩的十位数后用运算符"&"拼接字符串"0分数段"。

```
Select 成绩\10&"0分数段" As 分数区间, Count(成绩) As 考生人数
From 选课成绩
Where 成绩 Is Not NULL
Group By 成绩\10
Order By 1 Desc
```

查询结果如图6-36所示。

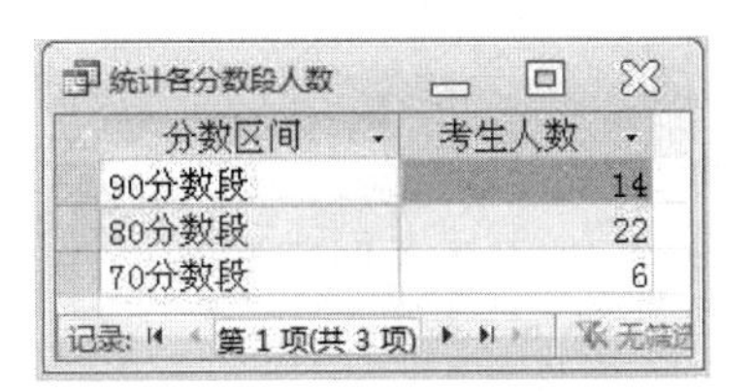

统计各分数段人数

分数区间	考生人数
90分数段	14
80分数段	22
70分数段	6

记录: 第1项(共3项) 无筛选

图6-36 用表达式生成字段

6.4 SQL数据操作语言

SQL的数据操作命令包括对表中记录的插入Insert、数据内容的更新Update和记录的删除Delete。这三条语句都不可逆,即不能用"撤销"等命令还原,因此必须谨慎操作。

6.4.1 在表中插入记录

插入记录的SQL命令有两种格式，一种适用于单条记录的手工插入，另一种适用于成批记录的插入。

使用Values关键字添加一条记录，该命令的一般结构是：

```
Insert Into 表名[(字段名1[,字段名2,…])]
          Values(表达式1[,表达式2,…]);
```

【例6-46】 学生"0101031"选修了一门编号为"102"的课程，应该向选课成绩表中插入一条选课记录。命令如下。

```
Insert Into 选课成绩(学号,课程号) Values("0101031","102" );
```

从例6-46可以看出Insert Into…Values语句的语法如下。

- 在表名之后的括号中列举要插入新数据的字段列表；Values后面的括号中列举要插入的新数据表达式，该表达式的值一定要与字段列表的排列顺序一一对应；字段列表如果省略，表示插入所有字段。
- 字段列表中未列出的字段插入空值，因此这些未列出的字段必须有默认值或设置允许空值的约束。
- 插入的数据表达式必须满足表的数据格式。例如，数据类型要一致、数据宽度不超过规定的范围。
- 插入的数据表达式必须满足表的数据约束。例如，选课成绩表的主键是学号和课程号，那么插入的学号、课程号就不能和原有的记录相同，保证主键约束；再例如，选课成绩表的父表是学生表，那么插入的新学号必须是学生表中已经存在的，保证其参照完整性约束(外键约束)。

【例6-47】 如果同时知道例6-46中这名同学的这门课考试成绩为82分，向表中插入记录的命令应改为：

```
Insert Into 选课成绩 Values("0101031","102",82);
```

当一个表的所有字段都在字段列表中时，可以省略字段列表，在Values中列出的表达式列表，其顺序必须与创建基本表时的字段顺序相对应。

扩展阅读

要想从源表中成批地将记录插入到目标表中，就可以使用Insert命令的批量插入功能，具体方法是嵌套一个Select语句，将Select语句的查询结果成批插入目标表。此插入命令的执行相当于创建一个追加查询类型的查询文件。该命令的一般结构是：

```
Insert Into 目标表名[(字段名1[,字段名2,…])]
Select(字段名1[,字段名2,…])]
From 源表名
[Where 条件表达式1[And | Or 条件表达式2 …]];
```

【例6-48】 例如有一个和学生表结构完全一样的基本表学生1,里面存放了学生表中的所有男生记录,这时,要将学生表中的所有女生记录也插入到学生1中,命令如下。

首先创建新表学生1,在Select子句中使用Into关键字:

```
Select * Into 学生1 From 学生 Where 性别="男";
```

接着将女生记录也插入学生1表:

```
Insert Into 学生1 Select * From 学生 Where 性别="女";
```

说明:

- 目标表的字段列表和Select语句返回的字段必须个数一致并且一一对应;
- 相应字段之间数据类型也要保持一致,或者可以由数据库系统自动转换;
- 源表和目标表不能是同一张表;
- 如果目标表定义了数据约束,那么Select语句返回的记录数据必须满足所有约束信息。

虽然插入操作的命令动词是Insert,但新记录却是以追加的方式存储在表的末尾,并不改变原记录在磁盘上存放的物理顺序;如果表格设置了索引,那么新插入的记录会改变索引的顺序。

6.4.2 在表中更新记录

SQL记录更新命令的执行相当于创建一个更新查询类型的查询文件。更新记录的SQL命令的一般格式是:

```
Update 表名
Set 字段名1=表达式1
    [,字段名2=表达式2 …]
[Where 条件表达式1[And | Or 条件表达式2 …]];
```

【例6-49】 请为选课成绩表中所有选修"101"课程并且考试成绩在80分以下的同学的成绩加5分。命令如下。

```
Update 选课成绩 Set 成绩=成绩+5 Where 课程号="101" And 成绩<80;
```

从例6-49可以看出Update…Set…Where语句的语法如下。

- Set 之后的表达式指出字段的新值,新的值可以是一个常量也可以是表达式;
- Where 子句是条件表达式短语,指明满足哪些条件的记录才可以更新,如果省略 Where 子句,则对表中所有记录进行更新。

扩展阅读

在更新命令的 Where 子句中也可以嵌套 SQL 语句。

【例 6-50】 请为选修高等数学课、考试成绩在 80 分以下的同学成绩加 5 分。命令如下。

```
Update 选课成绩 Set 成绩=成绩+5 Where 课程号=(Select 课程号 From 课程 Where 课程名="高等数学") And 成绩<80;
```

6.4.3 在表中删除记录

SQL 记录删除命令的执行相当于创建一个删除查询类型的查询文件。删除记录的 SQL 命令的一般格式是:

```
Delete From 表名[Where<条件表达式>];
```

【例 6-51】 删除学生表中出生日期为 2001 年 6 月 1 日到 2001 年 12 月 1 日的学生信息。命令如下。

```
Delete From 学生 Where 出生日期 Between #2001-06-01#And #2001-12-01#;
```

从例 6-51 可以看出 Delete From…Where 语句的语法如下。

- Delete 语句仅删除表中的记录,不会删除表、表结构或数据约束。
- Delete 语句不能删除单个列的值,而是删除整个记录,单个列的值应该用 Update 修改。
- 与 Insert 语句一样,Delete 删除记录时也会产生参照完整性问题。例如,在建立了参照完整性约束的情况下,删除学生表中的一条学生记录时,选课成绩表中与此学号相关的选课信息都将被删除。
- Where 子句可以指定删除特定条件的记录,如果省略 Where 子句,则删除表中所有记录。

扩展阅读

在删除命令的 Where 子句中也可以嵌套 SQL 语句。

【例 6-52】 删除未被选修的课程信息。命令如下。

```
Delete From 课程 Where 课程号 Not In (Select Distinct 课程号 From 选课成绩);
```

小结

本章主要介绍了以 Access 2016 为环境的 SQL，主要包括数据定义语言、数据查询语言和数据操作语言三种语言的语法和语义。作为一种数据库管理系统通用的使用方式，掌握 SQL 可以使用户在多种 DBMS 中自由切换，并可以在系统开发中将 SQL 代码直接嵌入到各种语言环境中。

习题

1. SQL 的特点和功能都是什么？
2. 如何用数据定义语言创建数据表？
3. 如何用数据定义语言修改数据表？
4. 如何用数据定义语言删除数据表？
5. SQL 查询语句包括哪些子句？哪些必需，哪些可选？其基本语法是什么？
6. 简单查询、连接查询、嵌套查询有什么区别和联系？
7. SQL 查询语句的 Where 子句和 Having 子句都表示筛选吗？二者的区别是什么？
8. SQL 数据操作语言又叫数据操纵语言，请总结其语法。
9. 本章介绍了几种“增”“删”“改”操作，其操作对象有数据表、字段、记录，它们之间有什么区别？你能总结这些操作吗？请画出思维导图。

第7章 窗体与报表设计

知识导入

虽然之前我们可能没有听说过窗体和报表，但是几乎每一个人都曾用过。银行的大量数据必然使用数据库来进行存储和管理。银行也会通过ATM机提供给用户一些管理自己账户的功能，如图7-1所示，ATM机的操作界面就是一个个窗体，使用ATM机后打印出来的凭条就是某种报表。

图7-1 ATM机操作界面

7.1 窗体设计

窗体(Form)就是一个软件系统中的交互界面或窗口。在数据库应用系统中，用户通过窗体使用数据库，完成对数据的所有操作。例如图7-1的“银行转账”界面中，用户通过提示信息“请输入您转账的账号”知道这是转账界面：通过文本框输入账号；通过按钮进行相应操作。系统根据用户输入的账号和按钮的选择进行相应底层处理。

7.1.1　创建简单窗体

Access 2016 提供了功能更强大而又简便的创建窗体方式。在 Access 2016 的功能区“创建”选项卡下的“窗体”组中，可以看到创建窗体有多种方法。下面分别介绍利用菜单“窗体”“空白窗体”“窗体向导”和“其他窗体”等方式创建窗体的过程及其效果。“窗体设计”方式因其使用时的灵活性，将单独重点介绍。

窗体设计工具界面如图 7-2 所示。

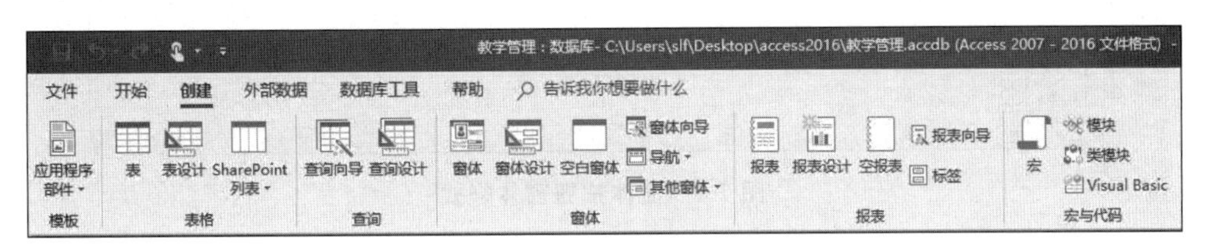

图 7-2　窗体设计工具界面

1. “窗体”功能

使用当前选定的数据表或者查询文件作为窗体的数据来源，自动创建一个窗体。该窗体的结构采用 Access 2016 默认的格局。

【例 7-1】 使用学生表作窗体数据源，利用“窗体”功能创建窗体。

启动 Access 2016，打开“教学管理”数据库，选择“学生”表，打开功能区中的“创建”选项卡并单击“窗体”组中的“窗体”按钮，如图 7-3 所示。

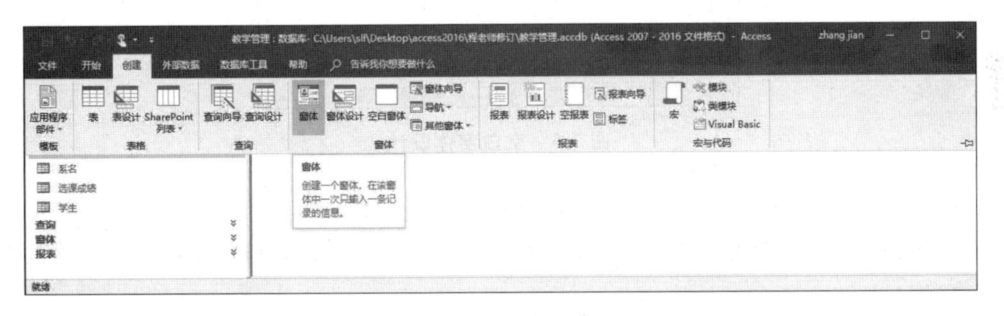

图 7-3　窗体设计

当单击“窗体”按钮后，Access 2016 会自动生成一个窗体，该窗体的布局效果如图 7-4 所示。

读者可以看到该窗体中不仅显示了当前数据源学生表的所有字段，还输出了与学生表存在一对多关系的选课成绩表的相关记录。实际上选课成绩表数据是以一个子窗体形式呈现的。除此之外，窗体的下部（主子窗体均有）生成窗体导航按钮。导航按钮包括“第一条记录”、“下一条记录”、“上一条记录”、“尾记录”、“新（空白）记录”、“查询记录”等按钮。通过这些导航按钮完成记录的浏览。

如果在主窗体的“搜索”文本框中输入“万海”，当前主窗体的记录便会跳到第 4 条，并显

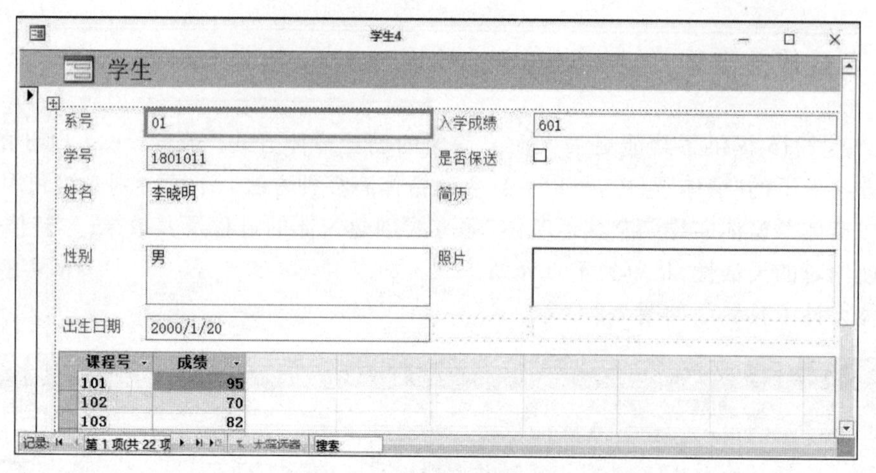

图 7-4　窗体按钮窗体样式

示万海同学的相关信息。

该方法创建窗体十分便捷,如果窗体布局效果不尽人意,用户可以利用这里的"窗体"按钮生成基本窗体格局后,再使用"窗体设计"进一步美化,以满足实际需求。

2. "空白窗体"功能简介

启动"空白窗体"功能后,将产生如图 7-5 所示的操作设计界面。

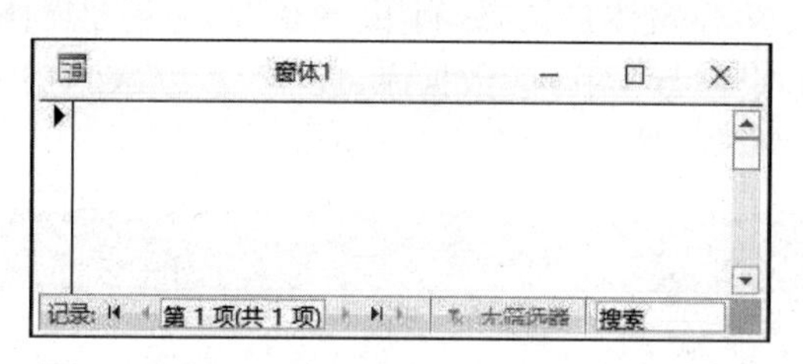

图 7-5　空白窗体设计

此时窗体中包含的所有对象需要使用者自行定义,对象的添加、删除、编辑等操作大多都与"窗体设计"类似,区别是"空白窗体"的布局比较单一,"窗体设计"创建的窗体格局更加丰富多彩。

3. "窗体向导"功能

使用"窗体向导"能够非常方便地创建各式各样布局的窗体,对于初学者来说非常方便快捷。

【例 7-2】 使用学生表,通过"窗体向导",创建各种样式的窗体。

(1) 选择"创建"选项卡中的"窗体向导",在向导第一步即"请确定窗体上使用哪些字段"时,在"表/查询"列表框中选定"学生"表,并将除了照片和简历之外的所有字段选入到"选定字段"列表中,如图 7-6(a)所示。

(2) 进入下一步定义窗体的布局样式,以第一项"纵栏表"为例,如图 7-6(b)所示。

(3) 定义窗体标题"学生情况一览表",如图 7-7(a)所示。

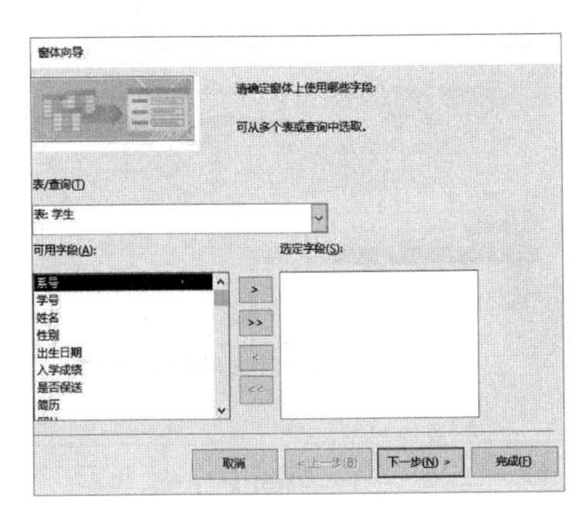

(a)

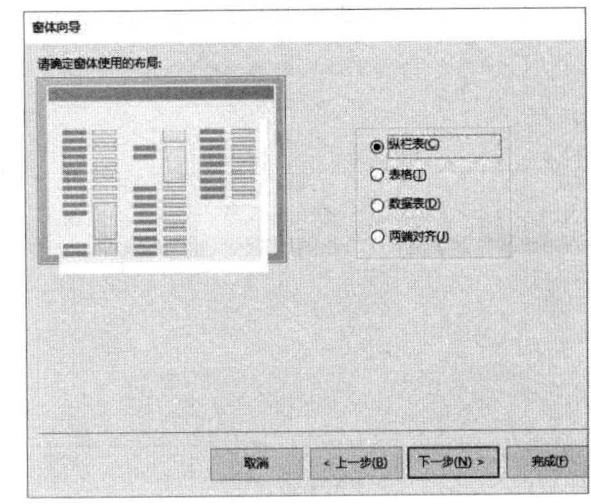

(b)

图 7-6　选择表和字段

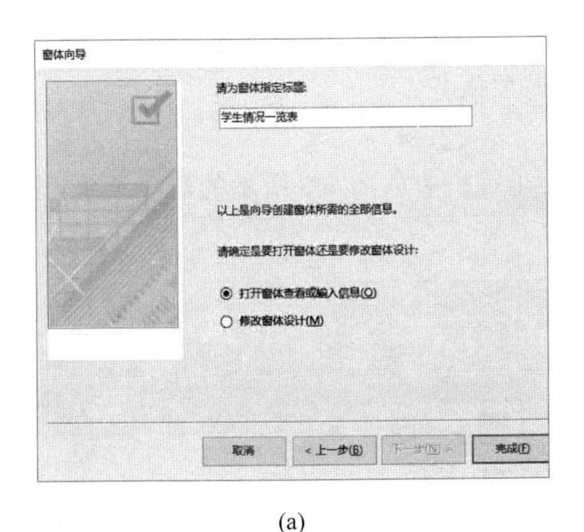

(a)

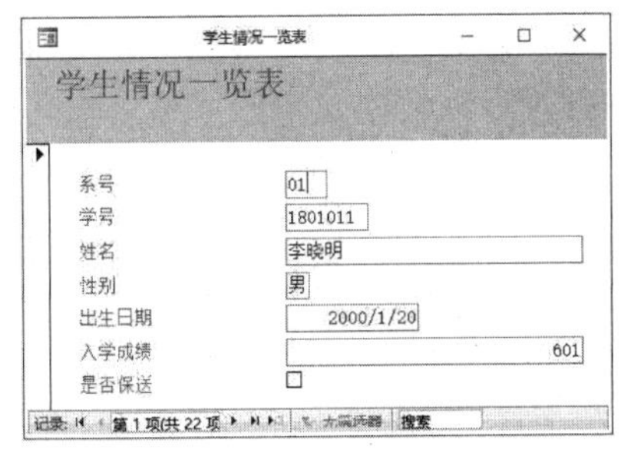

(b)

图 7-7　窗体标题

(4) 单击“完成”按钮就可得到如图 7-7(b)所示的纵栏式窗体。此后会在数据库窗体对象中保存一个窗体名为“学生情况一览表”的对象。

如果在确定窗体布局时选择了其他布局方式，则可得到不同结构的窗体。

提示

第一步选择数据项时，指定的字段可以来自一个数据表，也可以来自多个数据表，甚至数据可以来自查询。

【例 7-3】 利用“窗体向导”创建包含系名、学号、姓名等学生基本数据项的窗体。

在向导第一步确定数据源时先选定系名表及系名字段，如图 7-8(a)所示，再继续选定学生表及所需字段，如图 7-8(b)所示，向导其他操作步骤与例 7-2 类似。

如果数据库中创建了包含上述字段的查询，此时也可以直接使用这个查询文件作为窗体的数据源。也就是说，当一个窗体所需的数据源来自多个数据表时，不妨将所需的数据项

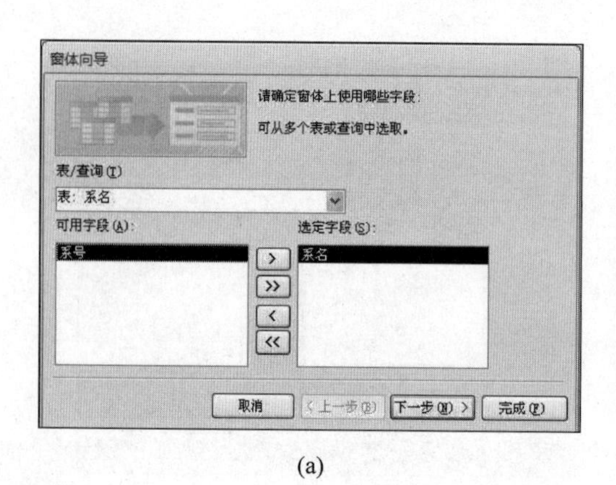

(a)

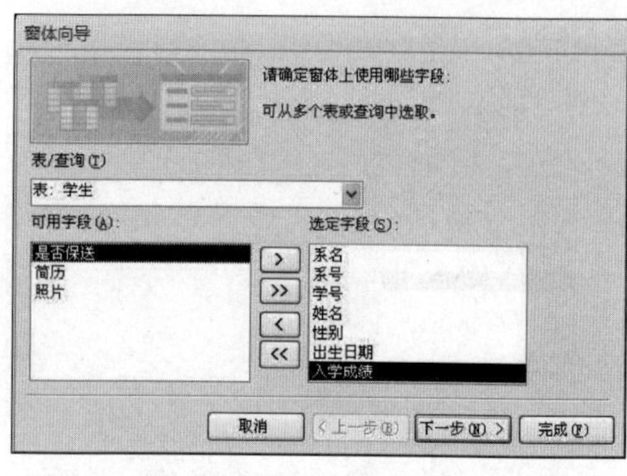

(b)

图 7-8　多数据源的选定

保存到一个查询文件中。而窗体设计过程中,查询文件将与数据表一样被视为独立的数据源对象。这样处理可以使窗体设计和报表设计在选择数据项时更加简单便捷。由此读者也能体会到查询文件能够为数据库中更高级的对象服务。

4. "其他窗体"功能简介

如果单击了功能区中"其他窗体"按钮,会出现一个如图 7-9 所示的选择菜单,这里提供了更多的选择,以便创建不同风格的窗体。

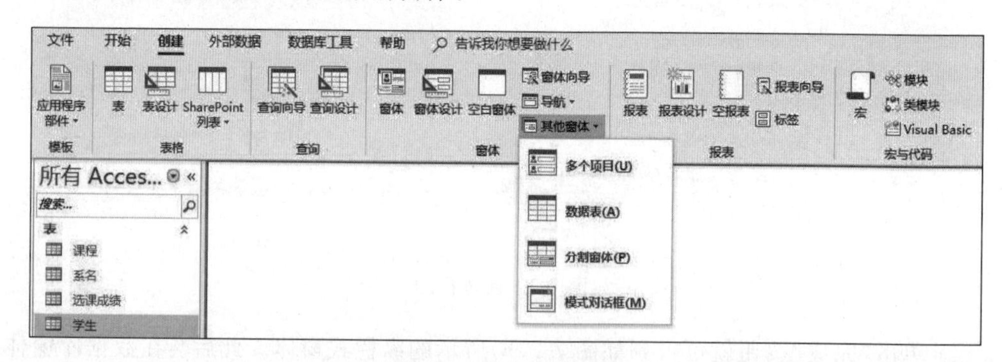

图 7-9　"其他窗体"菜单

1) 多个项目

首先选定学生表,然后选择"其他窗体"下拉列表中的"多个项目"选项后,系统立即自动产生如图 7-10 所示的窗体。该窗体中包含指定数据表的所有字段,并以记录条目方式呈现结果。

2) 数据表

选定学生表,选择"其他窗体"下拉列表中的"数据表"选项后,自动产生的窗体如图 7-11 所示。与图 7-10 比较,可以看出,照片字段的显示方式有所不同。

3) 分割窗体

选定学生表,选择"其他窗体"下拉列表中的"分割窗体",自动产生的窗体如图 7-12 所示。

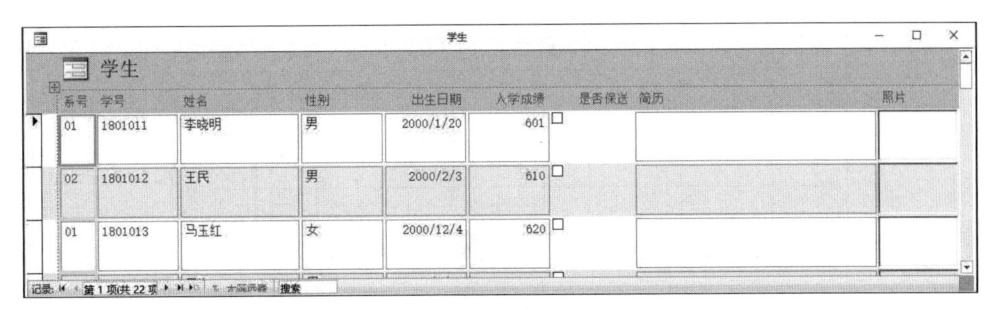

图 7-10　多个项目窗体

学生

系号	学号	姓名	性别	出生日期	入学成绩	是否保送	简历	照片
01	1801011	李晓明	男	2000/1/20	601	☐		
02	1801012	王民	男	2000/2/3	610	☐		
01	1801013	马玉红	女	2000/12/4	620	☐		
03	1801014	王海	男	2000/4/15	622.5	☐		
04	1801015	李建中	男	2000/5/6	615	☐		
01	1801016	田爱华	女	2000/3/7	608	☐		

记录: 第 1 项(共 22 项　搜索

图 7-11　数据表窗体

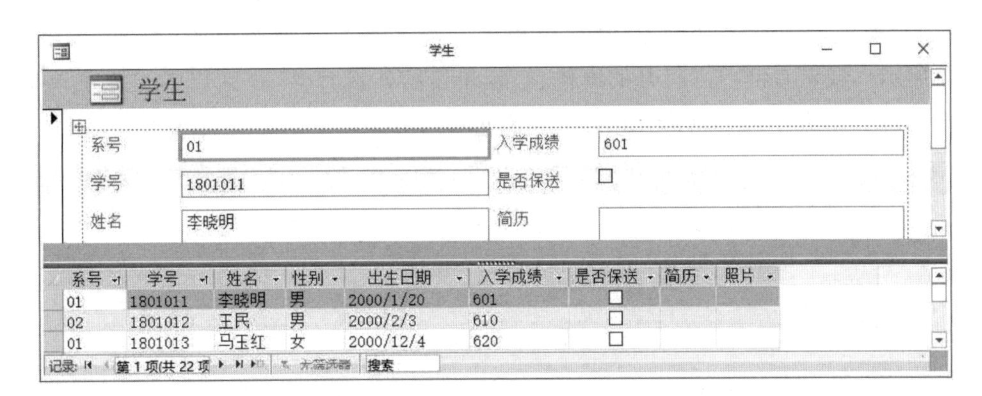

图 7-12　分割窗体

"分割窗体"将整个窗体分成上下两部分，每一部分的大小都可以调整。窗体的上半部分显示当前记录，下半部分显示当前数据表的所有记录，并标注上半部的当前记录。

4）模式对话框

与前面几种方式不同，"其他窗体"下拉列表中的"模式对话框"，并不直接显示数据表里的内容，它实际上是一个未完成的窗体，需要通过后面介绍的窗体设计器进一步设计来完成一个特定功能，这一点与"空白窗体"有异曲同工之处。"模式对话框"创建的窗体最初形式如图 7-13 所示。

此后需要用户向窗体中添加指定对象，并详细描述窗体的布局。

通过这几个示例，读者会发现上面所创建的各种窗体布局大多是系统默认的。如果要

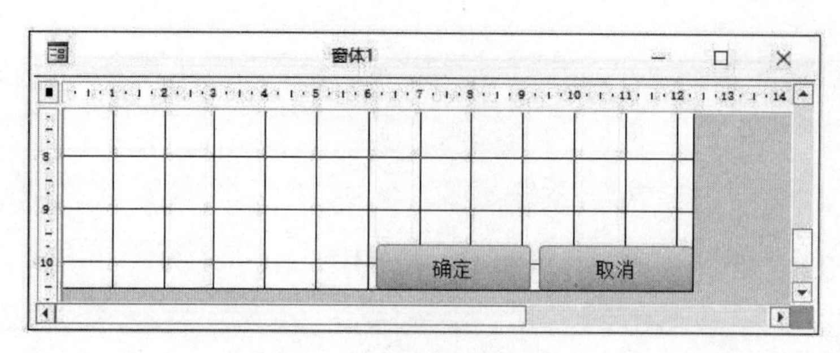

图 7-13　模式对话框窗体

设计出符合各种需求、设计风格更多样化、格局更丰富的窗体，就需要使用功能更强大的工具。在介绍这个工具之前，先来了解一下窗体的各种呈现方式即各种窗体视图，熟悉每种视图的特性，以帮助读者在需要的时候选择适合的视图设计窗体。

7.1.2　窗体视图

Access 2016 中每一个窗体都具有多种视图。不同的视图显示效果不同，工作方式也不同，这样就大大方便了用户的工作。打开任意一个已经创建好的窗体，或者利用“窗体设计”即窗体设计器。设计窗体过程中，都可以单击功能区最左边视图组的“视图”按钮，如图 7-14 所示。或者右键单击打开的窗体、右键单击窗体设计器，在弹出的快捷菜单中选择相应视图，就可以在不同的视图之间进行切换。

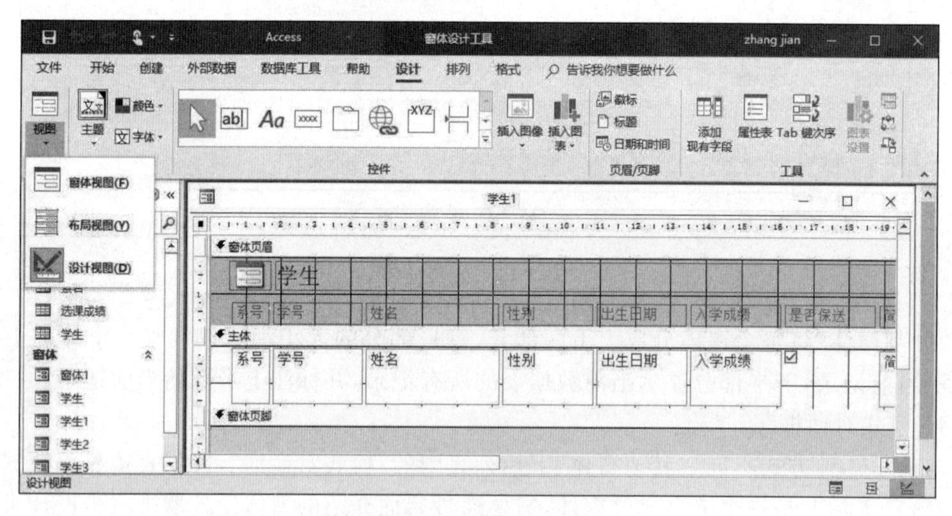

图 7-14　不同视图及效果

下面简要介绍每种视图的主要功能或特性。

1. 窗体视图

“窗体视图”是窗体的工作视图，更准确地说是窗体进入使用状态后所呈现出来的视图，也可以称为工作视图。该视图一是用来显示数据表记录中的内容，另一个更主要的目的就是呈现窗体的实际设计效果。设计好窗体后，就可以选择窗体视图来查看它的实际运行状态。下面的图7-15就是一个窗体的运行效果。

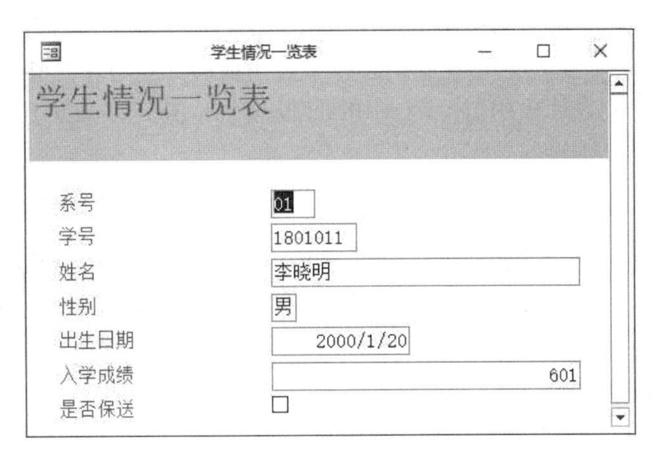

图7-15 窗体视图

在“窗体视图”下，除了可以改变窗体大小以外(当然也可以把窗体设计成不可以改变大小的模式)，不能对窗体的结构即布局做任何修改。如果要修改窗体的格局，或者修改窗体中某些控件的特性即属性，需要切换到“设计视图”下方可进行。

“窗体视图”与“设计视图”是创建窗体时最常用的两种视图，而且经常反复在这两者之间切换，边设计边观察效果。

2. 布局视图

“布局视图”界面和“窗体视图”界面几乎一样，区别仅在于，“布局视图”状态下，窗体中的每个控件都可以移动位置，实现对现有的控件进行重新布局，但是不能向窗体中添加新的控件，如图7-16所示。而“窗体视图”模式下，窗体中的控件是不允许编辑的。

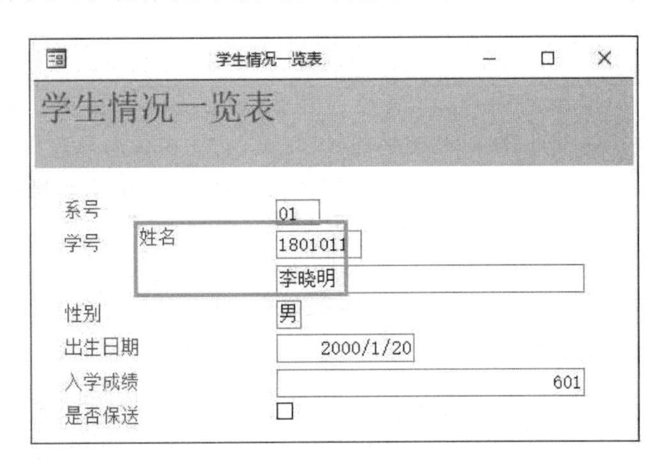

图7-16 布局视图

3. 设计视图

“设计视图”是工作中最经常使用的一种视图。它用于设计和修改窗体的结构及美化窗体。有关“设计视图”的更详细内容将在 7.1.3 节介绍。

前面所列举的例子，大多都采用了系统默认的格局。实际上每种效果都可以使用设计视图进一步地修改和完善。在实际工作中，常常使用前面提到的各种快捷方式创建窗体，再使用窗体设计器亦即“设计视图”进行个性化处理。例如，图 7-16 所呈现的窗体其设计视图如图 7-17 所示。

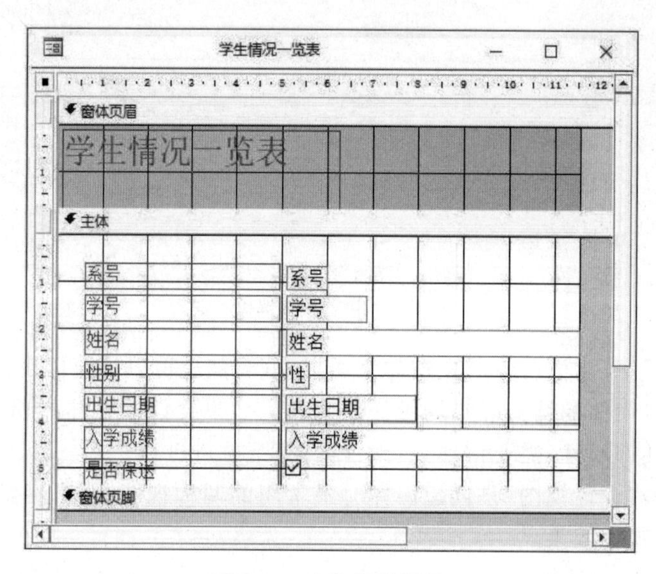

图 7-17　窗体设计视图

7.1.3　窗体设计器

如上所述，使用窗体向导等设计模式，只能设计一些功能简单的操作界面。但实际需求中往往需要设计更加复杂的窗体，以满足应用系统功能上的要求。此时，就需要利用 Access 2016 提供的窗体设计器亦即“窗体设计”工具，它比窗体向导等操作模式的功能更强大。通过窗体设计器不仅可以从头设计一个窗体，还常常用于编辑和修改已经设计好了的窗体。

在具体介绍窗体设计器使用方法之前，有必要了解窗体设计器的具体结构、窗体设计过程中用到的基本概念。

1. 窗体设计器的基本结构

当打开窗体设计器时(打开功能区“创建”选项卡，选择“窗体”组中的“窗体设计”即可)，设计器的初始状态只有“主体”节这一个子工作区(见图 7-18)。实际上，在设计器里还可以打开“窗体页眉”和“窗体页脚”两个窗体节。

如果需要调用这两个窗体节，常用鼠标右键单击“主体”窗体节，之后选择快捷菜单中的

图 7-18　只有主体的窗体

“窗体页眉/页脚”选项，即可在“主体”节上下两端展开“窗体页眉”和“窗体页脚”两个子工作区(也称为“窗体页眉”节和“窗体页脚”节)。

展开“窗体页眉”或“窗体页脚”工作区后，用户可以将鼠标移动到窗体窗口的边框或者每个工作区的边界来改变各工作区的大小。例如，如果希望改变子工作区大小，只要将鼠标指向工作区左侧垂直标尺区域中的滑块上方或子工作区标题栏上方，当光标变成“上下箭头”形状时，即可拖动鼠标改变子工作区的大小。

窗体设计器除了主体、窗体页眉和窗体页脚以外，还可以增加“页面页眉”和“页面页脚”(如图 7-19 所示，这两个工作区的作用见本节“各子工作区功能简介”部分)。

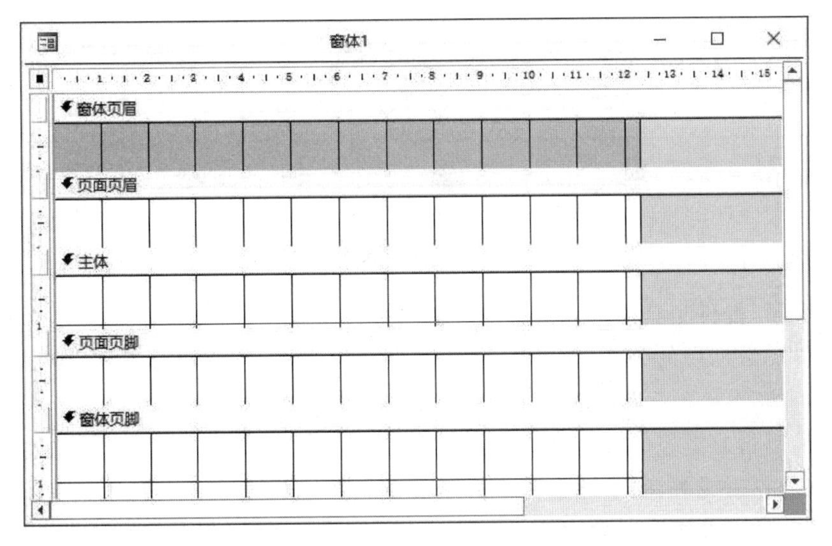

图 7-19　带所有工作区的窗体

2. 各子工作区功能简介

1）窗体页眉

窗体页眉的内容只会出现在窗体的顶部。在使用窗体以换屏方式浏览多条记录时，窗体页眉中的对象并不随记录的翻页而滚动，一直显示在屏幕上方。

2）窗体页脚

“窗体页脚”与“窗体页眉”对应，这里的内容会出现在窗体的底部，它的主要用途也是用作每页公用内容的提示，功能和显示方式与窗体的页眉很类似。

3）页面页眉

这里设计的内容仅在打印时输出，运行窗体时屏幕上并不显示页面页眉中的对象，它的作用是用于设置窗体打印时的页头信息，例如每一页的标题、图像等内容。

4）页面页脚

与页面页眉一样，页面页脚中的内容也仅在打印时输出，运行窗体时不显示。这里可以设计打印日期、页码以及用户要在每一页下方显示的内容。

5）主体

“主体”是窗体的主要部分，绝大部分控件（窗体中的对象）和信息都在主体部分设计。主体中的每个控件及内容随记录的翻页都会被重新刷新。除此之外，主体工作区还可以包含计算性的字段等数据源中不曾保存的数据。

3. 常用窗体控件简介

如果想在窗体的设计视图即窗体设计器中创建独特功能的窗体，就要掌握构成窗体的基本元素，也就是控件。窗体是由各种控件组成的，在窗体上添加这些控件，并设置其属性、编写事件代码（关于事件代码将在第 9 章详细介绍），就可以创建出各种各样功能强大的窗体。

当选择某个窗体的设计视图或者在创建窗体菜单中选择了“窗体设计”或者“空白窗体”时，控件菜单就会出现在功能区，如图 7-20 所示。

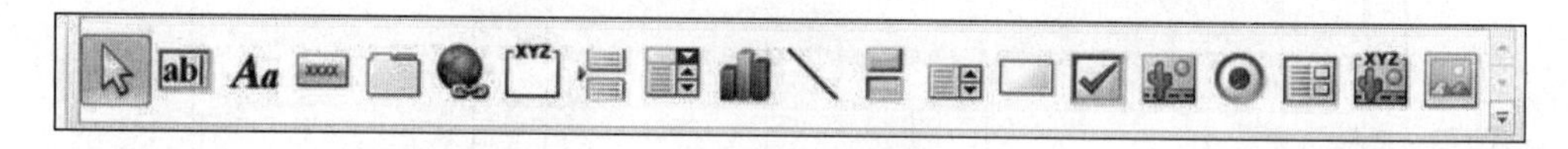

图 7-20 窗体控件

一般情况下，控件工具条的大小会随屏幕尺寸自动调整。

按照控件和数据源的关系，窗体控件可以分为三类：绑定控件、未绑定的控件和计算控件。

绑定控件是指此类控件将与窗体或者子窗体的数据源中的一个字段绑定，以便显示窗体数据来源（数据表或查询）中的数据值。Access 2016 自身的绑定控件包括文本框、组合框和列表框、子窗体以及图形对象框。

非绑定控件用于显示与窗体数据源无关的数据，例如，可以利用未绑定的文本框显示当前时间等。

计算控件是指使用表达式作为控件的数据来源。通常，数据来源表达式可以是对某一个字段值进行运算的表达式，也可以是其他表达式。例如。利用基础数据源中保存的出生日期字段来计算实际年龄。

4. 使用设计器设计窗体

【例 7-4】 利用窗体设计器创建空窗体，并定义窗体的基本属性。

(1) 打开窗体设计器，创建只有主体的空窗体。

(2) 打开属性窗格定义窗体属性：单击功能区“工具”组中的“属性表”按钮，或者右键单击窗体设计器，并在弹出的快捷菜单中选择“表单属性”或“属性”，如图 7-21 所示。

图 7-21 窗体属性设置

窗体常用属性说明如表 7-1 所示。

表 7-1 窗体常用属性说明

属性	标示符	功能
标题	Caption	设置对象显示的文字信息
图片	Picture	设置窗体背景图片
图片类型	PictureType	包括后续几个属性都是设置图片显示模式的
宽度	Width	设置整个窗体的宽度。注意，这里只能设置窗体宽度，不能设置高度，窗体高度的设置分到了各节的属性中
自动居中	AutoCenter	设置窗体打开时是否自动居于屏幕中央。如果设置为“否”，则打开时居于窗体设计视图最后一次保存时的位置
自动调整	AutoResize	如果设为“是”，窗体打开时可自动调整窗体大小，以保证显示完整信息
边框样式	BorderStyle	设置窗体的边框，可设置为细边框或不可调，当设置为无边框时，此窗体无边框及标题栏

续表

属性	标示符	功能
导航按钮	NavigationButtons	设置窗体下方是否需要显示跳转记录的导航条
滚动条	ScrollBars	设置此窗体具有横/竖/无滚动条
控制框	ControlBox	设置窗体标题栏左边是否显示一个窗体图标,实际上这就是窗体控制按钮
关闭按钮	CloseButton	设置是否保留窗体标题栏最右端的关闭窗体按钮
最大最小化按钮	MinMaxButtons	设置窗体标题栏右边是否显示能改变窗体尺寸的几个小按钮
记录源	RecordSource	定义数据源,可以是一个表或查询,也可以是 SQL 语句
排序依据	OrderBy	决定窗体显示记录的顺序

(3) 本例中属性值设置如表 7-2 所示。

表 7-2 标签控件常用属性说明

属性	标示符	设置值	说明
标题	Caption	教学管理系统	
图片	Picture	如图所示图片	
图片类型	PictureType	嵌入	
宽度	Width	10cm	
自动居中	AutoCenter	是	一般系统的首界面惯用居中方式显示
边框样式	BorderStyle	对话框边框	一般系统的首界面不能改变大小
导航按钮	NavigationButtons	否	首界面不显示记录,不需要导航按钮
滚动条	ScrollBars	两者皆无	首界面不需要使用滚动条
关闭按钮	CloseButton	是	需要使用关闭按钮

(4) 保存窗体:窗体命名为“教学管理系统”。在窗体视图下查看窗体,如图 7-22 所示。

属性的定义既可以用属性窗口完成,也可以用命令即程序完成。本章属性的定义全部采用前者,第 9 章将介绍用命令、程序方式来定义属性的具体过程。两种方式都有自己的适用范围。例如,某个控件的属性在窗体进入运行状态之前就已经确定,此时采用属性窗口定义十分方便;但是,如果其属性在窗体进入运行状态后,通过窗体的某些操作来修改属性值,此时便需要使用编程方式来解决。

图 7-22 教学管理系统首界面

7.1.4 使用窗体控件创建窗体

1. 标签控件

标签(Label)控件 **Aa** 在窗体和 7.2 节的报表中都会出现。标签控件用于描述静态文本信息,即在窗体运行过程中不发生变化的文字,如标题或者说明性文字。这些对外显示的文字存放在标签控件的标题(Caption)属性中。标签控件常用属性说明如表 7-3 所示。

表 7-3 标签控件常用属性说明

属 性	标 示 符	功 能
名称	Name	设置控件的名称
标题	Caption	设置对象显示的文字信息
可见	Visible	值为“是”窗体运行时控件正常显示,否则控件被隐藏
宽度	Width	设置控件的水平尺寸
高度	Height	设置控件的垂直尺寸
上边距	Top	设置控件距窗体顶部边框的距离
左	Left	设置控件距窗体左侧边框的距离
背景色	BackColor	设置控件的背景颜色。本属性对标签控件无效
前景色	ForeColor	设置输出文字的字体颜色
字体名称	FontName	设计控件显示文字的字体
字号	FontSize	设计控件显示文字的字号

【例 7-5】 在例 7-4 的空窗体中添加说明性文本内容。

(1) 在窗体设计器中,选择功能区"控件"组中的标签控件 Aa,并在窗体需要输出文字信息的位置拖动鼠标,框定出一个可编辑的文字框。

(2) 输入窗体运行时需要显示的文字内容即 Caption 属性的值。

(3) 定义该控件对象的属性:右键单击该标签控件并选择"属性"选项,或单击属性窗口中对象名列表框的下拉按钮,此时当前窗体包含 3 个对象:窗体、主体和新添加的名为 Label0 的标签控件,选择列表项中的 Label0 即可定义该控件的属性。

注意

控件的标题 Caption 属性与名称 Name 属性是大多数控件都具有的两个最基本属性。简单地讲,对象的标题属性值即 Caption 的值是窗体运行时呈现在人们视觉中的内容,也就是说 Caption 的值会在窗体运行时显示在屏幕上;而 Name 属性的值是在计算机后台访问对象时使用的名称,类似于变量名。这两者之间有着本质区别。

(4) 本例中标签控件属性值设置如表 7-4 所示。

表 7-4 标签控件属性设置

属 性	标 示 符	设 置 值
名称	Name	Label0
标题	Caption	教学管理系统
可见	Visible	是
宽度	Width	6cm
高度	Height	2cm
字体名称	FontName	宋体
字号	FontSize	20

(5) 保存窗体,分别在设计视图和窗体视图下查看窗体,如图 7-23 所示。

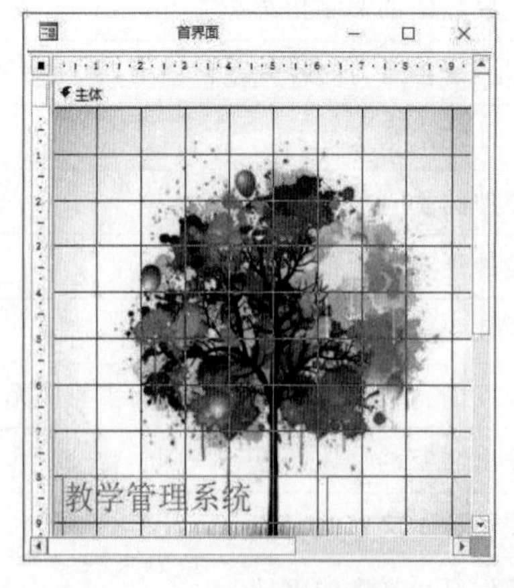

图 7-23 标签控件示例

2. 文本框控件

文本框(Text 及 Label)控件ab|允许用户在使用窗体时输入或者编辑其中的信息,也可以用于显示后台数据库中的数据,即文本框可以与某个数据源进行绑定,也可以不绑定。

文本框控件是一个组合控件,它由两部分组成:一个是窗体运行时提供文字提示的标签,不妨称为文本框中的标签成分;另一个是窗体运行时提供的可编辑文字的文本条框,不妨称为文本框中的文本成分。

文本框的常用属性如表7-5所示。因每一个控件都有名称(Name)属性,所以不再在表中列出。

表7-5 文本框控件常用属性说明

属　性	标　示　符	功　　能
输入掩码	InputMask	设置文本框的掩码,例如,定义掩码为"密码"则输入的信息将以"*"显示
默认值	Value	设置文本框显示的初始信息
可用	Enabled	值为"True"控件呈可用状态,否则不可使用
是否锁定	Locked	值为"True"控件值为只读状态,不可修改

【例7-6】 文本框的主要作用是:输入输出内容、编辑内容。本例演示文本框的输出功能。

(1) 在功能区的"工具"组中单击"添加现有字段"按钮,此时将出现如图7-24所示的"字段列表"对话框。

图7-24 通过添加字段创建文本框

(2) 添加指定字段的具体步骤是:在列表中选择字段,拖动鼠标左键并在窗体的适当位置单击,即可在当前位置上添加指定字段;或者双击指定字段并添加到默认位置。本例将依次选择学生表的系号、学号、姓名、性别、出生日期字段。

(3) 字段添加完成,选择窗体视图即可查看效果(见图7-25)。此时会看到窗体中将显示数据源学生表的当前记录值。在此状态下还可以通过导航栏,查看其他记录数据。本例中窗体对象的选定是在字段列表中选择的,而字段自然就和数据库当中的表是绑定的,所以以这种方式添加的文本框不需要人为再去设置绑定要求。

图 7-25 绑定的文本框

【例 7-7】 本例通过文本框向导生成文本框,演示文本框的输入功能。

(1) 在窗体设计器中,选择功能区“控件”组中的文本框控件,拖动到相应位置。这时候将弹出文本框向导。首先设置标题的外观:字体为楷体,字号为 11 号,字体加粗处理等,如图 7-26 所示。

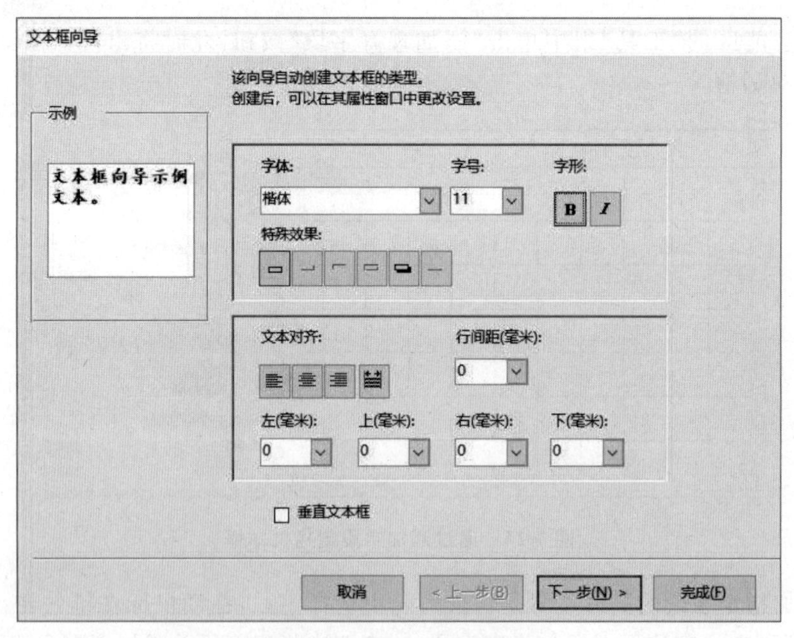

图 7-26 定义文本框格式

(2) 设置用户使用该文本框时的特性,例如,光标停留在文本框时输入法是打开还是关闭等,见图 7-27。

(3) 定义文本框的名称为“用户名”,如图 7-28 所示。

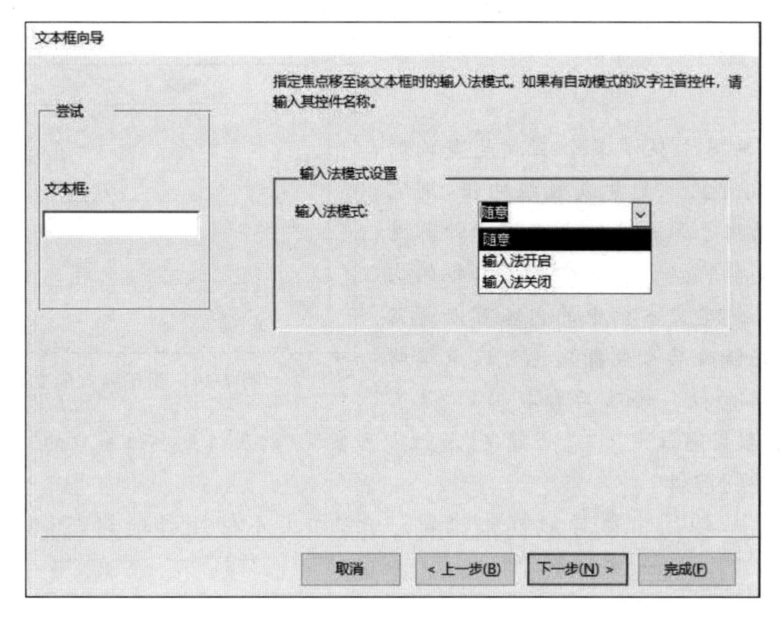

图 7-27　定义文本框输入法

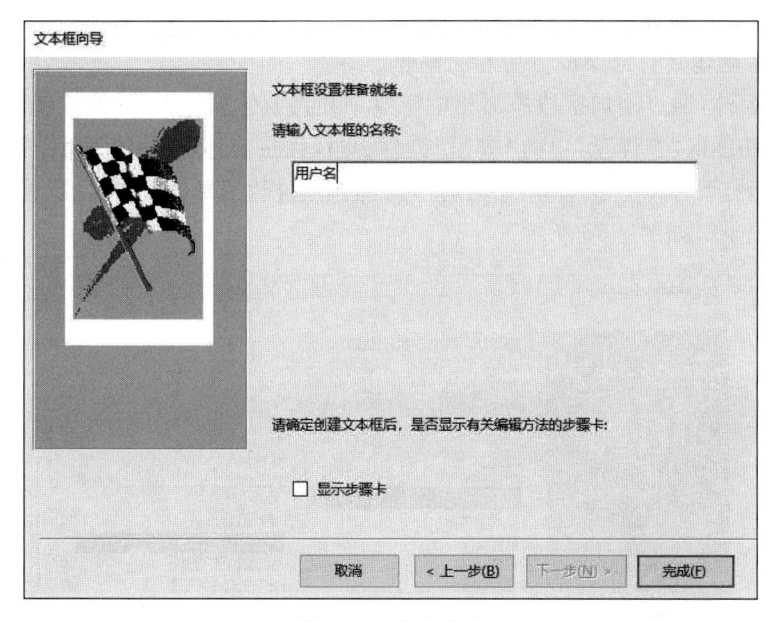

图 7-28　定义名称

注意

此处输入的“用户名”是该文本框标签成分的标题(Caption)属性值，也是其文本成分的名称(Name)属性值。

(4) 切换到窗体视图，观察效果，“用户名”文本框就可以输入内容了。很显然，此文本框是非绑定的,如图 7-29 所示。

注意

如果文本框用于显示某个表或是查询的数据源记录,或者显示变量或数组的值,则它是绑定的;如果用于用户输入或者显示计算结果,那么它就是非绑定的。非绑定文本框的内容将不被保存,绑定文本框中的内容可以是只读状态(不允许修改后台数据),也可以是编辑状态(通过窗体的操作修改后台数据)。是否允许修改后台数据通过定义"是否锁定"属性即可实现(该属性见属性窗口的"数据"标签)。

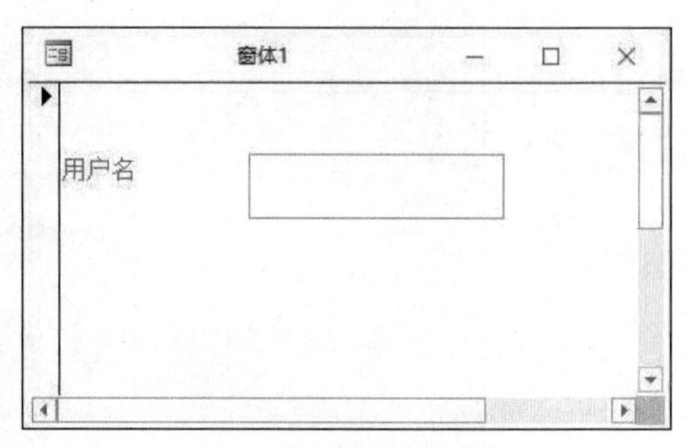

图 7-29 用于输入的文本框

3. 命令按钮控件

在例 7-7 中,使用窗体导航栏来浏览记录,如果不使用导航栏,还可以通过命令(Command)按钮控件来浏览数据表的全部记录。

命令按钮常用的属性有:表示按钮上输出信息的"标题",表示坐标位置的"上边距"和"左",表示按钮大小尺寸的"宽度"和"高度",定义字体的相关属性等。大部分属性与前两个控件相同,这里不再赘述。

【例 7-8】 创建具有记录浏览功能的窗体。

(1) 创建窗体,通过添加字段添加相应字段。并将窗体属性里"导航按钮"设置为"否"。

(2) 选择功能区"控件"组中的"按钮"控件,并在窗体需要出现命令按钮的位置上单击鼠标,进而打开命令按钮向导:"类别"列表框中选择"记录导航"项,"操作"列表框选择"转至下一项记录",如图 7-30 所示。

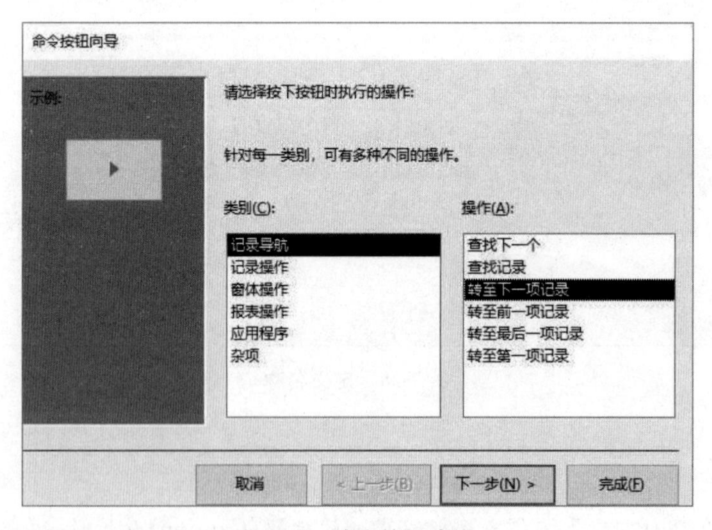

图 7-30 确定按钮功能

(3) 进入下一步以便确定按钮的外观:本例选定按钮上输出文字,并在"文本"单选项后的文本框中输入“下一条”。需要说明的是，当窗体运行时，该按钮上将显示“下一条”三个字。此操作也可以理解为定义该按钮的标题 Caption 属性值为“下一条”。定义效果请参考图 7-31。

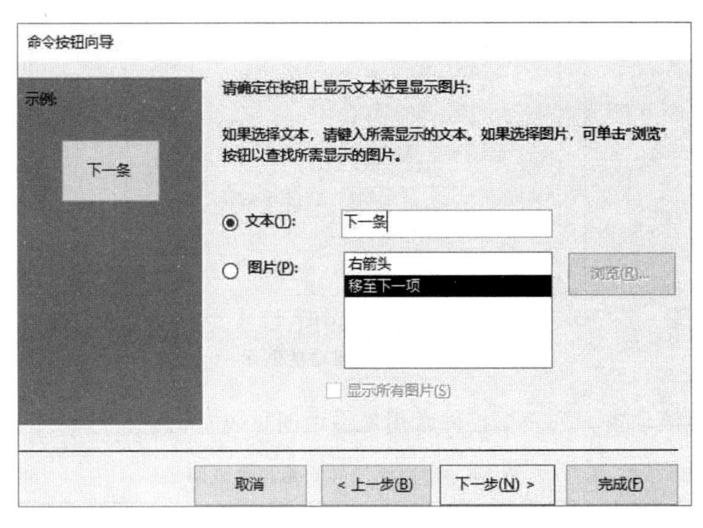

图 7-31 定义按钮外观

(4) 指定按钮的名称，即定义该控件的 Name 属性，此例定义为 next，如图 7-32 所示。

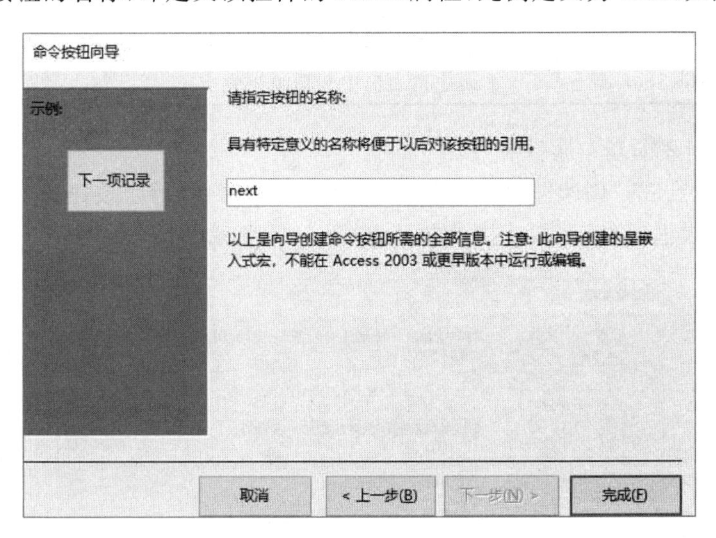

图 7-32 定义名称

(5) 单击“完成”按钮并切换至窗体视图，就会发现窗体中显示出一个标记了“下一条”汉字的命令按钮。按照同样的方式，制作其他四个功能按钮，完成效果见图 7-33。窗体保存为“学生基本信息浏览”。

4. 列表框控件

列表框(List)控件 常用于显示供用户选择的列表项。当列表项很多，不能同时显示

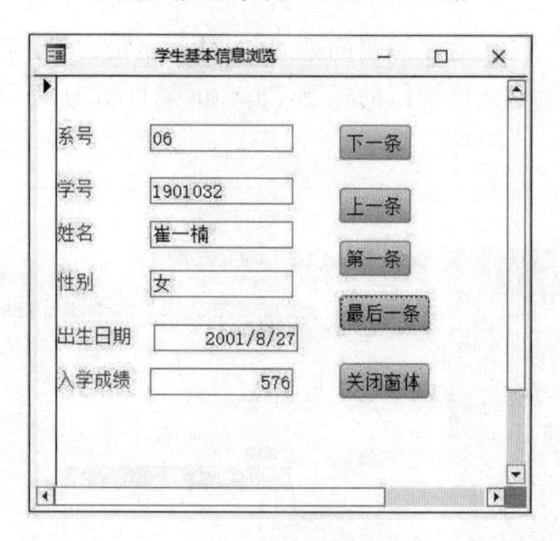

图 7-33　按钮功能演示

时,列表框将产生滚动条。列表框控件常用属性说明见表 7-6。

表 7-6　列表框控件常用属性说明

属　性	标　示　符	功　　能
列数	ColumnCount	确定列表框中显示数据的列数,该数值与绑定字段数一致
列标题	ColumnHeads	值为“True”显示绑定数据项的字段名
行来源	RowSource	指定列表框中显示值的来源
行来源类型	RowSourceType	确定列表框中数据源类型

【例 7-9】　列表框基本属性练习。

(1) 打开功能区的“创建”选项卡,单击“窗体”组的“窗体设计”按钮打开窗体设计器。

(2) 添加列表框控件启动控件向导,如图 7-34 所示。

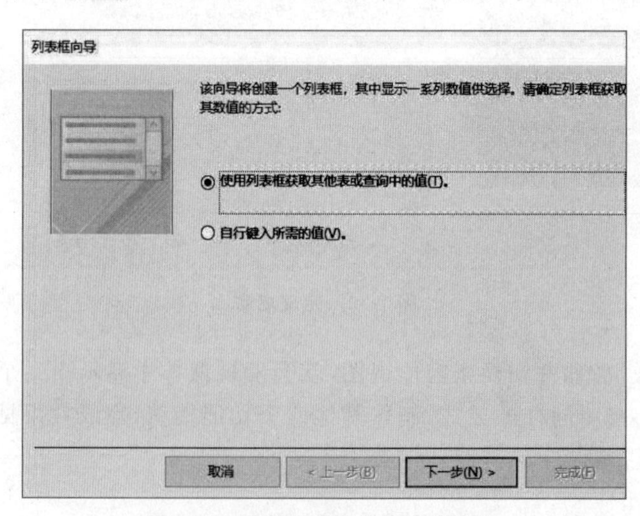

图 7-34　选择列表框数据来源方式

(3) 若单击“取消”按钮，其直接退出向导并在窗体中添加两个对象：列表框控件 List0 和用于输出提示信息的标签控件 Label1，说明该控件也是由多个成分构成的对象。

(4) 重新添加列表框控件进入向导第一步：确定列表框获取数据的方式(如图 7-34 所示)。列表框获取数据的方式，可以是来自数据库中数据表或者查询文件的值，也可以由键盘输入列表项的值。这里选择第一项，表示列表框的数据源将来自表或查询文件。

(5) 确定数据源：本例选择数据来自于课程表，如图 7-35 所示。

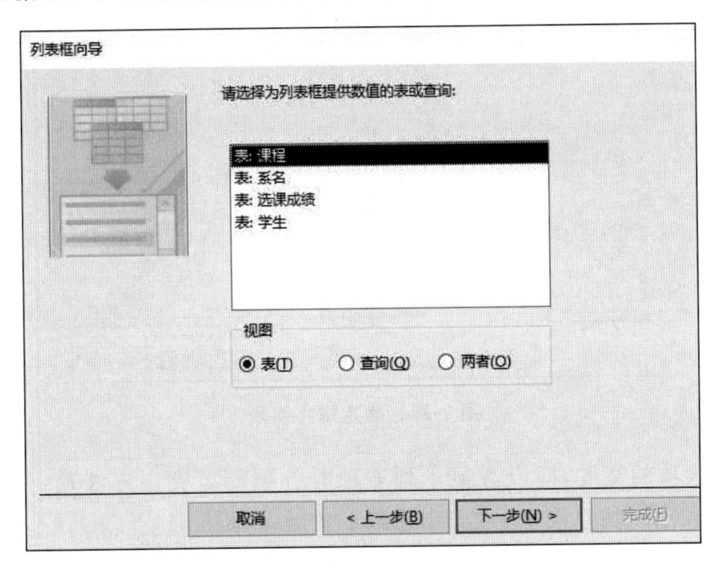

图 7-35　确定数据来源

(6) 定义列表项的具体内容：选定课程号、课程名和学分三个字段，即列表框中将输出课程表课程号、课程名和学分这 3 列的数据值，如图 7-36 所示。

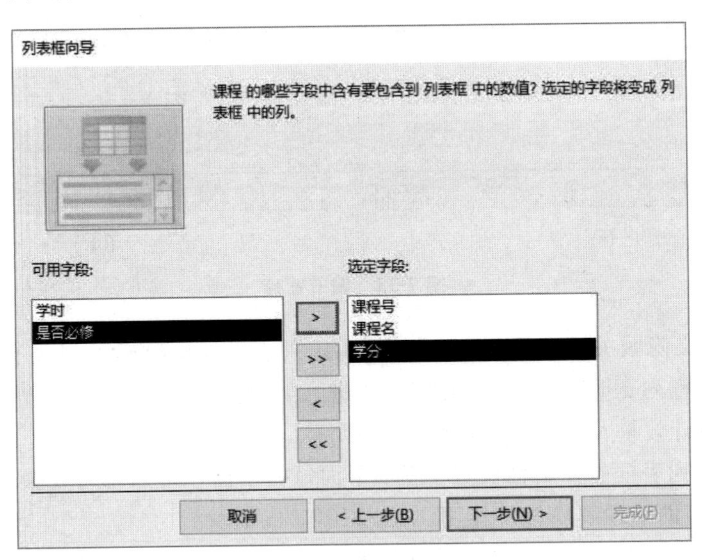

图 7-36　选择字段

(7) 定义列表项输出数据的排列顺序,即定义在显示数据时,使用哪个字段进行排序,如图 7-37 所示。

列表框向导
请确定要为列表框中的项使用的排序次序。
最多可按四个字段对记录进行排序，可升序，也可降序。
1 课程号 升序
2 升序
3 升序
4 升序
取消 < 上一步(B) 下一步(N) > 完成(F)

图 7-37 确定排序字段

(8) 定义列表项的宽度,即设置显示列表项时各项的宽度。方法是:拖动字段之间的分隔线即可调节大小。注意图 7-38(a)中隐藏了主键课程号。

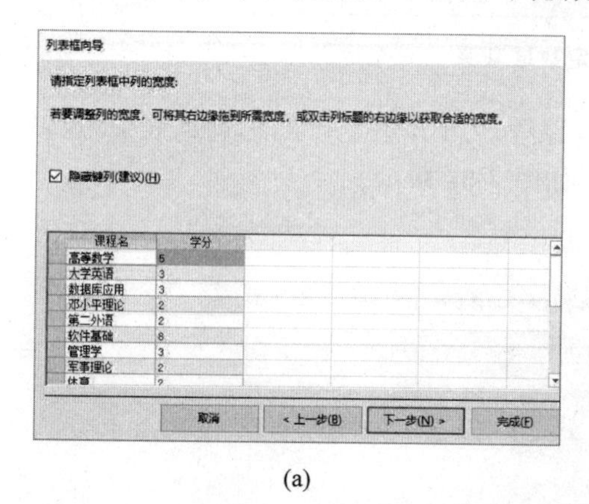

(a)

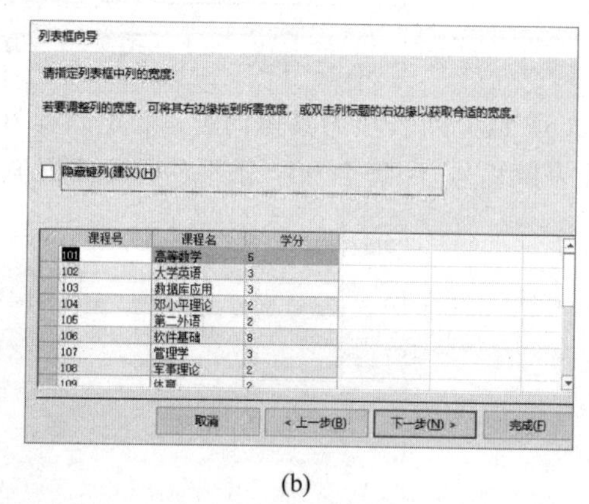

(b)

图 7-38 调节宽度

(9) 若未定义隐藏关键数据项,此时将要确定列表框操作时标示列表下属行的字段,见图 7-39(a);若调整列宽时隐藏了主键,则直接进入如图 7-39(b)所示操作界面。

完成后的设计效果及运行效果如图 7-40 所示。

【例 7-10】 列表框主要属性设置举例:下面每一步操作之后都可切换到“窗体视图”观察效果,这样更有助于理解属性的作用。

(1) 将“格式”选项卡中的“列标题”属性修改为“是”,每一列的“列宽”均约为 2.5cm,列

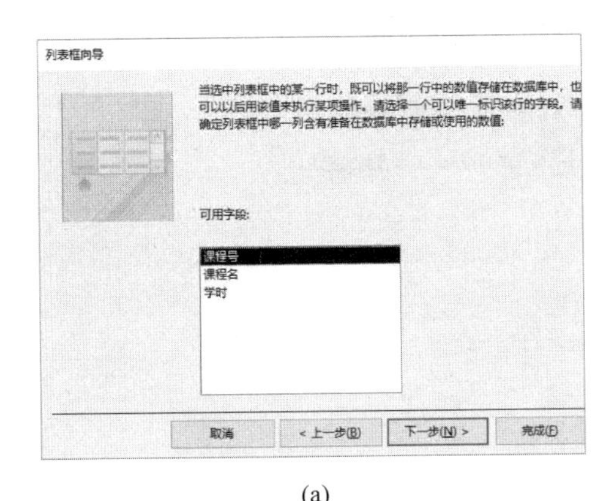

(a)

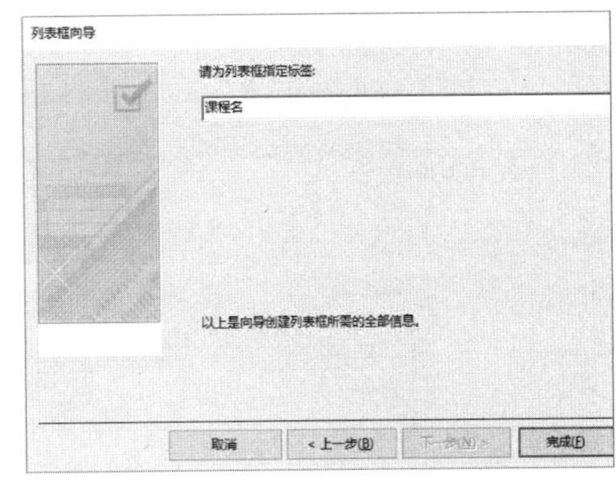

(b)

图 7-39　选择标示字段

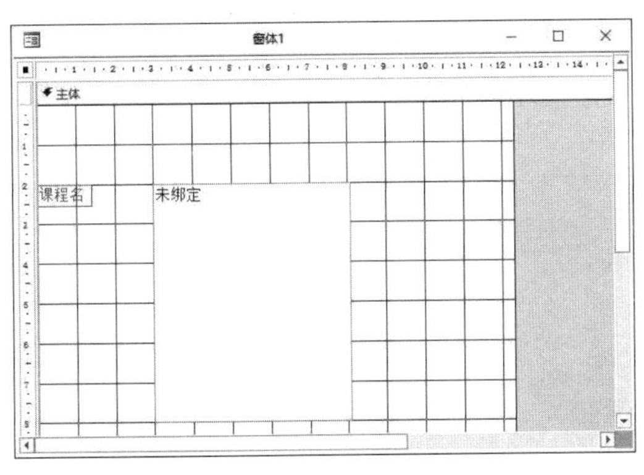

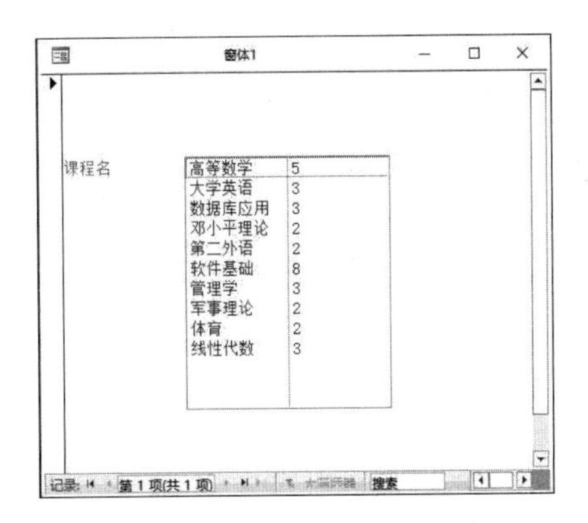

图 7-40　设计效果图

表框总宽度即“宽度”属性约为 8cm，切换到“窗体视图”观察效果。

(2) 列表框总宽度即“宽度”属性改为 5cm，注意观察水平滚动条。

(3) 添加第二个列表框，列表框数据来源方式选择“自行输入所需的值”(见图 7-41)，输入列表框各列表项。

(4) 默认列表框命名并结束向导。

【例 7-11】 添加第三个列表框，启动向导后直接单击“取消”按钮返回窗体设计器，选定该控件，设置“数据”属性卡中定义“行来源”和“行来源类型”属性，如图 7-42 所示。

需要说明的是，属性 RowSourceType 与 RowSource 总是配合使用。利用此方法产生的设计效果与图 7-41 相同。注意“行来源”属性中输入的标点符号必须使用西文符号。

5. 组合框控件

组合框(Combo)的组成与列表框类似，也是由两部分组合而成，一部分是标签 Label 成分，另一部分是组合框成分 Combo。其中，组合框 Combo 成分具有文本框和列表框的功能。也就是说用户使用组合框时，既可以通过使用文本框输入组合框中的对象值，也可以在列表中选择某一项。输入的内容或者是选择的内容将如何使用，比如把输入的内容赋值给

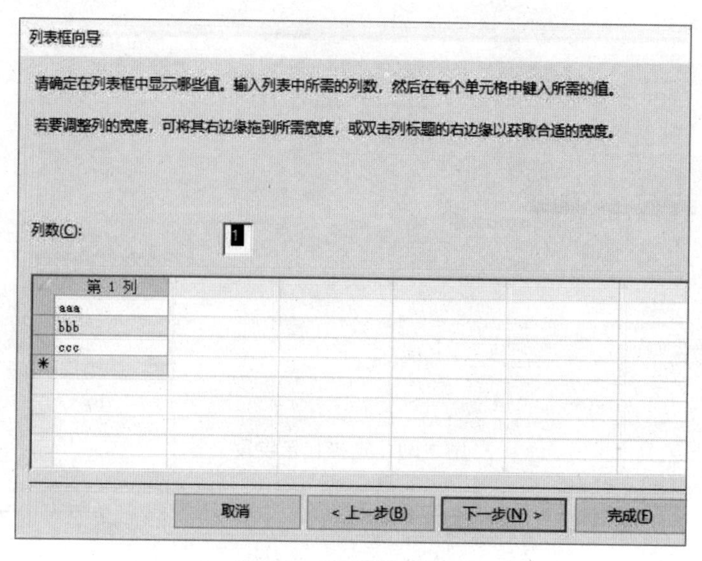

图 7-41　自定义列表项

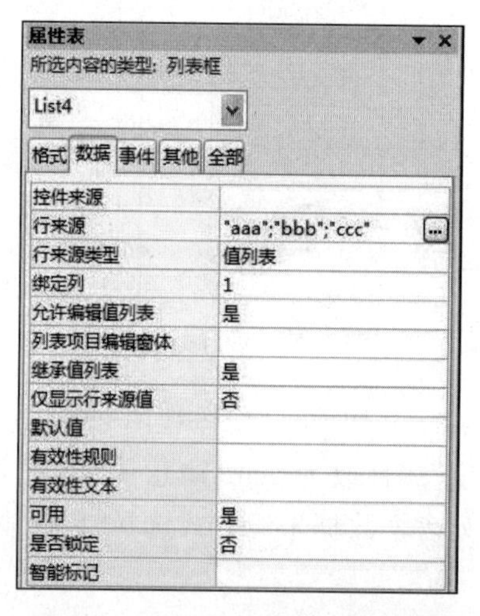

图 7-42　自定义列表框的列表项

变量，或者将选择的内容存入表中记录的某个属性值，将在第 9 章详细介绍。

组合框的许多属性都与列表框相同，需要补充的属性如表 7-7 所示。

表 7-7　组合框控件常用属性说明

属　性	标示符	功　　能
列表行数	ListRows	确定组合框中下拉列表项的行数，默认值为 16。当列表项实际行数大于 16 行时将产生垂直滚动条
	ListCount	列表框控件也具有该属性。功能：获取列表框或者组合框中列表框部分的行数，该属性是只读属性，用户只能获取不能修改，因此列表框或组合框控件的属性窗口中没有该属性，只能在后台以命令方式访问

【例 7-12】 组合框与列表框运行效果的对比。

(1) 启动空报表设计视图：单击功能区的“创建”选项卡，单击“窗体”组中的“窗体设计”按钮打开窗体设计器。

(2) 添加“组合框”控件，启动向导后直接单击“取消”按钮。

(3) 参见图 7-42 定义组合框中列表框部分的属性，即属性 RowSourceType 为“值列表”，属性 RowSource 为"aaa";"bbb";"ccc"(注意：输入的标点全部为西文符号)。

(4) 切换到窗体视图并单击组合框的下拉按钮，观察运行效果。

通过此练习不难发现，组合框与列表框有许多相同的性质，如列表框与组合框都有一个供用户选择的列表。二者的区别是：列表框任何时候都显示它的列表，而组合框通常只显示一项，当用户单击向下按钮时才显示可滚动的下拉列表。

6. 子窗体控件

通过子窗体(Child)向导新建或者使用已有窗体，并将该窗体嵌入另一个窗体中，形成窗体的嵌套。该对象实质上就是一个窗体，因此它具有正常窗体的一切属性。

【例 7-13】 创建一个学生选课成绩查询窗体，效果如图 7-43 所示。

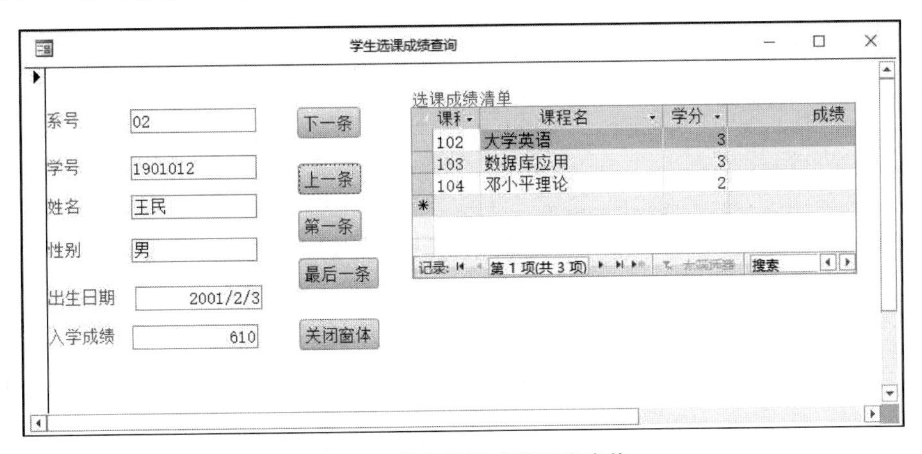

图 7-43 学生选课成绩查询窗体

(1) 打开例 7-8 创建的“学生基本信息浏览”窗体将其另存为“学生选课成绩查询”。在“学生基本信息浏览”窗体设计视图下打开“文件”选项卡并选用“对象另存为”功能，在“另存为”对话框中输入新的窗体名称为“学生选课成绩查询”。

(2) 切换回“设计视图”并在如图 7-43 所示位置添加子窗体控件，向导中的第一步选用“使用现有的表和查询”单选项，单击“下一步”按钮，如图 7-44 所示。

(3) 于“请确定在子窗体或子报表中包含哪些字段”对话框中依次选择课程表中的课程号、课程名、学分以及选课成绩表的成绩字段(即定义子窗体中包含的数据项)，如图 7-45 所示。

为了操作方便，也可以事先创建一个包含课程号、课程名、学分、学号和成绩的查询文件，假设为“学生选课成绩查询”，并在此步选取该查询的除学号之外的全部字段。

(4) 确定主窗体和子窗体的链接方式。

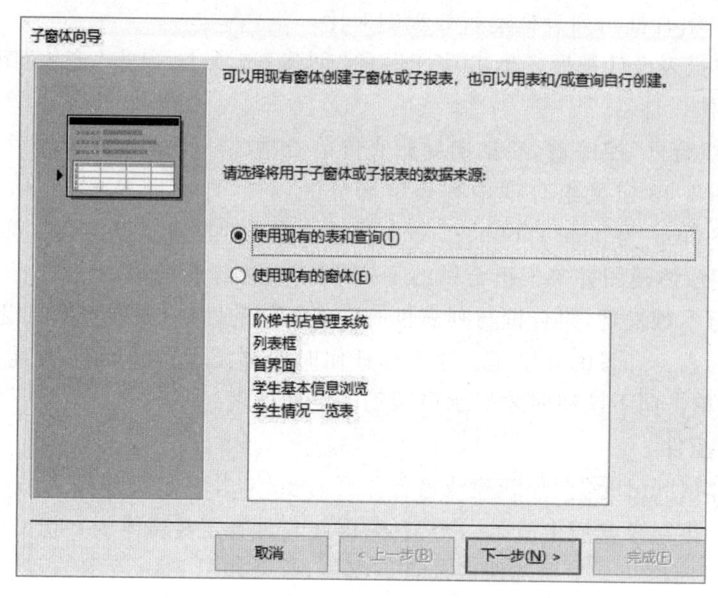

图 7-44 定义子窗体数据源

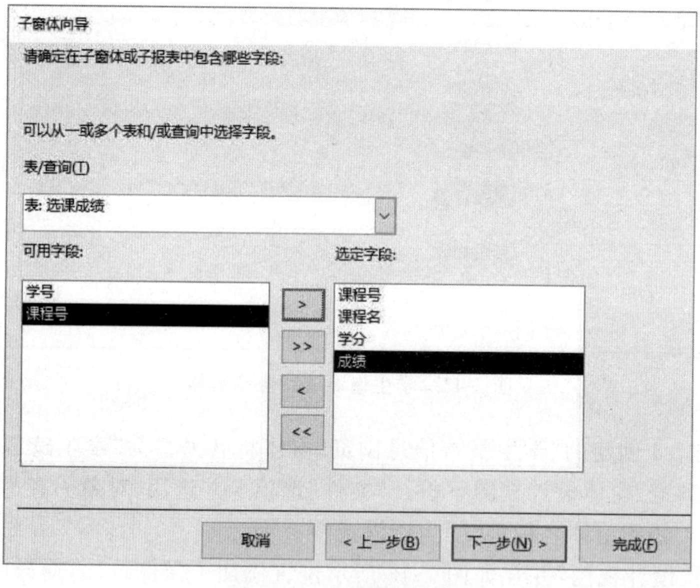

子窗体向导
请确定在子窗体或子报表中包含哪些字段:
可以从一或多个表和/或查询中选择字段。
表/查询(T)
表: 选课成绩
可用字段:
学号
课程号
选定字段:
课程号
课程名
学分
成绩
取消
< 上一步(B)
下一步(N) >
完成(F)

图 7-45 选择表和字段

本例中主窗体即整个窗体的左侧包含学生表的数据，而子窗体即右侧将包含课程表和选课成绩表中指定的数据项。显然，这两部分数据的一致性是通过学号来控制的。因此，该对话框的列表中就是用“学号”来连接窗体的两部分内容，如图 7-46 所示。

(5) 指定子窗体在主窗体中显示的标题为“选课成绩清单”，如图 7-47 所示。

(6) 单击当前界面的“完成”按钮，并确认窗体文件的名称默认为“学生选课成绩浏览”。

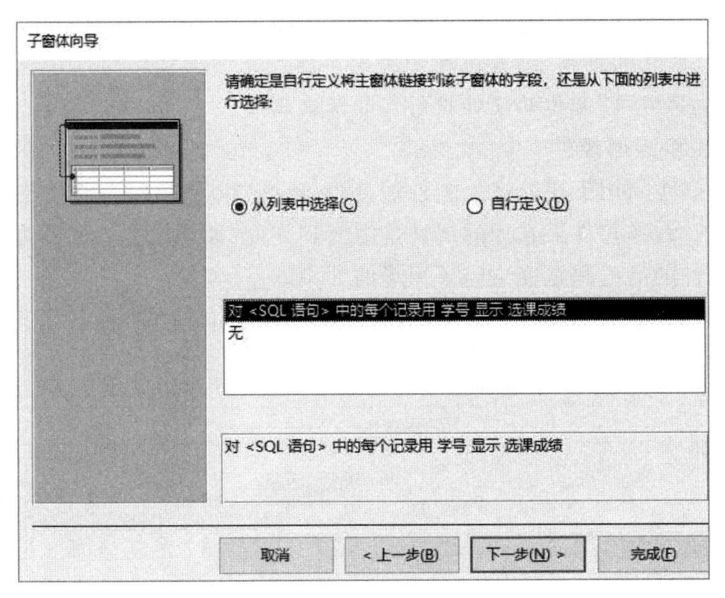

图 7-46　定义主、子窗体的链接字段

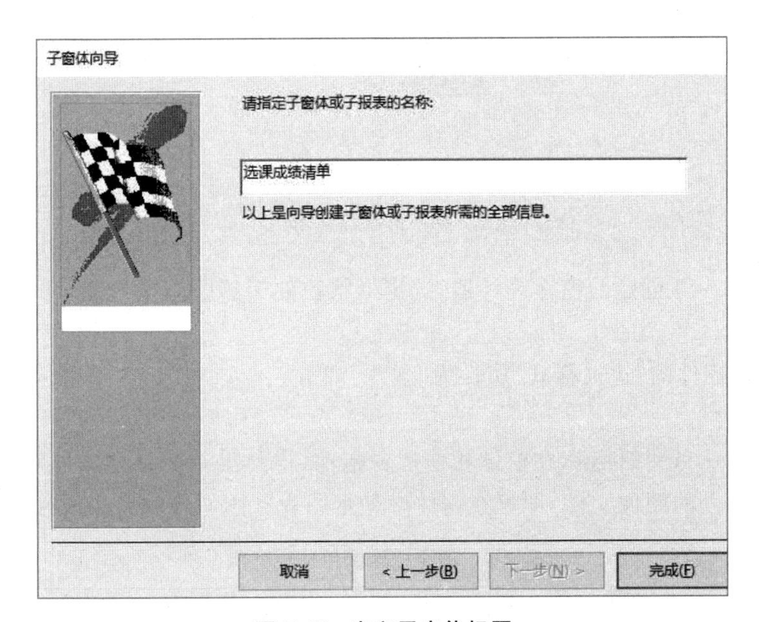

图 7-47　定义子窗体标题

注意

本窗体保存完后，数据库窗体类中新增加了两个窗体对象：一个是上面设计过程中含主、子成分的"学生选课成绩浏览"窗体；另一个是子窗体"选课成绩清单"。换句话说，主窗体中添加的子窗体控件是以独立的窗体对象保存到数据库中，而其他控件均保存在指定窗体里面，在这一点上子窗体控件与其他控件相比有很大区别。这也预示着，如果用户修改子窗体部分的属性,一种方法是打开含有该子窗体的主窗体,并选定待修改属性的子窗体控件,调用属性窗格修改相应属性;另一种方法是直接打开该子窗体的设计视图(如本例可以直接打开"选课成绩清单"窗体的设计视图),并修改属性。

7. 直线控件和矩形控件

线条(Line)控件╲用于在窗体上画各种直线;矩形(Box)或称为形状控件▭用于在窗体上画矩形图案。线条控件最常用的属性是宽度和高度,如果设置直线的高度为零,就是水平直线。形状控件的高度和宽度决定了矩形的大小。

【例 7-14】 用形状控件修饰"学生选课成绩查询"窗体文件,使其运行效果如图 7-48 所示。

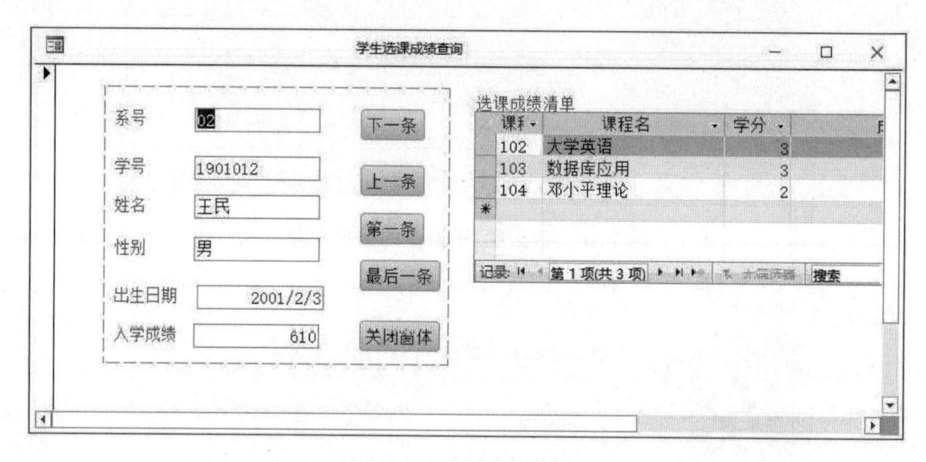

图 7-48 形状控件示例

(1) 打开例 7-13 创建的窗体设计器,选定形状控件工具▭,框定图 7-48 所示的学生基本信息数据区域。

(2) 修改该控件的"边框样式"属性为"虚线"即可。

8. 图像控件

选择图像(Image)控件🖼,在窗体相应位置拖动,将弹出一个打开文件对话框。在该对话框中选择要插入的图像文件,即可在窗体中显示图片。图像控件常用属性说明见表 7-8。

表 7-8 图像控件常用属性说明

属　性	标 示 符	功　能
图片	Picture	确定绑定的位图或其他类型图形文件路径和名称
缩放模式	SizeMode	默认为"缩放"模式,另外还可以选择"剪裁"和"拉伸"模式显示图像

【例 7-15】 打开例 7-14 完成的窗体设计器,添加南开大学的校徽放置于如图 7-49 所示的位置。

9. 复选框控件、选项按钮和选项组控件

复选框(Check)控件☑、选项按钮(Option)◉都可以用来显示"是/否"型字段的值。实

图 7-49　图像控件示例

际上，在 Windows 风格的窗口操作中，人们习惯使用复选框来操控“是/否”型数据的值，而单选按钮通常作为选项组控件的一部分。

当这些控件属于一个选项组时，它们便可以一起工作，但不能独立工作；某一时刻，只能选用其中的一个，并且必须选其中一个。

【例 7-16】 编写一个字体设置窗体，用选项组确定字体颜色；用复选框确定字体是否为粗体字、斜体字或者加下画线；用按钮应用字体设置或取消设置。

窗体外观如图 7-50 所示，标签和按钮设计请参考之前示例，单选按钮和复选框设计在例 7-17 中详细讲解。

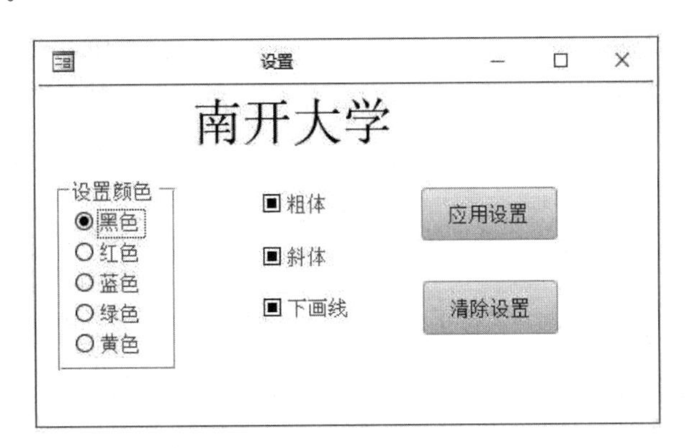

图 7-50　字体设置窗体

【例 7-17】 创建含有多个子控件的选项组控件。

(1) 打开窗体设计器；属性窗格中选定“窗体”为当前操作对象；定义其标题属性为“设置”；“导航按钮”属性定义为“否”；“记录选择器”属性定义为“否”；“滚动条”属性设置为“两者皆无”。

(2) 窗体适当位置添加选项组控件：进入选项组向导后在标签名称中依次输入如图 7-51 所示的文字(功能：该选项组将包含 5 个单选按钮，每个单选按钮的标题依次为：黑色、红色、蓝色、绿色和黄色)。

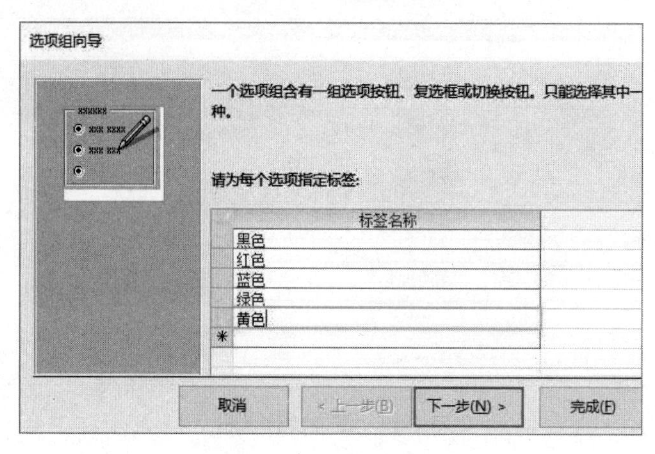

图 7-51 按钮组名称

(3) 确定组中的默认项,也就是运行的初始状态中,哪个子项处于选定状态,如图 7-52 所示。

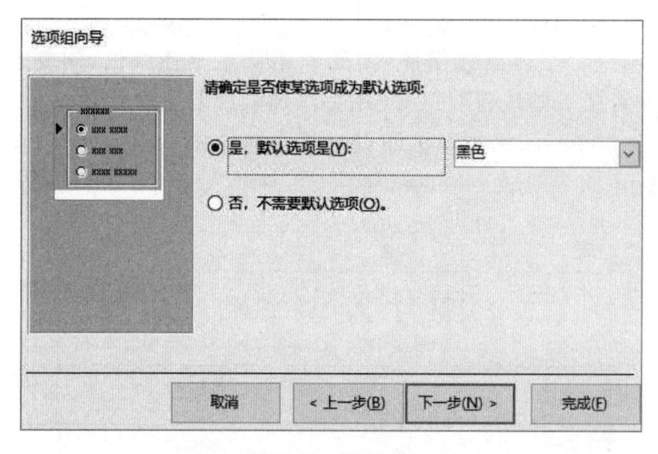

图 7-52 默认项

(4) 设置各单选按钮所对应的数值,如图 7-53 所示。在本例中,由于只是设计操作的界面,并没有实现在窗体运行时选择组中的某一项后窗体背景颜色的变化功能,所以这一步在该例中没有实际效果。但是,如果加入控件的事件代码即控件的实际功能描述,那么本步是非常重要的。

(5) 确定选项组的外观及构成,默认值是组中成员为"选项按钮(O)"即单选按钮,如图 7-54 所示。设计窗体时,界面友好,操作便捷也是非常重要的。

(6) 定义整个选项组的标题为"设置颜色",如图 7-55 所示。

(7) 单击"完成"按钮结束向导,返回窗体设计视图。在窗体适当位置添加复选框控件,复选框控件由复选框成分和后面的标签成分组成,修改复选框标签成分的"标题"属性为"粗体",其他两个复选框操作类似,如图 7-56 所示。

选项组向导
单击选项组中的某个选项，把选项组的值设置成选定选项的值。
请为每个选项赋值：
标签名称
值
黑色 1
红色 2
蓝色 3
绿色 4
黄色 5
取消
< 上一步(B)
下一步(N) >
完成(F)

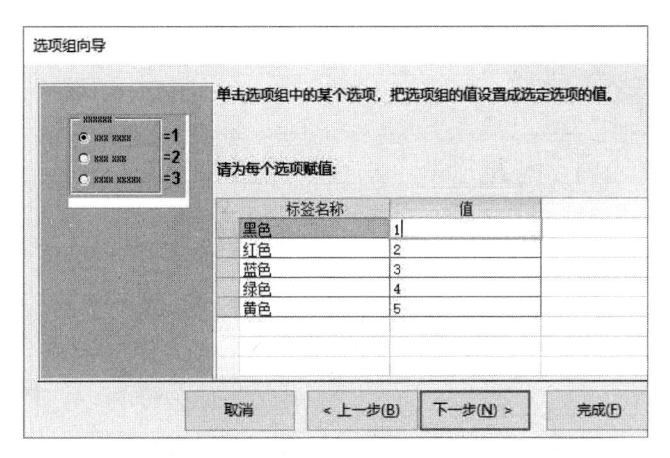

图 7-53　选项值设置

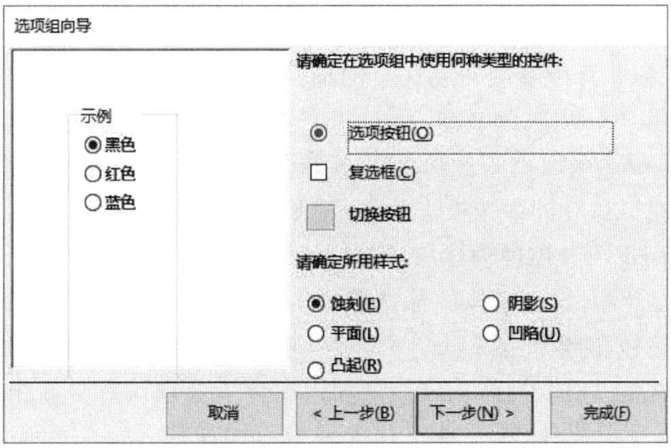

选项组向导
请确定在选项组中使用何种类型的控件：
示例
黑色
红色
蓝色
选项按钮(O)
复选框(C)
切换按钮
请确定所用样式：
蚀刻(E)
阴影(S)
平面(L)
凹陷(U)
凸起(R)
取消
< 上一步(B)
下一步(N) >
完成(F)

图 7-54　外观设置

选项组向导
请为选项组指定标题：
设置颜色
以上是向导创建选项组所需的全部信息。
取消
< 上一步(B)
下一步(N) >
完成(F)

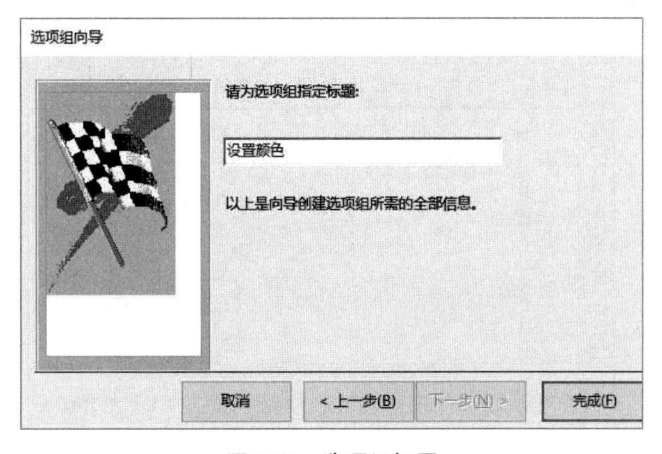

图 7-55　选项组标题

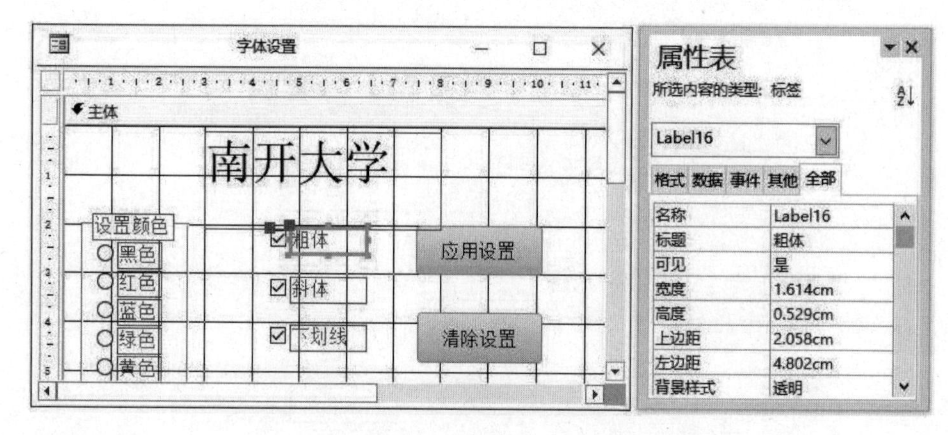

图 7-56　复选框控件示例

例 7-17 只设计了窗体的外观,并不能对标签“南开大学”进行字体设置。如果想通过复选框和单选按钮对字体设置进行修改,本章所学内容是不能完成的,需要使用面向对象编程语言才能实现,将在第 9 章中继续完成这个例子。

10. 选项卡控件

我们都知道,Windows 风格的对话框大部分会包含多个标签,每个标签中又可以包含许多对象即控件。在窗体设计中选项卡控件就是实现这种效果的工具。

【例 7-18】 利用选项卡控件创建教学管理系统的主控操作界面。

(1) 启动窗体设计器,定义窗体的标题属性为“教学管理系统”,自动居中属性为“是”,记录选择器和导航按钮属性为“否”。

(2) 在窗体中添加选项卡控件。该控件加入窗体后会默认产生 3 个对象:一个名称为“选项卡控件 0”的选项卡控件,该控件又包含两个页面控件。两个页面控件的标题分别为“页 1”和“页 2”,这两个控件的名称也分别为“页 1”和“页 2”,见图 7-57。

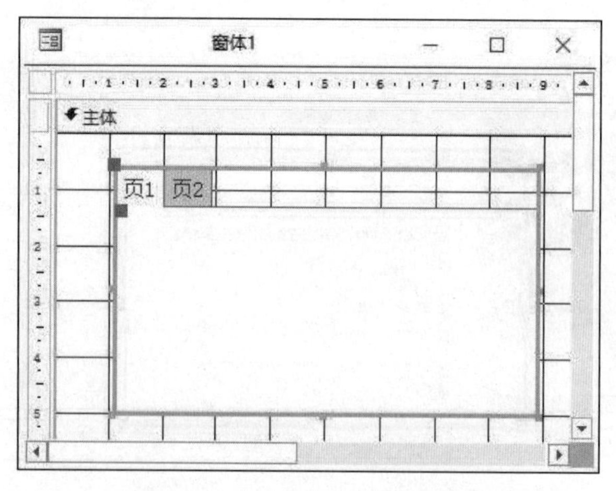

图 7-57　选项卡控件的初始状态

(3) 选定“页 1”控件，标题修改为“数据查询”，如图 7-58 所示。

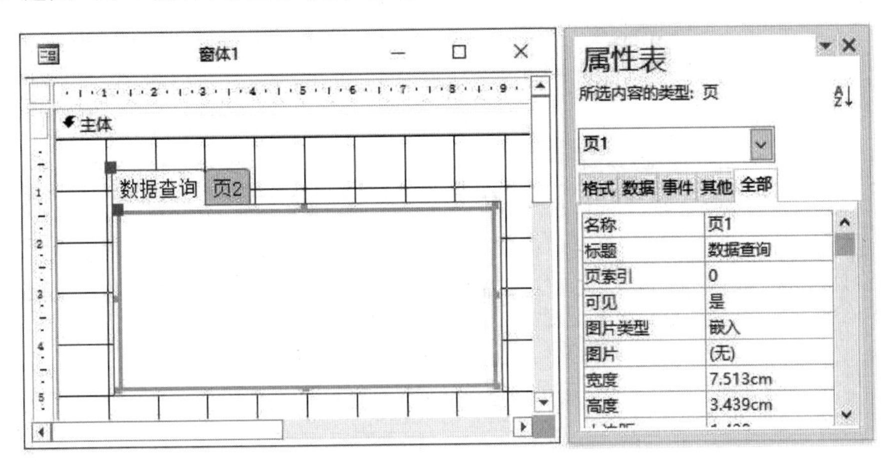

图 7-58 选项卡的构成

(4) 保存该窗体设计并命名为“教学管理系统”。

11. 超链接控件

创建一个空的窗体，添加超链接控件，将弹出如图 7-59 所示的对话框。这里的功能与办公软件 PowerPoint 当中的设置超链接功能很相似。超链接可以链接到如图 7-59 左侧列出的所有文件类型。与 PowerPoint 不同的是，这里还可以超链接到当前数据库里面的其他对象。运行效果如图 7-60 所示。

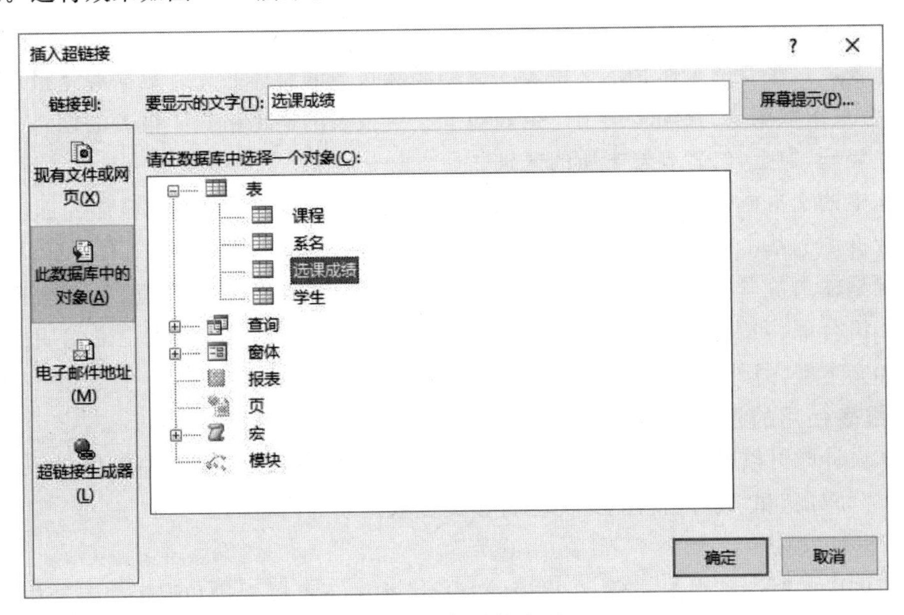

图 7-59 超链接向导

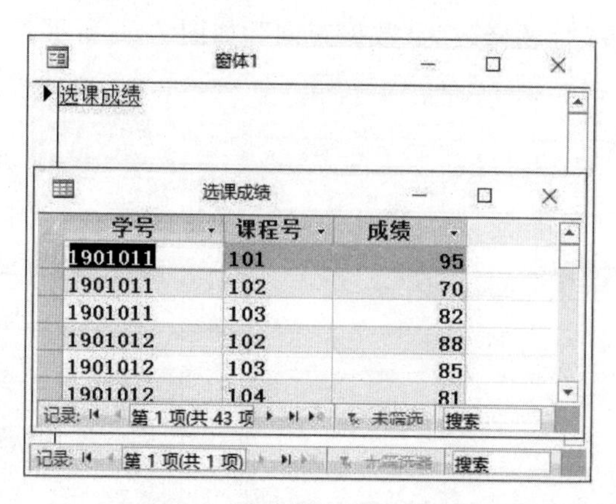

图 7-60　超链接运行效果

7.2　报表设计

7.2.1　报表的结构

报表的主要用途是打印输出，换句话说，报表的设计目标不是屏幕显示。多数情况下，在报表默认的浏览方式即"打印预览"中，仅能看到报表的局部效果，而窗体可以呈现出设计的整体效果。

创建报表最主要的工作是定义报表的数据源和报表的整体布局。数据源是报表的数据来源，通常是由数据表、查询来担当。报表布局决定报表的输出格式。报表的创建方法大多都与窗体类同，但是，二者有着本质的区别。

窗体中的文本框控件在未设置只读属性时，可以在使用窗体时通过窗体界面输入的信息更改数据源的基本数据。报表则不然，即使报表中包含绑定数据源的文本框对象，大多数报表也仅是输出数据项的具体值，不具有编辑功能，更不能更新后台数据。因此，报表设计时忽略了组合框、列表框、选项按钮等类似供用户输入的控件对象。报表中最常用的控件就是标签和文本框，另外，可以使用复选框输出"是/否"型字段的值。

1. 报表使用的视图

窗体设计时可以打开数据表查看或编辑数据源，而报表设计过程中仅提供了"打印预览""报表""布局"和"设计"视图，是无法直接浏览数据表的内容的。

1）"设计"视图

与窗体中的"设计"视图一样，在报表的"设计"视图下可以创建和编辑报表结构、添加控件、设置报表对象的各种属性、美化报表布局等。

2）"报表"视图和"打印预览"视图

这两种视图都可以查看报表输出时的真实效果，但"报表"视图还兼有其他更强的功能，例如对数据进行筛选,我们不妨理解为电子报表。

3)“布局”视图

用于查看、编辑报表的版面布局设置。它的界面几乎与“报表”视图一样,但“布局”视图还可以处理报表中的对象,如移动控件,重新布局控件的效果;删除不需要的控件;重新定义控件的属性。但不能向“设计”视图那样添加控件。

2. 报表的基本组成

通常“报表”视图由报表页眉、报表页脚、页面页眉、页面页脚、组页眉、组页脚以及主体7部分组成。这些基本成分有时也称为报表节。简单地说,不同节的内容即对象在输出时所处的输出位置是不同的。换句话说,节决定了自己包含对象的实际输出位置。下面看一个简单的例子,进一步体会报表节的作用。

通过图7-61可以看到报表设计器被分成了不同的条状区域即报表节。报表节控制着报表中不同对象的打印输出位置。

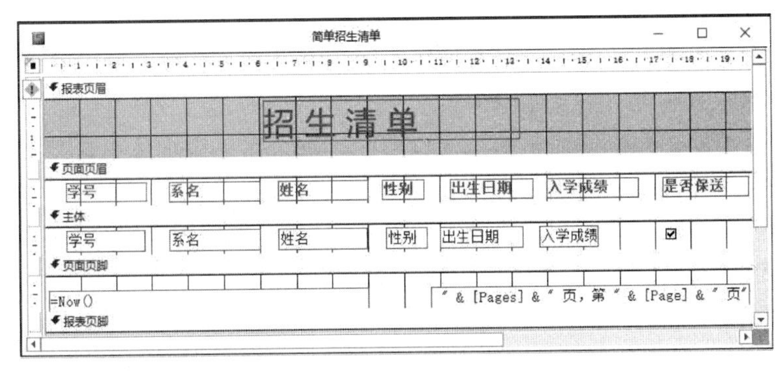

(a)

招生清单

学号	系名	姓名	性别	出生日期	入学成绩	是否保送
1901011	信息系	李晓明	男	2001/1/20	601	☐
1901012	人力资源系	王民	男	2001/2/3	610	☐
1901013	信息系	马玉红	女	2001/12/4	620	☐
1901014	国际经济与贸	王海	男	2001/4/15	622.5	☐
1901015	计算机技术与	李建中	男	2001/5/6	615	☐
1901016	信息系	田爱华	女	2001/3/7	608	☐
1901017	人力资源系	马萍	女	2001/7/8		☑
1901018	国际经济与贸	王刚	男	2001/8/9		☑

(b)

图7-61 报表设计器结构

下面就详细介绍各报表节的作用与功能。

1) 报表页眉

报表页眉里的内容仅在输出报表的首页显示或打印一次。图7-61(a)报表的报表页眉输出的是“招生清单”,因此,该设计结果在打印预览(效果见图7-61(b))时,报表的页眉一定就是“招生清单”。

报表页眉常用于显示报表的封面、图形或说明性文字，如徽标、标题或日期等。这些输出信息通常只需输出一次。因此，每个报表只有一个报表页眉。一般情况下习惯将报表页眉设置为单独的一页。

需要说明的是，如果在报表页眉中设置了“总和”等聚合函数输出计算结果的控件时，该函数将计算整个报表的总和。另外，报表页眉一般位于页面页眉之前。

2）页面页眉

页面页眉中的内容将在报表的每一页开始处打印输出。图 7-61(a) 表格式报表的页面页眉输出的是各列的栏目名称，其预览效果如图 7-61(b) 的第二行即为该节输出的内容。下一个打印页的第一行也一定是这部分内容。

页面页眉用于显示报表每一列的标题，多为数据表的字段名。实际上，页面页眉中的对象就是在 7.1 节中介绍过的标签控件。

3）主体

主体中包含的内容随着每条记录打印一次。由图 7-61(a) 报表可以看出主体包含的对象是和学生表相应字段绑定的文本框。

文本框的值随着记录不同输出的结果也不同，因此，在报表主体中常用文本框控件表示动态信息。用标签控件表示静态信息。

再次强调主体中输出的数据量依赖于数据源的规模，数据源有多少条记录，主体就会输出多少行(虽然报表设计器的主体中仅描述了一行)。

4）页面页脚

页面页脚与页面页眉对应，这里的内容在报表每一页的底部打印输出。多数情况用于设计报表本页的汇总统计信息。上面的两个报表示例在页面页脚输出的都是页码、打印时间等。

5）报表页脚

报表页脚与报表页眉对应，它的内容仅在报表的最后一页底部打印输出。报表页脚常用于显示整个报表的汇总结果或说明信息。

7.2.2 创建报表

Access 2016 继承了之前版本灵活简便的风格，并提供了多种创建报表的方式，如图 7-62 所示。其中使用“报表”按钮、“报表向导”按钮和“空报表”按钮创建的报表都比较简单。本节重点讲解使用报表设计器设计报表。

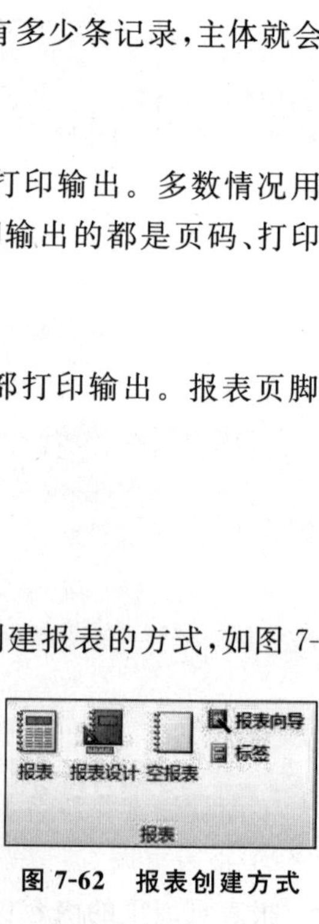

图 7-62 报表创建方式

1.“报表设计”视图使用的工具

“报表设计”视图中使用的工具集中在功能区的“报表设计工具”选项卡中，包括“设计”“排列”“格式”和“页面设置” 4 个标签。

1）“设计”标签

报表“设计”标签共包含6组工具，依次为“视图”“主题”“分组和汇总”“控件”“页眉/页脚”和“工具”组。与窗体不同的是，这里包含“分组和汇总”组，分组汇总的相关内容详见7.2.4节。

2）“排列”和“格式”标签

这两个标签的结构、功能与窗体基本相同。不同之处是报表的“格式”标签下“位置”组中没有“定位”选项。

3）“页面设置”标签

“页眉设置”是“报表设计工具”中独有的内容。熟悉Office办公软件的用户，都会对“页面设置”有所了解。它包括“页面大小”和“页面布局”两个选项，用于对报表页面进行各种输出格式设计。具体的操控方法，用户可以模仿Office办公软件中的类似功能自主学习。

2. 创建报表

【例7-19】 设计报表“学生名单”，打印后的效果如图7-63所示。

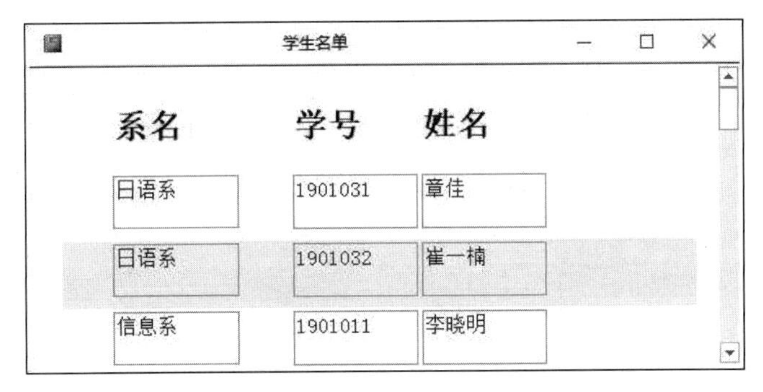

图7-63 学生名单打印效果

(1) 打开“教学管理”数据库，选择“创建”选项卡，启动报表组的“报表设计”，打开报表设计器。

(2) 在“报表设计工具”中“设计”项下，打开“添加字段”对话框，分别将系名、学号、姓名拖动到报表相应位置。

(3) 选择“系名”标签，并在“报表设计工具”中“排列”项下选择“表格”，这样“系名”标签就被放到“页面页眉”节，打印出来的报表每一页显示“系名”两个字作为本列的栏目行。而与“系名”字段绑定的文本框“系名”则放置在“主体”节，随着每条记录的不同打印出多行不同的值。

(4) “学号”和“姓名”标签与“系名”标签一样也放入“页面页眉”节。设计视图如图7-64所示。如果“系名”“学号”和“姓名”标签与与之对应的字段控件均排放在“主体”节，则输出每一条记录值的前面都会出现相应的标题行，比如工资条的输出效果就是采用这种理念来设计的。读者可以自行对比作为栏目行的“系名”“学号”和“姓名”标签被安置在“页面页眉”节或“主体”节的区别。

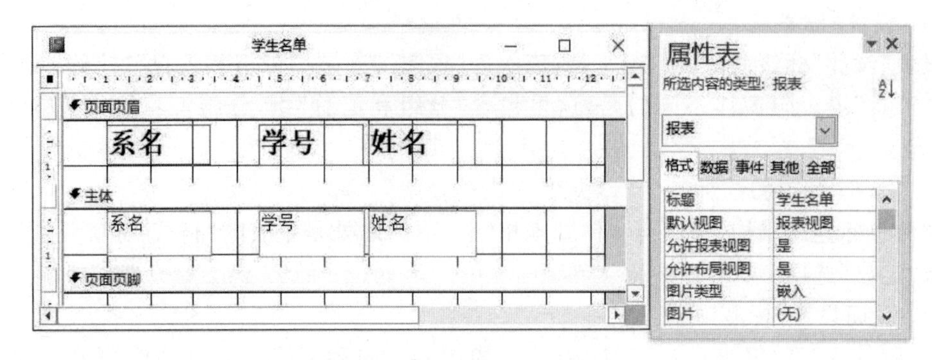

图 7-64　学生名单设计视图

(5) 调整节宽度,修改报表标题,保存报表。

【例 7-20】　设计报表“招生清单”即多表输出,打印后的效果如图 7-65 所示。

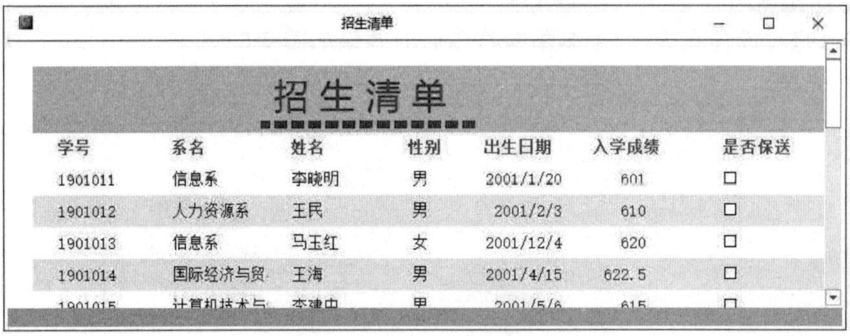

招生清单

学号	系名	姓名	性别	出生日期	入学成绩	是否保送
1901011	信息系	李晓明	男	2001/1/20	601	□
1901012	人力资源系	王民	男	2001/2/3	610	□
1901013	信息系	马玉红	女	2001/12/4	620	□
1901014	国际经济与贸	王海	男	2001/4/15	622.5	□

图 7-65　招生清单报表打印效果

(1) 打开“教学管理”数据库,选择“创建”选项卡,启动报表组的“报表向导”,选择如图 7-65 所示的字段生成报表并保存;然后再使用报表设计器打开继续编辑(也可以在报表上逐一添加字段,但是为了简便,经常先使用向导创建简单报表,再使用报表设计器增强功能),如图 7-66 所示。

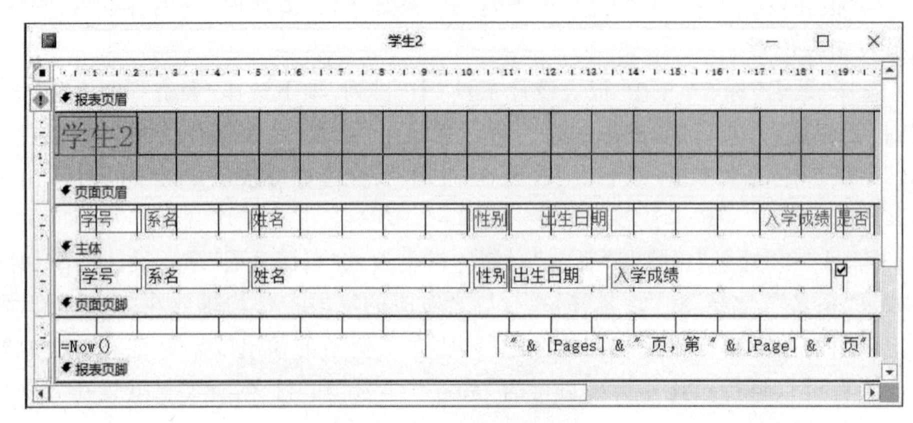

图 7-66　招生清单设计视图

(2) 选择“报表页眉”节中的“学生2”标签控件,按Delete键删除;选择“报表设计工具”中的“设计”项,添加标签控件,Caption值为“招生清单”。接下来可以使用控件属性修改格式,也可以使用“报表设计工具”中的“格式”项修改格式。

(3) 添加“直线”控件,利用属性修改直线外观。

(4) 调整报表上控件的位置,使打印出来的报表更加美观并保存。

3. 定义输出数据的条件格式

在报表输出的大量数据中,如果特别关心一些特殊数据,例如,入学成绩高于某一分数线、单科成绩不及格的分数等,总是希望这些数据的输出格式有别于其他数据,这时就需要对这批数据定义条件格式。

【例7-21】 对例7-20完成的“招生清单”做如下处理:对入学成绩高于620分(含620)的成绩标以红色、加粗倾斜、含下画线方式输出。

(1) 以“布局视图”方式打开上述报表。

(2) 打开“报表布局工具”选项卡的“格式”标签,并启动“控件格式”组中的“条件格式”,从而打开“条件格式规则管理器”对话框。

(3) “条件格式规则管理器”对话框的使用方法与Excel中的条件格式非常相似。在这个对话框中首先单击“新建规则”按钮,启动“新建格式规则”对话框。

(4) 定义入学成绩的条件格式为:字段值、大于或等于、620,继续单击“粗体”“倾斜”“下画线”按钮并确定,如图7-67所示。

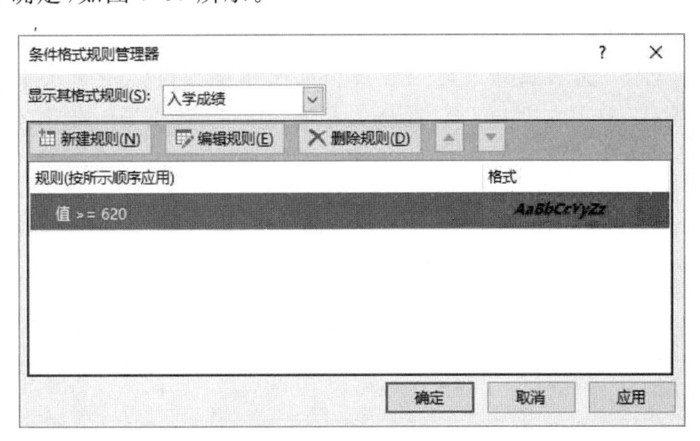

图7-67 选定条件格式字段

“条件格式规则管理器”对话框“删除规则”按钮旁的▲、▼可以实现条件规则次序的调整。含有上述条件格式的报表其预览效果见图7-68。

4. 报表中的计算、统计功能

报表的主要目的是输出数据库中保存的数据。在实际应用中,报表除了输出基础数据之外,常常会含有各种统计计算的结果。例如,统计数字类型字段的平均值、总计等。Access 2016提供了两种汇总、统计计算功能,一是在查询中进行,二是在报表输出时完成。相对而言,报表中实现的计算功能更丰富、更灵活。下面以具体的实例加以说明。

招生清单

招生清单

学号	系名	姓名	性别	出生日期	入学成绩	是否保送
1901011	信息系	李晓明	男	2001/1/20	601	□
1901012	人力资源系	王民	男	2001/2/3	610	□
1901013	信息系	马玉红	女	2001/12/4		□
1901014	国际经济与贸	王海	男	2001/4/15		□
1901015	计算机技术与	李建中	男	2001/5/6	615	□
1901016	信息系	田爱华	女	2001/3/7	608	□

图 7-68　条件格式输出效果

【例 7-22】 对例 7-12 中创建的“招生清单”报表添加汇总数据：输出入学成绩的最高分、最低分、平均分和招生人数。

(1) 打开“招生清单”报表的设计视图。

(2) 确定统计数据的输出位置。

由于统计的结果涉及所有数据，因此，需要将计算结果放入报表页脚。所以在定义统计规则前需要展开报表页脚的设计区域。方法是：光标指向报表页脚节标志条的下沿，当光标出现上下箭头时向下拉动即可。

(3) 添加、编辑统计数据对象。

像窗体设计一样，在报表页脚的适当位置添加文本框控件。定义文本框标签附属项的标题为“招生人数”；双击文本框打开其属性对话框，并在“数据”卡的“控件来源”中输入公式：=Count(学号)，或使用表达式生成器完成。设计视图如图 7-69 所示。

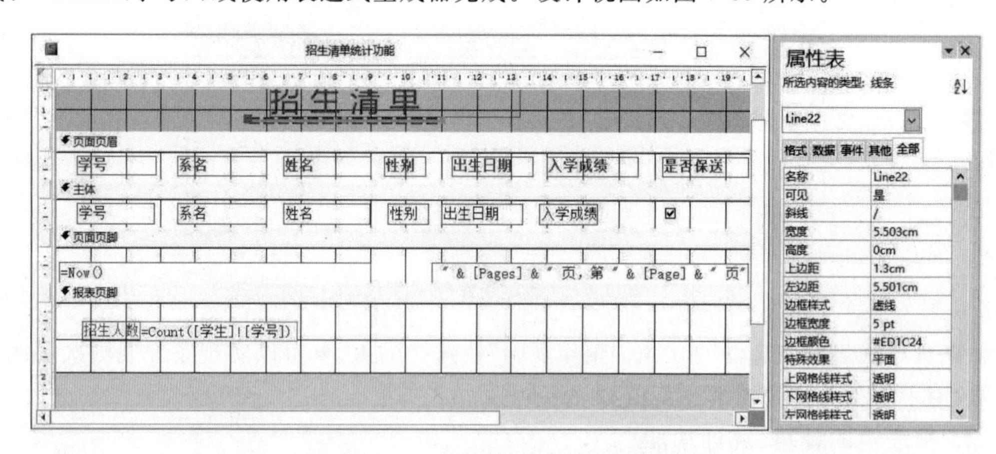

图 7-69　文本框计算功能的实现

其他统计信息的操作与此类似，不再赘述。最高分、最低分和平均分的统计公式依次为：=Max(入学成绩)，=Min(入学成绩)和=Round(Avg(入学成绩))。

7.2.3　创建分组报表

分组(即 SQL 中 Group By)的概念在第 5 章和第 6 章都曾经介绍过,同样,在报表设计时也经常要进行分组处理。如按每一门课程分组并输出该课程的选课名单、按学生分组输出每个人的成绩单等。

所谓的分组就是将具有相同制约因素的记录连续排列在一起。当然,分组的目的往往是为进行各种统计计算做准备。

需要说明的是,分组可以对一个字段进行,也可以对多个字段进行。我们不妨将以一个字段作分组依据的分组称为一级分组,如果在此基础上继续分组,称为二级分组、三级甚至多级分组。下面通过几个实例,了解分组报表的设计过程。

1. 以单字段作分组依据的分组报表

【例 7-23】 创建"一级分组招生清单"。报表预览效果如图 7-70 所示。

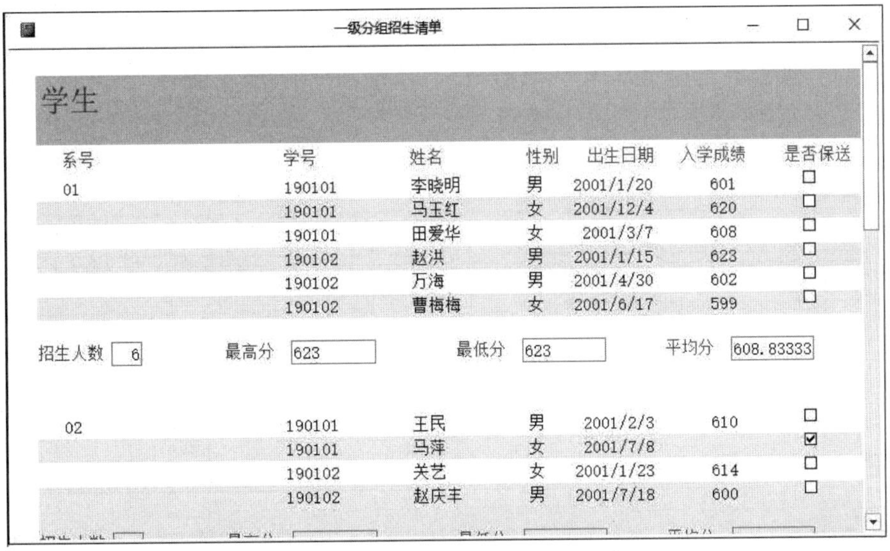

图 7-70　分组报表预览效果

(1) 利用"报表向导"完成基础数据的选定,过程不再赘述。使用报表的设计视图打开该报表,效果如图 7-71 所示。

此时报表设计视图中比原来介绍的设计器结构增加了一个报表节:系号页眉,这就是前面提到的组页眉(组页眉节的标题,依赖于分组字段的名称)。

组页眉的内容在报表每一组的开始处输出,同一组的记录就是此时主体中定义的数据。由此可见,组页眉的作用是输出每一组的标题。如果在组页眉中放置使用"总和"聚合函数的计算控件时,将计算当前组的总和。例题中组页眉输出了两行文字,一行是分组依据信息即系的名称,另一行是各列的标题。

与组页眉对应的是组页脚。组页脚的内容在每一组的最后输出,其作用是输出每一组

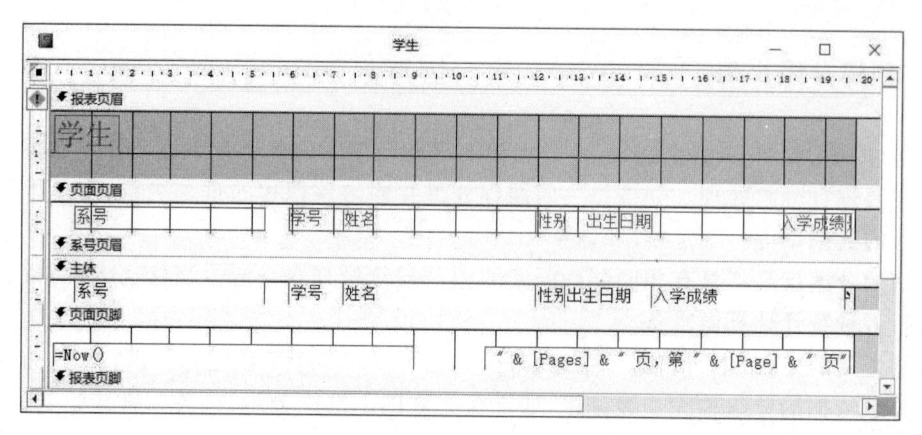

图 7-71　一级分组报表设计视图

的统计结果或组的说明性信息。

(2) 右键单击报表设计器并在快捷菜单中选择“排序和分组”或者使用“设计”功能区“分组和汇总”组中的“分组和排序”按钮打开“分组、排序和汇总”对话框，单击对话框中的“更多”选项，在展开的选项中选择“无页脚节”下拉列表中的“有页脚节”。之后报表设计器中将展开“系号页脚”报表节，如图 7-72 所示。

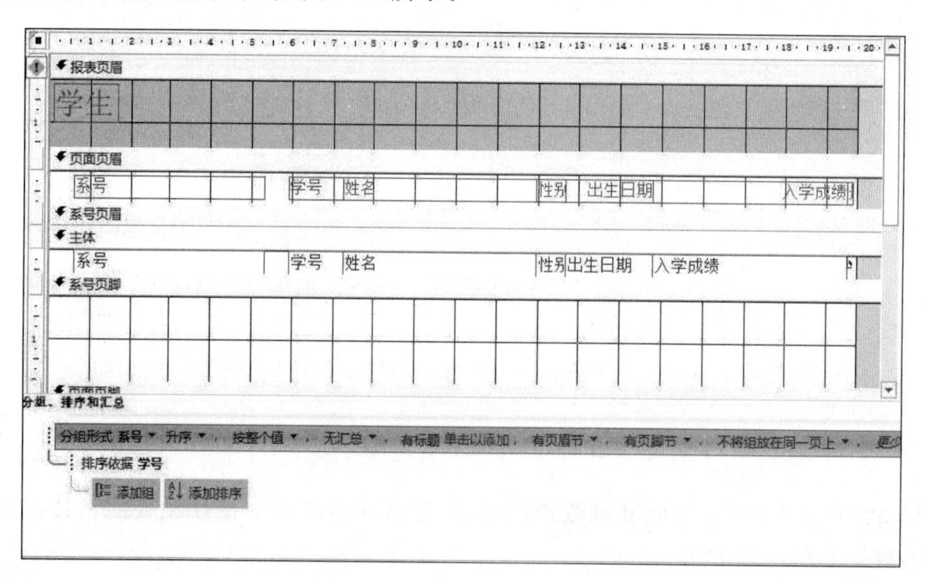

图 7-72　分组、排序和汇总

(3) 定义统计规则具体操作过程与例 7-22 类似，添加文本框并设置控件来源，如图 7-73 所示。

2. 以多字段作分组依据的分组报表

【例 7-24】 创建二级分组报表，先按专业再按性别两级分组，并分别统计每个专业男女生的人数，报表命名为“二级分组招生清单”。报表输出结果如图 7-74 所示。

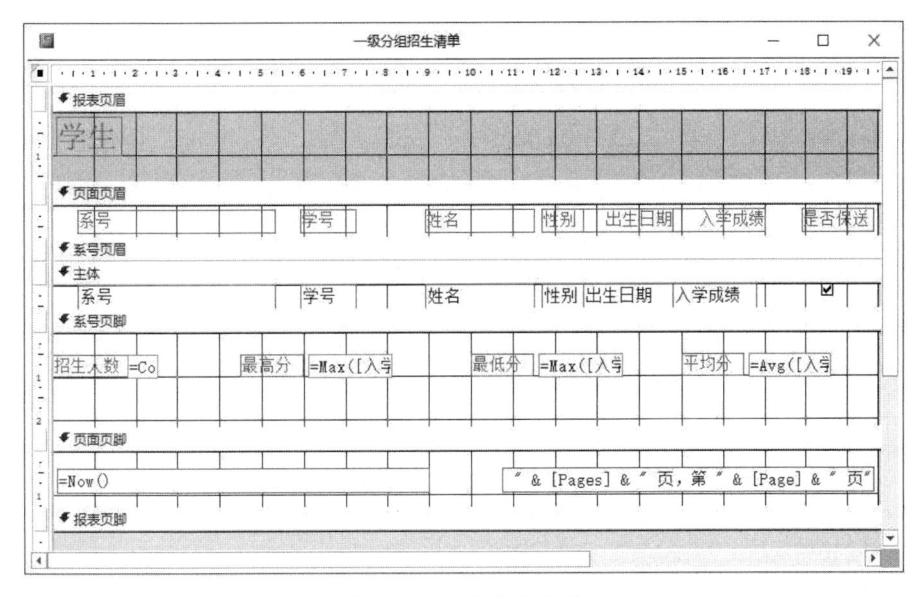

图 7-73　一级分组设计

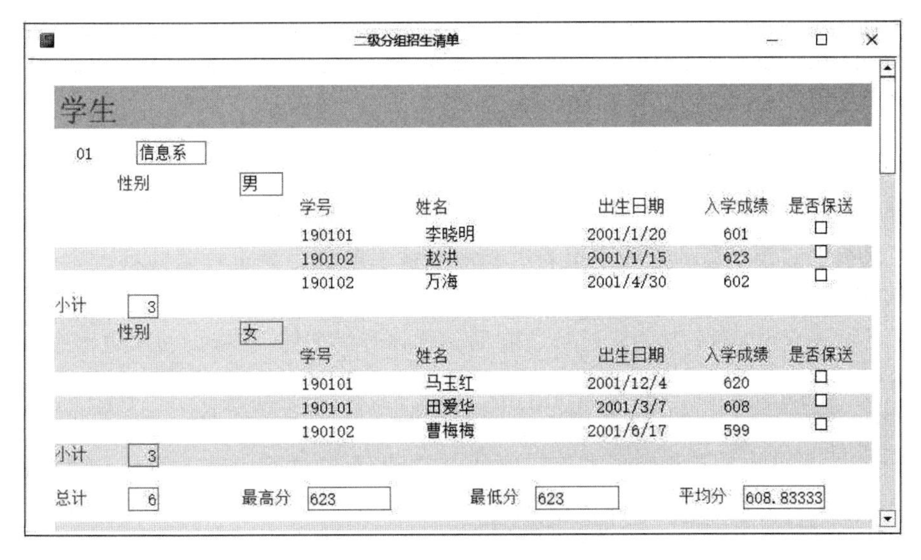

图 7-74　二级分组设计效果

（1）将报表“一级分组招生清单”复制，重命名为“二级分组招生清单”，使用报表设计器打开。

（2）与一级分组类似，右键单击报表设计器选择“排序和分组”或者使用“设计”功能区“分组和汇总”组中的“分组和排序”按钮打开“分组、排序和汇总”对话框，单击“添加组”按钮并选择“性别”字段作为第二分组依据，并相应选定“有页眉节”和“有页脚节”。

（3）本例打印效果要求“系名”内容每个分组打印一次，所以将“系号、系名”放在系号页眉；“性别”放在性别页眉；“学号、姓名、出生日期、入学成绩、是否保送”这些字段名需要每个分组打印一次，所以也放在性别页眉。注意与放在主体里的字段对齐，如图 7-75 所示。

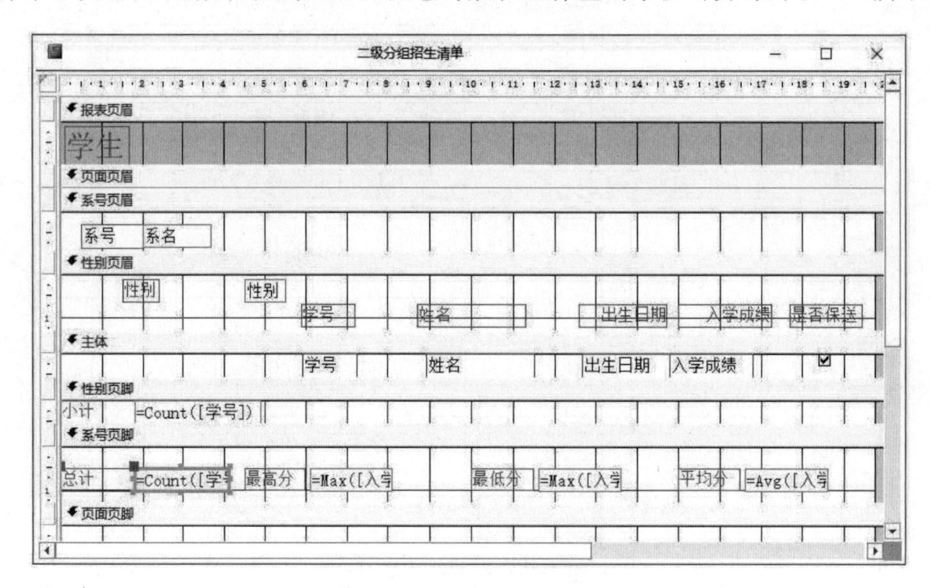

图 7-75　二级分组设计

7.2.4　高级报表设计

1. 创建具有参数查询功能的报表

前面介绍的各种报表都是将数据库后台的数据以各种组织形式放入报表，以供用户浏览。这些报表中的数据源都是创建报表时或创建报表前就已准备好的内容。因此，报表预览或打印过程输出的数据是“固定的”。实际上，报表使用过程中也可以具有交互性。

读者是否还记得，第 6 章创建过参数查询。这种查询文件，在查询使用过程中通过用户的输入来确定查询的具体要求，而不是事先就已经定义好了查询规则。因此，参数查询的灵活性、适用性更强，更能适合多种需求。

同样，报表设计也具有相似的功能。例如，在报表预览过程中输入系号，之后就可以输出该专业的招生信息等。这就是我们要说的具有参数查询功能的报表。

【例 7-25】 按输入的专业代码输出该专业的招生信息。

(1) 打开“教学管理”数据库，选择“报表设计”视图创建报表，即打开新的报表设计器。

(2) 定义报表的数据源：在空报表设计视图中选择属性对话框的“报表”数据卡，单击“记录源”带省略号的按钮，打开“查询生成器”窗口。依次添加系名表和学生表，并确定查询所需字段，如图 7-76 所示。

(3) 定义参数查询条件并生成新的查询文件。

在“系号”字段的条件行输入查询条件：[请输入所需的系号：]，见图 7-77。单击功能区“关闭”组中的“另存为”按钮，保存该查询为“报表参数查询”，见图 7-78。关闭“查询生成器”窗口返回报表设计视图。

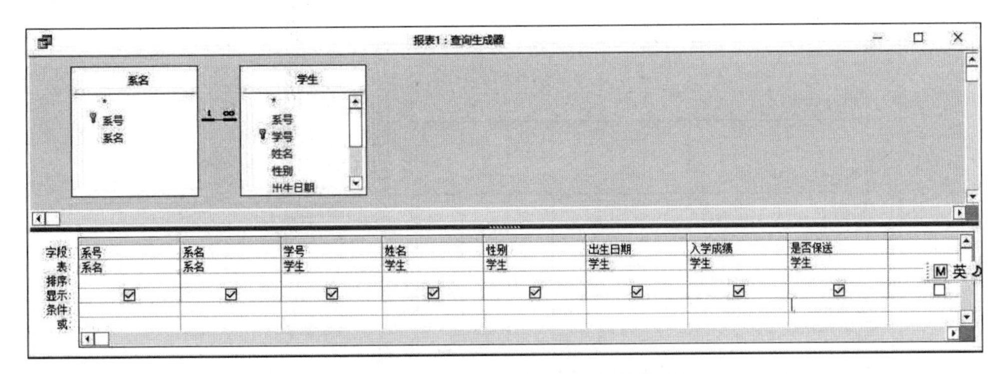

图 7-76　定义参数查询报表数据源

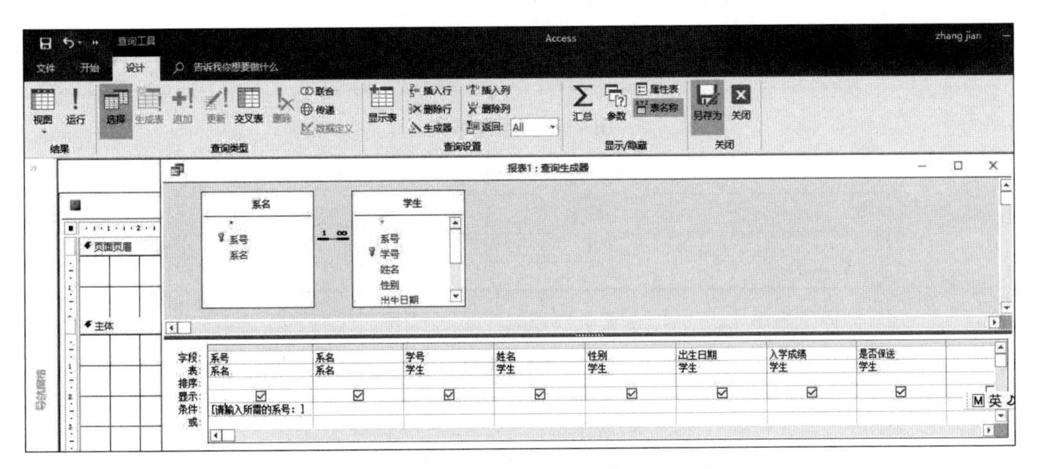

图 7-77　定义参数查询报表的查询条件

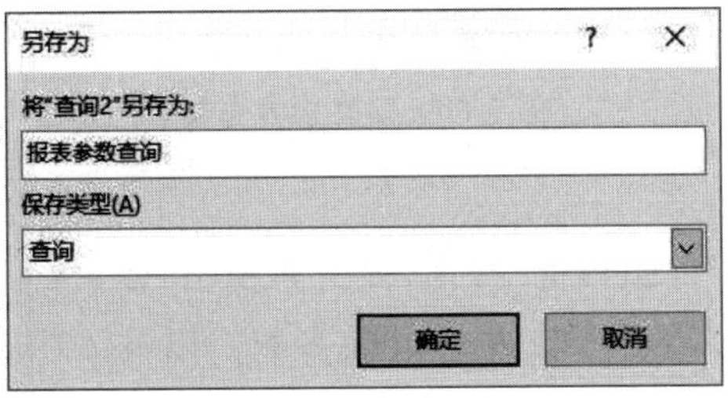

另存为
将"查询2"另存为：
报表参数查询
保存类型(A)
查询
确定
取消

图 7-78　保存参数查询

(4) 定义报表布局。

单击功能区"工具"组中的"添加现有字段"按钮打开字段列表窗格，将系号字段拖入页面页眉节，依次双击其他字段放入主体报表节形成初始格局，如图 7-79 所示。

将系名字段、主体中剩余控件的标签附属项移动到页面页眉，并调整报表布局如图 7-80 所示。

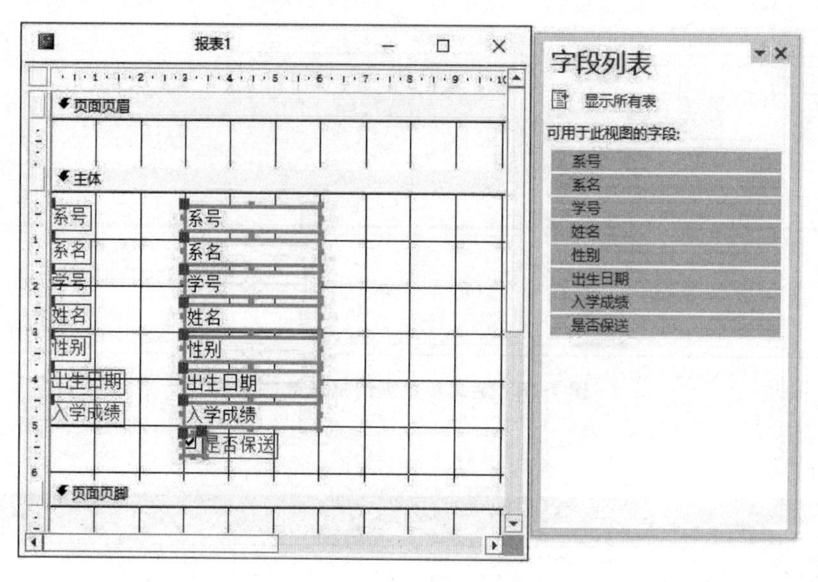

图 7-79 添加字段

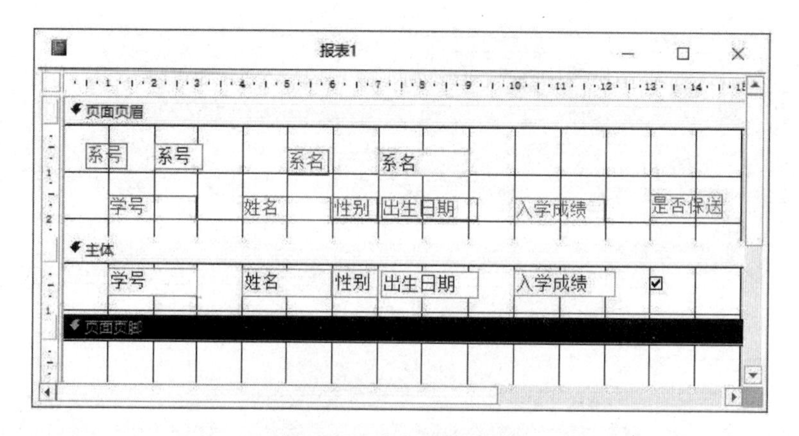

图 7-80 定义报表布局

(5) 打印预览观察效果。

切换到“报表”视图或“打印预览”视图，此时将弹出“输入参数值”对话框(见图 7-81)，输入报表指定的参数。以输入“02”为例，预览结果如图 7-82 所示。

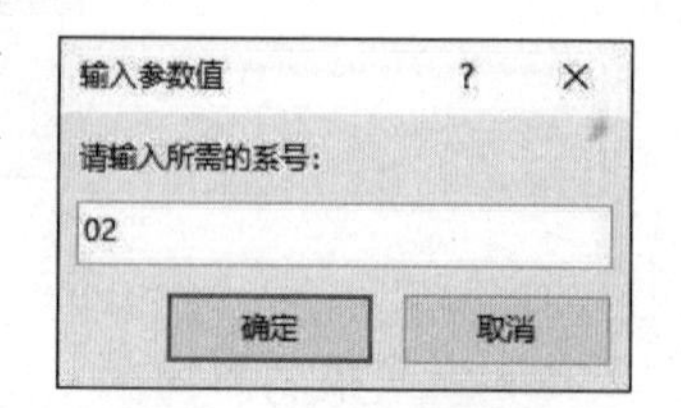

图 7-81 输入报表参数

2. 创建主/子报表

相同结构的对象嵌套在一起，这种设计理念在程序设计、SQL 查询等操作中是一种非常普遍的现象。同理，将一个报表放入另一个报表中，从而也能形成报表的嵌套。被插入的报表称为子报表，包含子报表的报表称为主报表。通常情况下，主报表是一对多关系表中的一方数据表，子报表为多方的数据表。

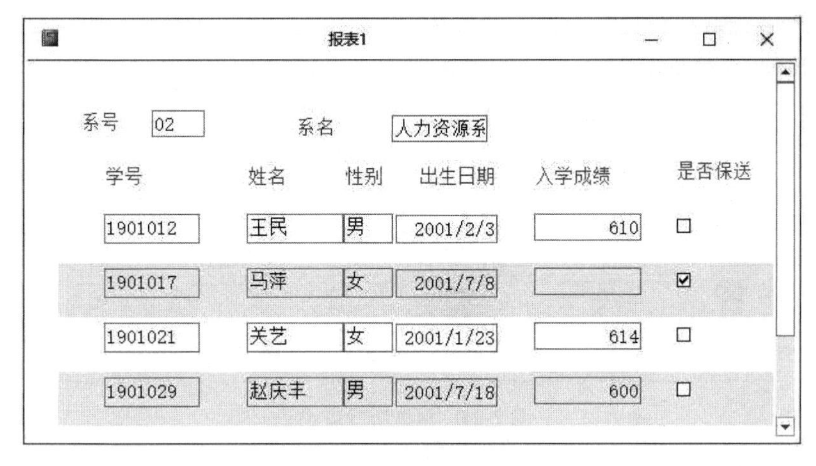

图 7-82　参数报表结果

【例 7-26】 创建学生选课成绩单报表，输出学号、姓名、课程号、课程名、学分和选课成绩。

(1) 打开"教学管理"数据库，利用"报表向导"使用学生表为数据源，创建含有学号和姓名两个字段，并以学号升序排列的表格式报表，保存为"学生选课成绩主/子报表"，如图 7-83 所示。

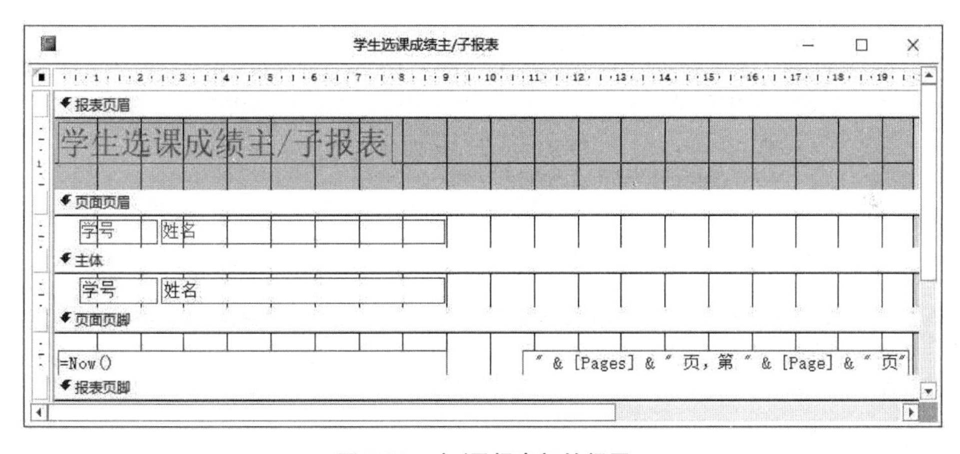

图 7-83　主/子报表初始视图

(2) 创建查询文件"学生选课成绩"，该查询包含的数据项有：学号、课程号、课程名、学分和选课成绩表中的成绩字段，如图 7-84 所示。

(3) 打开"学生选课成绩主/子报表"的设计视图，选定导航窗格中的"学生选课成绩"查询文件，按住左键将该查询拖入到报表设计视图的主体中。并在子报表向导窗格的"请确定是自行定义……"对话框中选择"从列表中选择"，见图 7-85(a)。

(4) 默认"请指定子窗体或子报表的名称"对话框中的报表名，单击"完成"按钮，见图 7-85(b)。此时形成的报表设计视图如图 7-86 所示。

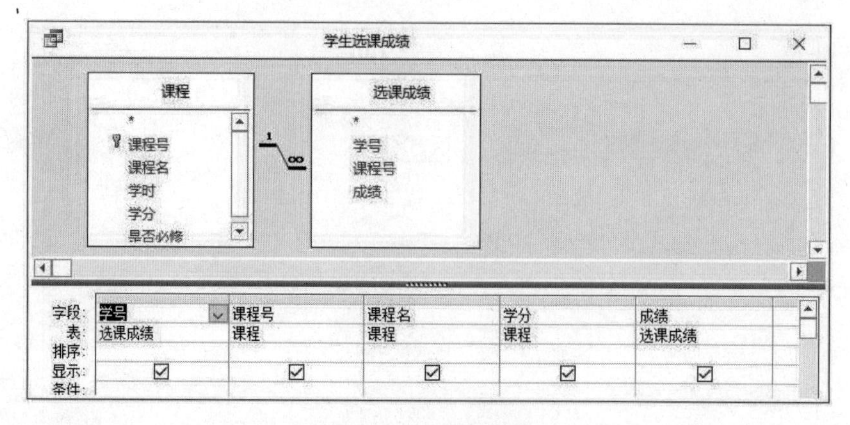

图 7-84　创建所需查询

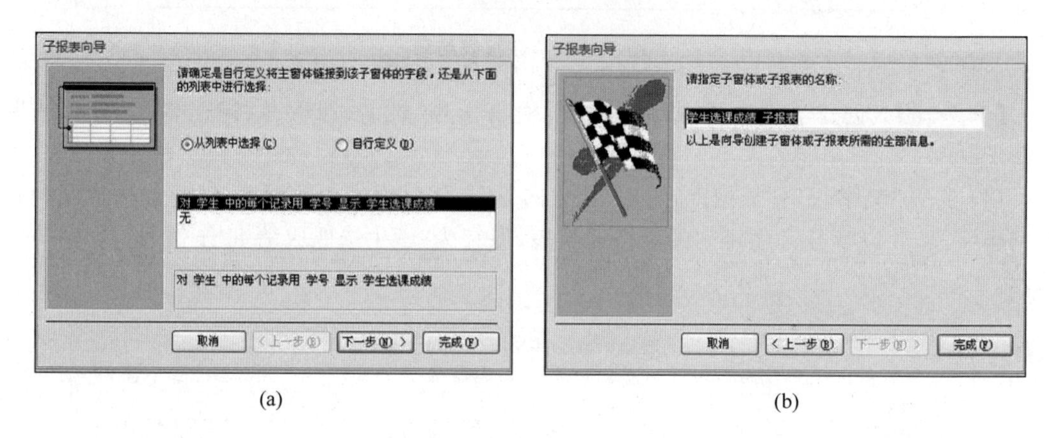

(a)　　　　　　　　　　(b)

图 7-85　子报表向导

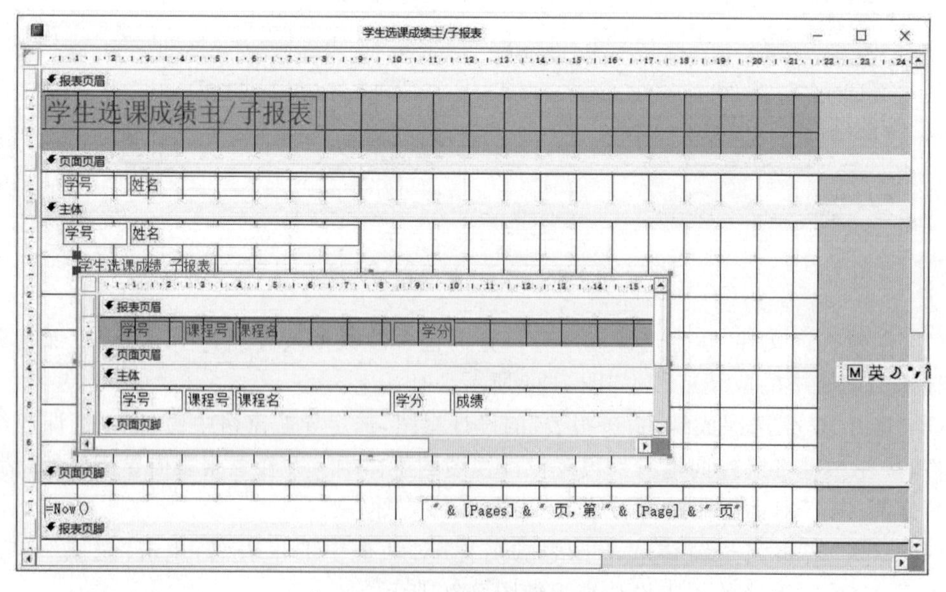

图 7-86　子报表设计视图

3. 其他高级报表

报表设计除了前面介绍的之外，还可以创建交叉报表、透视报表、图形报表等多种形式的报表。另外，报表的导出以及报表打印时的注意事项、打印参数设置等，不在本书的讨论范围之内。有关报表操作的更详细内容，感兴趣的读者可以参阅其他相关的资料，这里不再一一赘述。

7.3 教学管理系统

在前面章节中已经学习了如何创建数据库，如何创建查询、报表、窗体等，本节通过一个简单实例，来说明创建一个完整的数据库应用系统所需要的工作步骤。

7.3.1 应用系统开发设计

和开发其他软件的应用系统一样，首先要明确用户的需求，进行可行性和需求分析，然后制定出设计目标、要处理的数据结构和系统应当具备的功能。Access 2016 应用程序开发过程主要有如下步骤：规划应用程序，创建数据库，精心设计用户界面，提供具有交互能力的输出形式，测试和调试程序。

1. 规划应用程序

面对一个待开发的系统，首先要根据用户需求进行系统总体设计。主要就是应用程序的功能设计和数据库结构设计。Access 2016 应用程序通常由以下几部分组成。

数据源：即包含多个表的数据库。

主程序：设置应用程序环境和用户初始界面。

用户界面：包括菜单、窗体及其控件等，使用户操作方便。

结果输出：包括报表、查询结果、窗体等直观漂亮的输出。

由于 Access 2016 中组成系统应用功能的各个对象通常都是表、窗体、查询等，因此应用程序功能的设计就是如何创建和协调组织这些对象。

2. 设计和创建数据库

对于数据库设计，Access 2016 也提供了与关系数据库理论一致的数据定义环境，如数据库、表、关联关系等，因此，应将重点放在考虑整体数据库结构上。

一个数据库的结构是否合理，会影响到系统开销及与数据库有关的应用程序。如果数据库结构不合理，将会引起程序、数据库和程序之间的反复更改。最坏情况下会波及数据库中每一个表或者涉及表的所有程序的更改，所以要反复思考和论证。

有了合适的数据库结构，就可以利用 Access 2016 的数据库辅助设计工具，如表设计器、查询设计器、窗体设计器等，方便地完成数据库设计。

3. 精心设计用户界面

用户界面主要包括查询、窗体等，它们可以将应用程序的所有功能与界面中的控件、命令联系起来。每一个界面都直接向用户展示了一个应用程序的功能。

尽管一个应用程序可能有非常复杂的查询,所采用的宏命令也很精巧,但这一切用户都看不到,用户能看到的只是一个界面,因此开发者要致力于设计一个与用户友好交流的界面。这样的界面应当具有完善正确的用户通信,准确无误的数据检查,快速高效的数据输入和美观大方的屏幕格式。所幸的是,Access 2016 提供了辅助设计工具,在 7.1 节已经详细阐述了窗体设计器。这些辅助设计工具能协助开发者方便地设计并实现具有上述特征的界面。

4. 提供具有交互能力的输出信息

应用系统的信息可以以窗体、报表等多种形式表现。Access 2016 中的工具给用户提供了任意选择输出形式的功能,在开发应用程序时应注意设置这些功能。

5. 测试和调试

测试和调试应用程序工作贯穿在编程过程的各个阶段。一般先局部后整体,即分别对每一个窗体或者报表调试通过,再对整体系统进行调试。

7.3.2 教学管理系统实例

通过前 7 章的学习,已经可以建立一个功能完整的、小的数据库应用系统。我们用数据库表存储大量数据,用窗体实现对数据库的管理功能,用报表打印相关信息,用查询从大量数据中找到有用的信息。

Access 2016 将应用系统中所有内容都放在一个 *.accdb 文件里面,包括数据表,表之间的关系,查询、报表和窗体等,如图 7-87 应用界面的左侧所示(为了界面简洁,本书只列出部分内容)。下面来介绍教学管理系统是如何工作的。

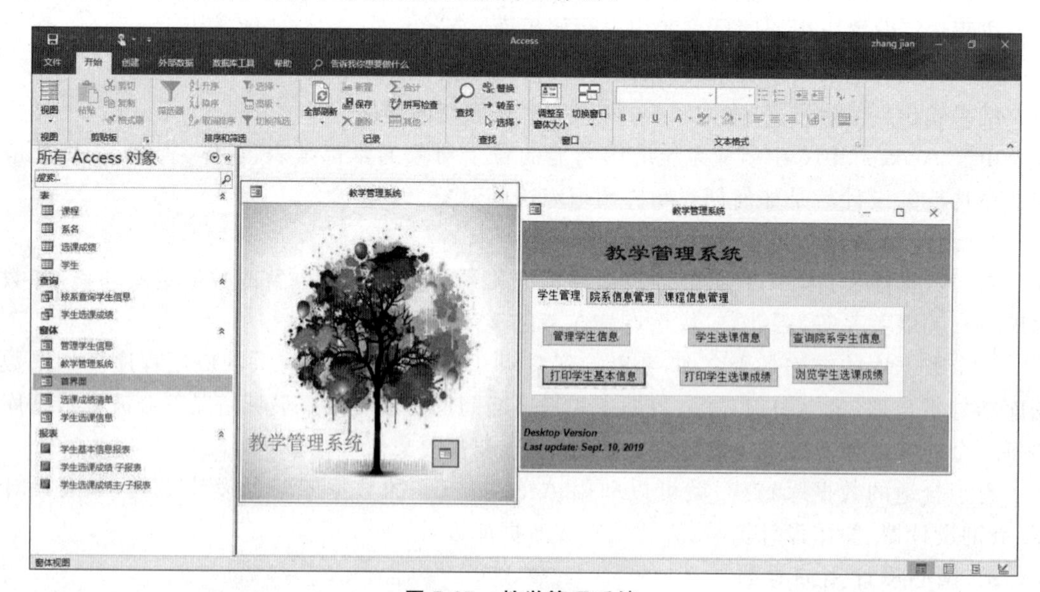

图 7-87　教学管理系统

(1) 打开教学管理系统起始窗体“首界面”(由例 7-5 完成),单击右下角按钮进入下一个窗体,也是本系统的主要操作界面“教学管理系统”。

(2) 单击“管理学生信息”按钮,打开窗体,如图 7-88 所示(由例 7-8 调整格局并增加了三个按钮完成)。窗体上所有按钮的功能都可以由按钮向导完成。

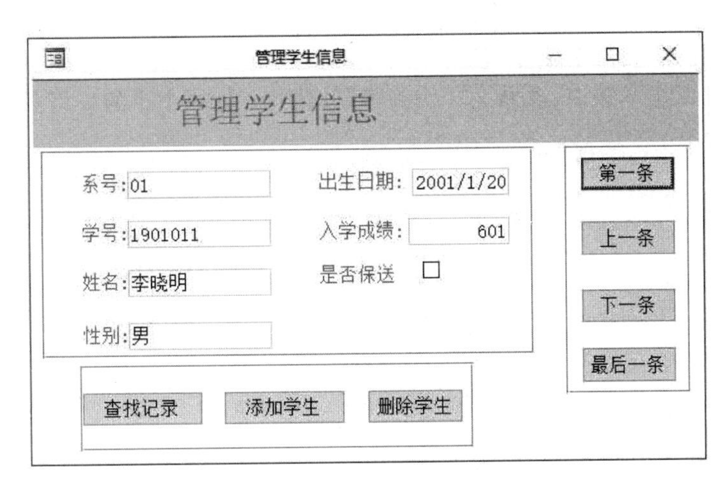

图 7-88　学生基本信息查询与维护窗体

(3) 单击“打印学生基本信息”按钮,打开“学生基本信息报表”(由例 7-23 完成)。

(4) 单击“学生选课信息”按钮,打开窗体“学生选课”信息(由例 7-13 和例 7-15 完成)。

(5) 单击“打印学生成绩”按钮,打开“学生选课成绩主/子报表”(由例 7-26 完成)。

(6) 单击“按系查询学生信息”按钮,运行查询“按系查询学生信息”(由例 7-25 中查询部分完成)。

(7) 单击“浏览学生选课成绩”按钮,运行查询“学生选课成绩”(由例 7-26 部分完成)。

(8) 与上面操作步骤类似,可以对院系信息进行管理,还可以对课程信息进行管理,还可以增加大量的操作查询来对数据库进行修改和删除操作。

通过以上实例,读者可以体会出,通过窗体设计、查询设计、报表设计,可以完成小的应用系统,实现比较复杂的功能。这一切的前提,是数据库的结构和数据要设计合理,窗体功能要简洁全面,还要巧妙利用查询设计器来对数据库数据进行修改。

小结

本章介绍了窗体和报表的设计。重点介绍了在窗体设计中常用的控件和控件属性;报表设计中“节”的概念以及常用报表设计的方法。

习题

1. 窗体设计的关键问题是什么?
2. 报表设计的关键问题是什么?
3. 利用前 7 章所学知识,参考 7.3 的例子,设计并开发一个小的应用系统。

第8章 结构化程序设计

知识导入

经过上篇和中篇的学习，读者已经能够使用 Access 2016 开发出功能全面的数据库应用系统，但如果要开发功能更强大的数据库应用系统，就要使用本章介绍的 VBA。

VBA(Visual Basic for Application)是 VB 的子集，VB 是微软公司推出的可视化编程语言，语法简单但是功能强大，微软公司将它的一部分代码结合到 Office 中，形成了 VBA。

结构化程序设计是 20 世纪 80 年代通用的程序设计方法，是人们在软件开发中总结出来的一种行之有效的设计方法。结构化程序设计的基本思想是将一个复杂的、规模较大的程序系统划分为若干个功能相关又相对独立的若干个较小模块，甚至可以再把这些模块划分为更小的子模块。但它是面向过程的。

第 9 章介绍的面向对象的程序设计是近年来程序设计方法的主流方式。它克服了面向过程程序设计方法的缺点，是程序设计在思维和方法上的巨大进步。开发者在面向对象的程序设计中，工作的中心不是程序代码的编写，而是重点考虑如何引用类、如何创建对象。具体地说，就是描述对象的属性、如何利用对象简化程序设计。借助 VBA 为面向对象程序设计提供的一系列辅助设计工具，用户可以很容易地把程序代码与用户界面连接起来。这样，应用程序就可以拥有非常友好的人机界面，响应用户的输入并执行相应的程序代码。因此，把面向对象程序设计与结构化程序设计结合在一起，用户可以方便地在 VBA 上开发一个数据库应用系统。在第 9 章，会详细介绍面向对象设计的基本概念。

本章将介绍结构化程序设计的各种控制结构以及如何对应用程序进行调试与编译。读者只有学好了这一章，才能在面向对象的程序设计中给对象编写出正确的事件和方法控制流程，并最终设计出让用户满意的数据库管理系统。

8.1 VBA 编程基础

8.1.1 VBA 编程环境

Access 2016 所提供的 VBA 开发界面称为 VBE(Visual Basic Editor，VB 编辑器)，它

为 VBA 程序的开发提供了完整的开发和调试工具。

1. 开启 VBA

在 Access 2016 应用程序的功能区里选择“创建”选项卡,并单击“宏与代码”组中“模块”按钮,即可打开 VBA,如图 8-1 所示。

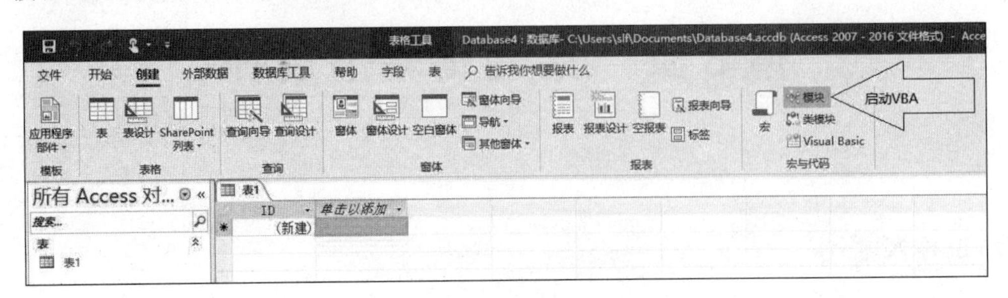

图 8-1 启动 VBA

2. VBA 窗口组成

VBA 窗口可大体分为如图 8-2 所示的六部分。

图 8-2 VBA 窗口组成

除了常用的菜单栏和工具栏,还有以下组成部分。

1) 工程资源管理器

工程资源管理器又称为工程窗口,在其中的列表框中列出了应用程序中所有的模块文件。单击“查看代码”按钮可以打开相应代码窗口;单击“查看对象”按钮可以打开相应对象窗口;单击“切换文件夹”按钮可以隐藏或显示对象分类文件夹。

2）属性窗口

属性窗口列出了所选对象的各个属性，分为“按字母序”和“按分类序”两种查看方式，可以直接在属性窗口中编辑对象的属性。此外，还可以在代码窗口内用VBA代码编辑对象的属性。

3）主显示区(代码窗口)

代码窗口是由对象组合框、事件组合框和代码编辑区3部分构成的。

在代码窗口中可以输入和编辑VBA代码。实际操作时，可以打开多个代码窗口查看各个模块的代码，且代码窗口之间可以进行复制和粘贴。

3. 程序的调试

在进入图8-2界面后，选择“插入”菜单中的“添加过程”，如图8-3所示。

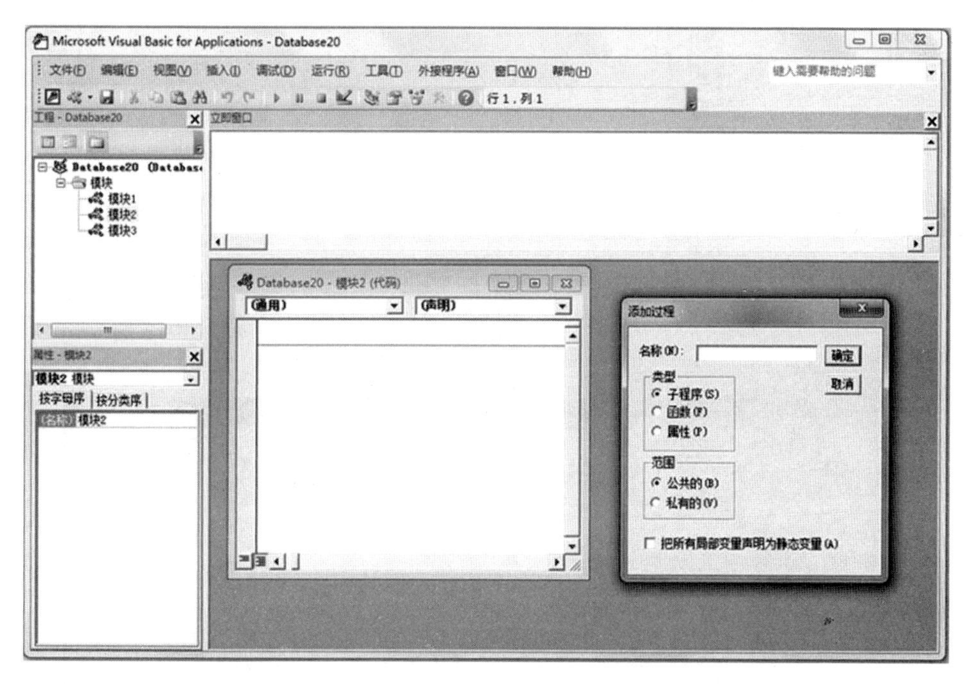

图8-3 添加过程(1)

在“添加过程”对话框中，选择类型下的“子过程”，并输入想要的过程名称，如“顺序程序”，则在代码窗口中，会出现如图8-4所示的界面。

这时，光标停留在过程中间，即可以输入程序，如图8-5所示。

输入程序过程中，如果某一条命令违反了命令的语法规则，输入结束换行时会立即提示编译错误信息。语法修改正确后，选择“运行”菜单中的“运行”选项，或者直接单击快捷工具栏中的“运行宏”，就可以在指定的界面中看到输出结果，如图8-6所示。

程序调试过程中的更多技巧，请参阅8.6节。

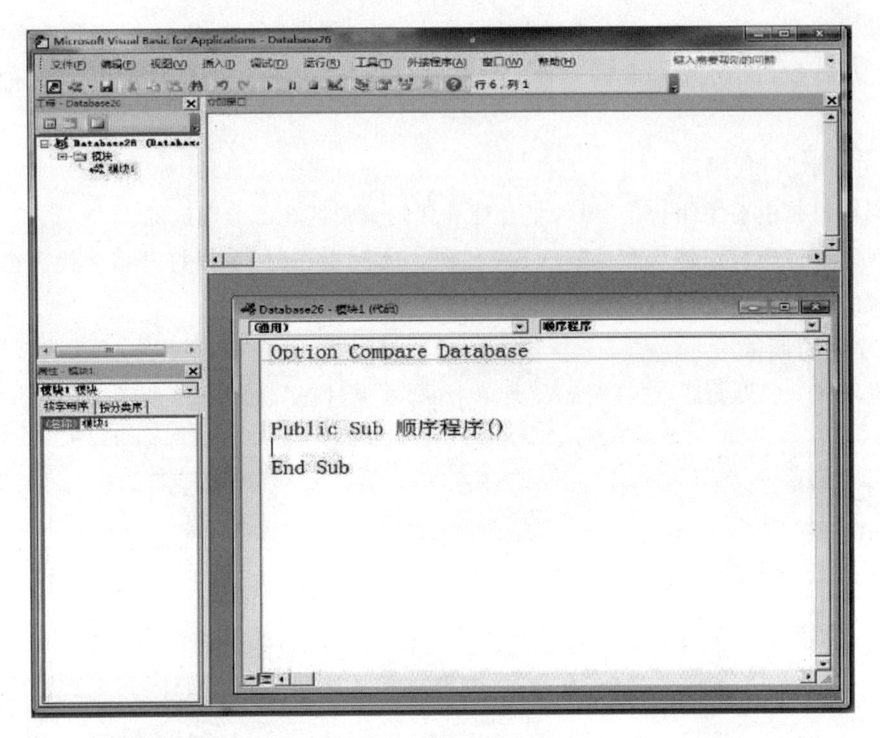

图 8-4　添加过程(2)

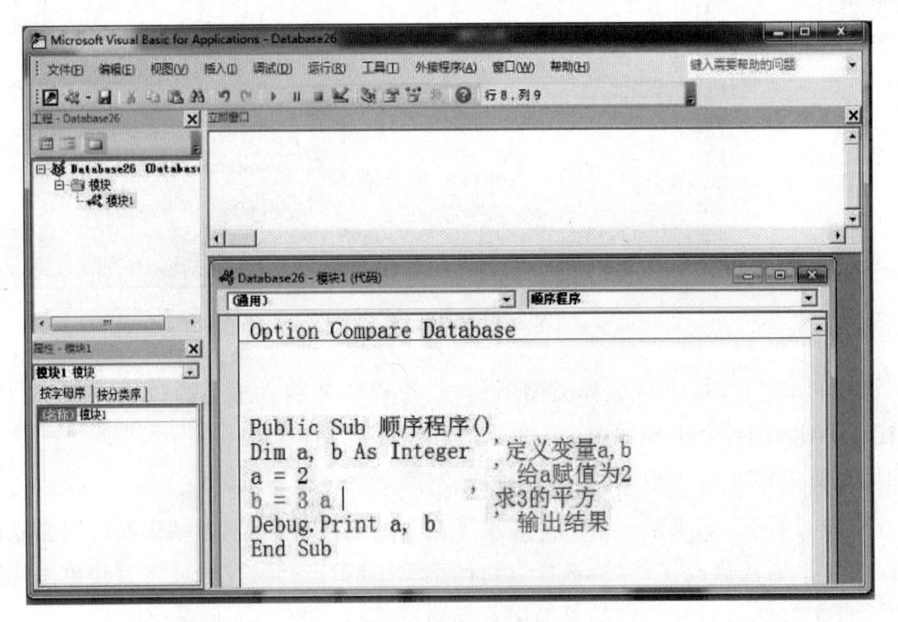

图 8-5　输入代码

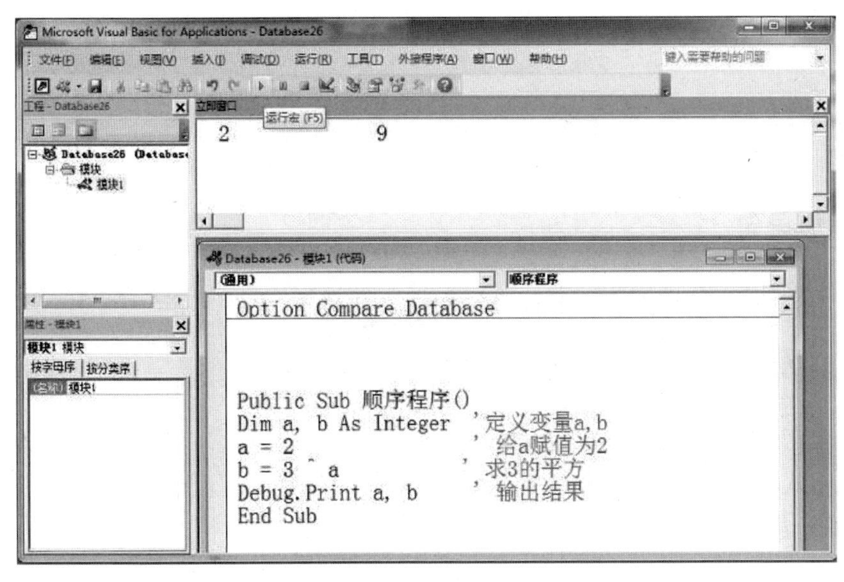

图 8-6　运行结果

8.1.2　程序简述

1. 程序概述

所谓程序简单地讲就是语句或操作命令的有序集合。VBA 中的语句是执行具体操作的命令,每个语句以回车键结束。程序语句是 VBA 关键字、属性、函数、运算符以及 VBA 可识别的指令符号的任意组合。

书写程序时必须遵循的构造规则称为语法。在输入语句的过程中,VBA 将自动对输入的内容进行语法检查,如果发现错误,将弹出一个信息框提示出错的原因。

2. 语句书写规则

源程序不区分大小写,英文字母的大小写是等价的(字符串除外)。但是为了提高程序的可读性,VBA 编译器对不同的程序部分都有默认的书写规则,当程序书写不符合这些规定时,编译器会自动进行简单的格式化处理,例如,关键字、函数的第一个字母自动变为大写。

一般情况下,输入的语句要求一行一句、一句一行。但 VBA 允许使用复合语句,即把几个语句放在一行中,各语句间用冒号":"分隔;反之一条语句也可分若干行书写,但在要续行的行尾加入续行符(空格和下画线),例如:

```
X=100: Y=200: z=300                              '三条命令书写在同一行
Dim Code As Integer, Name As String * 8, Sex _   '一条命令书写在两行
As Boolean, Birthday As Date
```

如果一条语句输入完成,按 Enter 键后该行代码呈红色,说明该语句有错误,应该及时

改正。

8.2 顺序结构及常用命令

8.2.1 赋值语句

赋值语句是程序设计中最基本的语句,其命令格式为:

```
<变量名>=<表达式>
```

其中,变量名可以是普通变量,也可以是对象属性。“=”表示的不是相等,而是表示将等号右边的“表达式”赋值给等号左边的变量或者对象属性;原则上,表达式运算结果的类型要与变量的类型一致。例如:

```
Dim Code As Integer, Name As String * 8, Sex As Boolean, Birthday As Date
Code=100
Name="李晓明"
Sex=True
Birthday=#7/8/1994#
```

使用赋值语句时,需要注意:赋值语句兼有计算与赋值的双重功能,即它首先计算“=”右边表达式的值,然后将这个值赋给左边的变量,如图 8-7 所示。

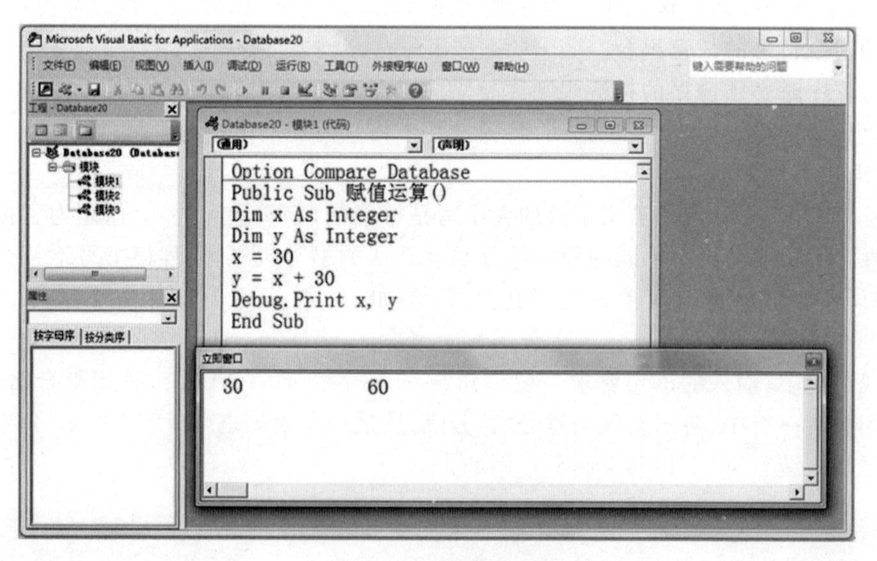

图 8-7 赋值语句示例

在赋值时,如果右边表达式类型与左边变量类型不同,系统将做如下处理:当表达式和变量都是数值型而精度不同时，强制转换为左边变量的精度。如图 8-8 所示，y 是整型变量，将 y 赋值给双精度变量 x 时，将 y 的值 30 转换为双精度型然后赋给 x；y 的类型不变，y 的值也不变。

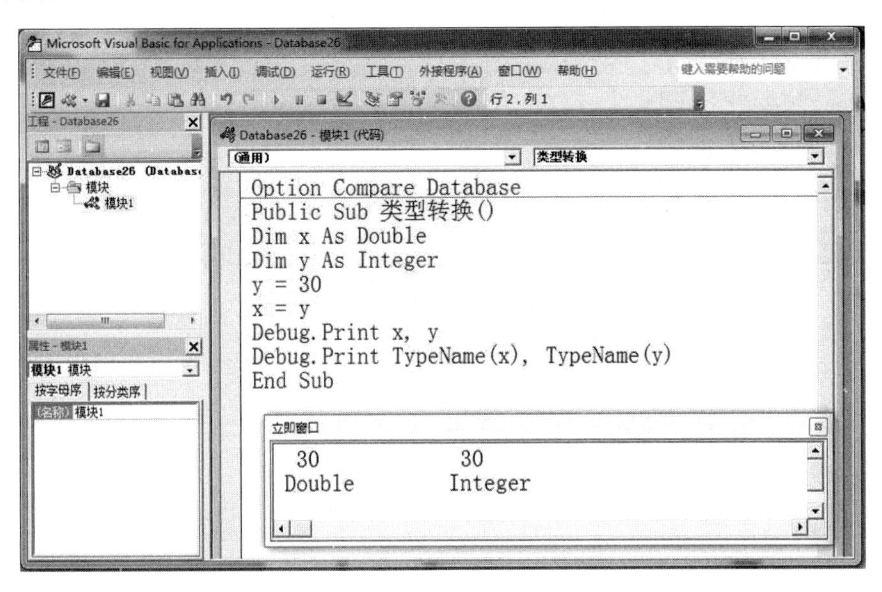

图 8-8　强制类型转换

若“＝”右边表达式是数字字符串，“＝”左边变量是数值类型，表达式自动转换成数值类型再赋值；但当表达式有非数字字符或空串时，则出错。如图 8-9 所示，表达式 y＝x＋30 中，将字符型变量 x 的值“30”转换为数值 30 后执行加法运算，结果赋值给 y。

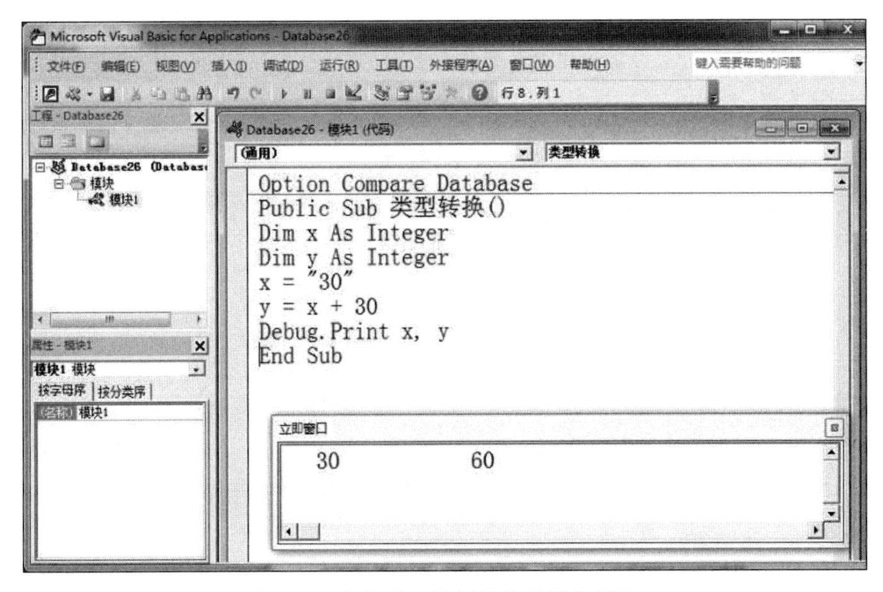

图 8-9　字符型量强制转换为数值型量

任何非字符型表达式赋值给字符变量时，自动转换成字符类型，如图 8-10 所示。

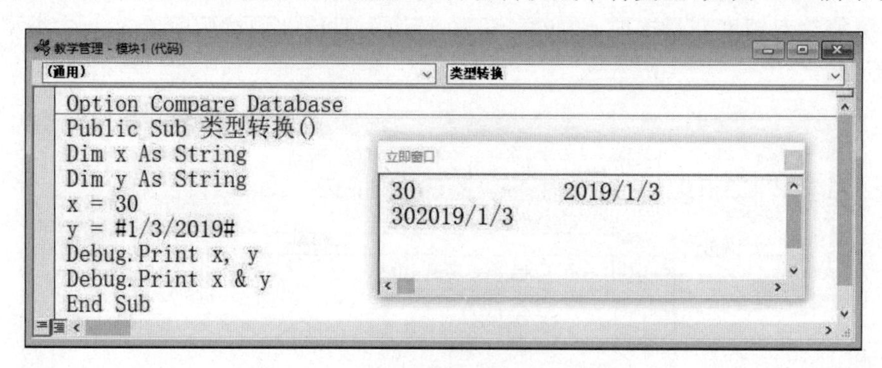

图 8-10 非字符型量转换成字符型量

不能在一条赋值语句中同时给多个变量赋值，如图 8-11 所示，这样程序将报错，不能运行(请注意，编译系统能判断出来程序的错误，但描述的不一定准确)。

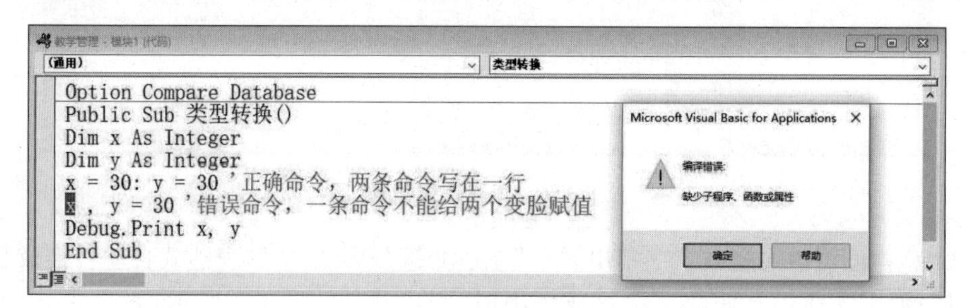

图 8-11 非法赋值示例

如图 8-12 所示，程序能够运行，但并不是完成同时给两个变量赋值，程序按照现有规则来编译程序运行。

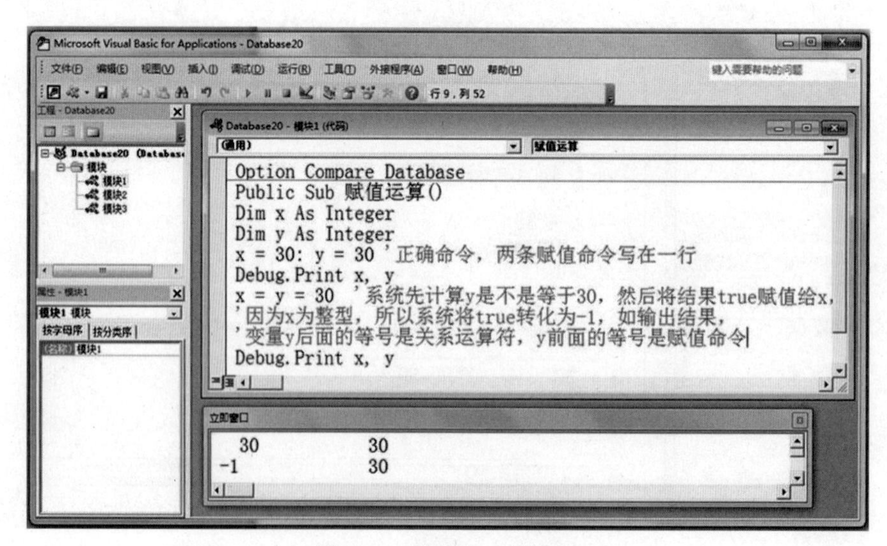

图 8-12 赋值的一种情况

8.2.2　InputBox()函数

功能：运行 InputBox()函数，将弹出一个对话框，在对话框中显示标题和提示信息。用户在输入框中输入内容或单击按钮，InputBox()函数将用户输入的字符串返回给一个变量（注意：语法中括号[]里的内容为命令可选项，下同）。

命令格式：

```
InputBox(prompt[,title][,default][,xpos][,ypos][, helpfile, context])
```

InputBox()函数语法中的参数说明见表 8-1。

表 8-1　InputBox()函数语法中的参数说明

参　数	特　性	描　　述
prompt	必需项	字符串表达式，作为显示在对话框中的消息。prompt 的最大长度大约为 1024 个字符，由所用字符的宽度决定。如果 prompt 的内容超过一行，则可以在每一行之间用回车符(Chr(13))、换行符(Chr(10)))或回车与换行符的组合((Chr(13) & Chr(10))将各行分隔开来
title	可选项	在对话框标题栏中显示的字符串表达式。若省略 title，则将应用程序名放在标题栏中
default	可选项	显示文本框中的字符串表达式，在没有其他输入时作为默认值。如果省略 default 项，则文本框为空
xpos	可选项	数值表达式，成对出现，指定对话框的左边与屏幕左边的水平距离。如果省略 xpos 项，则对话框会在水平方向居中
ypos	可选项	数值表达式，成对出现，指定对话框的上边与屏幕上边的距离。如果省略 ypos 项，则对话框被放置在屏幕垂直方向距下边大约 1/3 的位置
helpfile	可选项	字符串表达式，识别帮助文件，用该文件为对话框提供上下文相关的帮助。如果已提供 helpfile，则也必须提供 context
context	可选项	数值表达式，由帮助文件的作者指定给某个帮助主题的帮助上下文编号。如果已提供 context，则也必须要提供 helpfile

【例 8-1】　InputBox()函数参数应用示例，变量名是根据需要由编程者确定的。

```
Public Sub Inputbox示例()
  Dim Message   As String          '定义变量 Message 用来作提示信息
  Dim Title     As String          '定义变量 Title 用来作对话框的标题
  Dim Default   As String          '定义变量 Default 用来作未输入值时的默认值
  Dim MyValue   As String          '定义变量 MyValue 用来存储输入的值
  Message="Enter a value between 1 and  3"     '给变量 Message 赋值设置提示信息
```

```
  Title="InputBox Demo"                          '给变量 Title 赋值设置标题
  Default="1"                                    '给变量 Default 赋值设置默认值
  '显示信息、标题及默认值
  MyValue=InputBox(Message, Title, Default)      '运行效果见图 8-13
  '使用帮助文件及上下文。"帮助"按钮便会自动出现
  MyValue=InputBox(Message, Title, Default, 100, 100)
  '在指定像素点(100,100)处显示 InputBox 对话框
End Sub
```

本示例用以说明使用 InputBox()函数来显示用户输入数据的不同用法。如果省略 xpos 及 ypos 坐标值,则会自动将对话框放置在屏幕的正中位置。如果用户单击"确定"按钮或按 Enter 键,则变量 MyValue 保存用户输入的数据。如果用户单击"取消"按钮,则返回一零长度字符串。程序运行结果如图 8-13 所示。

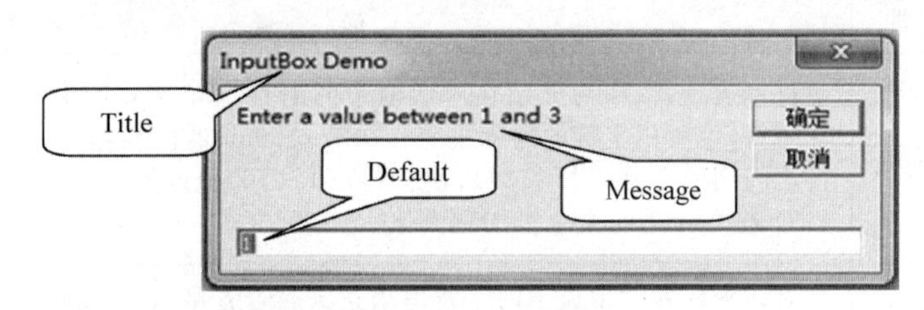

图 8-13　InputBox()函数运行示例

8.2.3　MsgBox()函数

功能:运行 MsgBox()函数将弹出消息对话框。消息对话框包含标题栏、提示信息和按钮,当用户单击某一个按钮时,系统按照设定值返回一个 Integer 型的数据告诉程序用户选择了哪一个按钮。

命令格式:

```
MsgBox(prompt[, buttons][, title][, helpfile, context])
```

MsgBox()函数语法中的参数说明见表 8-2。

表 8-2　MsgBox()函数语法中的参数说明

参　数	特　性	描　　述
prompt	必需项	字符串表达式,作为显示在对话框中的消息。prompt 的最大长度大约为 1024 个字符,由所用字符的宽度决定。如果 prompt 的内容超过一行,则可以在每一行之间用回车符(Chr(13))、换行符(Chr(10))或是回车与换行符的组合(Chr(13) & Chr(10))将各行分隔开来
buttons	可选项	数值表达式是值的总和,指定显示按钮的数目及形式、使用的图标样式、默认按钮是什么以及消息框的强制回应等。如果省略,则 buttons 的值为 0

续表

参　数	特　性	描　　述
title	可选项	在对话框标题栏中显示的字符串表达式。若省略 title，则将应用程序名放在标题栏中
helpfile	可选项	字符串表达式，识别用来向对话框提供上下文相关帮助的帮助文件。如果提供了 helpfile，则也必须提供 context
context	可选项	数值表达式，由帮助文件的作者指定给适当的帮助主题的帮助上下文编号。如果提供了 context，则也必须提供 helpfile

在表 8-2 中，buttons 选项有下列设置值，如表 8-3 所示。

表 8-3　buttons 参数的设置值

常　　数	返回值	描　　述
vbOKOnly	0	只显示 OK 按钮
vbOKCancel	1	显示 OK 及 Cancel 按钮
vbAbortRetryIgnore	2	显示 Abort、Retry 及 Ignore 按钮
vbYesNoCancel	3	显示 Yes、No 及 Cancel 按钮
vbYesNo	4	显示 Yes 及 No 按钮
vbRetryCancel	5	显示 Retry 及 Cancel 按钮
vbCritical	16	显示 Critical Message 图标
vbQuestion	32	显示 Warning Query 图标
vbExclamation	48	显示 Warning Message 图标
vbInformation	64	显示 Information Message 图标
vbDefaultButton1	0	第一个按钮是默认值
vbDefaultButton2	256	第二个按钮是默认值
vbDefaultButton3	512	第三个按钮是默认值
vbDefaultButton4	768	第四个按钮是默认值
vbApplicationModal	0	应用程序强制返回。应用程序一直被挂起，直到用户对消息框做出响应才继续工作
vbSystemModal	4096	系统强制返回。全部应用程序都被挂起，直到用户对消息框做出响应才继续工作
vbMsgBoxHelpButton	16384	将 Help 按钮添加到消息框
vbMsgBoxSetForeground	65536	指定消息框窗口作为前景窗口
vbMsgBoxRight	524288	文本为右对齐
vbMsgBoxRtlReading	1048576	指定文本应为在希伯来和阿拉伯语系统中的从右到左显示

第一组值(0～5)描述了对话框中显示的按钮的类型与数目;第二组值(16,32,48,64)描述了图标的样式;第三组值(0,256,512,768)说明哪一个按钮是默认值;而第四组(0,4096)则决定消息框的强制返回性。将这些数字相加以生成 buttons 参数值的时候,每组只能取用一个数字。

注意

这里的常数全都是 Visual Basic for Applications (VBA) 指定的,程序代码的任一位置都可以使用这些常数名称,不必使用实际数值。

MsgBox()函数执行后,也就是用户单击消息对话框上某一个按钮后函数将产生一个数字型结果,其返回值如表 8-4 所示。

表 8-4　MsgBox()的返回值

常　数	值	描　述	常　数	值	描　述
vbOK	1	OK	vbIgnore	5	Ignore
vbCancel	2	Cancel	vbYes	6	Yes
vbAbort	3	Abort	vbNo	7	No
vbRetry	4	Retry			

【例 8-2】　MsgBox()函数示例。

本示例使用 MsgBox()函数,在具有“是”及“否”按钮的对话框中显示一条严重错误信息。示例中的默认按钮为“否”,MsgBox()函数的返回值视用户单击哪一个按钮而定。本示例假设 Demo. HLP 为一帮助文件,其中有一个内容代码为 1000。

```
Public Sub Msg()
  Dim Msg As String
  Dim Style As Integer
  Dim Title As String
  Dim response As Integer
  Dim MyString As String
  Msg="Do you want to continue ?"                  '给变量 Msg 赋值,定义信息
  Style=vbYesNo+vbCritical+vbDefaultButton2        '给变量 Style 赋值,定义按钮
  Title="MsgBox Demonstration"                     '给变量 Title 赋值,定义标题
  response=MsgBox(Msg, Style, Title)
  If response=vbYes Then                           '用户单击"是"
       MyString="Yes"                              '完成某操作
  Else                                             '用户单击"否"
       MyString="No"                               '完成某操作。
  End If
End Sub
```

If 语句的详细说明请参阅 8.3 节。简单地讲，用户单击了"是"按钮，程序就执行 If…Else 之间的命令，若单击了"否"按钮，则执行 Else…End 之间的命令。

当运行上述程序时，将出现如图 8-14(a) 所示的对话框。命令：

```
Response=MsgBox(Msg, Style, Title)
```

其中 MsgBox() 的参数 Msg、Title 功能与 InputBox 函数相同。程序第 3 行参数赋值：

```
Style=VbYesNo+VbCritical+VbDefaultButton2
```

其中的参数 VbYesNo(也可以书写为 4，见表 8-3)表示消息框中将出现两个按钮，一个是"是"，另一个是"否"；参数 VbCritical(可以用 16 代替)表示对话框中将出现⊗图标；最后一个参数 VbDefaultButton2 或 256 表示第二个按钮为默认按钮。按照表 8-3 选项和数字的对应，Style 变量也可以定义为 Style＝4＋16＋256。如果将 VbCritical 选项换成 VbInformation 或 64，则运行结果如图 8-14(b)所示。

(a)　(b)

图 8-14　MsgBox()函数运行效果

操作消息对话框时，如果用户单击了"是"按钮，则对话框的返回值为 VbOk 或者是 1，返回值 1 赋值给变量 Response；如果用户单击了"否"按钮，对话框的返回值为 VbNo 或者是 7，返回值 7 赋值给变量 Response，程序根据用户选择按钮的情况选择执行不同的操作。

提示

当 MsgBox()函数的参数只有第一项也就是只有提示项，而没有其他参数时，不需要将函数的返回值赋给某一个变量，直接用作输出语句。

8.2.4　顺序结构程序

顺序结构是程序中最简单、最基本、最常用的结构。用户只需先把处理过程的各个步骤详细列出，然后把有关命令按照处理的逻辑顺序自上而下地排列起来，就形成了顺序程序结构。VBA 会按照程序排列的顺序，一条命令接一条命令地依次执行。程序运行时，每条命令都要执行一次，且只执行一次。

【例 8-3】 顺序程序示例,求 3 的平方。

```
Public Sub 顺序程序()
  Dim a As Integer,b As Integer      '定义变量 a,b
  a=2                                '给 a 赋值为 2
  b=3 ^ a                            '求 3 的平方
  Debug.Print a, b                   '输出结果
End Sub
```

说明:

(1) 一个 VBA 程序通常是以 Sub ＜过程名＞开头,以 End Sub 结尾。(Public 是过程访问限定符,本章过程都以 Public 开头,详细内容后面章节讲述。)

(2) 一个过程包含很多条语句,单引号“'”为注释符,后面的内容是对语句的说明,程序执行时并不运行注释的内容。

(3) Debug. Print 在立即窗口中输出表达式的值。当输出多个表达式时使用逗号“,”或者分号“;”作为间隔符,也可以先运算后输出,例如,Debug. Print a+b,则输出 a+b 的运算结果。

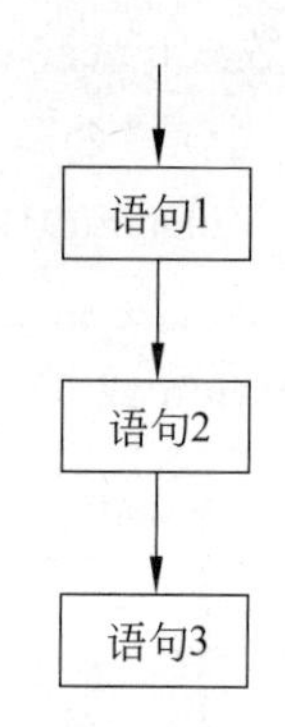

图 8-15 顺序结构执行流程

(4) 程序的执行流程见图 8-15。

【例 8-4】 利用 InputBox()函数输入原始数据并使用 MsgBox() 函数输出运算结果。

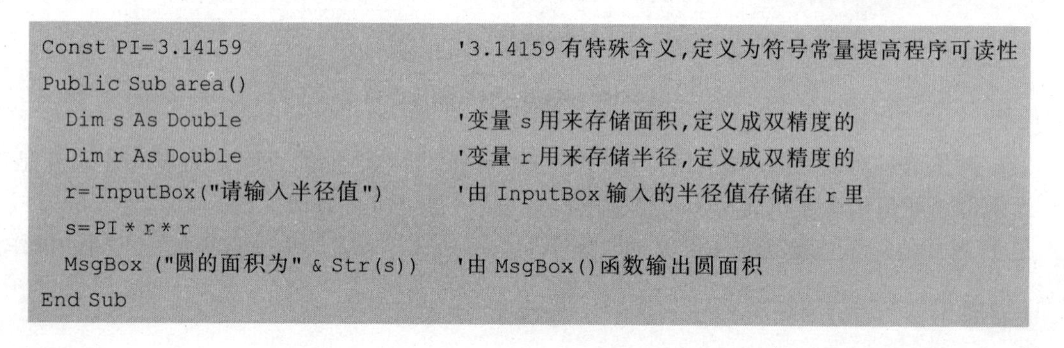

```
Const PI=3.14159                   '3.14159 有特殊含义,定义为符号常量提高程序可读性
Public Sub area()
  Dim s As Double                  '变量 s 用来存储面积,定义成双精度的
  Dim r As Double                  '变量 r 用来存储半径,定义成双精度的
  r=InputBox("请输入半径值")        '由 InputBox 输入的半径值存储在 r 里
  s=PI * r * r
  MsgBox ("圆的面积为" & Str(s))    '由 MsgBox()函数输出圆面积
End Sub
```

提示

本例中使用了 Const 来定义符号常量(符号常量的相关内容见 3.2.2 节),如果需要改变 PI 的精度或者是值,只需要在 Const 定义时修改,程序中无论出现多少次 PI,其他位置均可以保持不变,这使得程序编辑更加便捷。

根据 MsgBox()函数命令格式,可以只有一个提示信息,本程序就是利用 MsgBox()函数的提示信息来输出结果。表达式:"圆的面积为" & Str(s),通过 & 运算符,将字符串常量“圆的面积为”和函数 Str(s)连接在一起成为一个新的字符串作为 MsgBox()函数的参数。变量 s 是数值型的,想和字符串连接在一起,就要通过 Str 函数将它转换为字符型,这

是输出运算结果常用的方法。

在一个结构化的程序当中，程序的结构一般可以分为三个部分：输入部分、处理数据部分和输出部分。在第8章中，经常使用两种方式使程序获得数据，第一种是给变量或者数组在程序中直接赋值，如例8-3；第二种使用InputBox()函数由键盘来输入数据，如例8-4。同样，输出方式也有两种常用的形式，第一种使用MsgBox()函数来输出数据，第二种经常使用的方式就是使用Debug.Print命令在立即窗口中来输出数据。例8-3使用了Debug.Print命令来输出；例8-4使用了MsgBox()函数来输出。

8.3 分支结构

在需要用计算机解决的问题中，有一类问题需要根据情况不同，来选择不同的处理方法。分支结构就是程序运行的时候根据条件语句的值，来选择程序执行不同的分支。在VBA中有两种分支语句，If语句和Select Case语句。分支结构有三种形式，分别是单分支、双分支和多分支。

8.3.1 分支选择语句If

1. 单分支

格式一：

```
If <表达式>  Then
    <语句序列>/<语句>
End If
```

功能：If后面的表达式是一个条件表达式。程序运行时，先计算条件表达式的值，当条件表达式的值为True时，执行语句序列/语句中的语句，然后运行End If语句的下一条语句；条件表达式的值为False时，跳过语句序列/语句中的语句，执行End If语句的下一条语句。

提示

条件表达式一般情况下是关系表达式，也可以是逻辑表达式，在特殊情况下，也可能是一个字符型或者是数值型常量。

格式二：

```
If  <表达式>  Then  <语句序列>/<语句>
```

功能：程序运行时，先计算If后面的条件表达式的值，当条件表达式的值为True时，执行Then后面语句序列/语句中的语句，然后运行下一条语句；条件表达式的值为False时，直接执行 If 语句的下一条语句。单分支结构的执行流程如图 8-16 所示。

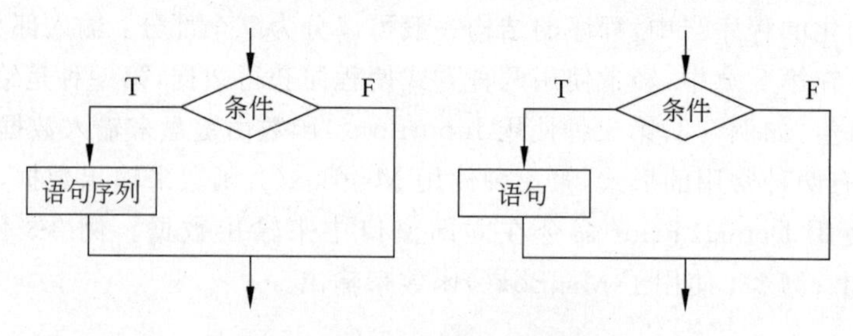

图 8-16 单分支结构执行流程

【例 8-5】 发送快递时,若包裹重量不超过 1kg,快递费为 12 元,如果超过 1kg,则超重部分每千克收费 10 元,计算快递费的程序如下。

```
Public Sub example()
  Dim weight As Single
  Dim money As Single
  weight=Val(InputBox("please input the weight"))
  'InputBox()函数返回值是字符型,需要用 Val()函数转换成数值型赋值给 weight 变量
  money=12+(weight-1)*10
  If weight<=1 Then
    money=12
  End If
  Debug.Print "the money is:", money
End Sub
```

2. 双分支

格式一:

```
If  <表达式>Then
    <语句序列 1>/<语句 1>
Else
    <语句序列 2>/<语句 2>
End If
```

功能:先计算 If 后面条件表达式的值,当条件表达式的值为 True 时,执行语句序列 1/语句 1 中的语句;当条件表达式的值为 False 时,执行语句序列 2/语句 2 中的语句。执行完语句序列 1/语句 1 或语句序列 2/语句 2 后都将执行 End If 语句的下一条命令。

格式二:

```
If<表达式>Then  <语句序列 1>/<语句 1>Else<语句序列 2>/<语句 2>
```

功能:先计算 If 后面条件表达式的值,当值为 True 时,执行语句序列 1/语句 1 中的语

句；当值为 False 时，执行语句序列 2/语句 2 中的语句。然后执行 If 语句的下一条命令。双分支结构的流程如图 8-17 所示。

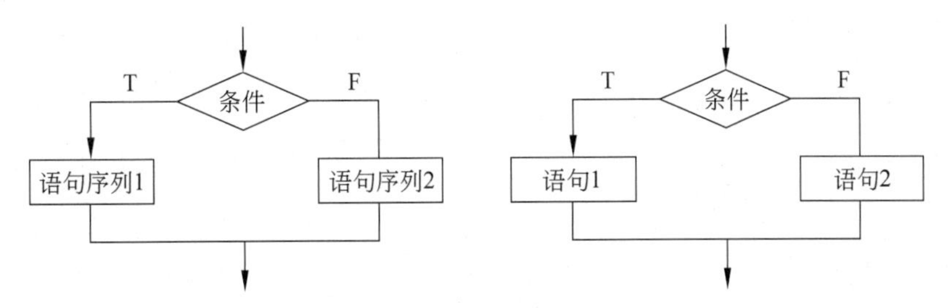

图 8-17 双分支结构执行流程

【例 8-6】 同样是计算快递费，使用双路分支书写程序：

```
Public Sub example()
  Dim weight As Single,money As Single
  weight=Val( InputBox("please input the weight"))
  If weight<=1 Then
    money=12
  Else
    money=12+ (weight-1) * 10
  End If
  Debug.Print "the money is:", money
End Sub
```

【例 8-7】 计算分段函数：

$$y=\begin{cases}\sin x+\sqrt{x^2+1} & x\neq 0\\ \cos x-x^3+3x & x=0\end{cases}$$

```
Public Sub example()
    Dim x, y As Single
    x=Val(InputBox("x="))
    If x<>0 Then
        y=Sin(x)+Sqrt(x * x+1)
    Else
        y=Cos(x)-x ^ 3+3 * x
    End If
    Debug.Print "y=", y
End Sub
```

3. 多分支 If…Then…ElseIf 语句

命令格式：

```
If<表达式 1>  Then
    <语句序列 1>
[ElseIf<表达式 2>  Then
    [<语句序列 2>]]
        ...
[ElseIf<表达式 n>
    [<语句序列 n>]]
[Else
    [<语句序列 n+1]]
End If
```

多分支结构的流程如图 8-18 所示。

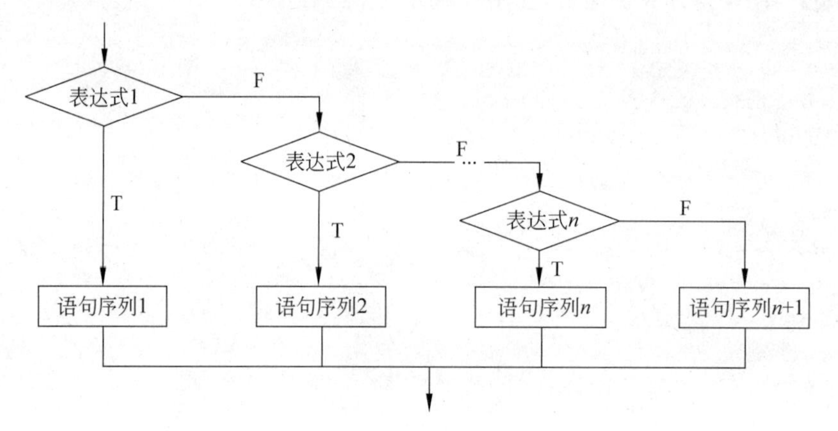

图 8-18　多分支结构的执行流程

【例 8-8】　已知变量 ch 中存放了一个字符,判断该字符是字母字符、数字字符还是其他字符。判定条件表示为:

```
Public Sub example()
  Dim ch As String
  ch=InputBox("Please input a character:")
  If UCase(ch)>="A" And UCase(ch)<="Z" Then
    MsgBox (ch+"是字母字符")              '考虑大小写字母
  ElseIf ch>=" 0" And ch<="9" Then      '数字字符
    MsgBox (ch+"是数字字符")
  Else                                  '除上述字符以外的字符
    MsgBox (ch+"是其他字符")
  End If
End Sub
```

程序当中不管有几个分支,依次判断,当某个分支的条件满足时,执行相应的语句,其余分支不再执行;若条件都不满足,且有 Else 子句,则执行该语句块,否则什么也不执行。注意 ElseIf 不能写成 Else If。

8.3.2 多路分支选择语句 Select Case

Select Case 语句又称为多路分支语句，它是根据多个表达式列表的值，选择多个操作中的一个执行。

命令格式：

```
Select Case<测试表达式>
  Case<表达式值列表 1>
    <语句序列 1>
  Case<表达式值列表 2>
    <语句序列 2>
  …
  Case<表达式值列表 n>
    <语句序列 n>
  [Case Else
    <语句序列 n+1>]
End Select
```

功能：该语句执行时，将测试表达式的值，依次与每一个表达式值列表 i 的值比较。如果测试表达式的值与测试表达式列表 i 的值相匹配，则选择执行语句序列 i 中对应的命令，之后自动跳转到 End Select，运行 End Select 下面那条命令。当所有 Case 中的表达式值列表均不与测试表达式的值相匹配时，若程序中含有 Case Else 项，则执行语句序列 n+1，再执行 End Select 及后面的语句；否则，直接执行 End Select 的下一条语句。

多路分支结构执行流程图如图 8-19 所示。

每个 Case 中的表达式值列表与 Select Case 后测试表达式的类型必须相同。其表示方式有以下 4 种形式。

（1）表达式，例如"A"。

（2）一组用逗号分隔的枚举值，例如 2,4,6,8。

（3）表达式 1　To　表达式 2，例如 60　To　100。

（4）Is 关系运算符表达式，例如 Is　<60。

【例 8-9】 将例 8-8 的判定条件改用 Select Case 语句实现。

```
Public Sub example()
  Dim ch As String
  ch=InputBox("Please input a character:")
  Select Case ch
    Case "a" To "z", "A" To "Z"
        MsgBox (ch+"是字母字符")
```

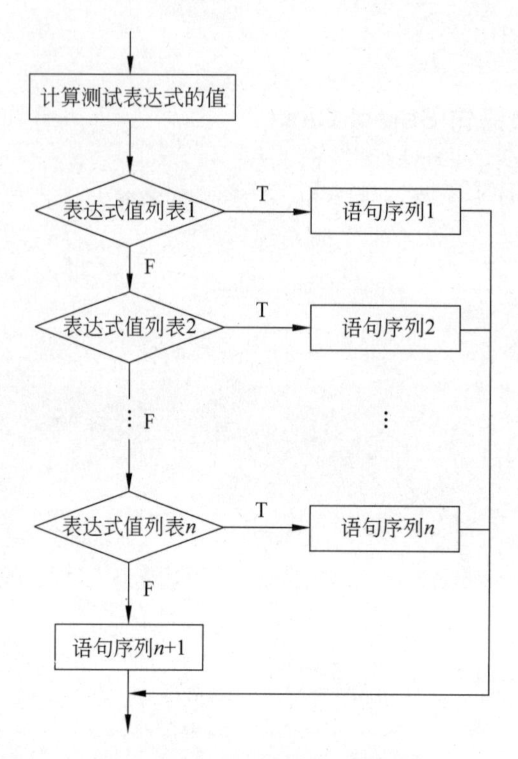

图 8-19 多路分支结构执行流程

```
    Case "0" To "9"
        MsgBox (ch+"是数字字符")
    Case Else
        MsgBox (ch+"是其他字符")
  End Select
End Sub
```

【例 8-10】 由键盘输入一个成绩,输出这个成绩属于哪个等级。

```
Public Sub Example()
Dim x As Integer
x=Val(InputBox("请输入成绩"))
Select Case x
  Case Is >100
      MsgBox "输入数据非法!"
  Case Is >=90
      MsgBox Str(x) & "成绩为:优"
  Case Is >=80
      MsgBox Str(x) & "成绩为:良"
  Case Is >=70
      MsgBox Str(x) & "成绩为:中"
```

```
    Case Is >=60
        MsgBox Str(x) & "成绩为：合格"
    Case Is >=0
        MsgBox Str(x) & "成绩为：不及格"
    Case Else
        MsgBox "输入数据非法！"
    End Select
End Sub
```

表示复杂条件时 Select Case 多路分支结构比 If…Then…ElseIf 语句直观，程序可读性强。但不是所有的多分支结构均可用 Select Case 语句代替 If…Then…ElseIf。

提示

(1) 在 Select Case 和第一个 Case 子句之间不能插入任何语句。

(2) Select Case 和 End Select 必须配对使用，且 Select Case、Case、Case Else 和 End Select 子句必须各占一行。

(3) 为增加程序的可读性，要正确使用缩格。

(4) 在 Select Case 语句的语句序列中可嵌套 Select Case 语句。

【例 8-11】 已知坐标点(x,y)，判断其落在哪个象限。

```
Public Sub example()
  Dim x As Double, y As Double
  x=Val(InputBox("Pleas input x:"))
  y=Val(InputBox("Pleas input x:"))
  If x>0 And y>0 Then
    MsgBox ("在第一象限")
  ElseIf x<0 And y>0 Then
    MsgBox ("在第二象限")
  ElseIf x<0 Andy<0 Then
    MsgBox ("在第三象限")
  ElseIf x>0 And y<0 Then
    MsgBox ("在第四象限")
  End If
End Sub
```

如果用 Select Case 改写程序为：

```
Public Sub example()
  Dim x As Double, y As Double
  x=Val(InputBox("Pleas input x:"))
  y=Val(InputBox("Pleas input x:"))
```

```
  Select Case x,y
    Case x >0 And y >0
      MsgBox ("在第一象限")
    Case x<0 And y >0
      MsgBox ("在第二象限")
    Case x<0 And y<0
      MsgBox ("在第三象限")
    Case x >0 And y<0
      MsgBox ("在第四象限")
  End Select
End Sub
```

提示

改写后的代码错误的原因是：

(1) Select Case 后不能出现多个变量；

(2) Case 后不能出现变量及有关运算符。

8.3.3 分支的嵌套

通过上面的介绍，我们注意到：If 与 End If，Select Case 与 End Select 分别标志选择结构的开始与结束，它们必须成对出现，否则程序的逻辑结构将会出现混乱。各种选择结构中的语句常以缩格方式书写，以便于清晰地表示程序的逻辑结构，也提高了程序的可读性。在下面的例子中，我们会看到：选择结构不仅自身可以嵌套，而且还能相互嵌套。在嵌套时选择结构命令不能交叉，必须将某种控制结构从开始到结束完整地放在另一个控制结构的某个条件之下的语句序列中，而且还可以一层层嵌套下去。

【例 8-12】 输入三角形三条边 a，b，c 的值，根据其值判断能否构成三角形。若能，还要显示三角形的性质：等边三角形、等腰三角形、直角三角形、任意三角形。

先给出使用分支结构完成判断能否构成三角形功能的程序。

```
Public Sub 判断三角形()
  Dim a As Single, b As Single,c As Single
  'Inputbox 函数输入值是字符串,要转换为数值型
  a=Val(InputBox("请输入第一条边长"))
  b=Val(InputBox("请输入第二条边长"))
  c=Val(InputBox("请输入第三条边长"))
  If a+b>c And a+c >b And b+c>a Then
      MsgBox ("能构成三角形")
  Else
```

```
      MsgBox ("不能构成三角形")
   End If
End Sub
```

在这个程序的基础上,增加判断三角形性质的功能,采用分支嵌套的程序如下。

```
Public Sub 判断三角形()
  Dim a,b,c As Single
  'inputbox 函数输入值是字符串,要转换为数值型
  a=Val(InputBox("请输入第一条边长"))
  b=Val(InputBox("请输入第二条边长"))
  c=Val(InputBox("请输入第三条边长"))
  If a+b>c And a+c>b And b+c>a Then
      MsgBox ("能构成三角形")
      '********判断三角形性质*****
      If a=b And b=c Then
         MsgBox("是等边三角形")
        ElseIf a=b Or b=c Or a=c Then
         MsgBox ("是等腰三角形")
        ElseIf Sqr(a * a+b * b)=c Or Sqr(a * a+c * c)=b Or Sqr(b * b+c * c)=c Then
         MsgBox ("是直角三角形")
      Else
         MsgBox ("是其他三角形")
      End If
      '***********判断性质结束*****
  Else
      MsgBox ("不能构成三角形")
  End If
End Sub
```

8.4 循环结构

在实际应用中,经常遇到有规律的、需要重复执行的问题。这就需要使用循环结构。如果没有循环结构,程序就会非常冗长,也可能永远写不完。如果按循环结构来组织程序,就会非常容易实现。循环结构能做到由指定条件的当前值来控制程序中某一部分语句序列的重复执行。VBA 提供了四种循环语句,它们是 For…Next、Do While…Loop、Do Until…Loop 和 While…Wend。

8.4.1 For 循环

For 循环也称为计数循环,其命令格式为:

```
For<循环变量>=<初值>To<终值>[Step<步长表达式>]
    <语句序列>
    [Exit For]
    <语句序列>
Next
```

功能说明:VBA 首先计算循环变量的初值、终值和步长,并给循环变量赋初值。之后再将循环变量与终值进行比较,如果没有超过终值,即小于或者等于终值(当步长值为正数时)、大于或者等于终值(当步长值为负数时),就执行 For 与 Next 之间的语句序列,习惯上称为循环体,否则就跳过 For 与 Next 之间的循环体,执行 Next 后面的语句。

For 循环执行流程图如图 8-20 所示。

程序执行过程中,每循环一次后,当遇到 Next 时,循环变量就会自动递增一个步长值(步长值可以省略,省略时步长为 1),然后程序返回到 For 命令行,并将循环变量的当前值与终值继续进行比较。此后重复前面的步骤,直到循环变量的值超过终值,才终止循环。可见 For 循环是通过判断循环变量的取值是否在指定范围之中来确定循环体是否重复执行,如图 8-20 所示。

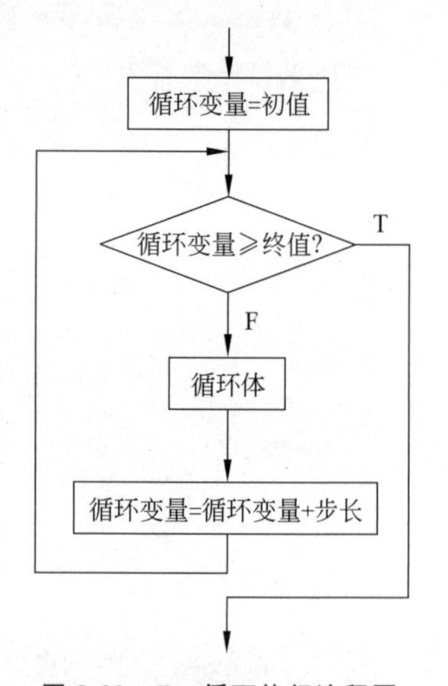

图 8-20　For 循环执行流程图

如果编程时知道循环的次数或循环变化的规律,则使用 For 循环语句就很方便。一般情况下,在 For…Next 循环体中最好不要修改循环变量的值,否则循环执行的次数将不是预想的结果,而会随之改变。在 For 语句循环体中,Exit For 命令的功能是强制退出循环,运行 Next 下面那条命令。

【例 8-13】 立即窗口中,在同一行输出四个"*",实现程序如下。

```
Public Sub example()
    Dim i As Integer
    For i=1 To 4 Step 1
      Debug.Print "*";          '被输出的表达式后面加分号,表示接着输出,不换行
    Next
    Debug.Print "End"
End Sub
```

执行过程详解:在这个程序中,i 是用来控制循环次数的变量,所以是循环变量,它的初

值是1,终值是4,步长值是1。程序开始运行时,i=1,小于终止值4,所以运行循环体并在第一个位置输出"*",遇到Next命令,循环变量i增加1变成2,并返回For语句。这时i=2,小于终止值4,所以继续运行循环体时,在接下来的位置上输出"*",遇到Next命令,变量i增加步长值由2变成3,继续返回For语句……当i=4时,等于终止值4,仍然要运行循环体并在接下来一个位置输出"*",再次遇到Next命令,变量i增加步长值由4变成5,仍然要返回For语句。此时i=5,大于终止值4,循环结束,运行Next下面的命令,输出"End",然后运行End Sub命令,程序结束。注意:步长值为正数时,当循环结束,循环变量的值一定是大于终值的(步长值为负数则相反)。

【例8-14】 改写上述程序,在立即窗口中,同一行输出字符串"1 2 3 4",实现此功能的程序如下。

```
Public Sub example()
    Dim i As Integer
    For i=1 To 4 Step 1
      Debug.Print i;            '注意语句末尾要加分号
    Next
    Debug.Print "end"
End Sub
```

例8-13与例8-14程序的流程相同,输出结果的构成方式是一样的,所以循环结构一样;但是输出的内容不同,因此输出命令有变化。

8.4.2 Do While 循环语句

Do While循环也称为当循环,有以下两种命令格式。

1. 第一种命令格式

```
Do While  <条件表达式>
    <语句序列>
    [Exit Do]
    <语句序列>
Loop
```

功能:当VBA执行到循环起始语句Do While <条件表达式>时,先计算条件表达式的值。若条件表达式取值为逻辑真,则执行Do与Loop之间的语句序列(即循环体)。执行到循环结束语句Loop时,程序返回到循环起始语句Do While,并再次计算条件表达式的值。之后重复上述步骤,直到判断条件表达式取值为假,跳出循环体即结束循环,执行Loop的下一条语句。其流程图如图8-21所示。

(1) 循环结构中Do While与Loop必须成对出现,Loop的作用是使程序流程回到循环开始处。

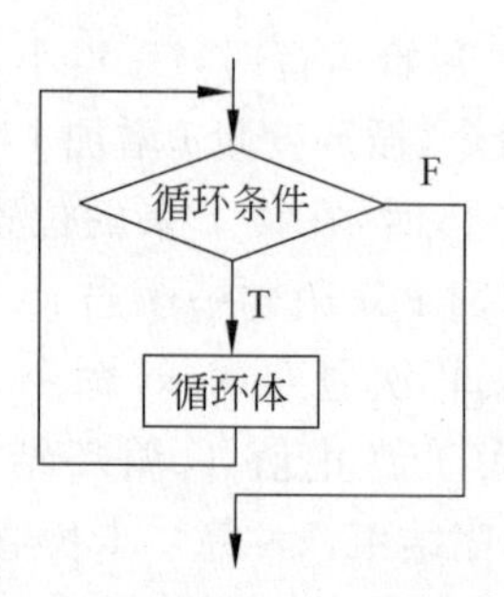

图 8-21 Do While…loop 循环执行流程

(2) 可选项 Exit Do 是强制退出循环语句,执行它能立即跳出循环,执行 Loop 的下一条语句。

(3) 循环是否继续取决于条件表达式的当前取值。一般情况下,循环体中应含有改变条件表达式取值的语句,否则将造成死循环。

【例 8-15】 求 s=1+2+3+…+10 的值。

```
Public Sub Example()
  Dim i As Integer, s As Integer
  s=0                     '求累加和的变量
  i=1                     '循环变量赋初值
  Do While i<=10          '循环条件
     Debug.Print i        '此处输出变量 i 的值是方便理解循环的过程
     s=s+i                '求累加,即循环不变式
     Debug.Print s;       '输出 s 的结果,理解每次累加结果的变化
     i=i+1                '改变循环变量的值
  Loop
  Debug.Print "s=", s     '循环体外输出结果
End Sub
```

【例 8-16】 求阶乘 10!。

```
Public Sub Example()
  Dim i As Integer, s As Long
  s=1                     '求累加和的变量
  i=1                     '循环变量赋初值
  Do While i<=10          '循环条件
     s=s * i              '求累加,即循环不变式
     i=i+1                '改变循环变量的值
  Loop
  Debug.Print "s=", s     '循环体外输出结果
End Sub
```

总结上面例 8-15 和例 8-16,我们注意到:在进入当循环以前,必须组织好循环的初始

部分。例如，求和的累加器(内存变量 s)要赋值为0，而求乘积的累积器(内存变量 s)要赋值为1。循环条件表达式中的控制变量也要根据不同情况赋初值，因为循环的次数是和条件表达式中的控制变量所赋的初值密切相关的。循环的主体部分即循环体，包括在循环中要完成的操作命令，也包括循环条件控制变量的修改部分。例如，上面两个例子中的命令：i=i+1，它在循环体中的书写顺序也与循环的初始赋值有关。请思考，如果在循环的初始部分给变量 i 赋值为0，Do While 后的条件表达式应当如何写？循环体中的两条命令的顺序是否应当交换？

2. 第二种命令格式

```
Do
    <语句序列>
    [Exit Do]
    <语句序列>
Loop While  <条件表达式>
```

第一种命令格式先判断条件，条件为 True，处理循环体；第二种命令格式先执行一次循环体，然后判断条件表达式。第一种命令格式，循环体可能一次也不运行，第二种命令格式循环体至少运行一次。

8.4.3 Do Until 循环语句

Do Until 循环也称为直到循环，有以下两种命令格式。

1. 第一种命令格式

```
Do Until  <条件表达式>
    <语句序列>
    [Exit Do]
    <语句序列>
Loop
```

功能：While 用于指明条件表达式时，值为 True 时就执行循环体；Until 正好相反。当 VBA 执行到循环起始语句 Do Until <条件表达式>时，先计算条件表达式的值。若条件表达式取值为逻辑假，则执行 Do 与 Loop 之间的语句序列(即循环体)。执行到循环结束语句 Loop 时，程序返回到循环起始语句 Do Until，并再次计算条件表达式的值。之后重复上述步骤，直到判断条件表达式取值为真，跳出循环体即结束循环，执行 Loop 的下一条语句。

2. 第二种命令格式

```
Do
    <语句序列>
    [Exit Do]
```

```
    <语句序列>
Loop Until  <条件表达式>
```

功能：当 VBA 执行到循环时，先执行一次语句序列，再测试条件表达式的值。若条件为逻辑假，则再次执行 Do 与 Loop 之间的语句序列(即循环体)。重复前面的步骤，直到判断条件表达式取值为真，跳出循环体结束循环，执行 Loop Until 的下一条语句。Do Until 循环的流程图如图 8-22 所示。

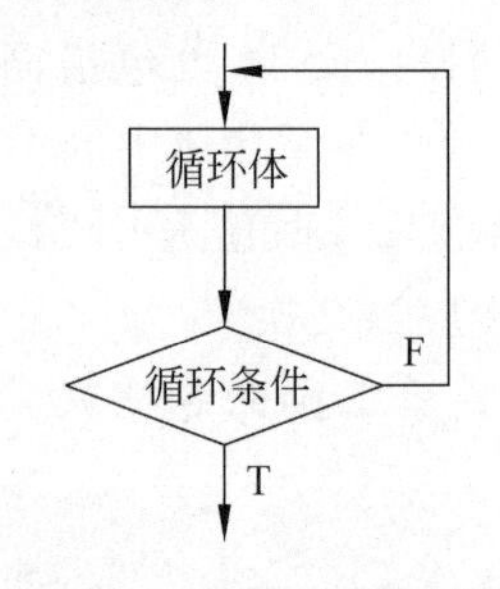

图 8-22　Do Until 循环结构

【例 8-17】 2005 年 1 月，我国人口达到了 13 亿，按照人口年增长率 0.8%计算，多少年后，我国人口会达到该人口数量的两倍?

```
Public Sub Example()
    Dim n%, x!
    x=13
    n=0
    Do
        x=x * 1.008
        n=n+1
    Loop Until x >=26
    Debug.Print ("用循环求得的年数为: " & n & "人数为: " & x)
End Sub
```

8.4.4　While…Wend 循环语句

While…Wend 循环也属于当循环，其命令格式为：

```
While  <条件表达式>
       <语句序列>
WEnd
```

功能：While 循环的执行流程与 Do While…loop 相同，功能类似。两种循环的不同之处是 While 循环没有中断循环功能，即没有 Exit 命令。

【例 8-18】 计算下列算式的结果：s=1−1/2+1/3−1/4+1/5−1/6+…(直到 100)。

```
Public Sub WhileWend()
  Dim i As Integer
  Dim s As Double
```

```
  i=1                           '循环变量初值
  s=0
  While i<=100                  '开始循环时,i 小于 100 使循环开始
     s=s+(-1)^(i+1)/i
     i=i+1                      'i 不断增加,最后大于 100,才能使循环结束
  Wend
  Debug.Print "s="; s           '输出的样子由编程者设计
End Sub
```

8.4.5　循环嵌套

如果在一个循环体(不妨称为外循环体)中可以完整地包含另一个循环(称为内循环),在内循环中,又可以包含另一个内循环,如此下去,就形成了多重循环,也称为循环的嵌套。按循环所处的位置,可以相对地叫作外循环与内循环。循环嵌套层次不限,但内层循环必须完全嵌套在外层循环之中。如果外层循环中只包含内层循环的一部分,就会出现交叉循环,造成逻辑混乱,这是不允许的。图 8-23 表明了循环的合法嵌套,图 8-24 是非法交叉循环。

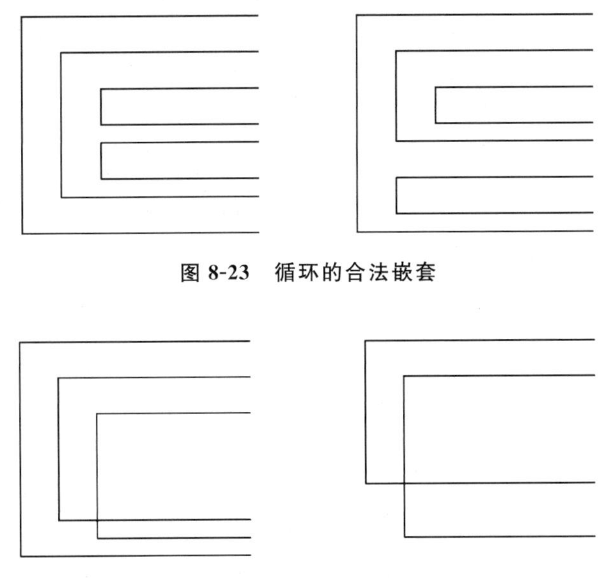

图 8-23　循环的合法嵌套

图 8-24　非法交叉循环

下面的几个程序说明了如何利用嵌套循环来处理问题。请留意,进入每一层循环前的初值处理和每一层循环次数的变化以及对结果格式的影响。

【例 8-19】　用两重循环显示三行数据,每行显示三个"*",每个"*"之间有一个空格。此例说明循环嵌套如何工作。

```
Public Sub Example()
   Dim i As Integer, j As Integer
   For i=1 To 3
     For j=1 To 3
       Debug.Print "*";
     Next j
    Debug.Print          '不加分号,换行
  Next i
End Sub
```

运行结果如图 8-25 所示。

【例 8-20】 将例 8-19 的程序稍加改动,将内层循环改为 j 从 1 到 i,程序如下。

```
Public Sub Example()
  Dim i, j As Integer
  For i=1 To 3
     For j=1 To i
       Debug.Print "*";
     Next j
       Debug.Print
  Next i
End Sub
```

运行结果如图 8-26 所示。

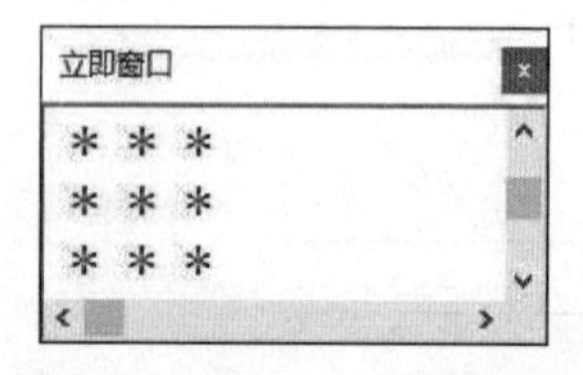

图 8-25　例 8-19 运行结果

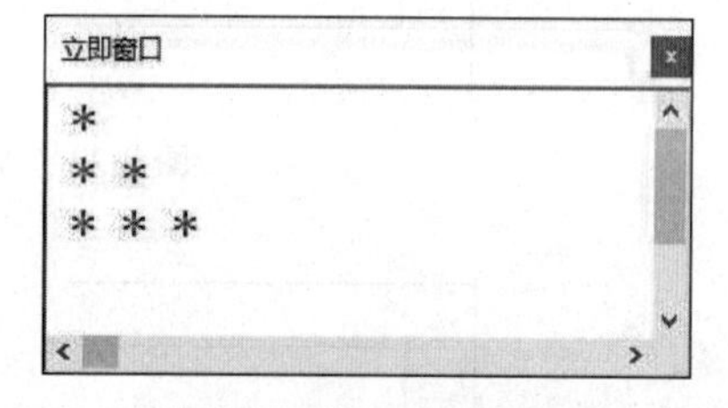

图 8-26　例 8-20 运行结果

提示

例 8-19 和例 8-20 对比,输出的内容不变,都是星号,所以输出命令一样;两例中都是输出三行,所以外层循环一样,换行命令一样;每一行输出的星号个数不同,所以内层循环命令不同。

【例 8-21】 无格式显示九九表,每一行显示一条结果,9×9 共 81 行。

```
Public Sub Example()
Dim i As Integer, j As Integer
  For i=1 To 9
```

```
    For j=1 To 9
        Debug.Print i & "×" & j & "=" & i * j          '不加分号,换行输出
    Next j
Next i
End Sub
```

【例 8-22】 按矩阵形式显示九九表,9 行 9 列。

```
Public SubExample()
Dimi As Integer, j As Integer
Fori=1 To 9
     Forj=1 To 9
       Debug.Print i & "×" & j & "=" & i*j & Space(8 -Len (i & "×" & j & "=" & i*j));
     Nextj
     Debug.Print             ' 换行
  Next i
End Sub
```

【例 8-23】 按左下三角形式显示九九表,9 行,列数从 1 到 9 变化。

```
Public Sub Example()
Dim i As Integer, j As Integer
For i=1 To 9
     For j=1 Toi
       Debug.Print i & "×" & j & "=" & i*j & Space(8-LEN(i & "×" & j & "=" & i*j));
     Next j
     Debug.Print             ' 换行
   Next i
End Sub
```

8.5 函数与过程

在现实世界中,利用计算机处理的问题往往非常复杂。解决这样的问题,人们通常会将一个大的、复杂的问题分解成若干个小的、简单的问题来解决。当小的、简单问题解决后,大的、复杂的问题就容易解决了,这种解决问题的思路称为模块化。模块化容易实现分工协作,利于团队开发,可使程序更加简练,可读性更强,便于调试和维护。利用这种思想,VBA 提供了模块和过程的概念。一个应用系统包含多个模块,一个模块可以包含多个过程。

VBA 过程可以细分为以下几种。

(1) 以 Sub 保留字开始,称为 Sub 过程;

(2) 以 Function 保留字开始,称为函数过程;

(3) 以 Property 保留字开始,称为属性过程;

(4) 以 Event 保留字开始,称为事件过程。

本节主要介绍用户自己定义的函数 Function 和过程 Sub。

【例 8-24】 若不借助过程的设计概念,计算组合数 C 值的程序如下:

$$C=\frac{M!}{N!(M-N)!}$$

```
Public Sub 组合数()
  Dim m As Integer, n As Integer, i As Integer
  Dim j, c As Long
  m=Val(InputBox("please input integral number M: "))
  n=Val(InputBox("please input integral number N(N<M):"))
  i=1: j=1
  Do While i<=m
    j=j * i
    i=i+1
  Loop
  c=j
  i=1: j=1
  Do While i<=n
    j=j * i
    i=i+1
  Loop
  c=c/j
  i=1: j=1
  Do While i<=m-n
    j=j * i
    i=i+1
  Loop
  c=c/j
  Debug.Print "c=", c
End Sub
```

由于公式中出现了三个阶乘,所以关于计算阶乘的程序段重复出现三次。很显然,如果公式中出现 100 个阶乘,那么关于计算阶乘的程序段也重复出现 100 次,就绝对不能容忍了。因此,必须把计算阶乘的功能独立出来,使之成为一个子程序。我们使用 Sub 过程改写例 8-24,程序清单见例 8-25。将阶乘过程定义为 Sub 过程,就可以反复调用(这就叫作"代码复用")。

8.5.1 过程调用

【例 8-25】 使用 Sub 过程,求排列组合数。

```
Public j As Long         '公有变量,要在两个 Sub 中传递值,所以要在两个 Sub 之外声明
Public Sub 组合数()
  Dim m, n As Integer
  Dim c As Long
  m=Val(InputBox("please input integral number M: "))
  n=Val(InputBox("please input integral number N(N<M):"))
  Call jc2(m)
  c=j
  Call jc2(n)
  c=c/j
  Call jc2(m-n)
  c=c/j
  Debug.Print "C=", c
End Sub
Public Sub jc2(ByVal x As Integer)
  Dim i As Integer
  i=1: j=1
  Do While i<=x
    j=j * i
    i=i+1
  Loop
End Sub
```

程序运行的流程如图 8-27 所示。

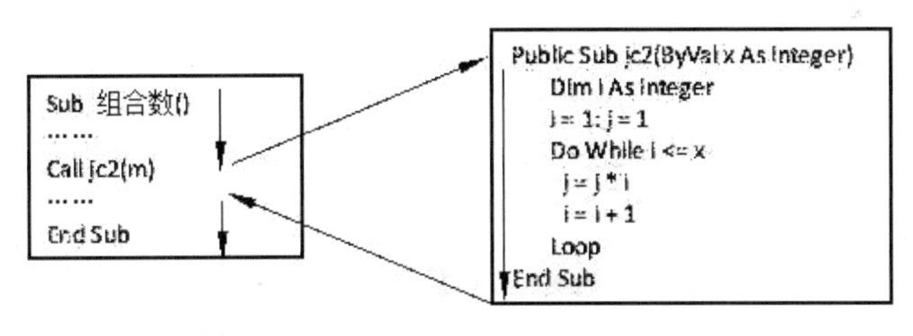

图 8-27　过程调用流程

1. 定义 Sub 过程

命令格式:

```
[Public|Private][Static] Sub<子过程名>([<参数表>])
                    <局部变量或常数定义>
                    <语句序列>
                    [Exit Sub]
                    <语句序列>
End Sub
```

功能：定义一个 Sub 过程，并命名为子过程名。Sub 过程通过形参与实参的传递得到结果，调用时可得到多个参数值。

2. 创建 Sub 过程

Sub 过程是一个通用过程，它不属于任何一个事件过程。因此，它不能在事件过程中建立(事件过程见第 9 章相关内容)。通常 Sub 过程是在标准模块中或在窗体模块中创建的。

操作步骤如下。

(1) 在窗体模块的通用部分利用定义 Sub 过程的语句建立 Sub 过程。

(2) 在标准模块中，利用定义 Sub 过程的语句建立 Sub 过程。

3. 调用 Sub 过程

命令格式：

```
子过程名 [<参数表>]
```

或

```
Call 子过程名([<参数表>])
```

功能：调用一个已定义的 Sub 过程。

说明：

(1) 子过程名的命名规则与变量名规则相同。

(2) Sub＜子过程名＞([＜参数表＞]) 中的参数称为形参(Call　子过程名([＜参数表＞])中的参数称为实参)，表示形参的类型、个数、位置。定义时是无值的，只有在过程被调用时，实参传送给形参才能获得相应的值。

(3) 参数表中可以有多个形参，它们之间要用“，”隔开，每一个参数都要按如下格式定义：

```
[ByVal|ByRef] 变量名 [as 类型]
```

(4) 形参默认 ByRef，表示形参是按地址传递；若加 ByVal 关键字，则表示形参是按值传递。有关形参、实参的定义以及传递方式请参阅 8.5.2 节的内容。

(5) 关于过程定义时使用 Public，Private 或者 Static 进行指定请参阅 8.5.4 节，本节所有过程都定义为 Public，也就是公有过程。

(6) Exit Sub 语句使程序流程立即从一个 Sub 过程中退出，接着程序从调用该 Sub 过程语句的下一条命令继续执行。在 Sub 过程的任何位置都可以有 Exit Sub 语句。

(7) 所有可执行代码都必须属于某个过程，不能在其他 Sub，Function 或 Property 过程中定义 Sub 过程。

8.5.2 参数传递

在例 8-25 中，过程“组合数()”调用过程“jc2()”来计算阶乘，语句“Call jc2(m)”表示主调过程将需要计算的数即变量 M 传递给被调用过程，被调用过程计算出 M 的阶乘并赋值给 j。这就是过程之间的数据传递，即将主调过程的实参传递给被调过程的形参，然后执行被调用过程体，也可将形参的结果返回给实参。

1. 形参与实参

形参是定义子过程（函数）时在括号里定义的变量，它表明参数的个数、位置和类型，但是没有具体值。实参是调用函数时传给形参的值。在参数传递中，一般实参与形参是按位置传送的，与参数名没有关系。实参必须与形参保持个数相同，位置与类型一一对应。

2. 传值与传地址

实参与形参的结合方式有两种：传值（ByVal）和传地址（ByRef）。

1）传值

传值方式的过程是当调用一个过程时，系统将实参的值复制给形参，实参与形参断开联系；在过程体内对形参的任何操作不会影响到实参。

【例 8-26】 main()过程传值调用 swap()过程。程序运行结果如图 8-28 所示。

```
Sub main()
  Dim a As Integer, b As Integer
  a=10: b=20
  Debug.Print "交换前" & "a=" & Str(a) & ",b=" & Str(b)
  Call swap(a, b)
  Debug.Print "交换后" & "a=" & Str(a) & ",b=" & Str(b)
End Sub
Public Sub swap(ByVal x%, ByVal y%)
  Debug.Print "在 swap 过程开始" & "x=" & Str(x) & ",y=" & Str(y)
  Dim temp As Integer
  temp=x
  x=y
  y=temp
  Debug.Print "在 swap 过程结束" & "x=" & Str(x) & ",y=" & Str(y)
End Sub
```

2）传地址

传址方式参数结合过程：当调用一个过程时，它将实参的地址传递给形参。形参和实参共用一个内存空间，也就是实参和形参是同一个变量，因此在被调过程体中对形参的任何操作都变成了对相应实参的操作，实参的值就会随过程体内对形参的改变而改变。示例如下。

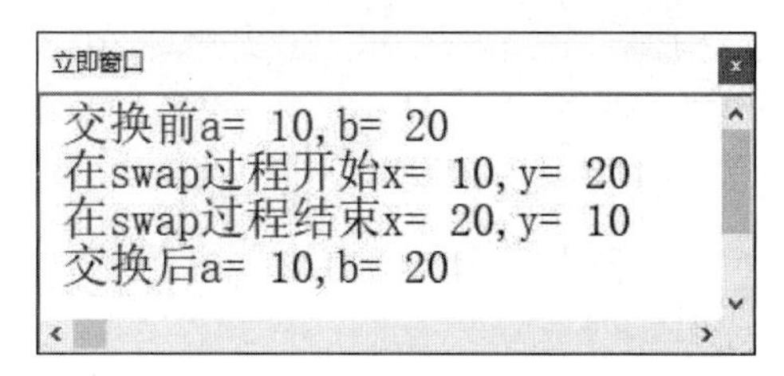

图 8-28 按值传递参数示例

【例 8-27】 main()过程传地址调用 swap()过程。程序运行结果如图 8-29 所示。

```
Sub zhu2()
  Dim a As Integer, bAs Integer
  a=10: b=20
  Debug.Print "交换前" & "a=" & Str(a) & ",b=" & Str(b)
  Call swap(a, b)
  Debug.Print "交换后" & "a=" & Str(a) & ",b=" & Str(b)
End Sub
Public Sub swap(ByRef x%, ByRef y%)
  Debug.Print "在 swap 过程开始" & "x=" & Str(x) & ",y=" & Str(y)
  Dim temp As Integer
  temp=x
  x=y
  y=temp
  Debug.Print "在 swap 过程结束" & "x=" & Str(x) & ",y=" & Str(y)
End Sub
```

3）传递方式的选择

要将被调过程中的结果返回给主调程序，则形参必须是传址方式。这时实参必须是同类型的变量名，不能是常量、表达式。

若不希望过程修改实参的值，则应选用传值方式，减少各过程间的关联。因为此时在过程体内对形参的改变不会影响实参。

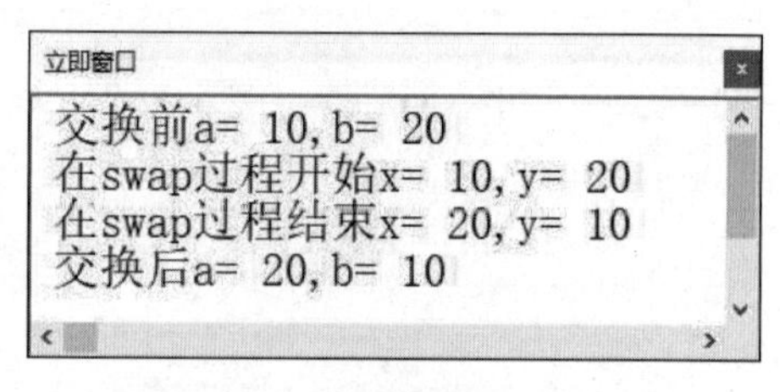

图 8-29　按地址传递参数示例

8.5.3　函数调用

在第 3 章中学习了 Access 2016 系统提供的系统函数。为了实现特定的功能，也可以定义自己的函数，也就是定义 Function 过程。

1. 命令格式

```
[Public|Private][Static]Function<函数名>([<参数表>])[As<类型>]
    <局部变量或常数定义>
    <语句序列>
    [Exit Function]
    <语句序列>
    函数名=返回值
End Function
```

功能：定义一个以函数名为名的 Function 过程。Function 过程通过形参与实参的传递得到结果，返回一个函数值。

2. 创建 Function 过程

同Sub过程一样,Function过程是一个通用过程,它不属于任何一个事件过程。因此,它也不能在事件过程中建立。Function过程可在标准模块中或在窗体模块中创建。

3. 调用 Function 过程

调用Function过程的语句格式如下:

```
函数名(<参数表>)
```

功能:调用一个已定义的Function过程,我们不妨将Function定义的函数称为自定义函数,以便于与系统库函数和过程加以区别。

说明:

(1) 函数名的命名规则与变量名规则相同,但它不能与系统的内部函数同名,不能与其他通用过程同名,也不能与已定义的全局变量和本模块中同模块级变量同名。

(2) 在函数体内部,函数名可以当变量使用。函数的返回值就是通过给函数名的赋值语句来实现的,在函数过程中至少要对函数名赋值一次。

(3) As <类型>是指函数返回值的类型,若省略,则函数返回变体类型。

(4) 参数表中的形参的定义与Sub过程完全相同。

(5) Exit Function语句使程序流程立即从一个函数过程中退出,接着程序从调用该函数过程语句的下一条命令继续执行。在函数过程的任何位置都可以有Exit Function语句。

(6) 所有可执行代码都必须属于某个过程,不能在其他Sub、Function或Property过程中定义Function过程。

(7) 在函数过程中使用的变量其作用范围问题,可参阅8.5.4节“变量的作用范围”部分。

【例8-28】 利用函数过程来计算排列组合数。

```
Public Sub 组合数2()
  Dim m As Integer, n As Integer
  Dim c As Long
  m=Val(InputBox("please input integral number M: "))
  n=Val(InputBox("please input integral number N(N<M):"))
  c=jc(m)/jc(n)/jc(m-n)
  Debug.Print "c=", c
End Sub
Function jc(ByVal x As Integer) As Long
  Dim i As Integer, j As Long
  i=1: j=1
  Do While i<=x
    j=j * i
    i=i+1
  Loop
  jc=j            '注意返回与函数名同名的变量
End Function
```

如例 8-28 所示,函数定义过程中,变量 x 就是形式参数。当在 Sub 组合数 2() 过程中调用 jc(m) 时,实参 m 的值传递给形参 x。x 获得数据后,函数 jc 进行运算,函数的最后运算结果,通过函数同名变量 jc(即 End Function 之前的命令)传递给调用函数的表达式:c=jc(m)/jc(n)/jc(m−n)。

同样是完成阶乘功能,使用函数过程可以,使用 Sub 过程也可以,只是程序的格式、变量的运用不同。在实际应用中,类似的问题是用函数还是用过程呢?

把某功能定义为函数过程还是子过程,没有严格的规定。一般若程序有一个返回值时,函数过程直观;当有多个返回值时,习惯用子过程。

自定义函数过程与过程调用的区别:自定义函数过程必须有返回值,函数名有类型约定。子过程名没有值或者说不需要返回值,过程名没有类型约定,不能在子过程体内对子过程名赋值。

8.5.4 变量和过程的作用范围

1. 变量的作用范围

变量的作用域就是变量在程序中的有效范围。

能否正确使用变量,搞清变量的作用域是非常重要的,一旦变量的作用域被确定,使用时就要特别注意它的作用范围。当程序运行时,各对象间的数据传递就是依靠变量来完成的。变量的作用范围定义不当,对象间的数据传递就会失败。变量的作用域是一个不可忽视的问题,特别是基于面向对象程序设计理念进行应用系统开发时尤为重要。

通常按照变量的作用域将变量分为:过程级变量,窗体、模块级变量,全局级变量三类。

1) 过程变量

过程变量只有在声明它们的过程中才有效,也称为局部变量。局部变量只能用 Dim 或 Static 关键字来声明。例如:

```
Dim Temp As Integer
Static S As Integer
```

用 Dim 声明的变量只在过程执行期间才存在,过程一结束,该变量也就消失了。

【例 8-29】 在一个 Sub 中定义的变量在另一个 Sub 中不能被识别。

```
Public Sub aa()
  Dim a As Integer
  a=100
  Debug.Print "a=", a
End Sub
Public Sub bb()
  Dim b As Integer
  b=100
```

```
  Debug.Print "a+b=", a+b
End Sub
```

先运行 Sub aa()，再运行 Sub bb()，运行结果如图 8-30 所示。

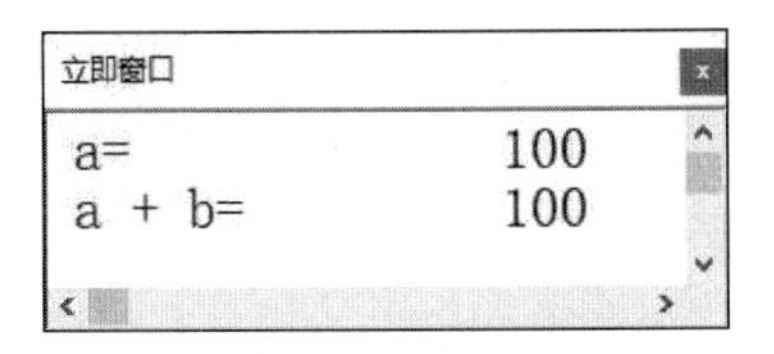

图 8-30　过程级变量示例

变量 a 在过程 aa()中被定义并且被赋值，但是 aa()运行结束后，变量 a 在内存中就消失了。再运行 bb()时，系统会把 bb 中这个变量 a 定义成变体型，值为空。

而用 Static 声明的局部变量，则在整个应用程序运行期间一直存在，即使过程结束，变量值也仍然保留着。只是不能在过程外访问，所以又称为静态变量。

【例 8-30】 普通局部变量和静态变量的区别。

```
Public Sub aa()
  Dim a As Integer
  Static b As Integer
  a=a+1
  b=b+1
  Debug.Print "a=", a
  Debug.Print "b=", b
End Sub
```

运行过程三次，运行结果如图 8-31 所示。

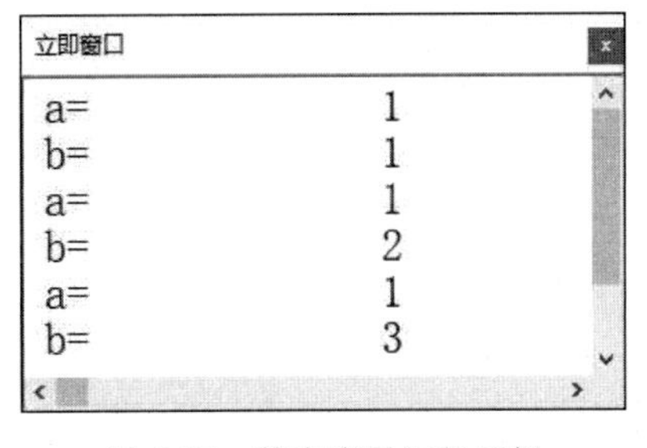

图 8-31　静态变量运行示例

2) 模块级变量

VBA 中一个模块是一组程序对象的集合，每一个模块包含若干个过程、函数。VBA 模块包括：标准模块、窗体模块、类模块等。模块级变量在其所在模块的所有过程中可用，但在其他模块的代码中不可用。模块级变量的声明是在模块顶部的声明段用 Dim 或 Private 关键字完成的。例如：

```
Private Temp As Integer
```

在声明模块级变量中，Dim 和 Private 之间没有什么区别，但用 Private 更好一些，因为可以很容易地将它们和用 Public 声明的全局变量区别开来。这使代码更容易理解。

注意

在过程、函数内部不能用 Private 定义变量，例如：

```
Private SubExample()
   Private a As Integer
End Sub
```

3）全局变量

为了使模块中声明的变量在其他模块中也有效，需要用 Public 关键字进行声明。经过 Public 关键字声明的变量是全局变量，其值可用于应用程序的所有模块和过程。全局变量的声明只能在模块的声明段中用 Public 关键字实现，例如：

```
Public Temp As Integer
```

这时全局变量 Temp 在整个应用程序的所有模块中都有效，都是可以访问的。

注意

在过程、函数内不能使用 Public 定义变量，例如：

```
Private SubExample()
   Public a As Integer
End Sub
```

【例 8-31】 全局变量和模块级变量的区别。为了看清楚不同模块，我们采用图片的形式，如图 8-32 所示。在模块 2 中，定义了全局变量 a 和模块级变量 b，还有过程 aa()；在模块 1 中定义了过程 bb()。执行顺序：先运行 aa()，再运行 bb()。通过结果可以看出来，全局变量 a 可以在别的模块中使用，模块变量 b 只能在本模块中使用。

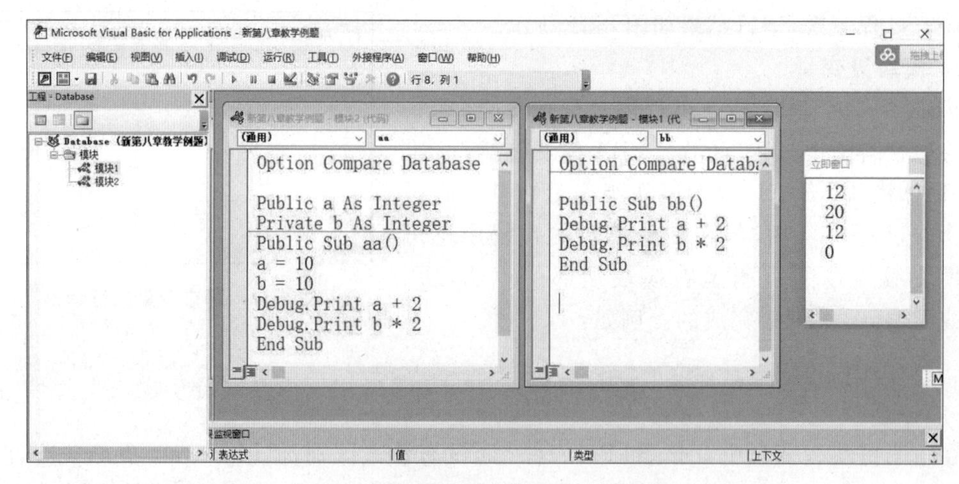

图 8-32 全局变量和模块级变量示例

有关变量作用范围的问题，将在第 10 章窗体部分通过丰富的实例加以补充说明。

2. 过程和函数的作用范围

在定义子过程和函数的命令“[Public|Private][Static] Sub ＜子过程名＞([＜参数表＞])”中，可以通过对参数[Public|Private][Static]的设置来确定过程或者函数的作用范围。

如果定义函数过程时没有使用 Public、Private 或者 Static 进行指定，Sub 过程默认为

Public 类型。Public 定义的过程为公有过程，可以被任何过程调用。Private 和 Static 定义的过程为局部过程，只能在定义它的模块中被其他过程调用。详细例子参看第 10 章相关内容。

若在函数名、过程名前加 Static，则表示该函数、过程内的局部变量都是静态变量。

8.6 VBA 程序调试

程序调试是查找和解决 VBA 程序代码错误的过程，VBA 提供了很多交互的、有效的程序调试工具。

8.6.1 常见的错误类型

程序运行时只要发生错误，VBA 就会给出错误提示信息，所以弄清楚这些错误信息的含义是非常重要的。在 VBA 中，程序可能发生错误的类型有几百种，但归纳起来主要有三类错误：语法错误、运行错误和逻辑错误。

1. 语法错误

当用户在代码窗口中编辑代码时，VBA 会直接对程序进行语法检查，并使错误的代码变成红色，语法错误是最容易发现和纠正的，最常见的语法错误有以下几种。

(1) 命令或符号名拼写错误，这是最容易犯的一种语法错误。有时候由于前面一行忘记写续行符，也会认为是这类错误。

(2) 字符串两边的引号不配对。

(3) 表达式中的括号不配对，包括引用函数时括号不配对。

(4) 在选择或循环结构中，特别是在它们的各种嵌套结构中，语句的开始和结尾不配对。例如有三个 If，但是只有两个 End If，或者有交叉循环。在 VBA 中，这种错误称为"嵌套错误"。

(5) 使用了中文输入法中的符号。

2. 运行错误

运行错误是指 VBA 编译通过后，运行代码时发生的错误。这类错误往往是由指令代码执行了一些非法操作引起的。例如，类型不匹配、试图打开一个不存在的文件等。出现这类错误时程序会自动中断，并给出有关的错误信息，如图 8-33 所示，变量 a 定义为整型，却赋值为字符串，所以报错。

3. 逻辑错误

逻辑错误是指命令符合语法规定，但程序操作的内容与预定的要求不匹配等原因所造成的错误。例如，在 For…Next 循环结构中，步长值为正数，循环变量终值却比初值要小。由于 VBA 在编译时不会自动检测逻辑错误，所以逻辑错误比起语法错误，检测和纠正比较困难。

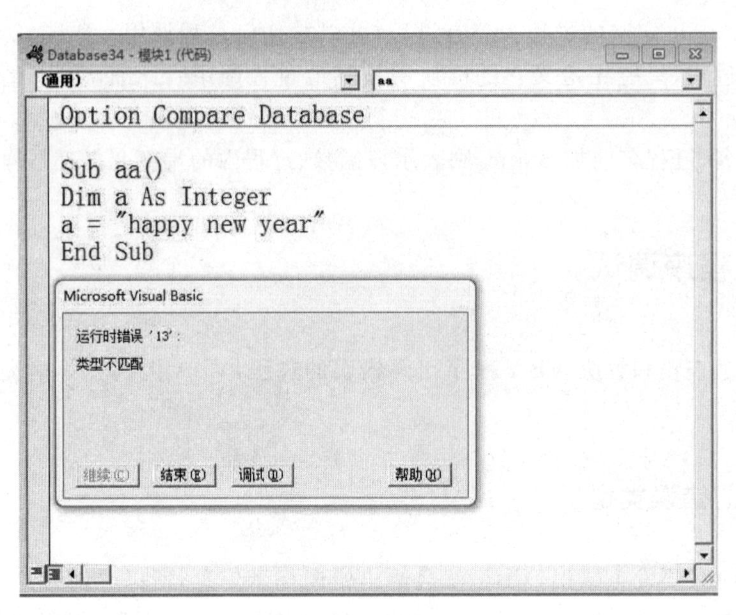

图 8-33 错误提示

严重的逻辑错误会导致死循环或死机，这类错误的纠正过去主要靠程序设计者的经验积累。下面会介绍如何使用调试工具来处理。

8.6.2 常用的调试技术

1. 逐步执行 VBA 代码的方式

1）逐语句执行

如果希望单步执行每一行程序代码，包括被调用过程中的程序代码，则可使用"调试"菜单中的"逐语句"选项，或者使用 F8 键。在执行该命令后，VBA 运行当前语句，并自动转到下一条语句，同时将程序挂起。

有时，在一行中有多条语句时，它们之间用冒号隔开。在使用"逐语句"命令时，将逐个执行该行中的每条语句，而断点只是应用程序执行的第一条语句。

2）逐过程执行

如果希望执行每一行程序代码，并将任何被调用过程作为一个单位执行，则可单击"调试"菜单里面的"逐过程"按钮。

逐过程执行与逐语句执行的不同之处在于：当执行代码调用其他过程时，逐语句是从当前行转移到该过程中，在此过程中一行一行地执行；而逐过程执行则将调用其他过程的语句当作统一的语句，将该过程执行完毕，再进入下一语句。

3）跳出执行

如果希望执行当前过程中的剩余代码，则可单击工具条上的"跳出"按钮。在执行跳出命令时，VBA 会将该过程未执行的语句全部执行完，包括在过程中调用的其他过程，并且都是一步完成。执行完过程，程序将返回到调用该过程的过程，至此"跳出"命令执行完毕。

4）运行到光标处

选择"调用"菜单中的"运行到光标处"命令，VBA 就会运行到当前光标处。当用户可确定某一范围的语句正确，而对后面语句的正确性不能保证时，就可用该命令运行程序到某条语句，再在该语句后逐步调试。

5）设置下一条语句

在 VBA 中，用户可自由设置下一步要执行的语句。要在程序中设置执行的下一条语句，可以单击右键，并在弹出的菜单中选择"设置下一条语句"命令。需要注意的是，这个命令必须在程序挂起时使用。

2. VBA 程序断点设置方式

设置断点是调试程序的一个重要方法，这样可以使程序的调试分段完成，以便逐步缩小程序发生逻辑错误的范围，定位错误点。一般在可能有问题的程序语句或适合分段的地方设置断点，使程序在这个断点暂时停止运行，然后分析检查程序运行的结果是否与设计要求的预期结果一致。如果不一致，就应当再细分段调试，甚至逐条跟踪程序每一行代码的运行结果。

在 VBA 中，程序代码左侧有一竖条浅灰色条带，在要设置断点的语句处单击此竖条，或者将光标停留在该语句，按 F9 键，都可以将该语句设置为断点。此时竖条上会出现红色圆点，语句处于红色高亮状态。当程序执行到该语句时，该语句处于黄色高亮状态，表示程序已经被挂起，如图 8-34 所示。

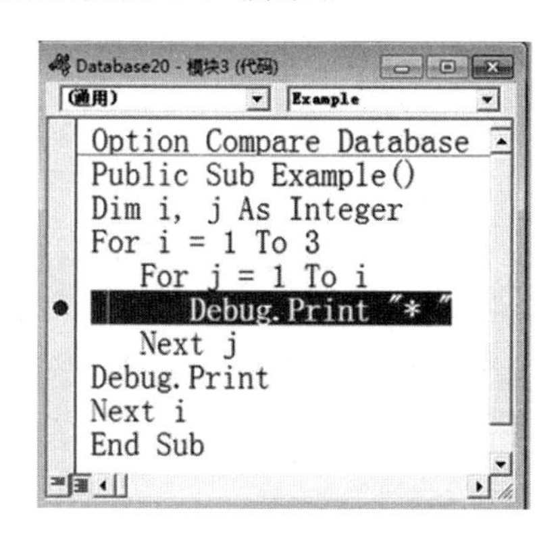

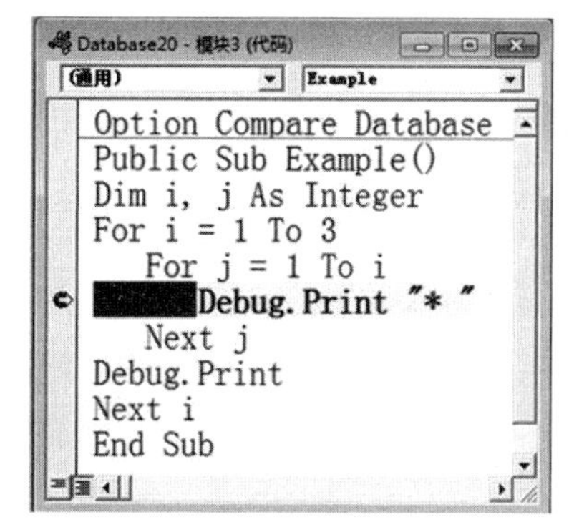

图 8-34　断点设置示例

3. 查看变量的值

1）在本地窗口中查看数据

运行程序时，在"视图"菜单中选择"本地窗口"，就可以在本地窗口中显示表达式、表达式值和表达式类型三部分内容，如图 8-35 所示。

2）在监视窗口中查看数据

运行程序时，在"视图"菜单中选择"监视窗口"，如图 8-36(b)所示；在"监视窗口"中单击鼠标右键并选择"添加监视"选项，即可在监视窗口中添加要监视的表达式，如图 8-37 所示。此时监视窗口就可以显示表达式、表达式值、表达式类型和上下文四部分内容，如图 8-38 所示。

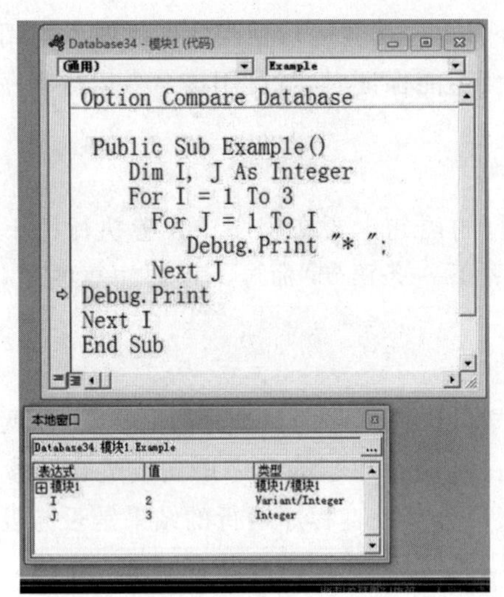

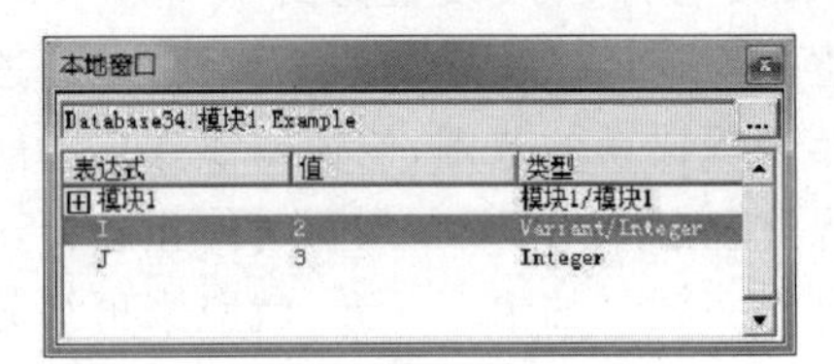

图 8-35　本地窗口中查看数据

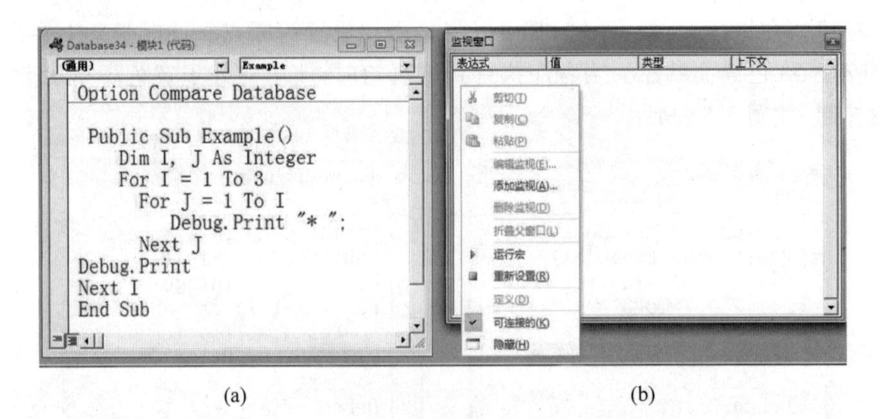

图 8-36　打开监视窗口

添加监视
表达式(E):
i
上下文
过程(P): Example
模块(M): 模块1
工程: Database34
监视类型
监视表达式(W)
当监视值为真时中断(T)
当监视值改变时中断(C)
确定
取消
帮助(H)

图 8-37　添加监视变量

图 8-38　监视窗口中查看数据

3）在立即窗口中查看数据

当语句处于挂起状态时，在立即窗口中输入“? 变量名”，就可以查看变量的取值，如图 8-39 所示。

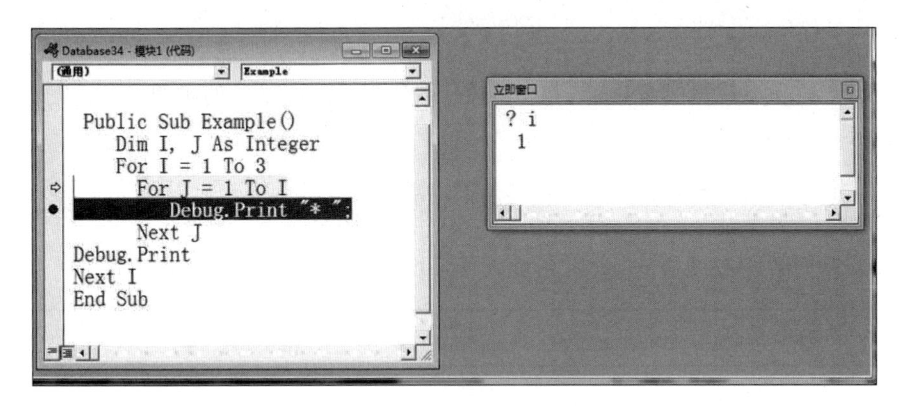

图 8-39　立即窗口中查看数据

随着程序复杂性的提高，程序中的各种错误伴随而来，错误(Bug)和调试(Debug)是每个编程人员必定会遇到的。对于初学者，遇到错误不用害怕，利用 VBA 丰富的调试工具来找到错误，学会查找和纠正错误，就是提高编程水平最好的方法。

8.7　数组

前面所使用的字符串型、数值型、逻辑型等数据类型都是简单类型，它们都是通过命名一个变量来存取一个数据。然而，在实际应用中，经常需要处理同一类型的成批数据。例如，前面多次使用过的教学管理数据库，为了处理一个班学生的一门课的成绩，需要按顺序存储一系列数据值，这就需要使用到数组。数组不是一种数据类型，而是一组有序基本类型变量的集合，数组的使用方法与内存变量相同，但功能远远超过内存变量。

8.7.1　数组定义

数组不是一种数据类型，而是一组按照一定顺序排列的基本类型内存变量，其中各个内存变量称为数组元素。数组元素用数组名及其在数组中排列位置的下标来表示，下标的个数称为数组的维数。

1. 数组的特点

(1) 数组是一组相同类型元素的集合;

(2) 数组中各元素有先后顺序,它们在内存中按排列顺序连续存储在一起;

(3) 所有的数组元素是用一个变量名命名的集合体。而且,每一个数组元素在内存中独占一个内存单元,可视同为一个内存变量。

2. 数组声明

1) 声明静态数组

```
Dim 数组名([<下标的下界>To] 下标的上界) [As 类型/类型符]
```

功能:定义静态数组的名称、数组的维数、数组的大小、数组的类型。下标下限省略的情况下视为 0,例如:

```
Dim x(4) As Integer
```

定义了 5 个整型数构成的数组,数组元素为 x(0) 至 x(4),即

x(0)	x (1)	x (2)	x (3)	x (4)

```
Dim x(1 to 4) As Integer
```

定义了 4 个整型数构成的数组,数组元素为 x(1) 至 x(4),即

x (1)	x (2)	x (3)	x (4)

```
Dim x(2,3) As Integer
```

VBA 支持多维数组,可以在数组下标中加入多个数值,并以逗号分开,来建立多维数组。最多可以定义 60 维。以上数组中定义了 12 个元素,分别是:

x(0,0)	x (0,1)	x (0,2)	x (0,3)
x (1,0)	x (1,1)	x (1,2)	x (1,3)
x (2,0)	x (2,1)	x (2,2)	x (2,3)

```
Dim x(1 to 2,1 to 3) As Integer
```

以上数组中定义了 6 个元素,分别是:

x (1,1)	x (1,2)	x (1,3)
x (2,1)	x (2,2)	x (2,3)

当然，同变量定义一样，也可以用一条命令定义多个数组，例如：

```
Dim  x(3) As Integer, y(5) As Integer
Dim  x(3) As Integer, y(5) As Single
```

2）声明动态数组

建立动态数组有以下两步操作。

其一，用 Dim 语句声明动态数组：

```
Dim 数组名()
```

功能：定义动态数组的名称，但不指明数组元素数目。

其二，用 ReDim 语句声明动态数组的大小：

```
ReDim [Preserve]变量名(下标的上界) [As 类型/类型符]
```

功能：定义动态数组的大小。每次使用 ReDim 语句都会使原来数组中的值丢失，可以在 ReDim 语句后面加 Preserve 参数用来保留数组中的数据。

例如：

```
Dimx() As Long
    …
Redim Dimx(2,3)
```

【例 8-32】 要求由键盘输入学生人数和每个学生的成绩，计算出来的平均分和高于平均分的人数放在数组的最后。

```
Public Sub 动态数组()
  Dim mark() As Integer
  Dim n As Integer
  n=Val(InputBox("请输入学生人数: "))
  ReDim mark(1 To n)
  Dim aver!, i%
  aver=0
  For i=1 To n              '输入成绩,求分数和
    mark(i)=Val(InputBox("请输入成绩"))
    aver=aver+mark(i)
  Next i
  ReDim Preserve mark(1 To n+2)
  mark(n+1)=aver/n
```

```
  mark(n+2)=0
  For i=1 To n                        '统计高于平均分的人数
    If mark(i) >mark(n+1) Then
      mark(n+2)=mark(n+2)+1
    End If
  Next i
  MsgBox ("平均分:" & mark(n+1) & "高于平均分人数:" & mark(n+2))
End Sub
```

8.7.2 数组处理

1. 数组的输入

【例 8-33】 利用循环结构,逐个输入数组元素的值。

```
Public Sub Example()
  Dim sb(3,4) As Integer,i As Integer,j AS Integer
  For i=0 To 3
    For j=0 To 4
      sb(i,j)=InputBox("输入" &  i  &“," &  j  & "元素")
    Next j
  Next i
End Sub
```

2. 数组的输出

【例 8-34】 利用循环结构,逐个输出数组元素。

```
Public Sub Example()
  Dim sc%(4, 4), i%, j%
  For i=0 To 4
    For j=0 To 4
       sc(i, j)=i * 5+j
       Debug.Print Space(4-Len(Trim(sc(i, j)))) & sc(i, j);
    Next j
    Debug.Print
  Next i
End Sub
```

3. 数组的应用

数组比较典型的应用就是排序。排序是将一组数按递增或递减的次序排列,现实中排序随处可见。在计算机应用中,排序有很多种方法,常用的有选择排序法、冒泡排序法、插入排序法、合并排序法等。下面以选择排序法为例，对存放在数组中的 6 个元素，用选择排序法升序排列。

选择排序法排序过程如图 8-40 所示。其中，右边数据中有下画线的数表示每一轮找到的最小数的下标位置与欲排序序列中最左边斜体的数交换后的结果。

						原始数据	8 6 9 3 2 7
a(0)	a(1)	a(2)	a(3)	a(4)	a(5)	第1轮比较	2 6 9 3 8 7
	a(1)	a(2)	a(3)	a(4)	a(5)	第2轮比较	2 3 9 6 8 7
		a(2)	a(3)	a(4)	a(5)	第3轮比较	2 3 6 9 8 7
			a(3)	a(4)	a(5)	第4轮比较	2 3 6 7 8 9
				a(4)	a(5)	第5轮比较	2 3 6 7 8 9

图 8-40 选择排序

【例 8-35】 由键盘给数组元素输入数据，使用选择排序法进行排序。

```
Public Sub Example()
  Dim a(5), i, j As Integer
  For i=0 To 5
    a(i)=Val( InputBox("please input the next number"))
  Next i
  For i=0 To 5
     Debug.Print a(i) & "  ";
  Next
  Debug.Print
  For i=0 To 5-1              '进行 n-1 轮比较
      iMin=i                  '对第 i 轮比较,初始假定第 i 个元素最小
      For j=i+1 To 5          ' 选最小元素的下标
         If a(j)<a(iMin) Then iMin=j
      Next j
      t=a(i)                  '选出的最小元素与第 i 个元素交换
      a(i)=a(iMin)
      a(iMin)=t
      For k=0 To 5
         Debug.Print a(k) & "  ";
      Next k
      Debug.Print
  Next i
End Sub
```

【例 8-36】 如果使用冒泡法排序，排序过程如图 8-41 所示。

排序过程实现程序如下（输入输出同例 8-35）。

						原始数据	8 6 9 3 2 7
a(0)	a(1)	a(2)	a(3)	a(4)	a(5)	第1轮比较	6 8 3 2 7 9
a(0)	a(1)	a(2)	a(3)	a(4)		第2轮比较	6 3 2 7 8 9
a(0)	a(1)	a(2)	a(3)			第3轮比较	3 2 6 7 8 9
a(0)	a(1)	a(2)				第4轮比较	2 3 6 7 8 9
a(0)	a(1)					第5轮比较	2 3 6 7 8 9

图 8-41　冒泡排序

```
Public Sub Example()
  For i=0 To n-1              'n 个数,进行 n-1 趟比较
    For j=0 To n-i-1          '在每一趟中对 n-i 个元素中两两相邻比较,大数沉底
      If A(j) >A(j+1) Then
            t=A(j)
            A(j)=A(j+1)
            A(j+1)=t
      End If
    Next j
  Next i
End Sub
```

小结

本章主要介绍了面向过程的编程方法。介绍了顺序、选择、循环三种程序结构;介绍了函数与过程的定义和使用方法;介绍了变量和数组的使用方法和作用范围;介绍了常用的程序调试方法。

习题

1. 如何利用 Select Case 语句完成例 8-11 的功能?
2. 如何利用计数循环 For…Next 完成例 8-15 和例 8-16?
3. 在什么情况下使用函数比较好?在什么情况下使用子过程比较好?
4. 编写程序的过程中,哪种情况下使用按值传递?哪种情况下使用按引用传递?

Chapter 9

第 9 章　面向对象的程序设计

知识导入

带界面的程序设计

通过前面章节的学习，我们学会了设计窗体、报表等程序界面，用向导获得了一些简单的程序功能；又学会了编辑 VBA 代码，实现了一些复杂的程序逻辑。本章将引入面向对象程序设计的思想，很容易地把程序代码与用户界面连接起来。这样，应用程序就可以具有对用户非常友好的人机界面，响应用户的输入并执行相应的程序代码。因此，把结构化程序设计和程序界面结合在一起，就可以实现更丰富的功能，具备开发一个完整桌面数据库应用系统的基本能力。这种编程对象是封装好的各种窗体、报表控件的程序设计方式，就是面向对象的程序设计。

9.1　基本概念

9.1.1　面向对象编程与面向过程编程的区别

在过去相当长的一段时间里，系统开发一般都采用结构化程序设计思想（Structured Programming，SP）。它的基本理念是将一个复杂的、规模较大的程序系统划分为若干个功能相关又相对独立的、一个个较小的模块，再把这些模块划分为更小的子模块。每个模块完成不同的功能，最后数据库应用系统再将这些模块整合在一起。尽管相对于以前的标准编程，这种模块化的设计已经是一个很大的进步，也确实能解决一些实际问题，但是，面对越来越复杂的任务，它就显得力不从心了。究其原因，一是程序代码的可重用性差，二是程序维护的一致性差。因为传统的结构化程序设计方法在本质上是面向过程的思维模式，数据和方法是分离的，所以每开发一个新系统，设计人员不能直接继承以前所开发的程序，即使某段程序可以复制，但是稍有不同，就必须逐条修改，维护数据和方法的一致性更要花费大量的人力和时间。

面向对象的程序设计（Object Oriented Programming，OOP）是目前程序设计方法的主流方式。首先它引入了**类**的概念，并由此产生了类库。设计者可以通过**继承**等方式，实现对类的重用,这就大大提高了代码的可重用性。而类又具有封装性,它将面向对象的数据和代码封装在一起,使数据的安全性增强。对类进行**实例化**以后,就产生了**对象**。对象是程序运行的最基本实体,其中包含该对象的所有**属性**和操作**方法**。各对象既是独立的实体,又可以通过消息传递相互作用。另外,设计者还可以不破坏已有对象的完整性,在已有对象的基础上构造更复杂的类对象。总之,OOP 模式以对象或数据为中心,以数据和方法的封装体为程序设计的基本单位,程序模块之间的消息交互存在于对象一级,这就给程序设计提供了一致性、灵活性、独立性和可靠性。

扩展阅读:面向对象

9.1.2 对象与类

1. 对象

对象(Object)的概念是 OOP 技术的核心内容,是构成整个应用系统的最基本元素。什么是对象?实际上,对象的概念源自于生活。现实世界中的每一个事物都是一个对象,例如一辆汽车、一台计算机、一个人、一个数等。不难发现,一个对象之所以可以区别于其他对象而存在,是因为任何对象个体都具有自己的特征或行为,我们将之区分为静态的"**属性**"和动态的"**方法**"。例如,汽车的静态属性有型号、颜色等,动态方法有行驶、停止、转弯等;计算机的静态属性有品牌、大小等,动态方法有运行、待机、关机等。面向对象技术中将对象的静态特征属性与动态行为方法封装在一起,作为一个整体来处理。一个汽车对象的部分静态属性和动态方法如图 9-1 所示。

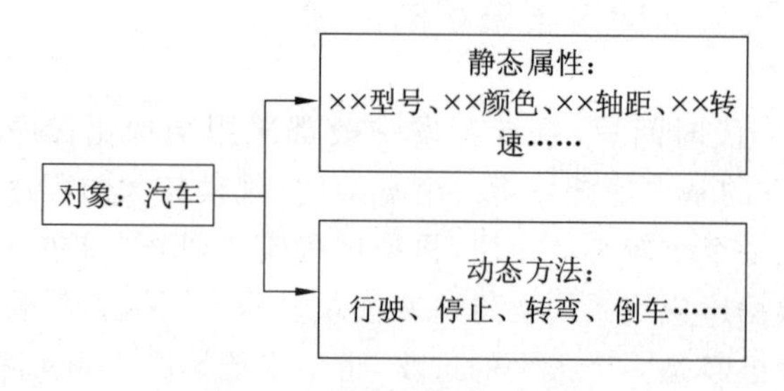

图 9-1　对象的属性和方法

2. 类

在我们身边,从生活用品到工业产品,类似或相同的事物无处不在,通常它们都是由同一个可以称为"模具"的东西生产出来的。这里所说的"事物",就是前面提到的"对象";一个"模具"就是一个"类",而由模具生产出的每一个产品,就是该模具"类"的实例化,也就是一个"对象"。

所以简单地讲，**类就是对象的集合，而对象是类的实例**。例如，Office办公软件中，常常使用模板来生成自己的初始文档。这里的模板就是一个类（文档结构类），而生成的具体文档就是一个对象。显然，一个类的定义应该描述该类中所包含对象的所有基本特征属性和行为方法，它是某类对象的一个蓝图和框架。因此，通常把“类”看作制造对象的一个“模具”或“模板”。

例如，现实世界中所有的汽车都可以看作一个类（汽车类），而这个类的实例即某一部具体存在的汽车，也就是对象。当然，我们可以通过汽车类制造出各种各样的汽车。每辆汽车都有自己的型号、颜色等静态特征属性，也具有行驶、停止等动态行为方法。

思考

使用类有什么好处呢？可以想象，如果要生产100辆汽车，每一辆汽车上都标注某种标志，我们会选择对100辆汽车逐个进行100次的标注么？显然更好的办法是，只对制造汽车的“模具”进行1次修改，那么不管生产多少辆汽车，只要使用这种模具，就都带有同样的标志。在面向对象的程序设计中，只要修改类的定义，让类的定义中具备某个属性，那么用该类实例化出的所有对象就自然带有该属性了。

3. 控件中的对象与类

实际上，我们在查询文件、窗体等章节就已经在使用对象和类的概念了。简单地讲，窗体本身就是一个“窗体类”，每个被创建的窗体都是“窗体类”的一个对象；窗体中的每个控件也都是一个控件类，每个被创建的成员控件个体都是该类的一个对象。例如，窗体中添加的标签控件、文本框控件、命令按钮控件等，都属于不同的类；当创建了一个窗体，并在窗体中放入一个标签、一个文本框、一个命令按钮，并定义了“标题（Caption）”“名称（Name）”等具体的属性后，就是完成了对象实例化的过程，因而得到具体的对象。换句话说，当创建窗体或是在窗体中添加一个控件时，就是在完成将类实例化为对象的过程，如图9-2所示。

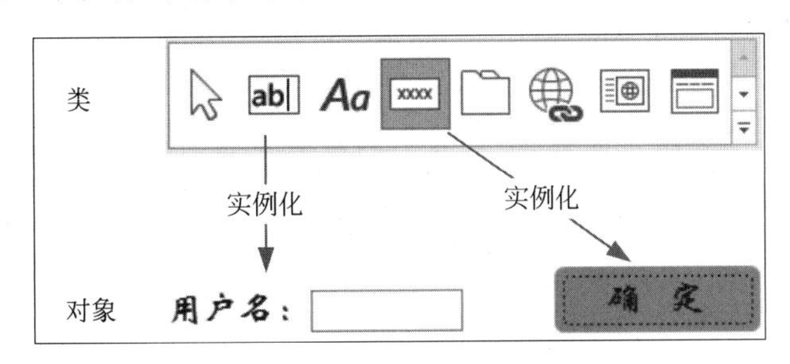

图9-2　文本框和按钮实例化

注意

使用该类定义为模板，创建一个具体的按钮对象时，应该为按钮设置静态属性来生成按钮外观。但是按钮对象的方法不能在创建按钮的时候执行，而只能在按钮创建以后的程序代码中调用方法执行。就像制造汽车的时候汽车还不能行驶一样。

9.1.3 类的特征

每个类都可以实例化出许多具有最基本属性和方法的对象，只有被实例化以后，对象才能通过调用本身的方法操作程序运行。除了可以通过类的实例化来创建对象以外，类还具有**封装性**、**层次性**、**继承性**、**多态性**的特征，这就大大加强了代码的可重用性。类的封装、层次、继承与实例化如图 9-3 所示。

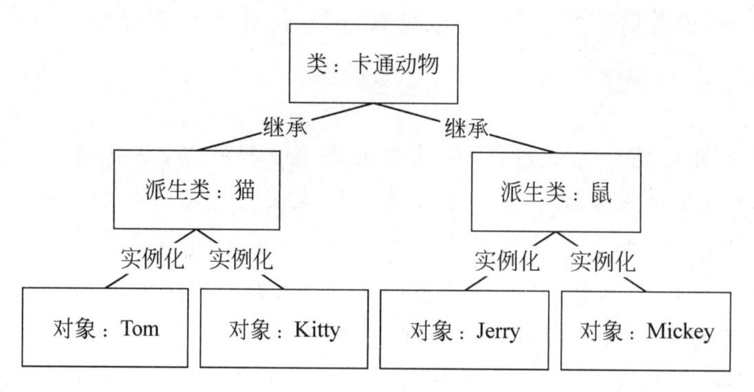

图 9-3 类的封装、层次、继承与实例化

1. 封装性

封装就是将数据和处理数据的操作放在一起。对于一个对象而言，就是将该对象的属性和方法封装到单独的一段代码中，并且对数据的存取只能通过调用对象本身的方法来进行，其他对象不能直接作用于该对象中的数据，对象之间的相互作用只能通过消息进行。因此，对象是一个完全封装的实体，具有模块独立性，较之传统的面向过程的程序设计中将数据和操作分离的设计方法，显然前者更为方便和安全。因为用户可以集中精力来考虑如何描述和使用对象的属性，而忽略对象的内部细节，这就增加了程序的可靠性和可维护性。

2. 层次性

类可以由已存在的类派生而来，类之间的内在联系可以用类的层次来描述。在这种层次结构中，处于上层的类称为父类，处于下层的类称为派生类(子类)；上下层次之间是一种包含关系，父类包含派生类。派生类是父类的具体化、特殊化，父类是派生类的抽象化。

3. 继承性

类的继承性在面向对象的程序设计中得到了充分的体现。可以从现有的类派生出新类，派生类继承了其父类所有的公有属性和方法，除此以外，派生类还可以具有自己独特的属性和方法；如果在某个类中发现了错误，只要在该类中进行修改，这种修改将涉及该类的全部子类，这样使程序设计和维护都得到简化，如图 9-4 所示。

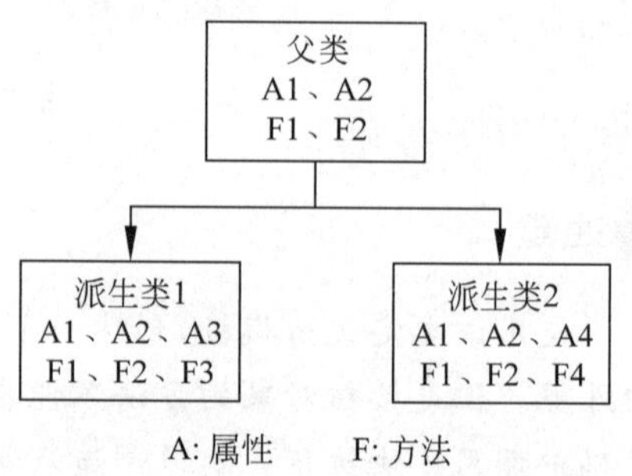

图 9-4 派生类继承父类的属性和方法

4. 多态性

多态性是指允许不同类的对象对同一事件做出响应。比如加法，把两个文本类型数据和两个数字类型的数据相加，结果肯定完全不同。又比如，按钮和复选框都可以单击，但却有不同的操作效果和响应方式。多态性使语言具有灵活、抽象、行为共享、代码共享的优势。

可以看出，派生类一般都具有比父类更多的属性和方法，也就是说，派生类的内涵更加丰富。而事物的内涵越丰富，往往外延就越小，因此，父类实例化成的对象的范围更大，包含着派生类实例化成的对象。

类的继承方式有以下两种。

(1) 单一继承：一个派生类最多有一个父类。

(2) 多重继承：一个派生类有多个父类，它具有其每个父类的属性和方法。

9.2　控件对象的属性和方法

对象的属性、方法和事件构成了对象的三个要素。概括起来，属性决定对象的外观，方法决定对象具有的行为，事件决定了对象对外界的响应。三者的有机结合，实现了对象的完整定义。

9.2.1　控件对象的属性

识别一个对象最直接的方式是通过对象的外观来感知它，由此熟悉对象的特性，并进一步操控对象。对象的外观由对象的静态属性来决定，也就是说，对象的属性描述了对象静态特征。例如按钮对象，它的静态属性有标题、名称、背景颜色、宽度、高度等。

属性是对象所具有的固有特征，可以理解为属于对象的某些变量，在创建一个对象的时候，这些代表属性的变量被各种类型的数据来赋值。无论是窗体还是窗体中的控件，在使用过程中都需要定义自己的属性变量。第 7 章介绍了利用窗体的属性表窗格为对象的属性赋值的过程，下面介绍面向对象程序设计中，如何利用代码为属性赋值。

属性定义语句的一般格式为：

```
[<集合名>].<对象名>.<属性名>=属性值
```

大多数情况下，集合名都是表示当前对象所属的容器，如窗体、报表等。

例如，在窗体中添加一个命令按钮对象，并定义该对象的名称为 Command0。可以通过下面的一些代码完成该对象的属性定义。

```
Me.Command0.Caption="确定"                 '定义命令按钮显示的文字为：确定
Me.Command0.ForeColor=RGB(255, 0, 0)       '按钮的前景颜色为：红色
Me.Command0.Height=600                     '高度
Me.Command0.Width=1000                     '宽度
```

这里的 Me 表示当前窗体,是当前窗体的一种指针。前面代码中出现的属性值数据类型有字符型、数字型。不同的对象属性具有不同数据类型,可以通过对象的属性表窗格查阅。

注意

在属性窗格中赋值的方式,是在系统运行之前的设计阶段完成的。用代码方式定义对象的属性,更适合系统运行过程中的随机需求。大部分属性既可以在系统设计阶段由属性窗格赋值,也可以在系统运行阶段由代码方式赋值,这样的属性称为**可读写属性**。有小部分属性只能在设计阶段通过对象属性窗格赋值,在系统运行过程中是不允许修改的,这类属性称为**只读属性**。例如,控件的名称(Name)属性就是一个只读属性。

9.2.2 控件对象的方法

对象的方法也叫作对象的成员函数,实际上就是 VB 提供的一种特殊的过程函数,该函数完成对象实施的某种操作功能。方法作为对象的常见动作,不仅决定了对象的行为,也是从动态的角度描述了对象的特性。

在面向对象的程序设计过程中,方法可以理解为使对象完成某个动作的代码,可以在程序中直接调用,就像在模块化程序设计中调用函数一样。对象方法调用代码的一般格式为:

```
[<集合名>].对象名.方法名[参数表]
```

同样,大多数情况下,集合名也都是表示当前对象所属的容器,如窗体、报表等。

例如,要使按钮对象 Command0 的位置移动到距离窗体左边框 500 单位距离的位置上,可以使用按钮对象的 Move 方法,使用的代码为:

```
Me.Command0.Move (500)
```

注意

设置对象的水平位置也可以用定义对象属性的方法实现,这跟调用 Move 方法的执行效果等价:

```
Me.Command0.Left=500
```

另外,要使按钮对象 Command0 获得焦点成为当前活动按钮,可以使用按钮对象的 SetFocus 方法,使用的代码为:

```
Me.Command0.SetFocus
```

上述 Move 和 SetFocus 方法都是 VBA 为按钮对象定义的过程函数，两者的区别在于，Move 方法函数有参数，而 SetFocus 方法是一个无参函数。

Access 2016 中的每种对象都拥有自己的成员方法，有些方法相同，而有些方法则是某些对象所特有的。Access 常用对象的成员方法和功能如表 9-1 所示。

表 9-1　控件对象的成员方法

对　象	方　法	说　明
窗体成员方法	GoToPage	将焦点移到活动窗体的指定页上的第一个控件
	Move	将窗体对象移动到参数值所指定的坐标处
	Recalc	用于立即更新窗体上的所有计算控件
	Refresh	立即更新窗体或数据表
	Repaint	重新绘制窗体上的控件，完成控件的重新计算任务
	Requery	重新查询窗体对象的数据源，活动窗体上的数据将更新
	SetFocus	将焦点移动到指定窗体
	Undo	撤销操作，重置窗体上的控件
文本框成员方法	Move	将文本框移动到参数值所指定的坐标处
	Requery	重新查询文本框的数据源，文本框上的数据将更新
	SetFocus	将焦点移动到文本框
	SizeToFit	调整文本框的大小，使其适应文本长度
	Undo	撤销操作，重置文本框控件
标签成员方法	Move	将标签移动到参数值所指定的坐标处
	SizeToFit	调整标签控件的大小，使其适应文本或它所包含的内容
按钮成员方法	Move	将按钮移动到参数值所指定的坐标处
	Requery	重新查询数据源，按钮数据将更新
	SetFocus	将焦点移动到按钮
	SizeToFit	调整按钮的大小，使其适应文本长度
复选框成员方法	Move	将复选框对象移动到参数值所指定的坐标处
	Requery	重新查询复选框控件的数据源，复选框的数据将更新
	SetFocus	将焦点移动到复选框
	SizeToFit	调整复选框控件的大小，使其适应文本或它所包含的图像
	Undo	撤销复选框操作，重置控件

续表

对　象	方　法	说　明
选项组成员方法	Move	将选项组对象移动到参数值所指定的坐标处
	Requery	重新查询选项组控件的数据源,选项组的数据将更新
	SetFocus	将焦点移动到选项组
	SizeToFit	调整选项组控件的大小,使其适应文本或它所包含的图像
	Undo	撤销选项组操作,重置控件
组合框成员方法	AddItem	该方法用于向指定组合框控件显示的值列表中添加一个新项
	Dropdown	强制在指定的组合框中下拉列表,将组合框变为列表框
	RemoveItem	从指定组合框控件显示的值列表中删除一个项
	Move	将组合框对象移动到参数值所指定的坐标处
	Requery	重新查询组合框控件的数据源,组合框的数据将更新
	SetFocus	将焦点移动到组合框
	SizeToFit	调整组合框控件的大小,使其适应文本或它所包含的图像
	Undo	撤销组合框操作,重置控件
列表框成员方法	AddItem	该方法用于在指定的列表框控件显示的值列表中添加新项
	RemoveItem	从指定的列表框控件显示的值列表中删除一项
	Move	将列表框对象移动到参数值所指定的坐标处
	Requery	重新查询列表框控件的数据源,列表框的数据将更新
	SetFocus	将焦点移动到列表框
	SizeToFit	调整列表框控件的大小,使其适应文本或它所包含的图像
	Undo	撤销列表框操作,重置控件
选项卡成员方法	Move	将选项卡移动到参数值所指定的坐标处
	SizeToFit	调整选项卡控件的大小,使其适应文本或它所包含的内容

从表9-1中可以看出,有些方法函数对很多控件对象都适用,像Move、Requery、SetFocus、SizeToFit等。而有的方法则是某种控件对象特有的,像组合框控件的AddItem、Dropdown、RemoveItem等。

另外,Access 2016的VBA中还有一些特殊的对象,例如DoCmd对象。该对象没有任何属性,但却拥有丰富的成员方法,通过使用DoCmd对象的方法,可以在VBA的程序中运行Access 2016的许多操作,诸如关闭窗体、查询、表或数据库文件、设置控件、调整窗体大小外观等。

通过调用DoCmd的这些成员方法,可以实现Access 2016的绝大部分常用操作。DoCmd对象的几个常用方法如表9-2所示。

表 9-2 DoCmd 对象的常用成员方法

方法	说明
Close	在 VBA 中,关闭当前对象,包括窗体、报表、查询等
CloseDatabase	关闭当前数据库
CopyObject	复制一个对象
DeleteObject	删除一个对象
GoToPage	转向当前窗体的指定页
GoToRecord	转向指定的记录
Hourglass	使光标由箭头变为沙漏
Maximize	最大化当前对象
Minimize	最小化当前对象
OpenForm	打开窗体
OpenQuery	打开查询
OpenReport	打开报表
OpenTable	打开数据表
PrintOut	打印或输出
Quit	在退出 Access 2016 前,可以选择保存数据库对象及其数据
RefreshRecord	刷新记录,立即显示数据的更新情况
RepaintObject	重新绘制对象
Requery	重新查询对象的数据源
RunSQL	将部分 SQL 语句嵌入 VBA 程序运行
Save	将当前对象的数据更新写入数据库
SetFilter	对活动数据表、窗体、报表或表中的记录应用筛选
SetParameter	创建 OpenForm、OpenQuery、OpenReport 等方法的参数

注意

在编写程序调用对象的成员方法时,可以参考 Access 2016 的即时帮助信息。在程序语句中书写对象名称时,会自动弹出该对象控件的所有属性和方法的列表,可以用鼠标选择需要的方法名称;在需要填写方法函数的参数时,屏幕也会自动弹出参数列表说明,提示用户参数的个数、数据类型和用途。

扩展阅读:DoCmd 对象

9.3 控件对象的事件

9.3.1 事件的概念

每个对象都能对特定的操作动作或环境状态变化做出识别和响应，这种特定的用户操作动作或状态变化称为事件。

在面向对象程序设计中，事件是一种预先定义好的特定的动作，由用户或系统激活。例如，用户用鼠标单击某个命令按钮对象，就会触发该命令按钮的Click事件，双击命令按钮则触发其双击(DblClick)事件等。用户可以事先为某些事件编写过程代码，当事件发生时，该对象的相应事件的过程代码将被执行。就像人们平常使用Windows时，常常双击某个应用程序。实际上，双击该应用程序时所触发的DblClick事件代码中书写了打开窗口的代码，因此在双击事件发生时，才会触发打开窗口的操作。所以，用户要特别关心的是：对于什么对象，会发生什么事件，何时发生，如果发生了某个事件，希望要做些什么事情，然后编写出合适的程序放入该对象的该事件过程中。

下面仍以按钮对象Command0为例，介绍在单击按钮时，为该按钮设置属性并且调用方法。

【例9-1】 为按钮Command0编写Click事件代码：在单击按钮时，为按钮设置标题为“确定”，红色字体，按钮宽度1000单位长度，高度600单位长度，并将其移动到距窗体左边框500单位长度的位置，具体步骤如下。

(1) 打开窗体设计视图，添加一个非绑定按钮控件，在自动弹出的“命令按钮向导”对话框上直接单击“取消”，这个按钮被自动命名为“Command0”，如图9-5所示。

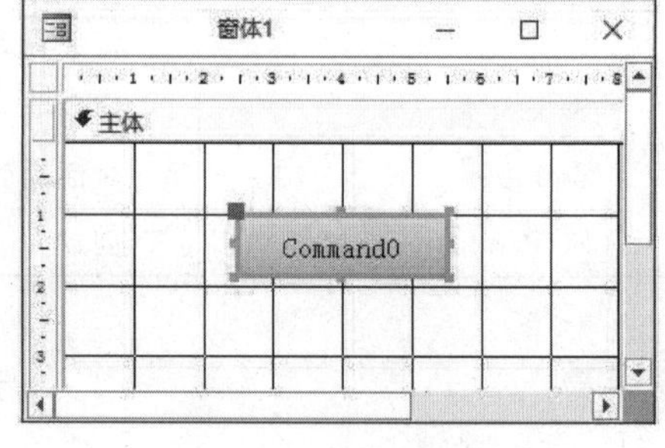

图9-5 创建按钮对象

(2) 选中Command0，在屏幕右侧按钮对象的属性表窗格中选择“事件”选项卡，单击“单击”事件的后面的“…”按钮，弹出“选择生成器”对话框，在“代码生成器”条目上双击，如图9-6所示。

(3) 弹出VBA程序设计界面，在界面左侧的“工程资源管理器”窗口中，显示有“Microsoft Access类对象”的树状目录，数据库中每一个进行面向对象程序设计的窗体都是其中的一个项目，每个工程项目的命名方式为：

```
Form_[<集合名>]
```

在此例中，工程项目的名称为Form_窗体1。由于等待编辑的是Command0的“单击”事件代码，此时，代码窗口中已经自动出现Click()函数的结构。

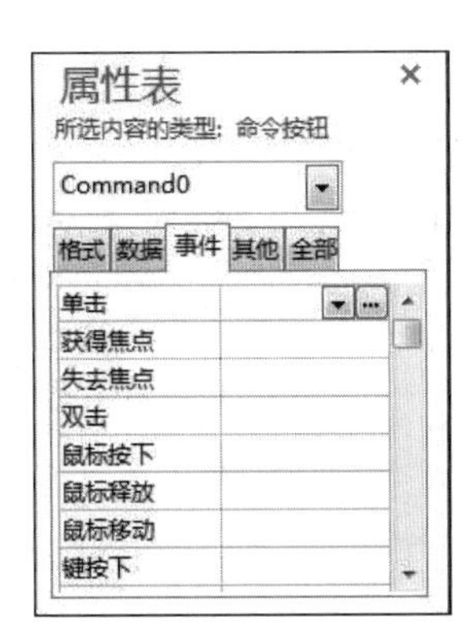

图 9-6 按钮对象的单击事件生成

```
Private Sub Command0_Click()
End Sub
```

插入点光标自动放置在该 Click 事件函数结构体中，在插入点位置输入 Click 事件代码：

```
Me.Command0.Caption="确定"                '定义命令按钮显示的文字为：确定
Me.Command0.ForeColor=RGB(255,0, 0)       '按钮的前景颜色为：红色
Me.Command0.Height=600                    '高度
Me.Command0.Width=1000                    '宽度
Me.Command0.Move(500)                     '按钮移动到指定位置
```

Click 事件代码的前四行是用代码方式为按钮对象的属性赋值，最后一句是调用按钮对象的 Move 方法，设置按钮位置。

编辑 Click 事件代码如图 9-7 所示。

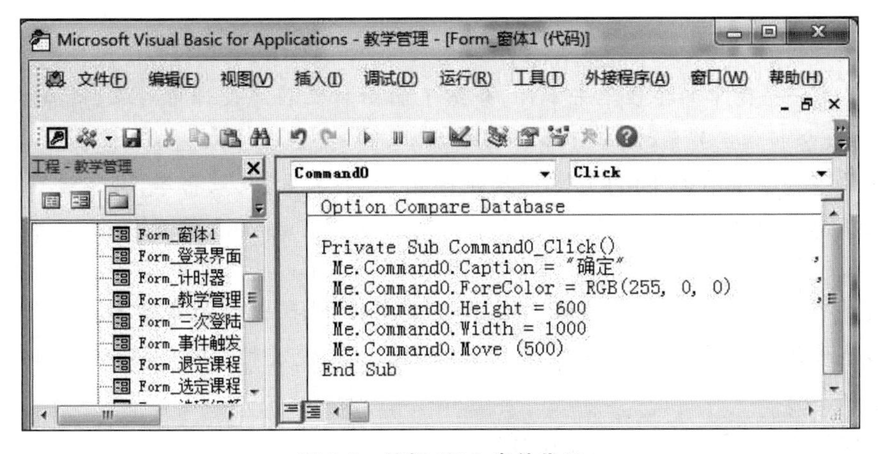

图 9-7 编辑 Click 事件代码

扩展阅读

在对象的属性窗格设置中，属性值的长度一般以厘米(cm)为单位，而在 VBA 的程序设计语句中，长度一般是以 Twip 为单位，Command0 的高度和宽度等单位就是 Twip。Twip 中文译为“缇”，是一种和屏幕无关的长度计量单位，目的是为了让应用程序的对象输出到不同设备时都能保持一致的计算方式，保证同一应用程序的窗口在不同系统下的物理外观比例不变。Twip 和其他常用长度度量单位的换算公式如下。

1cm＝567Twips

1inch(英寸)＝1440Twips

1point(磅)＝20Twips

如果要用“像素”为单位和 Twip 换算，换算公式将和当前的屏幕分辨率(DPI)有关。DPI 的单位是“像素点/英寸”，像素和 Twip 的换算公式为

1Pixel(像素)＝(1/DPI)×1440Twips

例如，当 DPI 设置为 96 时，1Pixel＝(1/96)×1440＝15Twips。

(4) 关闭 VBA 程序设计界面，返回 Access 2016 主窗口，运行窗体。单击按钮操作前后的窗体对比如图 9-8 所示。

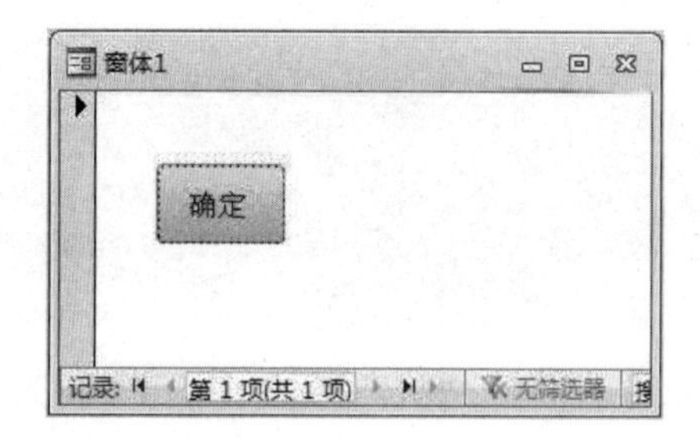

图 9-8 按钮单击操作前后对比

思考

例 9-1 用一个简单的按钮单击事件，介绍了面向对象程序设计中对象、对象的属性、方法、事件的概念和相互关系，演示了事件代码编辑的一般过程。从图 9-6 左图中可以看出，按钮对象的事件除了单击(Click)外，还有获得焦点、失去焦点、双击等，只不过在本例中这些事件没有设计相应的代码，我们可不可以说按钮 Command0 就没有激活上述几个事件呢？

答案是否定的，无论是否对事件编程，发生某个操作时，相应的事件都会被激活。如果用户为该事件编写了代码，就执行该事件过程代码；如果没有相应的代码，就不做任何响应。

9.3.2 Access 2016 控件的常用事件

Access 2016 的不同控件拥有不同类型的事件。也就是说，不同的控件可以对外界的不

同操作发出响应。下面将按照事件被触发的不同时机分类，介绍 Access 2016 控件的常用事件。

1. 数据操作事件

数据操作事件发生在窗体或控件中的数据被输入、删除或更改时，或当焦点从一条记录移动到另一条记录时。事件名称的中英文对照和解释如下。

(1) 成为当前(Current)：当焦点移动到一条记录，使它成为当前记录时，或者成为当查询窗体的数据来源时被触发。当窗体第一次打开或刷新数据时，首先要做的就是查询窗体数据源，数据源表的第一条记录一般会成为当前记录，当焦点移动时，焦点的移动目标记录就会成为新的当前记录。

(2) 插入前(BeforeInsert)：在新记录中输入第一个字符但记录未添加到数据库时发生。

(3) 插入后(AfterInsert)：在新记录中的数据添加到数据库时发生。

(4) 更新前(BeforeUpdate)：在控件或记录的数据更新之前。此事件发生在被更新控件或记录失去焦点时，或保存记录时。

(5) 更新后(AfterUpdate)：在控件或记录的数据更新之后。此事件发生在被更新控件或记录失去焦点时，或保存记录时。

(6) 删除(Delete)：当一条记录被设置删除但删除未确认时发生。

(7) 确认删除前(BeforeDelConfirm)：在 Delete 事件之后，且在 Access 2016 显示对话框询问用户确认删除操作之前，此事件发生。

(8) 确认删除后(AfterDelConfirm)：Access 2016 显示对话框询问用户确认删除操作之后，此事件发生。

(9) 更改(Change)：当文本框控件或组合框控件文本部分的内容发生更改时，该事件发生；在选项卡控件操作中，从某一页移动到另一页时该事件也会被触发。

2. 鼠标操作事件

鼠标操作事件在发生鼠标操作动作时被触发，是最常用的用户触发事件。

(1) 单击(Click)：此事件在控件区域上单击鼠标左键时发生。对于窗体对象，在单击记录选择器、节或窗体内控件之外的区域时触发该事件。

(2) 双击(DblClick)：此事件在控件或它的标签上双击鼠标左键时发生。对于窗体，在双击空白区或窗体上的记录选择器时触发该事件。

(3) 鼠标键按下(MouseDown)：当鼠标指针位于窗体或控件上时，按下鼠标键时触发该事件(注意，只是按下鼠标键，并不抬起)。

(4) 鼠标键释放(MouseUp)：当鼠标指针位于窗体或控件上时，释放一个按下的鼠标键时触发该事件。

(5) 鼠标移动(MouseMove)：当鼠标指针在窗体、窗体选择内容或控件上移动时触发该事件。

3. 键盘操作事件

键盘操作事件在键盘按键时触发,但响应该事件的控件对象应该是当前活动对象,即获得焦点的对象。

(1) 按键(KeyPress):当控件或窗体获得焦点时,按下并释放键盘上一个产生标准字符的键或组合键后触发该事件。

(2) 键按下(KeyDown):当控件或窗体获得焦点时,在键盘上按下任意键时触发该事件(注意,只是按下键盘键,并不抬起)。

(3) 键释放(KeyUp):当控件或窗体获得焦点时,释放一个按下键时触发该事件。

4. 错误处理事件

出错(Error):当窗体或报表运行中,Access 2016 产生一个运行错误或系统异常时触发该事件。

从理论上讲,VBA 这种被用在微软 Office 产品中的以 Visual Basic 语言为基础的脚本语言没有提供专门的错误处理机制,当程序出现错误或产生异常情况时,VBA 会自动定位到出错的代码行,然后提示用户出错的可能原因。在 VBA 的程序设计中,当系统异常产生时,将触发一个 Error 事件,用户可以通过编辑该事件的代码来处理错误,使程序在任何情况下都有出口。

5. 同步事件

计时器触发(Timer):每当窗体的 TimerInterval 属性所指定的时间间隔已到时,该事件被触发,该事件可以通过在指定的时间间隔重新查询或重新刷新数据来保持多用户环境下的数据同步。

VBA 为处理同步操作提供了一个同步计时器,该计时器由一个时间间隔属性和一个计时器事件组成,系统按照预先设定好的时间间隔规律触发计时器事件,计时器事件代码就会按照固定的频率循环执行。

6. 筛选事件

在窗体上应用或者创建一个筛选的时候,将触发筛选事件。

(1) 应用筛选(ApplyFilter):执行功能区的"应用筛选"或按选定内容筛选时触发该事件。

(2) 筛选(Filter):执行功能区的"按窗体筛选"或"高级筛选/排序"时触发该事件。

7. 激活或切换事件

在窗体、控件获得焦点成为当前活动对象时,或窗体、控件失去焦点变为非活动对象时将会触发激活或切换事件。

(1) 激活(Activate):当系统或用户激活窗体或报表,窗体或报表成为当前活动窗口时触发该事件。

(2) 停用(Deactivate):当系统或用户切换窗口,当前活动窗口由激活状态改变为非激活状态时触发该事件。

(3) 进入(Enter):在控件实际获得焦点,成为当前活动控件之前会触发该事件,此事件在GotFocus事件之前发生。

(4) 退出(Exit):焦点从A控件移动到同一窗体上的B控件时,A控件会失去焦点,在焦点真正失去之前,会触发退出事件,此事件在LostFocus事件之前发生。

(5) 获得焦点(GotFocus):当一个没有被激活的窗体或控件获得焦点,成为当前活动对象时触发该事件,此事件在Enter事件之后发生。

(6) 失去焦点(LostFocus):当窗体或控件失去焦点时触发该事件,此事件在Exit事件之后发生。

8. 窗体、报表事件

打开或关闭窗体、报表,或者调整窗体对象时,将触发窗体报表事件。

(1) 打开(Open):当窗体或报表打开时触发该事件。

(2) 关闭(Close):当窗体或报表关闭,从屏幕上消失时触发该事件。

(3) 加载(Load):当打开窗体,并显示窗体内容时触发该事件,此事件发生在Current事件之前,Open事件之后。

(4) 卸载(UnLoad):当窗体关闭,数据被卸载,从屏幕上消失之前触发该事件,此事件在Close事件之前发生。

(5) 调整大小(Resize):当窗体的大小发生变化或窗体第一次显示时触发该事件。

9.3.3 事件触发顺序

事件的发生都是有规律的,也遵循一定秩序。下面就列举一些常用操作所触发事件的先后顺序。

在描述事件时,统一采用“事件名(对象名)”的标准格式,例如,“Open(窗体)”表示“窗体对象的Open事件被触发”。

1. 开启窗体

Open(窗体)→Load(窗体)→Resize(窗体)→Activate(窗体)→Current(窗体)→Enter(第一个拥有焦点的控件)→GotFocus(第一个拥有焦点的控件)。

2. 关闭窗体

Exit(控件)→LostFocus(控件)→Unload(窗体)→Deactivate(窗体)→Close(窗体)。

3. 窗体A切换至窗体B

Deactivate(窗体A)→Activate(窗体B)。

4. 焦点从控件A转移到控件B

Exit(控件A)→LostFocus(控件A)→Enter(控件B)→GotFocus(控件B)。

5. 更新数据

BeforeUpdate(控件)→AfterUpdate(控件)→BeforeUpdate(窗体)→AfterUpdate(窗体)。

6. 更新控件 A 数据后切换至控件 B

BeforeUpdate(控件 A)→AfterUpdate(控件 A)→Exit(控件 A)→LostFocus(控件 A)→Enter(控件 B)→GotFocus(控件 B)。

7. 删除记录

Delete(窗体)→BeforeDelConfirm(窗体)→AfterDelConfirm(窗体)。

8. 在文本框、组合框中输入文本

KeyDown(控件)→KeyPress(控件)→Change(控件)→KeyUp(控件)。

9. 单击控件

MouseDown(控件)→MouseUp(控件)→Click(控件)。

10. 双击控件

MouseDown(控件)→MouseUp(控件)→Click(控件)→DblClick(控件)→MouseUp(控件)。

可以用一个简单的实例验证上述事件的触发顺序是否正确。在对象的每一个事件代码中,调用一个 MessageBox 函数,弹出相应的提示信息。在常用操作发生时,通过对话框弹出的先后顺序,即可判断事件的触发顺序。

【例 9-2】 改写例 9-1 的窗体程序,验证开启该窗体时事件的触发顺序,具体步骤如下。

(1) 打开窗体 1 的设计视图和属性表窗格。

(2) 在属性表窗格的下拉列表中选择“窗体”对象后,打开“事件”选项卡,在“打开(Open)”事件后面的按钮上单击,选择“代码生成器”,在 VBA 代码窗口中编辑打开事件代码如下。

```
Private Sub Form_Open(Cancel As Integer)
    MsgBox "窗体的打开(Open)事件被触发!", vbInformation, "提示:"
End Sub
```

Form_Open 表示窗体的 Open 事件代码模块,其中只是调用了一个消息框函数,这样,在窗体的 Open 事件被触发时,将显示一个带有 Information Message 图标的消息框,提示当前触发的事件。

(3) 按照第(2)步的方式,依次为窗体的加载(Load)事件、调整大小(Resize)事件、激活(Activate)事件、成为当前(Current)事件代码编写如下。

```
Private Sub Form_Activate()
    MsgBox "窗体的激活(Activate)事件被触发!",vbInformation, "提示:"
End Sub
Private Sub Form_Current()
    MsgBox "窗体的成为当前(Current)事件被触发!",vbInformation,"提示:"
End Sub
Private Sub Form_Load()
    MsgBox "窗体的加载(Load)事件被触发!", vbInformation, "提示:"
```

```
End Sub
Private Sub Form_Resize()
    MsgBox "窗体的调整大小(Resize)事件被触发!",vbInformation,"提示: "
End Sub
```

(4) 由于按钮 Command0 是窗体中唯一的控件对象，也就是打开窗体后第一个拥有焦点的默认对象，因此要为窗体中的按钮编辑进入(Enter)事件代码和获得焦点(GotFocus)事件代码，具体如下。

```
Private Sub Command0_Enter()
    MsgBox "按钮的进入(Enter)事件被触发!", vbInformation, "提示: "
End Sub
Private Sub Command0_GotFocus()
    MsgBox "按钮的获得焦点(GotFocus)事件被触发!",vbInformation,"提示: "
End Sub
```

这样，程序中共编辑了 7 段事件代码，其中包括 5 个窗体事件和 2 个按钮事件。编辑后的 VBA 代码窗口如图 9-9 所示。

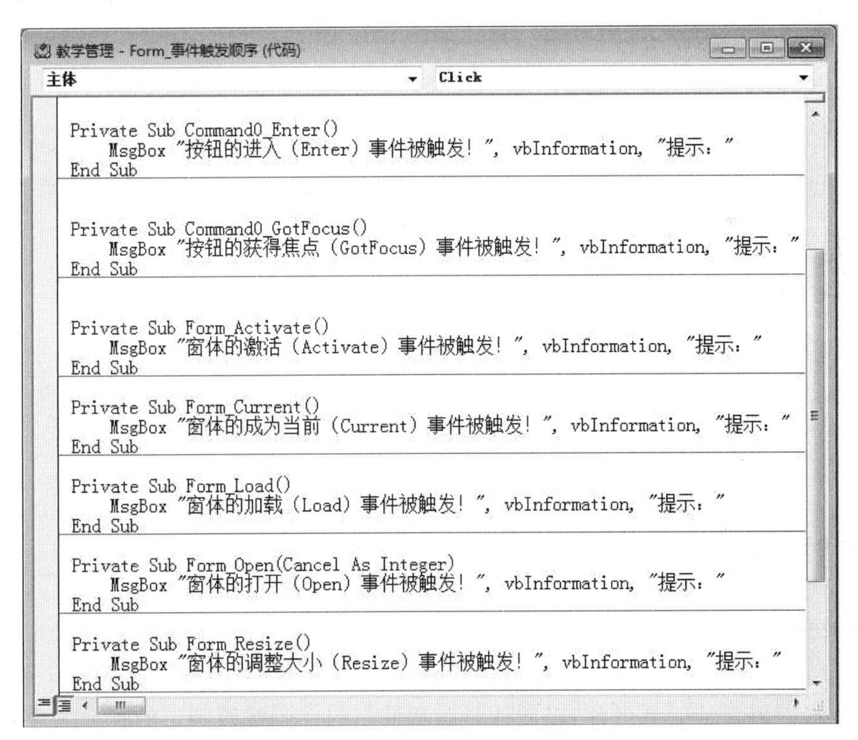

图 9-9　编辑后的代码窗口

(5) 关闭 VBA 窗口，回到 Access 2016 窗口，运行窗体 1，在窗体出现之前，先后弹出 7 个消息框，从而验证事件触发的顺序首先是窗体的打开(Open)、加载(Load)、调整大小

(Resize)、激活(Activate)、成为当前(Current);然后是按钮的进入(Enter)和获得焦点(GotFocus)事件。

思考与练习

以上 7 段事件代码编写的顺序和程序运行的效果有关吗?

在面向对象的程序设计模式中,每个事件代码模块都相对独立,且只有相应事件触发时才会运行,因此,这 7 段事件代码的编写顺序可以任意,不影响窗体运行时事件的触发顺序。

请根据例 9-2 的方法,设计其他程序来检验某些操作进行时将触发哪些事件,触发的顺序又是什么。

9.4 窗体的面向对象程序设计

我们已经熟悉了窗体等界面的设计方法,又了解了 VBA 程序设计,本节将结合窗体以及多种控件的特点,说明面向对象进行程序设计的一般过程。

在窗体的面向对象的程序设计中,应该随时把握住 3 个"W":"Who—When—What",即"哪个对象,在什么时候,要做什么",具体如图 9 10 所示。

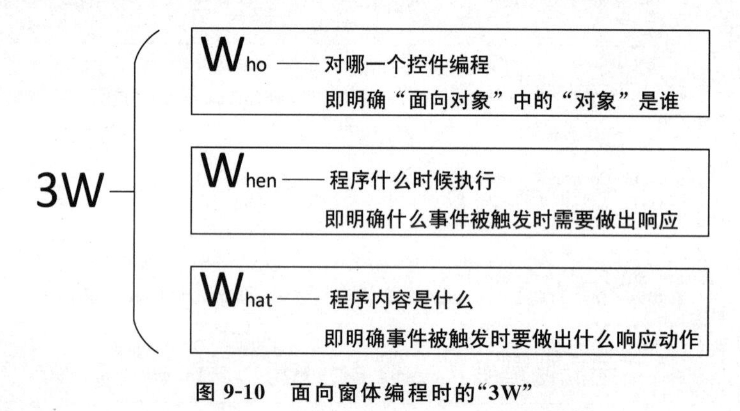

图 9-10 面向窗体编程时的"3W"

9.4.1 计时器同步事件

VBA 计时器由一个时间间隔(TimerInterval)属性和一个计时器事件(Timer)组成。计时触发属于同步事件,首先应该设置窗体的计时器间隔属性,系统将按照这个预先设定好的时间间隔规律触发计时器事件,以便计时器事件中的代码按照固定的频率循环被执行,其次应编辑 Timer 事件的代码,定义每当时间间隔到了的时候该做什么。

【例 9-3】 编写一个窗体程序,实现一个由标签控件显示的数字时钟,时间参数可以取自系统时钟,具体步骤如下。

(1) 首先应该明确本程序的“3W”。

① Who：用标签控件的标题(Caption)来显示时间数据。

② When：每隔一秒(或小于一秒)触发计时器。

③ What：每次提取系统时间赋值给标签的 Caption 属性。

(2) 创建窗体，该窗体仅包含一个标签控件 Label1，并为标签设置属性值。可以在属性表窗格中直接输入属性值，这种赋值在程序运行之前就生效；也可以在窗体 Load 事件中用代码方式赋值，这种赋值在程序运行后才生效。

控件属性设置如表 9-3 所示。

表 9-3　控件属性设置

对　　象	属　　性	标　示　符	赋　　值
标签	名称	Name	Label1
	标题	Caption	数字时钟
	宽度	Width	8cm
	高度	Height	2cm
	字号	FontSize	48
	字体粗细	FontBold	加粗
	前景色	ForeColor	黑色
窗体	标题	Caption	计时器
	计时器间隔	TimerInterval	800

注意，窗体的计时器间隔(TimerInterval)属性在属性表窗格的“事件”选项卡中，其他属性在对象的“格式”选项卡中即可找到。

窗体的 Load 事件代码编辑如下。

```
Private Sub Form_Load()
    Me.Label1.Caption="数字时钟"
    Me.Label1.Width=567 * 8                  '将厘米换算为 Twip
    Me.Label1.Height=567 * 2                 '将厘米换算为 Twip
    Me.Label1.FontSize=48
    Me.Label1.FontBold=True                  'True 表示“粗体”
    Me.Label1.ForeColor=RGB(0, 0, 0)
    Me.Caption="计时器"
    Me.TimerInterval=800                     '单位毫秒,原则上只要小于 1 秒都可以
End Sub
```

设置属性后的窗体如图 9-11 所示。

(3) 窗体的计时器 Timer 事件代码编辑如下。

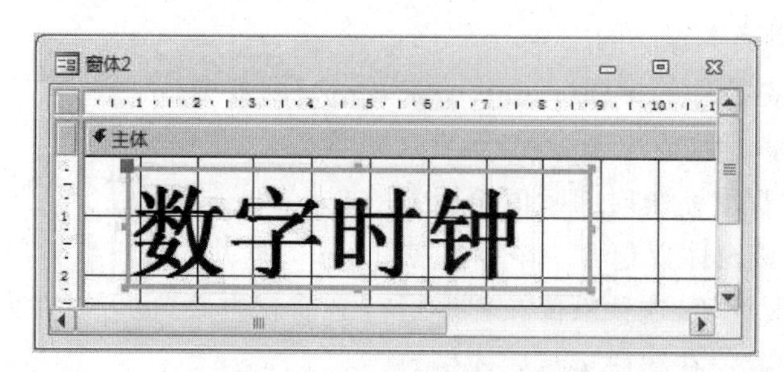

图 9-11　窗体属性设置效果

```
Private Sub Form_Timer()
    If Me.Label1.Caption<>Time() Then
      Me.Label1.Caption=Time()
    End If
End Sub
```

每隔 800 毫秒,计时器事件被触发,将系统时间显示在标签上,这样就形成了以秒为单位跳变的数字时钟。窗体运行后的效果如图 9-12 所示。

图 9-12　数字时钟运行效果

【例 9-4】 实现一个由标签控件显示的字幕,从窗体的右侧向窗体左侧移动,具体步骤如下。

(1) 首先应该明确本程序的“3W”。

① Who:用标签控件显示移动字幕。

② When:每隔一个相对较短的时间间隔触发计时器,使字幕移动。

③ What:每次触发计时器将标签的 Left 属性减小一个固定的值。

(2) 创建一个仅含一个标签控件的窗体,为标签对象设置属性如表 9-4 所示。

表 9-4　控件属性设置

对　象	属　性	标　示　符	赋　值
标签	名称	Name	Label1
	标题	Caption	南开大学欢迎你!
	宽度	Width	13cm
	高度	Height	2cm
	左	Left	15cm
	字号	FontSize	48
	字体粗细	FontBold	加粗
	前景色	ForeColor	黑色

续表

对　象	属　性	标 示 符	赋　值
窗体	标题	Caption	字幕
	宽度	Width	25cm
	计时器间隔	TimerInterval	80

窗体的 Load 事件代码编辑如下。

```
Private SubForm_Load()
    Me.Label1.Caption="南开大学欢迎你!"
    Me.Label1.Width=567 * 13
    Me.Label1.Height=567 * 2
    Me.Label1.Left=567 * 15
    Me.Label1.FontSize=48
    Me.Label1.FontBold=True
    Me.Label1.ForeColor=RGB(0, 0, 0)
    Me.Caption="字幕"
    Me.Width=567 * 25
    Me.TimerInterval=80
End Sub
```

(3) 窗体计时器 Timer 事件代码如下。

```
Private Sub Form_Timer()
    Me.Label1.Left=Me.Label1.Left-100
End Sub
```

运行该窗体,在开始的时候,字幕从右侧向左侧匀速移动,运行正常。但是当字幕移动到窗体左边框时,将弹出如图 9-13 所示的错误提示信息。

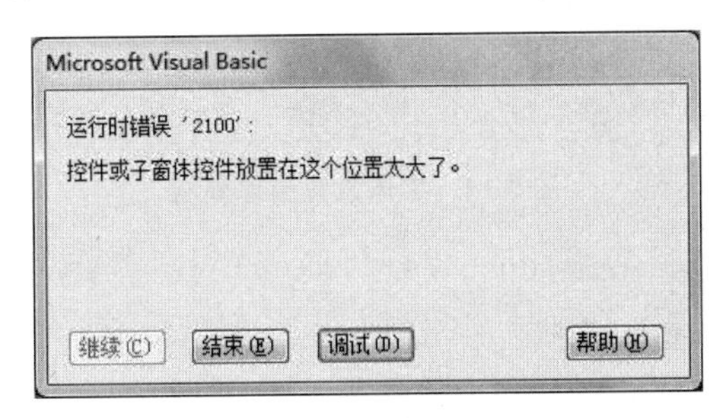

图 9-13　标签左边溢出错误提示

出现该错误是由于 Left 属性不能取负值,否则标签左侧会溢出窗体。因此,计时器事件代码应该做以下修改。

```
Private Sub Form_Timer()
    If Me.Label1.Left >=100 Then
      Me.Label1.Left=Me.Label1.Left-100
    Else
      Me.Label1.Left=10000
    End If
End Sub
```

当标签距窗体左边框距离小于 100 时，将标签重新放置到靠近窗体右侧的位置重新开始向左侧移动的过程。

9.4.2 从选项组、复选框获取数据

选项组控件就是 Windows 中常见的单选按钮，一组选项按钮按照 N 选 1 的形式确定选定项，同组的选项之间是互斥的；复选框则相反，几个复选框对象相互独立，每个复选框选中与否不影响其他复选框的状态。下面的例子是用选项组和复选框实现一个字体设置的窗体。

【例 9-5】 编写一个字体设置窗体，用选项组确定字体颜色；用复选框确定字体是否为粗体字、斜体字或者加下画线；用按钮应用或取消设置，如图 9-14 所示。

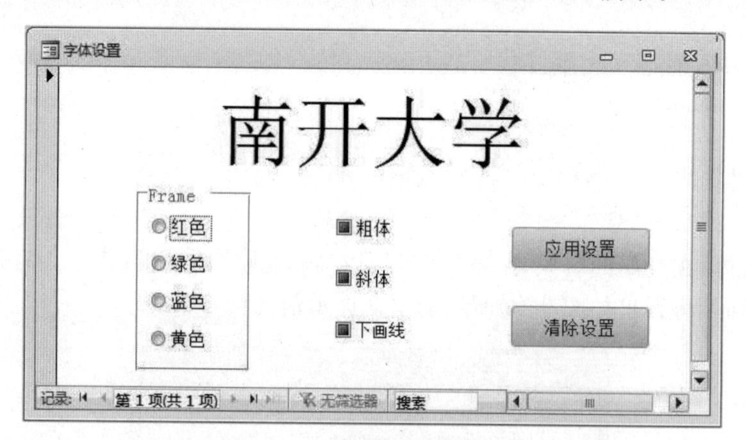

图 9-14 字体设置窗体外观

(1) 首先应该明确本程序的“3W”。

① Who：选项组、复选框、按钮。

② When：在按钮 Click 时应用或取消设置字体。

③ What：按照选项组、复选框的状态设置或者取消文本格式。

(2) 创建窗体和控件对象。

字体设置窗体的设计视图如图 9-15 所示。

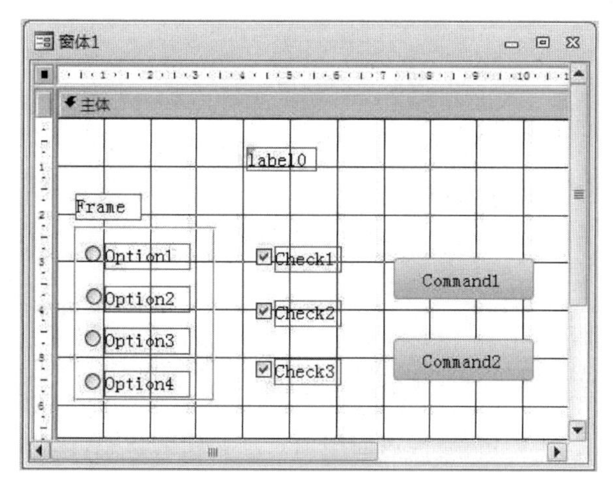

图 9-15　字体设置窗体的设计视图

(3) 窗体 Load 事件代码编辑如下。

```
Private Sub Form_Load()
    Me.Form.Caption="字体设置"
    Me.Label0.Caption="南开大学"
    Me.Label0.Width=567 * 8
    Me.Label0.Height=567 * 2
    Me.Label0.FontSize=48
    Me.Label0.ForeColor=RGB(0, 0, 0)
    Me.Label1.Caption="红色"
    Me.Label2.Caption="绿色"
    Me.Label3.Caption="蓝色"
    Me.Label4.Caption="黄色"
    Me.Label6.Caption="粗体"
    Me.Label7.Caption="斜体"
    Me.Label8.Caption="下画线"
    Me.Command1.Caption="应用设置"
    Me.Command2.Caption="清除设置"
End Sub
```

初始化外观后的窗体运行效果如图 9-14 所示。

(4) 编辑“应用设置”按钮的单击(Click)事件代码。

```
Private Sub Command1_Click()
    Select Case Me.Frame1.Value
        Case Is=1
          Me.Label0.ForeColor=RGB(255, 0, 0)
        Case Is=2
```

```
        Me.Label0.ForeColor=RGB(0, 255, 0)
      Case Is=3
        Me.Label0.ForeColor=RGB(0, 0, 255)
      Case Is=4
        Me.Label0.ForeColor=RGB(255, 255, 0)
    End Select
    Me.Label0.FontBold=IIf(Me.Check1.Value=-1, True, False)
    Me.Label0.FontItalic=IIf(Me.Check2.Value=-1, True, False)
    Me.Label0.FontUnderline=IIf(Me.Check3.Value=-1, True, False)
End Sub
```

选项组对象 Frame1 的 Value 属性返回当前选项按钮的状态，选择了第 N 个选项 Value 就取值为 N，即 Frame1. Value＝N。复选框对象的 Value 属性返回当前复选框的状态，选中为－1 或真，未选中为 0 或假。

(5) 编辑“清除设置”按钮的单击(Click)事件代码。

```
Private Sub Command2_Click()
    Me.Label0.ForeColor=RGB(0, 0, 0)
    Me.Label0.FontBold=False
    Me.Label0.FontItalic=False
    Me.Label0.FontUnderline=False
End Sub
```

(6) 保存并运行窗体，选中“蓝色”“粗体”“斜体”“下画线”后，单击“应用设置”按钮，效果如图 9-16 所示。

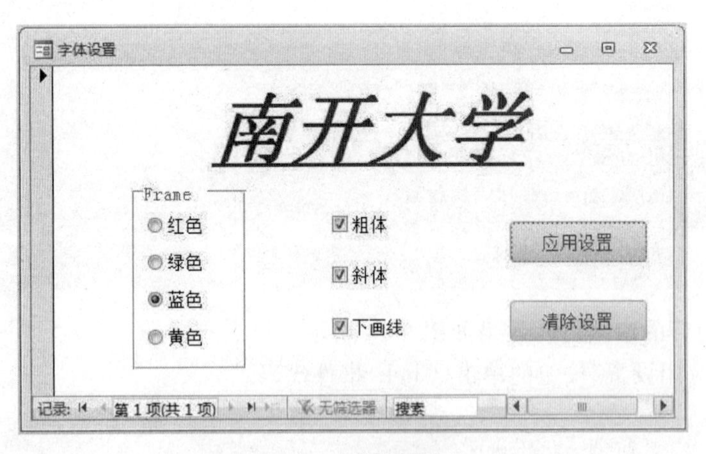

图 9-16　字体设置效果

思考与练习

如果不需要按钮，想在设置格式的时候让字体格式立即生效，应该怎样修改代码？

9.4.3 用按钮、文本框控件实现登录和查询

按钮和文本框是 Access 2016 窗体设计中常用的控件，本节用一个登录窗体和一个查询学生窗体作为实例，介绍这两种常用控件的面向对象程序设计方法。

1. 从文本框获取参数

【例 9-6】 编写一个窗体，实现一个登录界面程序，具体步骤如下。

(1) 首先应该明确本程序的“3W”。

① Who：文本框、按钮。

② When：在按钮单击事件中验证输入。

③ What：根据验证结果选择弹出错误提示窗口或者打开“查询学生”窗体。

(2) 创建窗体和控件对象。

创建好的窗体设计视图如图 9-17 所示。

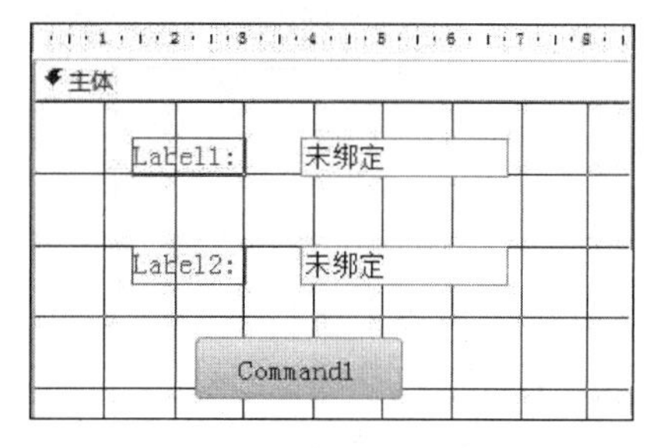

图 9-17　登录界面窗体设计视图

注意

对象的名称(Name)属性是在随后的程序设计中对该对象的唯一标识。如果感觉系统自动命名的 Name 不便记忆，可以自定义控件对象的 Name，中英文均可。例如，为了表述清晰，可在属性表窗格中将文本框 Text1、Text2 的名称属性赋值为“用户名”和“密码”。但为文本框更改名称属性的操作一定要在属性表窗格中实现，如果在 VBA 程序设计窗口中书写代码：Me. Text1. Name="用户名"，VBA 将弹出错误提示窗口，提示名称属性必须在属性表窗格中定义。

(3) 初始化窗体和控件对象，编辑窗体 Load 事件的代码。

```
Private Sub Form_Load()
    Me.Label1.Caption="用户名："
    Me.Label2.Caption="密码："
    Me.Command1.Caption="确定"
End Sub
```

图 9-18　初始化窗体对象

保存并运行窗体，输入用户名和密码，可见界面如图 9-18 所示。

(4) 为密码设计“*”掩码。

为了保证安全性，在输入密码时，一般用“*”代替密码字符显示。在 Access 2016 中，可以用设置文本输入掩码的方式实现。在密码文本框的属性表窗格→“数据”选项卡→“输入掩码”栏目中，单击栏目右侧的“…”按钮；在弹出的

“输入掩码向导”窗口中选择“密码”项。再次运行，密码将以“ * ”显示。

(5) 编辑“确定”按钮对象的单击(Click)事件代码。

```
Private Sub Command1_Click()
    If Me.用户名.Value="abc" And Me.密码.Value="123" Then
      DoCmd.Close                          '关闭当前窗体
      DoCmd.OpenForm "查询学生"              '打开名为“查询学生”的窗体
    Else
      MsgBox "用户名或密码错!"               '输入错误弹出消息框
    End If
End Sub
```

2. 面向对象编程中的全局变量

进一步修改上述程序，只允许三次尝试输入，错误三次将退出窗体。

首先，应为窗体对象创建一个自定义属性 N，该属性是一个全局变量，用来记录输入错误的次数。每次触发按钮 Click 事件时记录次数，三次机会用完后窗体强制关闭。自定义窗体属性 N 的语句应该写在所有事件代码之前，具体如下。

```
PublicN As Integer
```

其次，应该在初始化窗体和控件对象时为全局变量 N 赋初值为 3，表示只有三次输入机会。编辑窗体加载(Load)事件的代码应增加语句：

```
N=3
```

最后，按钮对象的单击(Click)事件代码修改为：

```
Private Sub Command1_Click()
    N=N-1                              '减少一次输入机会
    If N>0 Then                        '还有机会则允许输入
        If Me.用户名.Value="abc" And Me.密码.Value="123" Then
            DoCmd.Close
            DoCmd.OpenForm "查询学生"
        Else
            MsgBox "用户名或密码错!"
        End If
    Else                               '机会用完退出系统
        MsgBox "用户名或密码已三次错误,请退出系统!"
        DoCmd.Close
    End If
End Sub
```

在规定次数内输入了用户名和密码后，单击“确定”按钮验证输入是否正确；错误三次则退出窗体。输入正确，即可弹出“查询学生”窗体；输入错误，将输出错误提示消息框。

3. 从数据表中获取数据

以上的登录窗体仅能识别一个用户，这显然并不合理，通常的情况是创建一个存储用户的数据表，通过查表的方式验证用户身份，再根据身份选择不同的程序流程。这里要用到一个重要的函数 DLookup。

DLookup 函数用于从指定集合中获取符合条件的特定字段，可以在 Visual Basic、查询表达式、窗体或报表上的计算控件中使用。函数一般格式为：

```
DLookup(expr、域[,criteria])
```

其中，expr 表示要查找的对象；域表示查找的范围；criteria 表示查找的条件，例如：

```
DLookup("密码", "用户密码表", "用户名='1901011'")
```

此函数的功能是：从“用户密码表”中查找用户 1901011 的密码。

【例 9-7】 改进登录界面窗体，从用户密码表中识别用户身份。

(1) 创建用户密码表，用户名字段设为主键，把该表作为子表与学生表建立关联关系。连接条件是：

```
学生.学号=用户密码表.用户名
```

表格内容如图 9-19 所示。

用户密码表

用户名	密码	权限	状态
1901011	123456	管理员	正常
1901012	111111	用户	正常
1901013	222222	用户	正常
1901014	333333	用户	正常
1901015	555555	用户	正常
1901017	777777	用户	正常

记录：第 7 项(共 7 项)　无筛选器　搜索

图 9-19　用户密码表

(2) 改进“确定”按钮 Click 事件代码。

仅需把代码：

```
If Me.用户名.Value="abc" And Me.密码.Value="123" Then N=N-1
```

替换为：

```
If Me.密码=DLookup("密码","用户密码表","用户名='"& Me.用户名 &"'")
```

思考与练习

你能尝试实现用户注册的功能吗？其实只需要执行一条 Insert into 命令，将文本框中的用户名和密码追加到用户密码表中即可。那么，如何在事件代码中使用 SQL 语句呢？想了解的读者可以直接参考第 11 章。

4. 通过更改窗体记录源实现查询

“查询学生”窗体由上下两部分组成，上部分显示学生信息，下半部分输入学号或姓名信息，单击按钮，该学生的信息就显示在窗体上部分的文本框中。实现查询的根本办法是更改窗体的记录源。“查询学生”窗体的界面如图 9-20 所示。

图 9-20 查询学生窗体界面

【例 9-8】 编写一个窗体，按照输入的学号或姓名查询学生信息，具体步骤如下。

(1) 首先应该明确本程序的“3W”。

① Who：文本框、两个查询按钮和一个退出按钮。

② When：在查询按钮 Click 时实现查询；在“退出”按钮 Click 时关闭窗体。

③ What：用 SQL 语句为窗体的记录源赋值来实现查询；调用 DoCmd 对象的 Close 方法关闭窗体。

(2) 创建窗体和控件对象。

① 在窗体设计视图下，用“字段列表”添加 6 个绑定了字段的文本框控件，分别是学号、姓名、性别、出生日期、入学成绩和系号。

注意

如果添加的字段来自于多张表格，可以在“字段列表”窗格下方的“相关表中的可用字段”栏目中选取，所选取的字段遵守数据库表格间的关联关系和参照完整性等数据约束。

② 添加两个文本框控件对象，用来接收输入的学号和姓名。为了表述清晰，可在属性表窗格中将文本框的 Name 属性分别赋值为“输入学号”和“输入姓名”。

③ 添加两个查询按钮对象，Name 属性赋值为“按学号查询”和“按姓名查询”。

④ 添加一个退出按钮对象，Name 属性赋值为“退出”。

(3) 编辑两个查询按钮对象的单击(Click)事件代码。

```
Private Sub 按学号查询_Click()
   Me.RecordSource="SELECT 学生.* FROM 学生 WHERE 学号='" & Me.输入学号.Value & "'"
                              '用学号的查询结果作为窗体记录源
   Me.Refresh                 '刷新窗体
End Sub
Private Sub 按姓名查询_Click()
   Me.RecordSource="SELECT 学生.* FROM 学生 WHERE 姓名='" & Me.输入姓名.Value & "'"
                              '用姓名的查询结果作为窗体记录源
   Me.Refresh                 '刷新窗体
End Sub
```

RecordSource 是窗体的记录源属性,该属性的值可以是一个 SQL 语句。该 SQL 语句的查询结果作为窗体的数据源,该数据源和窗体上部的 6 个文本框绑定,这样一来,6 个文本框就可以显示记录源中的数据值。

注意

为 RecordSource 属性赋值的语句必须注意以下几点。

① RecordSource 属性的取值是字符型数据,SQL 语句的两端必须加引号。

② Me.输入学号.Value 代表文本框中输入的学号是属性变量,不能写在引号中。

③ Me.输入学号.Value 是字符型数据,在和 SQL 语句连接后,必须在其两端加单引号。

例如,输入的学号是 1901023,上述赋值语句实际为:

```
"Select 学生.* From 学生 Where 学号='" & Me.输入学号.Value & "'"
="Select 学生.* From 学生 Where 学号='" & "1901023" & "'"
="Select 学生.* From 学生 Where 学号='1901023'"
```

如果不加单引号,语句就会变为:

```
"Select 学生.* From 学生 Where 学号=1901023"
```

由于学号不是一个数值型的数据,这样就会造成数据类型不匹配的错误。

(4) 编辑退出按钮对象的单击(Click)事件代码。

调用 DoCmd 对象的 Close 方法来关闭窗体。

```
Private Sub 退出_Click()
    DoCmd.Close                        '关闭窗体
End Sub
```

至此,窗体设计完毕,当输入学生学号或姓名后,单击相应查询按钮,如果输入的学号或姓名保存在学生表中，该学生的信息就出现在窗体上部的 6 个文本框中，如图 9-21 所示。

图 9-21 窗体运行效果

思考与练习

(1) 是否能进一步改进上述程序，将查询方式改为关键字模糊查询呢？

关键字模糊查询答案

(2) 查询学生窗体只有一个数据来源，那就是窗体。试想，如果一个窗体中包含几个控件，每个控件的数据来源都有不同要求，如何实现查询呢？想了解请直接参考例 9-10。

9.4.4 组合框、列表框、子窗体控件的数据来源

1. 用组合框记录多个值

组合框中的数据行可以来自表格字段、数组或者事先定义的值列表；组合框还可以接收输入的值。下面将对登录界面窗体做出修改，用组合框代替文本框输入用户名。要求输入用户名数据时，先确认组合框中没有该数据，然后再将新的用户名数据添加到组合框的列表中。

【例 9-9】 编写一个登录界面窗体，用组合框输入用户名，未输入过的用户名存储在组合框列表中，登录功能不变，本例中只介绍用户名组合框的实现过程，具体步骤如下。

(1) 首先应该明确本程序的“3W”。

① Who：用户名组合框。

② When：组合框的更新后(AfterUpdate)事件。

③ What：查找当前输入的用户名是否已经存在，如不存在则加入组合框列表。

(2) 创建窗体和控件对象。

把原登录界面窗体的用户名文本框删除，用组合框代替，组合框 Name 属性为 Combo0。

(3) 编辑组合框的更新后(AfterUpdate)事件代码。

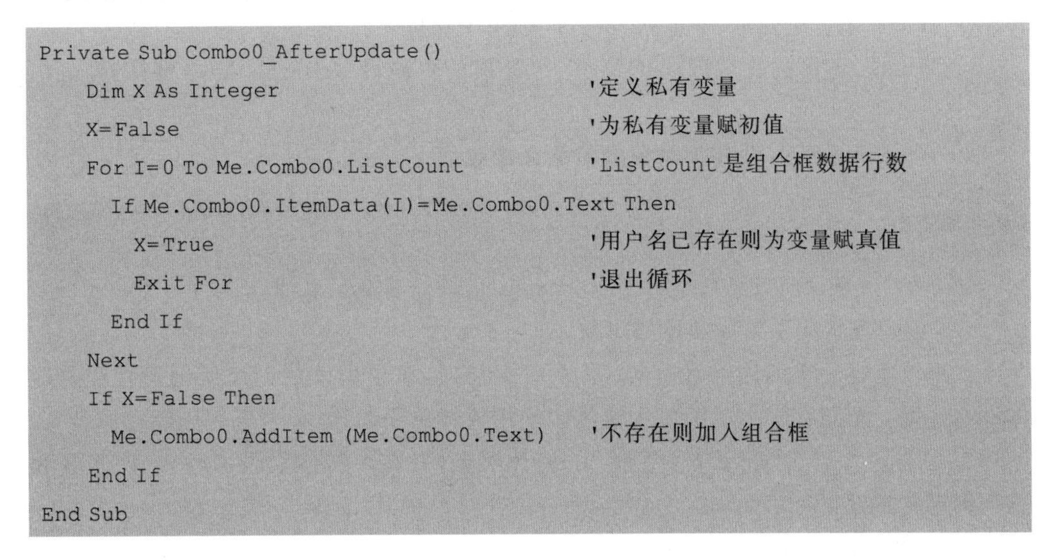

```
Private Sub Combo0_AfterUpdate()
    Dim X As Integer                              '定义私有变量
    X=False                                       '为私有变量赋初值
    For I=0 To Me.Combo0.ListCount                'ListCount 是组合框数据行数
      If Me.Combo0.ItemData(I)=Me.Combo0.Text Then
        X=True                                    '用户名已存在则为变量赋真值
        Exit For                                  '退出循环
      End If
    Next
    If X=False Then
      Me.Combo0.AddItem (Me.Combo0.Text)          '不存在则加入组合框
    End If
End Sub
```

这里组合框主要用到了属性 ListCount(组合框行数)、ItemData(组合框数据项取值)、Text(组合框当前输入文本)和方法 AddItem(添加数据行)。其中,ItemData(I) 表示第 I 行的数据。

思考与练习

该事件代码定义了一个私有变量 X,标识输入的用户名是否已经存在。请读者将该私有变量的定义、使用方式和登录窗体中定义、调用全局变量 N 的方式进行比较,看两者有何不同,以此体会面向对象程序设计中在事件代码中使用私有变量和对象自定义属性变量的区别。

(4) 保存并运行组合框登录窗体,每次输入一个新的用户名,必须回车使组合框完成更新。效果如图 9-22 所示。

图 9-22 组合框登录

列表框和组合框功能相似,从行数据源 RowSource 中提取数据,显示在控件中。在使用组合框、列表框控件的时候,行数据源属性非常重要。

2. 各种控件数据源的设置方法

在一个窗体中同时有多个控件,它们分别有不同的数据来源,这时,用例 9-8 的方法,简单地改变窗体记录源,就不能实现查询了。此时,应该分别为这些控件设置数据源。

【例 9-10】 编写一个学生成绩单查询窗体,用组合框显示所有系名以供选取;用列表框选取该系的某个学生;最后用子窗体输出该学生的成绩单。具体步骤如下。

(1) 首先应该明确本程序的"3W"。

① Who：系名组合框、学生列表框、成绩单子窗体。

② When：窗体的加载(Load)事件、组合框的更新后(AfterUpdate)事件、列表框的单击(Click)事件。

③ What：用SQL语句为对象的数据来源赋值。

注意

组合框、列表框的数据源属性为RowSource，而子窗体的数据源属性为RecordSource。

(2) 创建成绩单子窗体和控件对象。

如果没有将一个窗体声明为主窗体的子窗体时，该子窗体的创建使用过程和普通的窗体没有区别。要想在学生成绩单主窗体中使用成绩单子窗体，必须事先创建它。

① 创建一个名为"成绩单子窗体"的窗体对象，并在该窗体上添加姓名、课程名和成绩三个绑定文本框。

② 将窗体的"默认视图"属性定义为"数据表"。

注意

只有子窗体在主窗体中显示时，窗体内容才显示为数据表视图模式，单独运行子窗体时，窗体内容一般都显示为单个窗体视图模式，请分别用两种方式运行子窗体，体会其中的不同。

成绩单子窗体的设计视图如图9-23所示。

(3) 创建主窗体和控件对象。

创建"学生成绩单"的窗体，并为其添加控件对象。组合框控件名称为Combo1；列表框控件名称为List1；子窗体控件名称为Child1。其中，Combo1和List1的RowSourceType属性都设置为"表/查询"。窗体设计视图如图9-24所示。

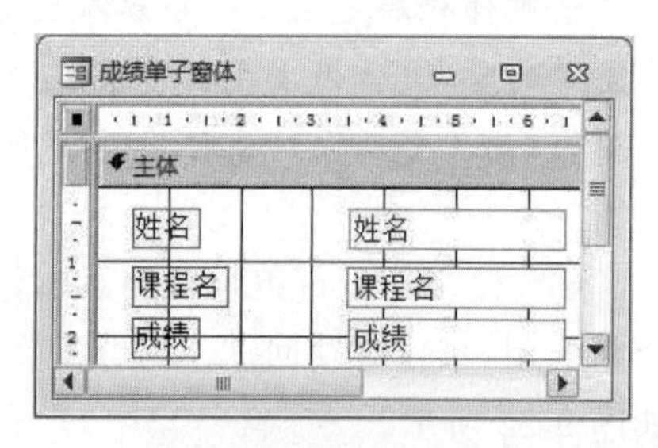

图 9-23　成绩单子窗体

(4) 编辑窗体加载(Load)事件代码。

```
Private Sub Form_Load()
    Me.Combo1.RowSource="SELECT 系名 FROM 系名"      '提取系名字段作为组合框行来源
    Me.Child1.SourceObject="成绩单子窗体"           '设置子窗体源对象
End Sub
```

窗体初始化时，为组合框定义"系名"字段为数据源；为子窗体定义源对象"成绩单子窗体"。这样，在窗体打开时，组合框下拉列表中自动显示所有系的系名，子窗体自动显示所有系、所有学生的成绩单。

(5) 编辑组合框更新后(AfterUpdate)事件代码。

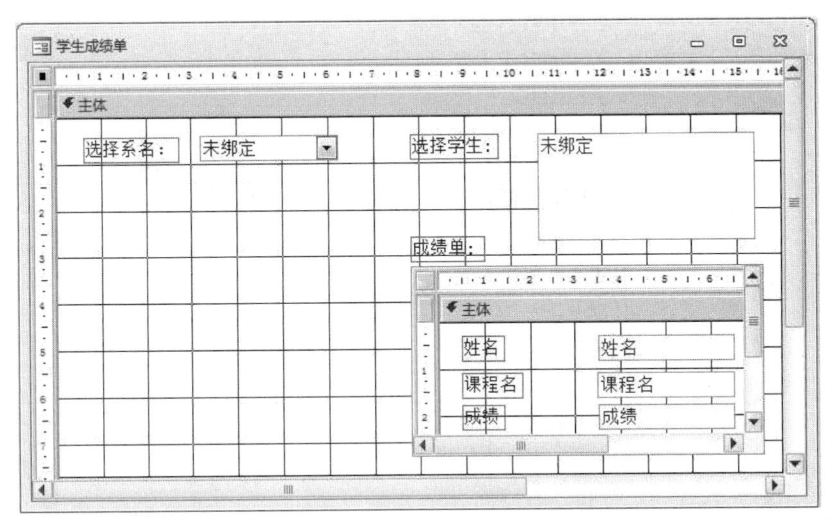

图 9-24　主窗体设计视图

```
Private Sub Combo1_AfterUpdate()
    Me.List1.ColumnCount=2                              '定义列表框显示两列数据
    Me.List1.RowSource="SELECT 学号,姓名 FROM 学生,系名 WHERE 学生.系号=系名.系号
    and 系名='" & Me.Combo1.Value & "'"                 '定义列表框记录源
End Sub
```

组合框更新，意味着用户选取了一个系名，程序按照这个系名，确定列表框中的学生名单。由于列表框要显示学号、姓名两列数据，因此为列表框的 ColumnCount 属性赋值为 2；为列表框定义 RowSource 属性时，SQL 语句的查询条件（即指定的系）取决于组合框的 Value 属性值。

(6) 编辑列表框单击(Click)事件代码。

```
Private Sub List1_Click()
    Me.Child1.Form.RecordSource="SELECT 学生.姓名, 课程.课程名, 选课成绩.成绩
    FROM 学生, 课程, 选课成绩 WHERE 学生.学号=选课成绩.学号 AND 课程.课程号=选课成
    绩.课程号 AND 学生.学号='" & Me.List1.Value & "'"           '定义子窗体记录源
    Me.Child1.Requery                                       '刷新子窗体
End Sub
```

列表框被单击，意味着用户选定了一个学生，程序按照这个学号，确定子窗体中的学生成绩单。为子窗体定义 RecordSource 属性时，用列表框的 Value 属性确定 SQL 语句的查询条件。

注意

RecordSource 属性不是直接属于 Child1 对象的，而是属于 Child1 的 Form 对象，因此

要写成 Me. Child1. Form. RecordSource。

(7) 保存并运行主窗体,效果如图 9-25 所示。

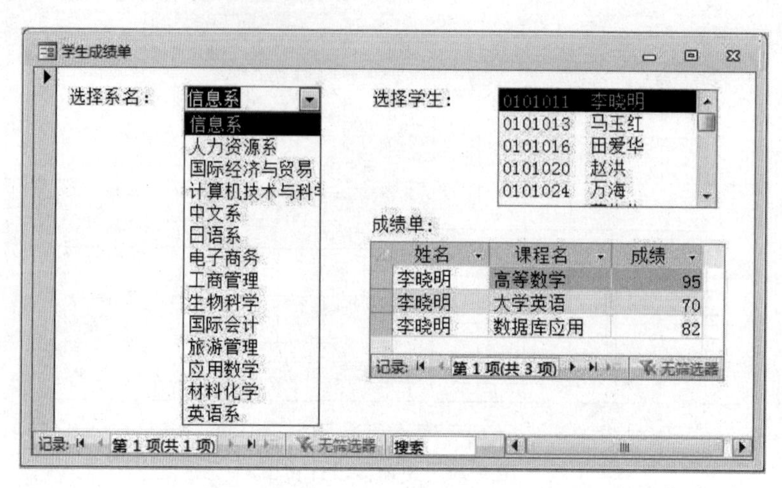

图 9-25 学生成绩单窗体

3. 用查询生成器简化数据源设置

在例 9-10 中,用 SQL 设置各种数据来源的代码太烦琐了,Access 2016 提供了一种简单的方法,直接设计查询文件,来简化数据源的设置。例如,要设置列表框 List1 的 RowSource 属性,可以在属性表窗格中"行来源"属性后面单击"…",如图 9-26 所示。

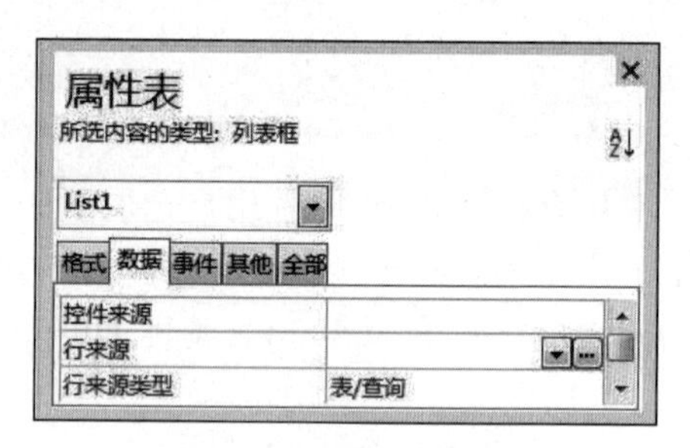

图 9-26 "行来源"属性

打开查询生成器,按照查询文件的设计方式生成 SQL 语句,其中,"系名"的条件来自于组合框的值,这一条件可以用表达式生成器生成,如图 9-27 所示。

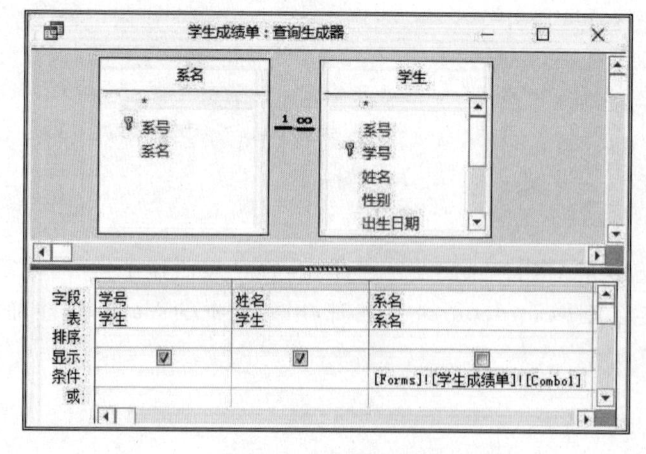

图 9-27 查询生成器

思考与练习

你能尝试使用查询生成器，自动生成子窗体的数据源吗？

小结

面向对象的程序设计是一种试图模仿人们建立现实世界模型的程序设计方法，是对程序设计的一种全新的认识。面向对象的程序设计以对象及其数据结构为中心，而不是以过程和操作为中心。在设计中，用“对象”表现事物，用“类”表示对象的抽象。对象是通过类的实例化而实现的。用“消息传递”表现事物之间的相互联系，用“方法”表现处理事物的过程。其基本特征是封装性、层次性和继承性。开发者在面向对象的程序设计中，工作的重心不是程序代码的编写，而是考虑如何引用类，如何创建对象，如何利用对象简化程序设计。

Access 2016 中为面向对象的程序设计提供了一系列的辅助设计工具，很容易地把程序代码与用户界面连接起来。这样，应用程序就可以具有对用户非常友好的人机界面，响应用户的输入并执行相应的程序代码。因此，把面向对象的程序设计与结构化程序设计结合在一起，用户可以方便地在 Access 2016 上开发一个数据库应用系统。

习题

1. 什么是面向对象的程序设计？
2. 面向对象编程和面向过程编程的区别是什么？
3. 怎样理解对象和类的概念？
4. 类的特征都有哪些？
5. 什么是继承？
6. 什么是属性？什么是方法？二者的区别是什么？属性和方法可以创建吗？
7. 什么是事件？事件可以创建吗？
8. Access 2016 的常用事件都有哪些分类？
9. 请简述窗体启动和退出时的事件触发顺序。
10. 请尝试实现登录、注册、找回密码等窗体功能。

Chapter 10

第10章 宏

知识导入

通过前面几章的介绍我们已经了解,Access 2016 通过组织模块和使用内嵌 VBA 代码编程,可以实现复杂的数据库应用程序设计。但是,大量的编写程序代码往往使程序员不堪重负。为此,Access 2016 提供了功能强大却容易使用的宏,通过宏可以轻松完成许多在 VBA 模块中必须编写代码才能做到的事情。宏采用了可视化编辑环境,通过调用系统定义的宏命令,实现打开或关闭数据对象、设置窗口的显示模式、数据过滤和查找等一系列的数据库操作。虽然宏不能代替 VBA 编程,但可以最大限度地简化程序设计的工作,并且,宏还可以转换成 VBA 模块。本章将介绍有关宏的知识,包括宏的概念、宏的类型以及创建与运行宏的基本方法。

10.1 宏的基本概念

宏(**Macro**)是一个或多个操作的集合,其中每个操作都能实现特定的功能。如果用户频繁重复某些工作,就可以创建一个宏来简化这个工作序列。当执行这个宏时,系统就会按这个宏的定义依次执行相应的操作。宏里面的每个操作都是由一条简单的**宏命令**实现的,宏命令就像函数,由 Access 2016 编辑和定义,用户只要选择这些宏命令名,就可以由系统自动完成一些数据库常规操作,而节省了编辑程序代码的过程。

试想一下,我们编辑一个程序,完全通过调用函数实现,并且这些函数不需要用键盘输入,也不需要关心语法格式,通过可视化界面选择就能选定函数并填写参数。宏就是这样一种设计工具。对一些简单的数据库应用,宏将是一种很好的选择。

10.1.1 宏命令

宏功能强大,几乎涉及数据库管理中的所有环节,Access 2016 的在线帮助系统中将宏操作分为 11 类,具体为:数据输入、数据导入导出、数据库对象、筛选/查询/搜索、宏命令、系统命令、用户界面命令、窗口管理、数据块、数据操作、ADP 对象。每一类中都包含若干个与本类相关的宏操作命令。在 Access 的宏设计视图中常用的是前 8 类，其中主要的宏操作命令如表 10-1 所示。

表 10-1 Access 的主要宏操作命令

类 型	命 令	功能描述
窗口管理	CloseWindow	关闭窗口
	MaximizeWindow	活动窗口最大化
	MinimizeWindow	活动窗口最小化
	MoveAndSizeWindow	移动活动窗口或调整其大小
	RestoreWindow	窗口还原
宏命令	CancelEvent	终止一个事件
	RunCode	运行 Visual Basic 的函数过程
	RunMacro	运行一个宏
	RunDataMacro	运行一个数据宏
	StopMacro	停止当前正在运行的宏
	StopAllMacros	终止所有正在运行的宏
筛选/查询/搜索	ApplyFilter	筛选满足条件的记录
	FindRecord	查找符合指定条件的第一条记录
	FindNextRecord	查找下一个符合条件的记录
	RunMenuCommand	运行一个 Access 功能区命令
	Requery	在激活的对象上实施指定控件的重新查询
	ShowAllRecords	显示表或查询中的所有记录
数据导入/导出	ImportExportData	当前 Access 数据库与其他数据库之间导入或导出数据
	ImportExportSpreadsheet	当前 Access 数据库与 Excel 之间导入或导出数据
	ImportExportText	当前 Access 数据库与文本文件之间导入或导出数据
	AddContactFromOutlook	从 Outlook 联系人中导入
	SaveAsOutlookContact	当前记录另存为 Outlook 联系人
	ExportWithFormatting	指定格式导出
数据库对象	GoToControl	将焦点移动到激活的数据表或窗体指定的字段或控件上
	GoToRecord	在表、窗体或查询结果中的指定记录设置为当前记录
	SetProperty	为窗体、窗体数据表或报表的字段、控件或属性设置值
	OpenTable	打开表
	OpenQuery	打开选择查询或交叉表查询，或者执行操作查询
	OpenForm	打开窗体
	OpenReport	打开报表，或立即打印该报表

续表

类　型	命　令	功能描述
数据输入操作	DeleteRecord	删除记录
	SaveRecord	保存记录
系统命令	Beep	通过扬声器发出嘟嘟声
	CloseDatabase	关闭指定的数据库文件
	QuitAccess	退出 Access
用户界面命令	AddMenu	创建自定义功能区和快捷菜单
	MessageBox	显示一个包含警告或提示消息的消息框
	SetMenuItem	设置自定义功能区上功能项的状态

像函数一样,以上的宏操作命令在使用的时候,有的不需要指定参数,如 Beep;有的则需要指定参数,如 MessageBox。在 Access 2016 中,宏操作命令参数可以通过宏设计视图生成。

注意

Access 2016 中的宏命令较早期版本的 Access 有一些变化,有的命令关键词不同,有的功能发生了扩展。因此,用户在使用 Access 2016 的宏时,应该参考 Access 2016 版本的宏操作说明。

10.1.2 宏的分类

在 Access 2016 中,宏有多种类型,这里分别介绍操作序列宏、宏组、条件宏和数据宏。

(1) 操作序列宏:由一个宏操作命令序列构成的单个宏,称为操作序列宏。

(2) 宏组:将多个操作序列宏顺序排列,形成一个宏的集合,称为宏组。宏组由多个宏组成,每个宏可以独立运行。通常情况下,把数据库中一些功能相关的宏组成一个宏组,有助于数据库的操作和管理。

(3) 条件宏:通常情况下,操作序列宏和宏组中的每个宏都能单独执行。如果需要指定条件来决定某个宏是否运行、什么时候运行,那么这样的宏称为条件宏。

(4) 数据宏:类似触发器,在数据表事件发生时自动调用的宏。

10.1.3 Access 2016 宏设计视图

Access 2016 中没有提供向导来创建宏,新建一个宏通常使用宏设计视图方式。在 Access 2016 功能区选择"创建"选项卡,在"宏与代码"组中选择宏按钮,打开宏设计视图。新建的宏默认名称为"宏 1"。随设计视图一起打开的还有屏幕右侧的"操作目录",其中列举出了创建宏所需的程序流程和所有宏操作命令。宏命令按照表 10-1 的内容分类存储。

另外，宏设计视图中出现一个“添加新操作”的下拉列表框，所需宏命令可以从此列表中选择，也可以从“操作目录”中选择。在处理宏的时候功能区会显示“设计”选项卡，提供多种宏设计辅助工具。设计视图界面如图 10-1 所示。

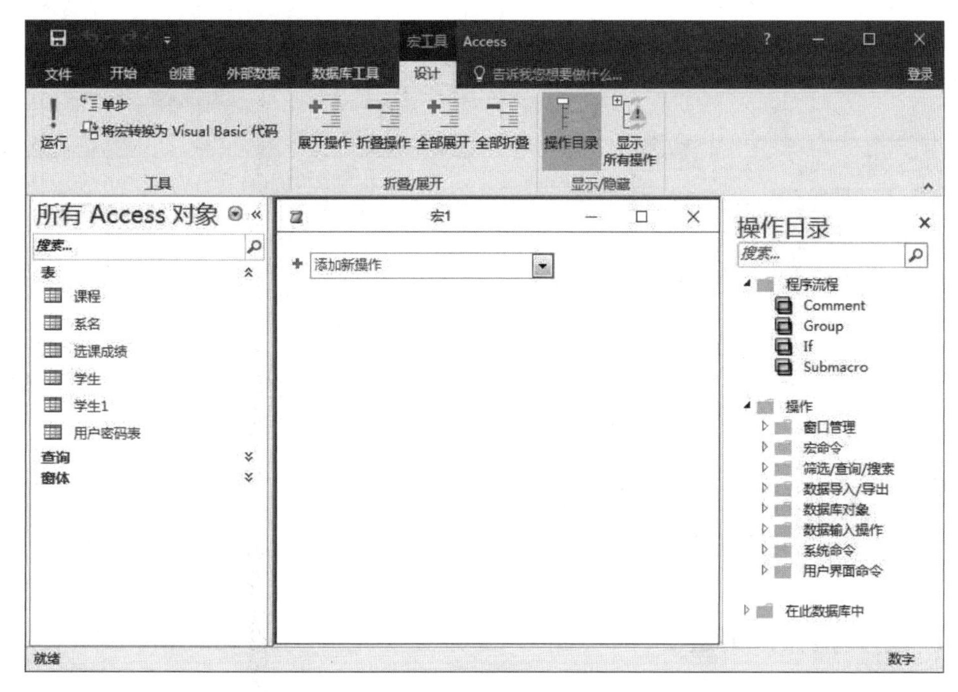

图 10-1　宏设计视图

10.2　宏的创建与调用

本章将以一个简单的“学生信息查询系统”为例，介绍操作序列宏、宏组和条件宏的创建和使用方法。该系统包含两个窗体：“登录界面”窗体和“查询学生”窗体，如图 10-2 所示。

运行“登录界面”窗体程序进入系统，如果输入错误的用户名和密码，则弹出对话框提示错误；如果输入正确的用户名和密码，确定后，可以切换到“查询学生”窗体；输入学号或姓名，可以分别按照学号或姓名查询学生的信息，查询到的学生信息就显示在查询学生窗体中。

为了实现该系统，需要用到三个宏，分别是：

- 判断用户名密码正误，打开“查询学生”窗体的宏；
- 按学号查询学生信息的宏；
- 按姓名查询学生信息的宏。

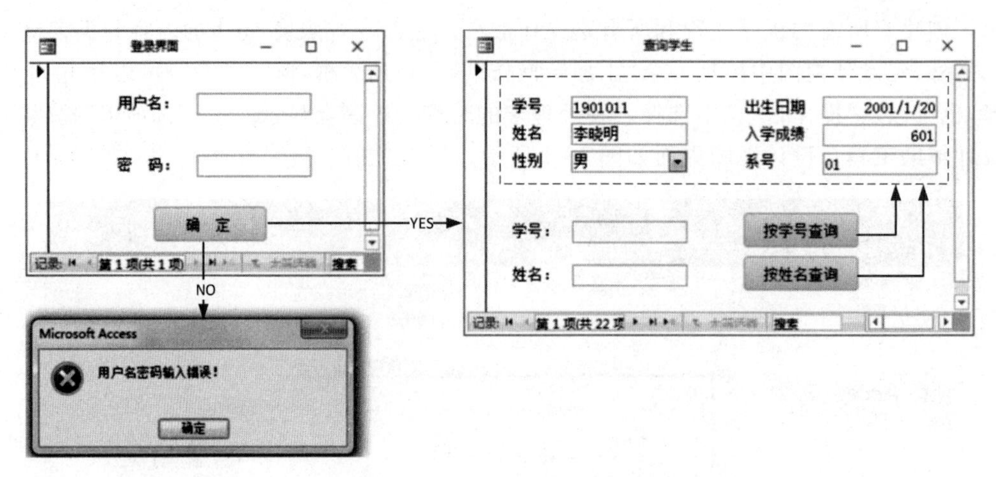

图 10-2　学生信息查询系统

下面几节将本着从易到难的原则，逐步创建这几个宏，来实现上述系统的功能。在此过程中，需要创建操作序列宏、宏组、条件宏，还涉及宏的调试和调用方法。

注意

请按照图 10-2 的内容和布局，提前创建“登录界面”窗体和“查询学生”窗体。

10.2.1　创建操作序列宏

创建一个操作序列宏就是将需要的宏操作命令按执行先后顺序组织在一起的过程。以下将单独创建一个宏来打开“查询学生”窗体。

【例 10-1】　创建一个宏用来打开“查询学生”窗体，窗口左上角的显示位置距屏幕上方 1000 像素，距屏幕左侧 500 像素。具体步骤如下。

第一步，打开宏设计视图，创建一个宏，命名为“宏 1”。

第二步，在宏设计视图中“添加新操作”下拉列表框中选择宏命令 OpenForm，用来打开窗体。单击 OpenForm 的“窗体名称”栏右侧的箭头，可以打开一个下拉列表，其中列出当前数据库中的所有窗体名称，在其中选择“查询学生”窗体。其余的参数取默认值，暂时忽略，如图 10-3 所示。

第三步，继续在“添加新操作”下拉列表框中选择宏命令 MoveAndSizeWindow，用来指定窗口的显示位置。分别在 MoveAndSizeWindow 的“右”和“向下”栏中输入“500”和“1000”，其余参数暂时省略，如图 10-4 所示。

第四步，单击功能区“宏工具”→“设计”选项卡最左侧的“运行”按钮，弹出保存宏的提示对话框，结果如图 10-5 所示。

单击“是”按钮便立即执行宏，随即“查询学生”窗体被打开，显示在屏幕坐标(500,1000)的位置。

宏1
OpenForm
窗体名称
查询学生
视图
窗体
筛选名称
当条件
数据模式
窗口模式
普通
更新参数
添加新操作

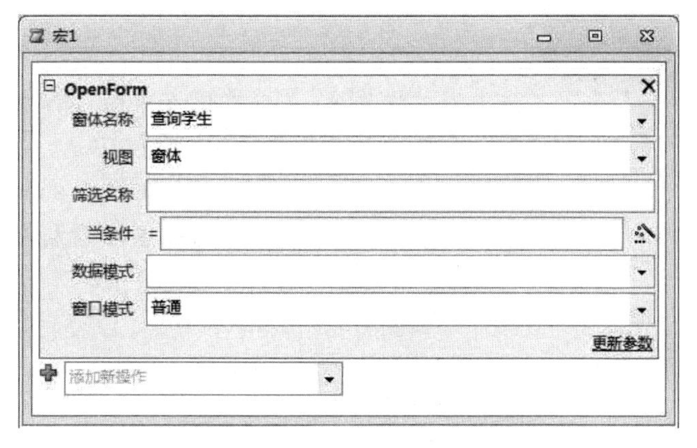

图 10-3　添加 OpenForm 宏命令

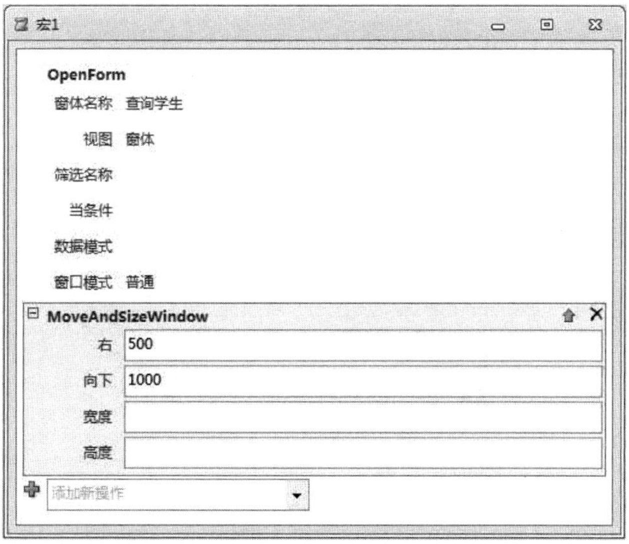

宏1
OpenForm
窗体名称 查询学生
视图 窗体
筛选名称
当条件
数据模式
窗口模式 普通
MoveAndSizeWindow
右
500
向下
1000
宽度
高度
添加新操作

图 10-4　添加 MoveAndSizeWindow 宏命令

Microsoft Access
必须保存宏之后才能执行它。
是否立即保存宏?
*如要保存宏并执行它，请单击"是"。
*如要回到这个宏的"宏"窗口或执行"执行宏"命令的窗口，请单击"否"。
是(Y)
否(N)

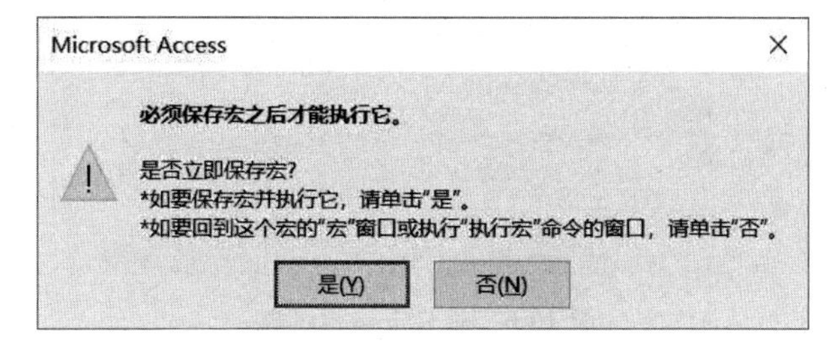

图 10-5　保存宏的提示对话框

注意

类似于 Windows 资源管理器中的树状目录，在创建所有宏的过程中，都可以单击每个宏名称或宏命令前面的“+”和“-”，来展开或是折叠宏的内容。

在编辑宏命令的过程中，可以使用复制、粘贴等类似文本操作的方法，加快编辑的过程；还可以将宏粘贴到文本文件中，分享或修改，再将修改过的文本粘贴到宏设计视图中，重新转换为宏命令。

10.2.2 创建宏组

在实际的数据库应用程序开发过程中，往往将同一个系统中使用的宏都集合在一起，创建一个宏组来保存。现在，就将“学生信息查询系统”中其他的宏和例 10-1 中的宏汇集在一起创建一个宏组。

【例 10-2】 创建一个宏，用“查询学生”窗体中输入的学号来查询该学生的信息。具体步骤如下。

第一步，打开“宏 1”的设计视图。

第二步，在宏设计视图中按住 Ctrl 键，同时选中宏命令 OpenForm 和 MoveAndSizeWindow，单击右键，在快捷菜单中选择“生成子宏程序块”，如图 10-6 所示。

图 10-6 生成子宏程序块

第三步，在子宏名称框中为子宏命名为“启动查询”。这样就将原本例 10-1 中建立的宏转换成了一个子宏，如图 10-7 所示。

第四步，开始创建宏组中的第二个宏。单击“操作目录”栏中的“程序流程”目录项，双击

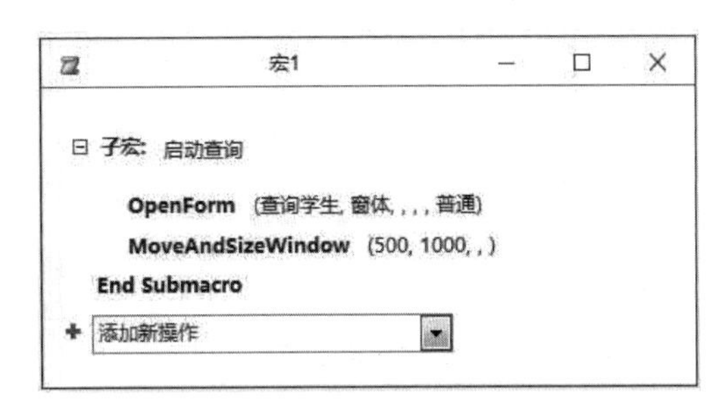

图 10-7 命名子宏“启动查询”

其中的选项 Submacro，在宏设计视图中创建另一个子宏，并命名为“按学号查询”，如图 10-8 所示。

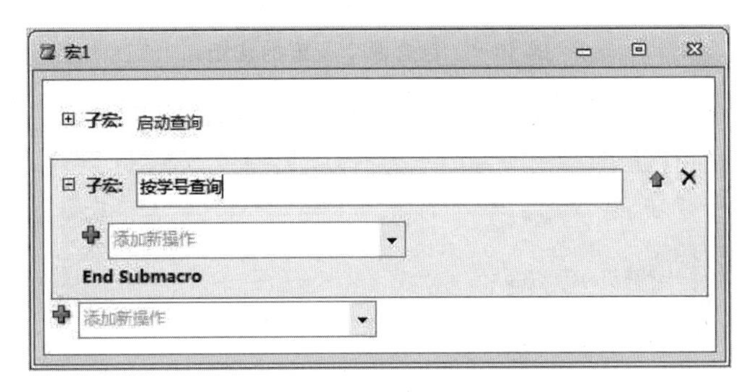

图 10-8 创建子宏“按学号查询”

第五步，在子宏“按学号查询”中，添加宏命令 ApplyFilter。在此宏命令中有一个“当条件”参数输入框，单击“当条件”一栏右侧的图标，打开“表达式生成器”，在此编辑宏命令表达式“[Forms]！[查询学生]！[输入学号]=[学生]！[学号]”。

注意

其中，“输入学号”是“查询学生”窗体中输入学号文本框的名称。该语句的含义是：按照“查询学生”窗体中输入的学号来筛选学生表中的记录。如果在创建窗体时，为这个文本框取了其他名称，请相应更改代码。

子宏“按学号查询”创建完毕。目前，“宏 1”变成了包含两个子宏的宏组，如图 10-9 所示。

下面接着创建另一个子宏“按姓名查询”。“宏 1”变成了包含三个子宏的宏组，如图 10-10 所示。

注意

其中，“输入姓名”是“查询学生”窗体中输入姓名文本框的名称。该语句的含义是：按照“查询学生”窗体中输入的姓名来筛选学生表中的记录。如果在创建窗体时，为这个文本框取了其他名称，请相应更改代码。

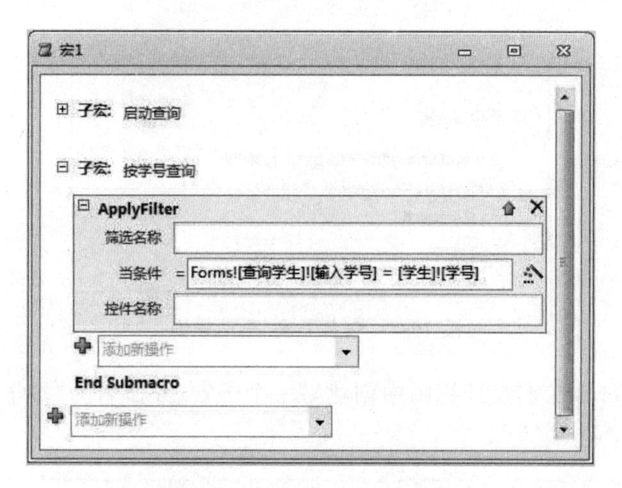

图 10-9　包含两个子宏的宏组

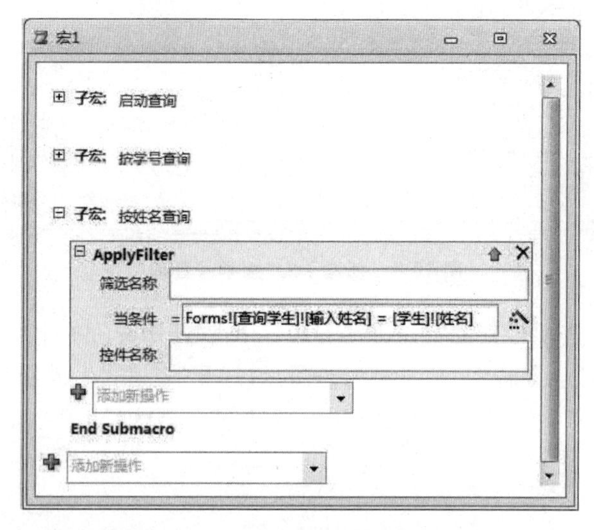

图 10-10　包含三个子宏的宏组

10.2.3　创建条件宏

通过执行例 10-1 的宏，可以打开“查询学生”窗体，并且不需要任何条件。但是在“学生信息查询系统”中，要求“登录界面”窗体中输入的用户名和密码都正确的条件下，才可以打开“查询学生”窗体。这是一个典型的条件宏才能完成的任务。下面改写例 10-1，将子宏“启动查询”变成一个条件宏。

【例 10-3】 创建条件宏。在“登录界面”窗体中输入的用户名和密码都正确的条件下，打开“查询学生”窗体。具体步骤如下。

第一步，打开“宏 1”的设计视图，展开子宏“启动查询”。

第二步，在宏设计视图中按住 Ctrl 键，先后选中宏命令 OpenForm 和 MoveAndSizeWindow。选中这两个宏命令后，单击右键，在快捷菜单中选择“生成 if 程序块”。生成的 If 条件结构如图 10-11 所示。

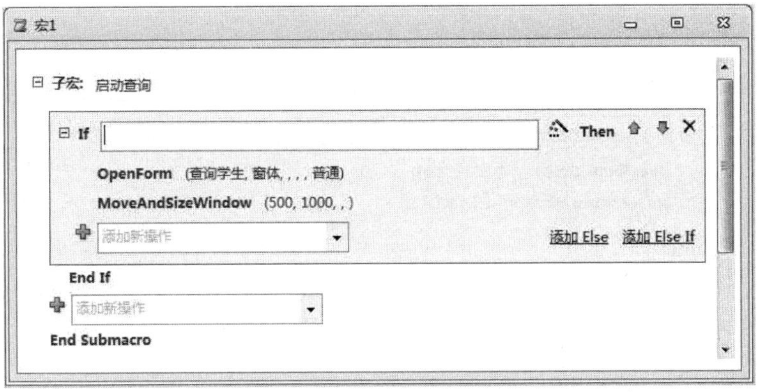

图 10-11 宏的 If 条件结构

在 If 条件框右侧选择表达式生成器，编辑 If 条件：Forms![登录界面]![用户名]="abc" AND Forms![登录界面]![密码]="123"。其中，“[用户名]”和“[密码]”分别是“登录界面”窗体中两个文本框的名称。该条件表示“登录界面”窗体中输入的正确用户名和密码应该是“abc”和“123”，如图 10-12 所示。

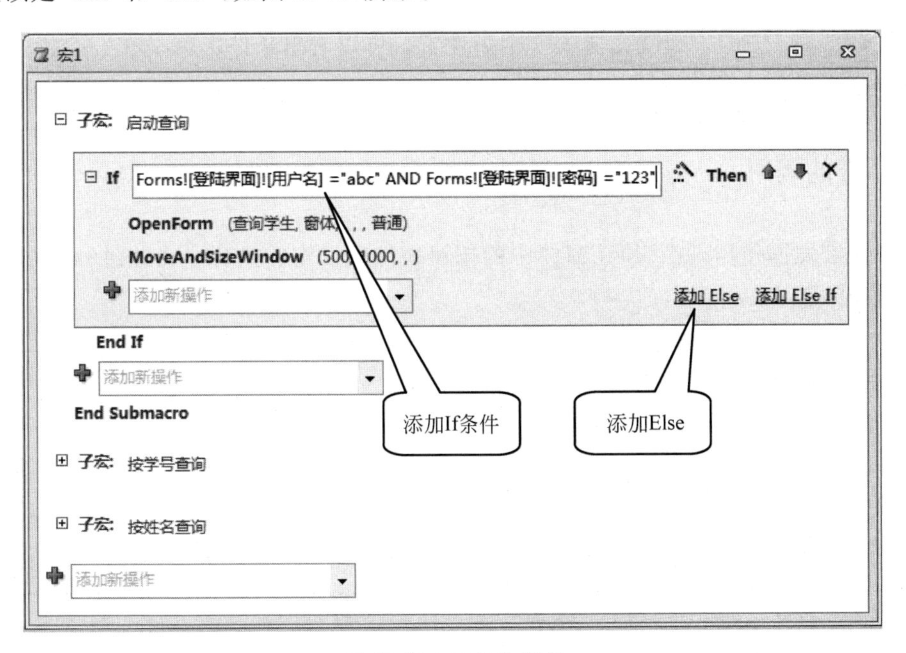

图 10-12 If 条件语句

第三步，如果输入的用户名和密码有误，就弹出对话框报错。这需要在 If 语句中添加 Else 结构。单击“添加 Else”链接，如图 10-12 所示。在 Else 结构中添加宏命令 MessageBox。

为 MessageBox 设置参数，消息“用户名密码输入错误!”，作为对话框的正文；发嘟嘟声“是”，表示弹出对话框时发出警告音；类型“警告!”，表示对话框上显示警告图标，如图 10-13 所示。

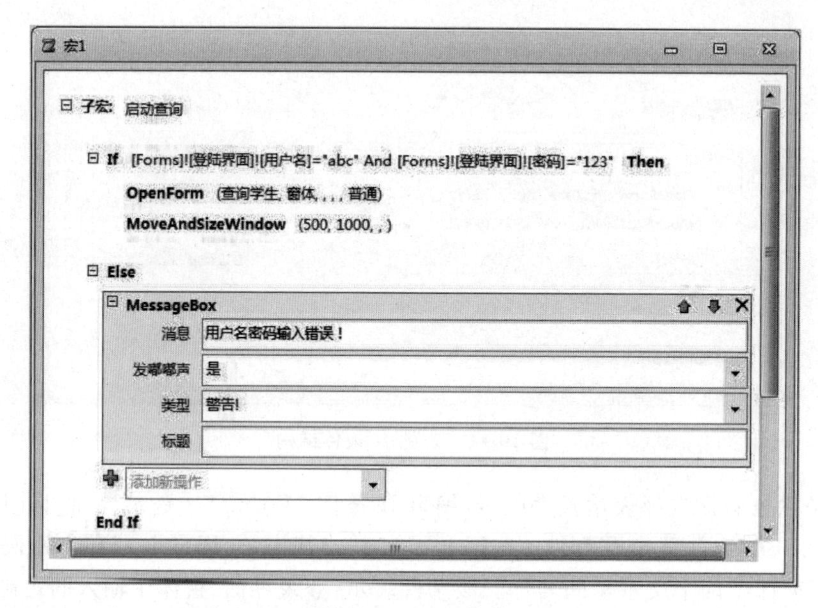

图 10-13　Else 结构

此时，例 10-3 中的宏组就变成了一个条件宏。可以看出条件宏就是在一个操作序列宏或宏组中应用了条件结构语句。

10.2.4　宏的调用

要想让宏发挥作用，就必须让窗体中的按钮事件触发宏的执行。在此过程中，关键是确定以下四个问题。

(1) 由哪一个窗体触发；

(2) 由窗体的哪一个控件触发；

(3) 由该控件的哪一个事件触发；

(4) 触发哪一个宏。

在学生信息查询系统中，宏的触发与调用如表 10-2 所示。

表 10-2　宏的调用

子宏名	窗体	控件	事件
启动查询	登录界面	“确定”按钮	单击
按学号查询	查询学生	“按学号查询”按钮	单击
按姓名查询	查询学生	“按姓名查询”按钮	单击

【例 10-4】 打开创建好的“登录界面”窗体：“确定”按钮的“单击”事件代码使用宏调用的方式触发子宏“启动查询”。

右键单击“确定”按钮，在屏幕“属性表”窗口中选择“事件”选项卡，在第一行“单击”事件右侧的下拉列表中选择“宏 1.启动查询”。窗体设计视图和属性设置如图 10-14 所示。

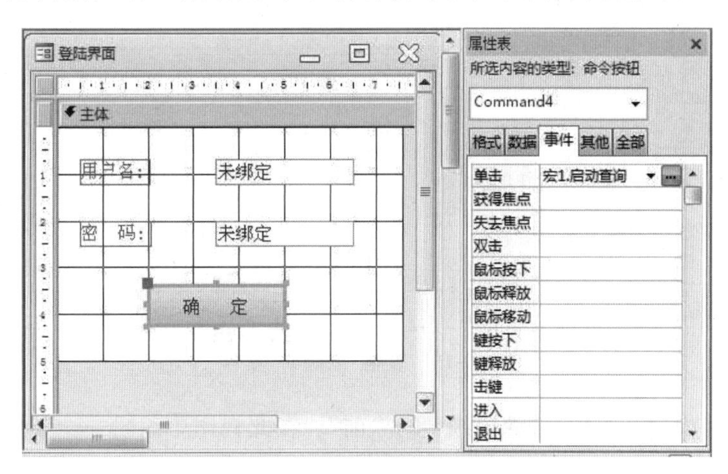

图 10-14 窗体设计视图和属性设置

这样子宏“启动查询”就和窗体的按钮操作联系在一起了，执行登录界面窗体，当输入正确的用户名和密码，单击“确定”按钮，系统就触发条件宏，打开查询学生窗体；如果输入了错误的用户名和密码，打开错误提示窗口。

注意

请按照同样的方法，让查询学生窗体的“按学号查询”按钮的“单击”事件触发子宏“按学号查询”；“按姓名查询”按钮的“单击”事件触发子宏“按姓名查询”。完成整个系统的操作逻辑。

10.3 数据宏

数据宏(**DataMacro**)的创建、调用方式和前面介绍的普通宏都略有不同。它是一种在表事件(添加、更新、删除)发生时添加逻辑的宏。数据宏提供了一种在任何 Access 2016 数据对象中都能实现的“触发器”，当数据库中的某些操作发生时，相应的宏可以执行并完成某些宏操作。

【例 10-5】 为选课成绩表创建一个“删除前”的操作逻辑，拒绝删除 2019 级的学生选课信息。具体步骤如下。

第一步，打开数据表“选课成绩”的数据表视图。

第二步，在“表格工具”中的“表”选项卡里，单击“前期事件”组中的“删除前”选项，如图 10-15 所示。

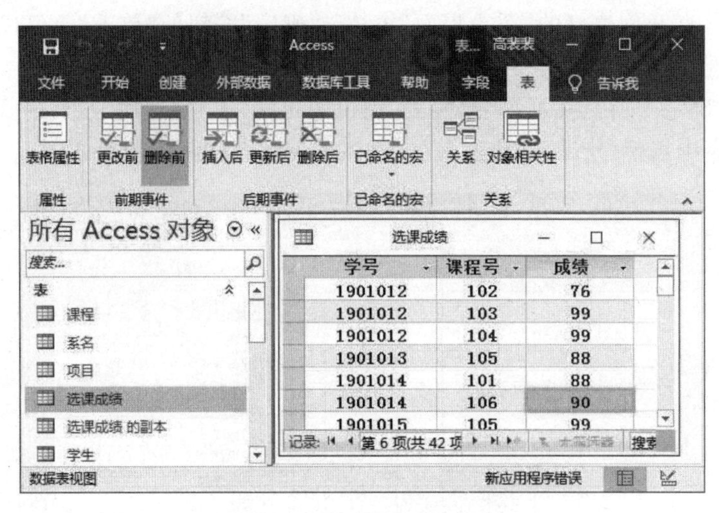

图 10-15　表格“删除前”事件

第三步，弹出宏设计视图“选课成绩：删除前”。在此视图中编辑一个条件宏，如图 10-16 所示。

第四步，宏编辑完成后，关闭宏，同时保存和命名。如果要重新打开编辑宏，可以再次单击“删除前”选项。

此时选课成绩表都带有了一个删除前的宏，要删除一个 2019 级学生的选课信息时，将弹出如图 10-17 所示对话框。

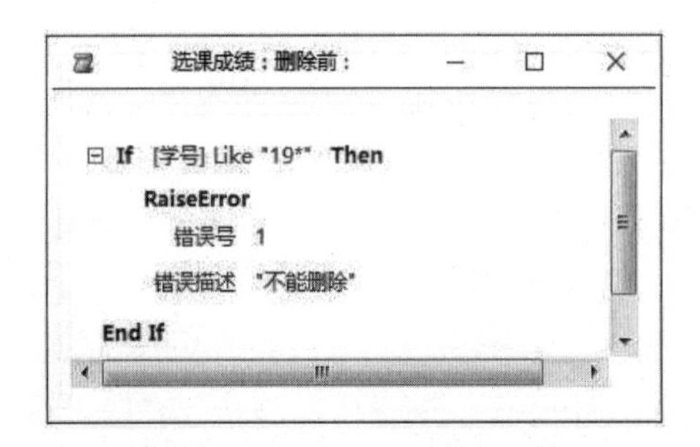

图 10-16　宏——选课成绩：删除前

图 10-17　“删除前”宏被触发

扩展阅读：使用数据宏的意义

扩展阅读：创建自启动宏

10.4 宏的调试和转换

10.4.1 宏的单步调试

Access 2016 提供了宏的单步调试工具，该工具可以让宏里面的宏命令一个一个地执行，并对每一步的运行都提供分析判断，使程序员能够清楚地发现宏程序流程是否出现错误，错误出现在哪里，原因又是什么。在单步调试模式下，宏被触发的时候会弹出“单步执行宏”对话框，每执行一步宏操作，该对话框都会出现一次，提示当前运行的是哪一个宏、哪一个宏操作、宏操作的参数、条件宏的条件，如果程序出现了错误，还提示错误编号。具体如下所示。

- 宏名称：提示当前正在执行的宏的名称。
- 条件：如果当前执行的宏是一个条件宏，会提示当前状态下，条件的取值是真值还是假值，这决定宏的下一步走向。
- 操作名称：提示当前正在执行的宏操作的名称。
- 参数：提示当前正在执行的宏操作中使用的参数值。
- 错误号：如果当前宏操作出现了错误，提示一个由 Access 2016 系统设置的错误编号。

【例 10-6】 使用单步调试，跟踪条件宏“宏 1.启动查询”。具体步骤如下。

第一步，打开“宏 1”的设计视图，单击功能区上的“单步调试”按钮“单步”，该按钮呈现选中状态。在取消单步调试的选中状态前，所有宏都在单步调试模式下进行。

第二步，双击导航区中“登录界面”窗体，打开窗体。

第三步，输入正确的用户名和密码，单击“确定”按钮后，“宏 1.启动查询”被触发，此时弹出第 1 个“单步执行宏”对话框。对话框提示：当前运行的宏是“宏 1.启动查询”；当前宏是一个条件宏，而当前的执行条件为“真”；错误号为 0，表示没有错误。

第四步，单击“单步执行宏”对话框中的“单步执行”按钮，弹出第 2 个“单步执行宏”对话框，下一个执行的宏操作是 OpenForm。此时，在主窗口中出现“查询学生”窗体。

第五步，继续单击“单步执行”按钮，弹出第 3 个“单步执行宏”对话框，下一个执行的宏操作是 MoveAndSizeWindow。此时，“查询学生”窗体的左上角移动到了屏幕坐标(500，1000）的位置上。

第六步，再次单击“单步执行”按钮，单步调试结束。在此过程中先后出现的 3 个“单步执行宏”对话框和它们分别对应的宏操作如图 10-18 所示。

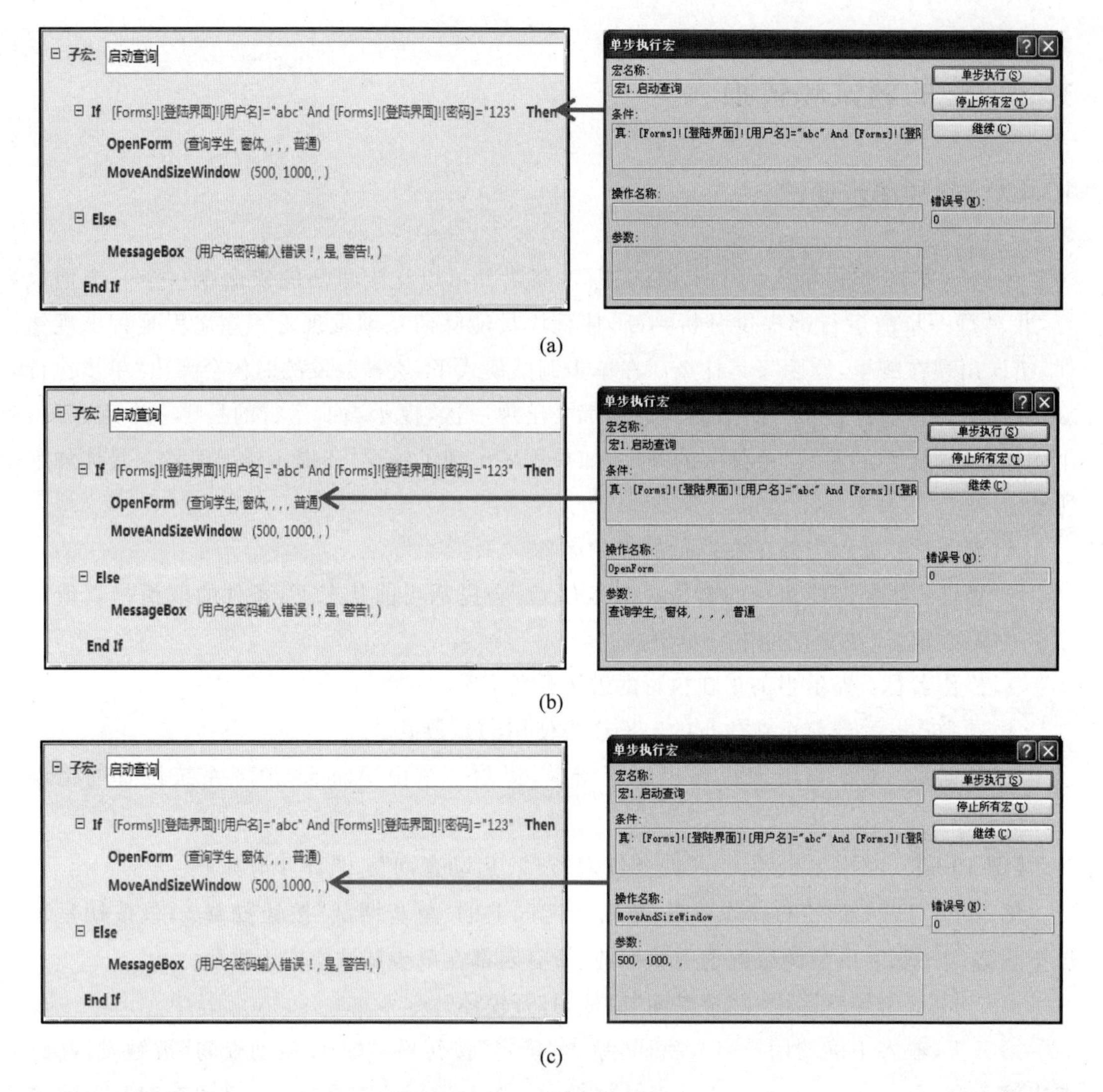

图 10-18　单步调试过程

思考与练习

请尝试输入错误的用户名或密码时，宏的单步调试过程。

第一个弹出的"单步执行宏"对话框指示条件宏的条件为假值，单击"单步执行"按钮，宏继续执行，弹出第 2 个"单步执行宏"对话框，下一个执行的宏操作是 MessageBox。此时，在 Access 2016 主窗口中出现错误提示对话框。再次单击"单步执行"按钮，单步调试结束。在此过程中先后出现的两个"单步执行宏"对话框和它们分别对应的宏操作如图 10-19 所示。

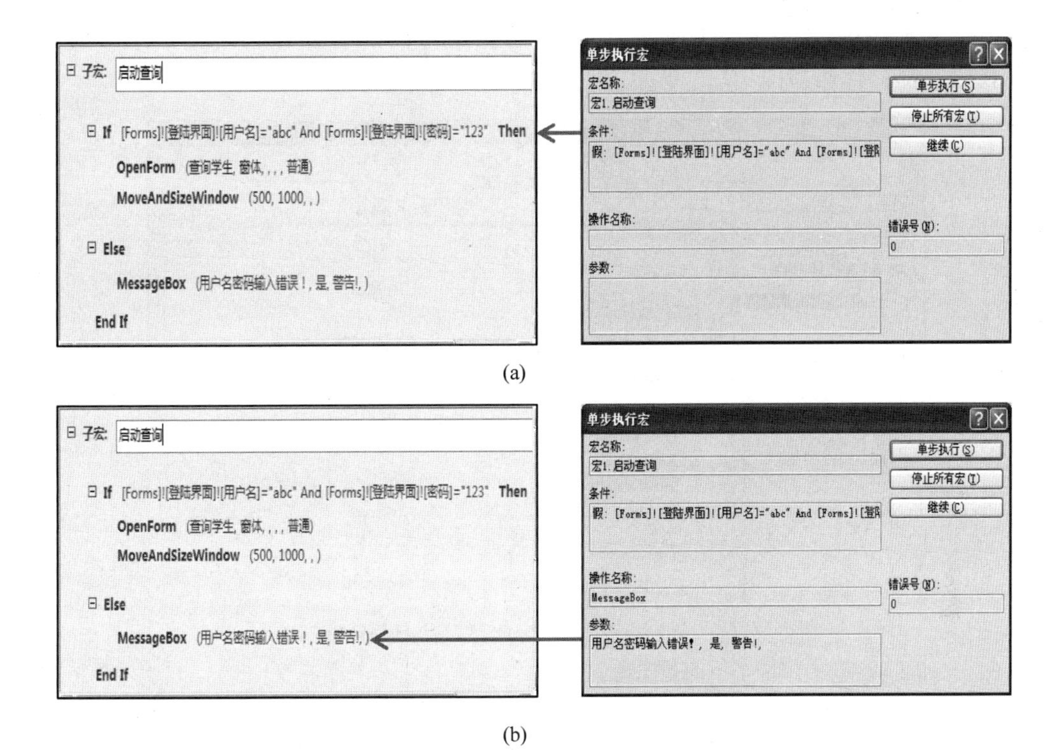

图 10-19　单步调试过程

10.4.2　将宏转换为 VBA 代码

在 Access 2016 中,所有的宏都对应着 VBA 中相应的程序代码,可以将宏操作转换为 Microsoft Visual Basic 的事件过程或模块。这些事件过程或模块用 Visual Basic 代码执行与宏等价的操作。

【例 10-7】 将宏 1 转换成 VBA 代码。具体步骤如下。

第一步,打开"宏 1"的设计视图。

第二步,单击功能区上的 将宏转换为 Visual Basic 代码 按钮,弹出"转换宏"对话框,如图 10-20 所示。

第三步,单击"转换"按钮,弹出"转换完毕"对话框,如图 10-21 所示。

图 10-20　"转换宏"对话框

图 10-21　"转换完毕"对话框

关闭“转换完毕”对话框,转换结束,可以看到宏 1 的所有操作都转换成了模块中的VBA 代码。部分代码如图 10-22 所示。

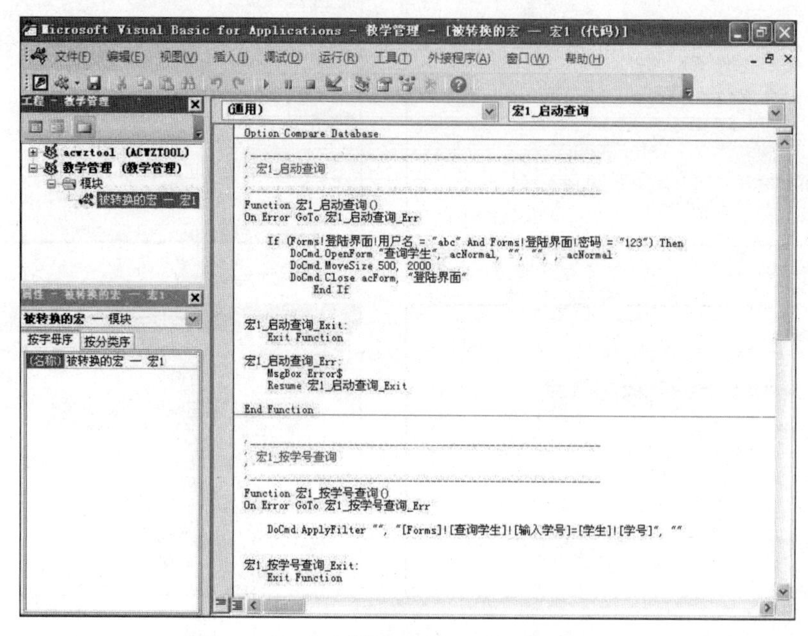

图 10-22　由宏转换的 VBA 模块中的代码

小结

宏由一个或多个宏操作命令构成,可以代替某些程序代码的功能。本章主要介绍Access 的宏。包括宏的基本概念和主要宏命令、宏的类型以及创建与运行宏的基本方法。具体介绍了操作序列宏、宏组、条件宏和类似触发器功能的数据宏,以及如何在窗体调用中调用宏、单步调试宏、将宏转换为 VBA 代码的方法。

习题

1. 什么是宏?
2. 宏命令有哪些类型? 这些宏命令的主要功能是什么?
3. 宏都有哪些类型? 除了本书中提到的类型外,你还知道哪些宏? 它们的特点和功能都是什么?
4. 在创建编辑宏时,都有哪些加快编辑进度的方法?
5. 什么是数据宏? 数据宏怎样触发?
6. 怎样修改数据宏? 怎样删除数据宏?

Chapter 11

第 11 章　桌面数据库应用系统开发

知识导入

通过前面章节的学习，我们对 Access 2016 数据库的设计与开发有了一定的心得。我们学会了搭建底层数据库结构（数据库概念结构、逻辑结构、物理结构设计）；设计界面交互式数据库对象（查询文件、窗体和报表），还了解了数据库开发语言（常变量表达式与函数、SQL、VB 语言、宏）的基本语法和程序控制逻辑。要开发功能完整的桌面数据库应用系统，就需要将以上功能模块结合起来，将 VBA 代码、SQL 代码、宏，下挂在窗体、报表、查询文件等界面的下面，实现对底层数据的访问和管理。开发一个应用系统的基本流程应该是，需求分析与规划，创建底层数据结构（数据库），设计用户界面，实现具有交互能力的系统功能，系统测试并发布。本章将介绍一个小型桌面数据库系统的开发，再现这一过程。

11.1　数据库应用系统结构

一个数据库应用系统，具有三个层次的结构。这三个层次就是界面层、代码层、数据层。本书前面的章节已经重点地介绍了分别开发这三个层次系统功能的方法。

1. 界面层

界面层就是人们通常所说的 UI，是数据库系统展现给用户的操作平台，即用户在使用一个系统时的所见所得，用于接收用户输入的数据和显示处理后用户需要的数据。

第 7 章介绍的窗体、报表，就属于开发应用系统界面层的内容，第 5 章介绍的查询文件则是辅助交互界面的设计。

2. 代码层

代码层是界面层和数据层之间的桥梁。它针对应用系统的功能需求，给出具体的操作流程。代码层的业务逻辑具体包括验证、计算等。

第 4 章介绍的表达式、函数等基本语言元素；第 6 章介绍的查询和 SQL；第 8 章介绍的 VBA 程序设计；第 10 章介绍的宏编程，都属于开发应用系统代码层的内容。

3. 数据层

数据层是应用系统最基本的数据结构，是存储系统数据的仓库。当创建了一系列基本表，设置了数据约束，建立了数据联系和完整性设置，就是创建了一个完善的系统数据层。

它将存储在数据库中的数据提交给代码层,同时将代码层处理的数据保存到数据库。

第 2 章介绍的数据库概念结构、逻辑结构设计;第 3 章介绍的数据库物理结构设计,都属于开发应用系统数据层的内容。

最后,我们引入了面向对象的程序设计理念,将界面、代码、数据上下连通,搭建起一个完整的数据库应用系统,如图 11-1 所示。

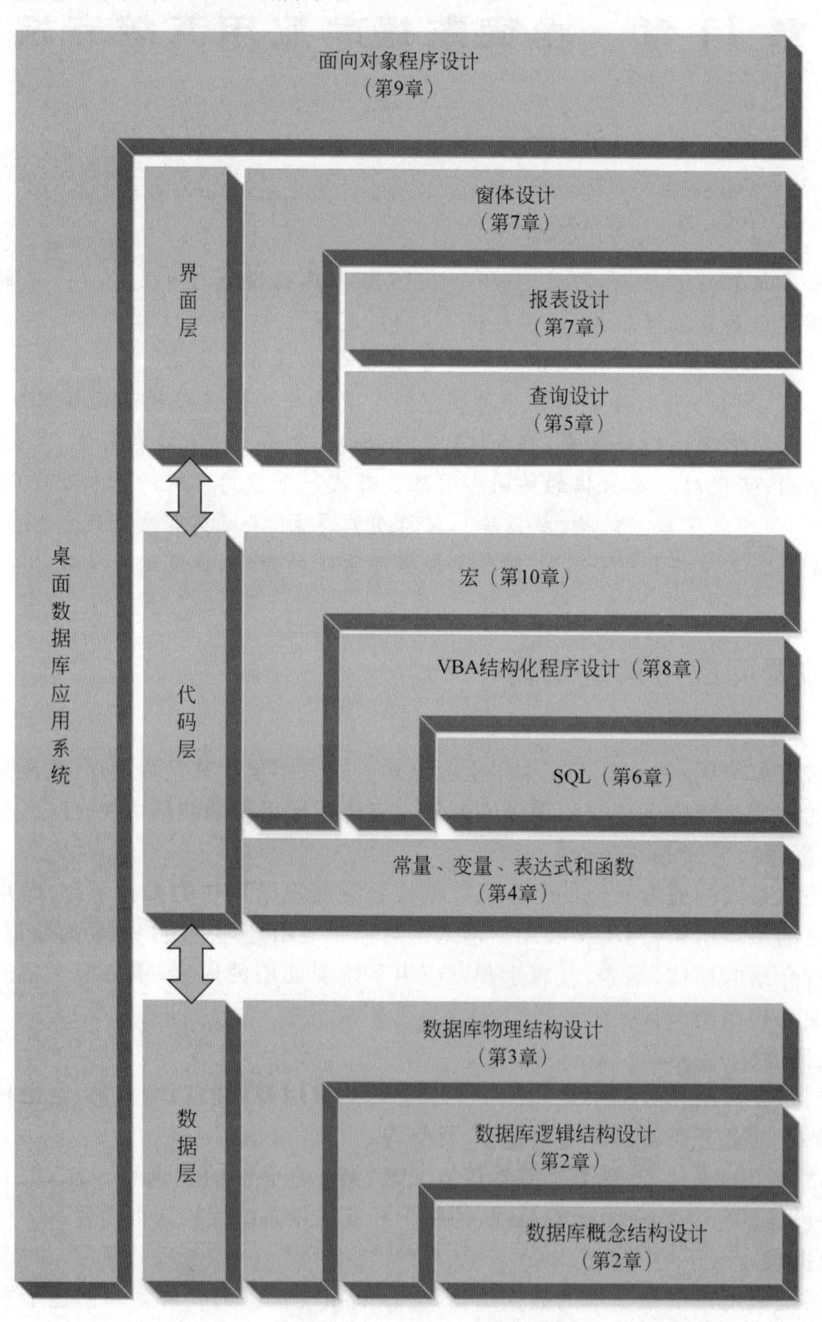

图 11-1 知识点拼图

11.2　教学教务管理系统功能需求

本章将充分利用本书前面介绍过的现成案例，开发一个小型桌面数据库应用系统——“教学教务管理系统”，让学生、教务人员等不同权限的数据库使用者，都能方便且安全地管理并维护数据。

系统首界面即登录界面，实现用户注册、登录等功能，如图 11-2 所示。

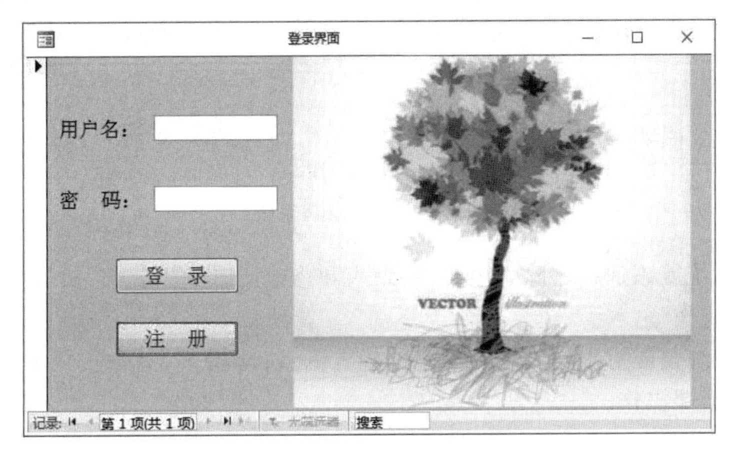

图 11-2　系统登录界面

根据用户的权限不同，系统将分别登录到教学管理系统和学生管理系统，如图 11-3 和图 11-4 所示。

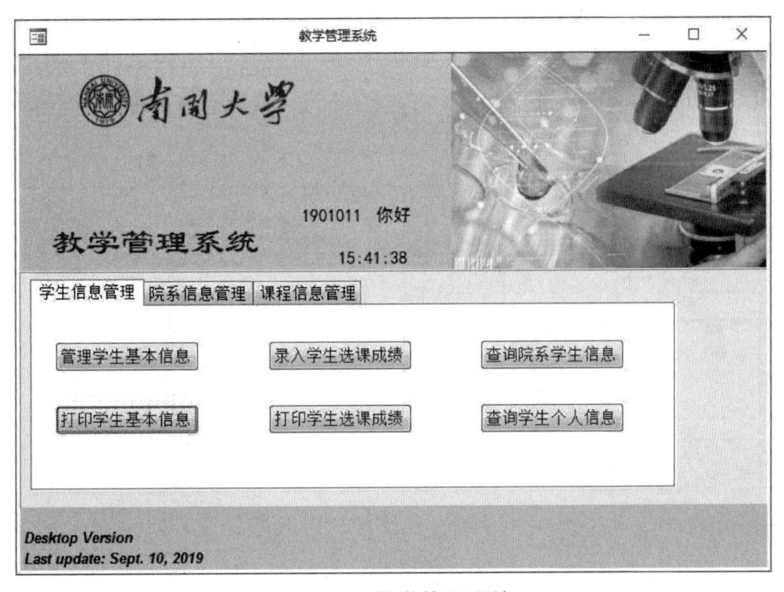

图 11-3　教学管理系统

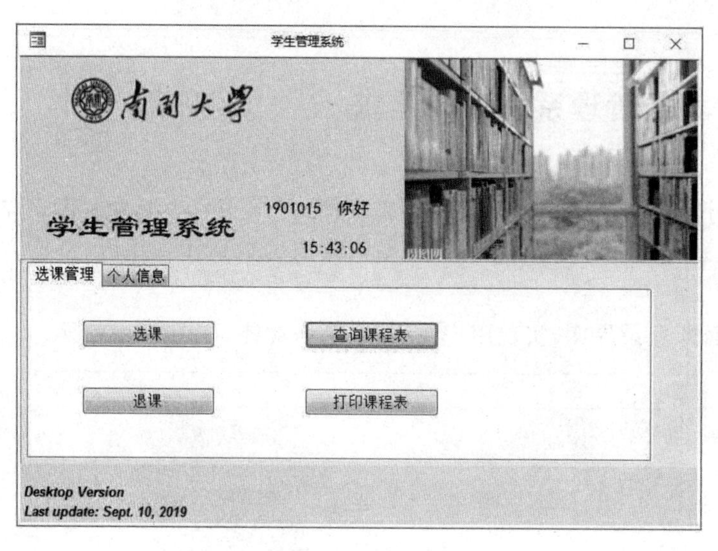

图 11-4 学生管理系统

教学管理系统能添加和删除学生用户，录入和修改所有学生成绩，对所有用户的信息进行查询、打印等操作。

学生管理系统仅能对用户本人的信息进行查询、打印操作，浏览用户本人的成绩单，并可以实现选课、退课操作。

11.3 教学教务管理系统底层数据结构

本系统需要的底层数据表包括教学管理.accdb 中的系名、学生、选课成绩、课程，以及存储用户密码信息的用户密码表。在这个系统中，假设允许学生自己注册用户账户，还要同时防止外来用户非法注册，可以将用户密码表和学生表建立关联关系，限制所有注册的用户名都是学号，如图 11-5 所示。

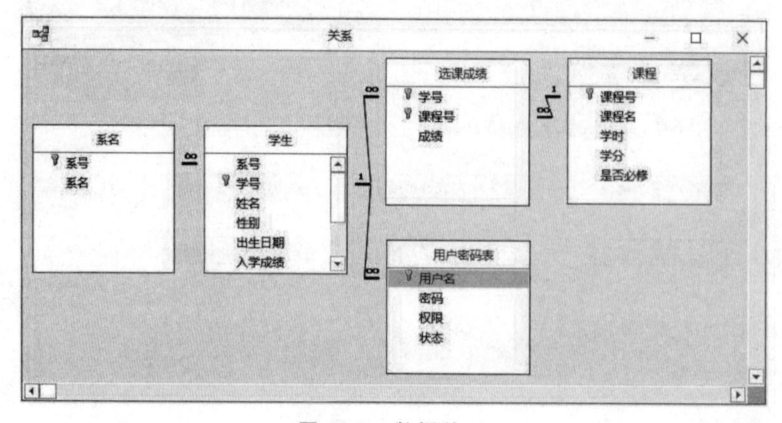

图 11-5 数据关系

用户密码表的数据结构如图 11-6 所示，数据内容如图 11-7 所示。

用户密码表

字段名称	数据类型	说明(可选)
用户名	短文本	
密码	短文本	
权限	短文本	
状态	短文本	

图 11-6　用户密码表结构

用户密码表

用户名	密码	权限	状态
1901011	123456	管理员	正常
1901012	111111	用户	正常
1901013	222222	用户	正常
1901014	333333	用户	正常
1901015	555555	用户	正常
1901017	777777	用户	正常

记录: 第 7 项(共 7 项)　搜索

图 11-7　用户密码表内容

11.4　登录模块实现

11.4.1　登录功能

功能描述：当用户名或者密码缺少时，提示请输入用户名或密码；当用户名或密码输入错误时，提示重新输入；当错误次数达到三次时，强制退出程序。输入正确时，判断用户权限，管理员登录教学管理模块；普通用户登录学生管理模块。代码流程图如图 11-8 所示。

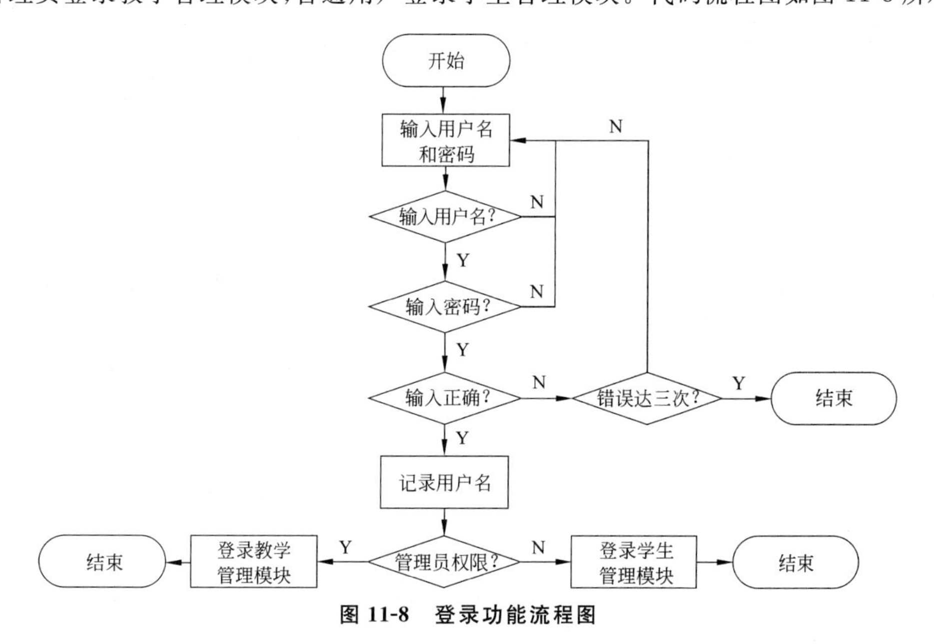

图 11-8　登录功能流程图

程序需要声明两个全局变量，一个是 Username，为了记录用户名；另一个是 N，为了记录输入错误次数，如图 11-9 所示。

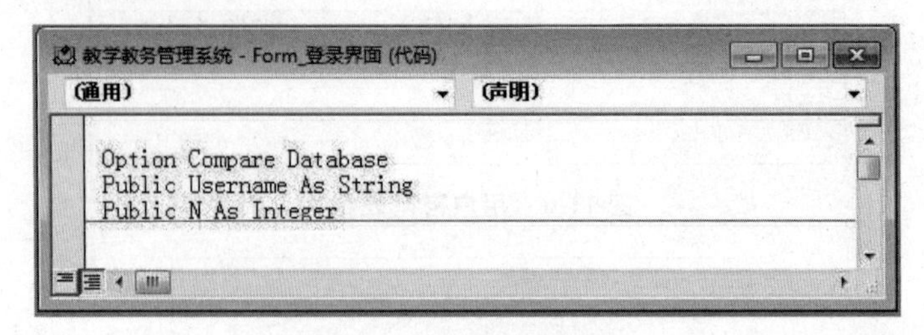

图 11-9　声明全局变量

在窗体加载事件中为 N 赋初值，如图 11-10 所示。

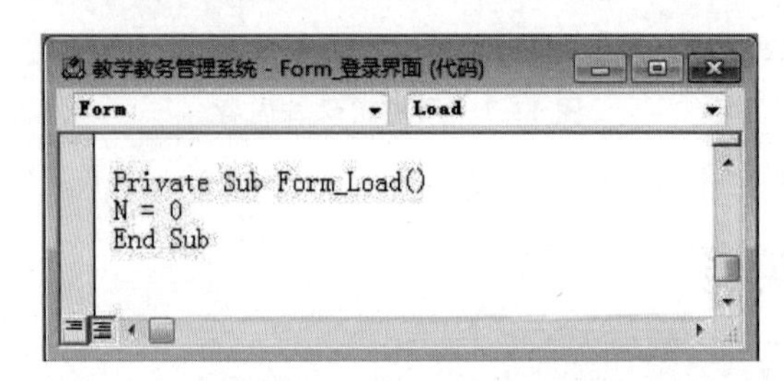

图 11-10　为全局变量赋初值

在登录模块中，重要的是使用了 DLookup 函数，实现了查表判断用户名和密码的功能。这一部分详见 9.4.3 节的第三点，从数据表中获取数据。登录按钮(Command4)的 Click 事件代码如图 11-11 所示。

图 11-11　登录功能代码

思考与练习

对比图 11-11 和第 9 章中的例 9-6 的程序逻辑，你能发现哪些区别？可以用其他程序控制结构完成同样的功能吗？尝试用自己的方法改写程序。

11.4.2 注册功能

注册时需要判断用户是否已经存在，如不存在则可以注册，将用户名和密码直接存入用户密码表。注意，所有注册的用户都只有普通用户权限。

代码的关键是用 DoCmd 对象的 RunSql 方法运行一条 SQL 命令。

注册按钮(Command5) 的 Click 事件代码如图 11-12 所示。

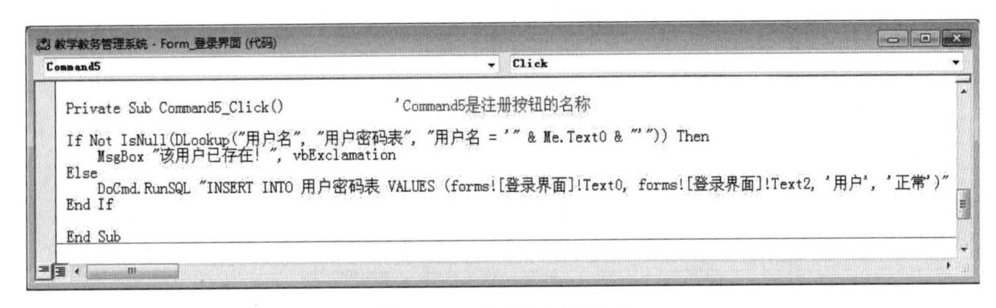

图 11-12 注册功能代码

由于用户密码表是学生表的子表，学号字段是主键，用户名字段是外键，所以注册的用户名只能是学号，如果写入了其他用户名，运行 Insert Into 命令时，Access 2016 会根据参照完整性的设置报错，因此不需要在程序代码中编辑这种逻辑。

思考与练习

用 DoCmd 对象的 RunSql 方法可以运行所有类型的 SQL 命令吗？请查阅资料，或者自己尝试一下。

本系统的注册功能比较简陋，请尝试丰富完善这一功能。

能否增加一个找回密码功能？尝试自己设计这部分代码。

11.5 学生管理模块实现

11.5.1 从登录窗体获得用户身份

学生用自己的学号作用户名登录时，只能拥有对自己的个人数据进行浏览和编辑的部分权限，因此，获得登录用户的身份非常重要。在本系统中，我们从登录窗体输入的用户名

(即学号),获知用户身份,并在学生管理系统的窗体页眉中,用标签显示"学生学号+你好"的欢迎文字,如图 11-13 所示。

图 11-13 欢迎文本

获取的方法是在学生管理系统窗体的加载事件中,将登录界面的 Username 变量,赋值给标签(Label29)的 Caption 属性,代码如图 11-14 所示。

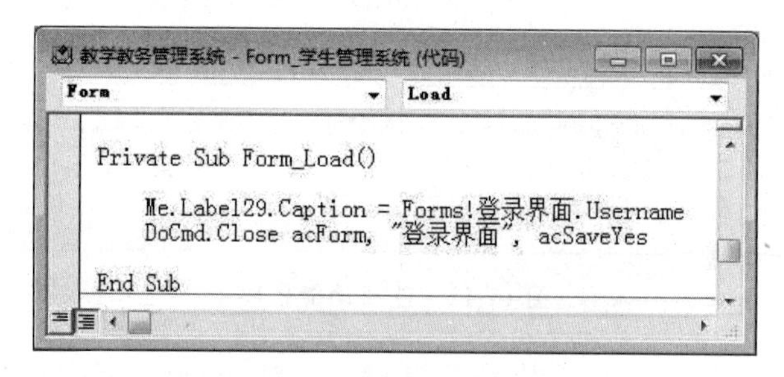

```
Private Sub Form_Load()

    Me.Label29.Caption = Forms!登录界面.Username
    DoCmd.Close acForm, "登录界面", acSaveYes

End Sub
```

图 11-14 获得用户身份

获得 Username 变量的值后,再关闭登录界面窗体,这也非常重要,因为如果提前关闭的话,Username 变量的值也会随窗体一起被释放。

11.5.2 一个窗体中的两个计时器——时钟与轮播图

在窗体页眉的位置添加一个轮播图,按照 3 秒每幅图片的频率,更换图片。

按照一定的时间间隔触发代码,是典型的计时器 Timer 事件的功能,但细心的读者可能已经看到了,窗体页眉上还有一个数字时钟,实现的方法可以参考例 9-3,如图 11-15 所示。

设置窗体的计时器间隔属性为一个小于或等于 1000(毫秒)的值,再编辑如图 11-16 所示代码。

大家都知道,一个窗体只有一个计时器,轮播图需要另一个计时器,计时器间隔是 3000(毫秒),该怎么实现呢?答案是,使用子窗体。

创建一个名为"轮播图"的窗体,添加一个图像控件,如图 11-17 所示。

设置窗体的计时器间隔属性为 3000(毫秒),再编辑计时器 Timer 代码如图 11-18 所示。

变量 picPath 表示图片存储的路径 D:\PIC\i.jpg,PIC 文件夹中共有 15 张 jpg 图片,播

学生管理系统
南開大學
1901015 你好
学生管理系统
19:16:15
选课管理
个人信息

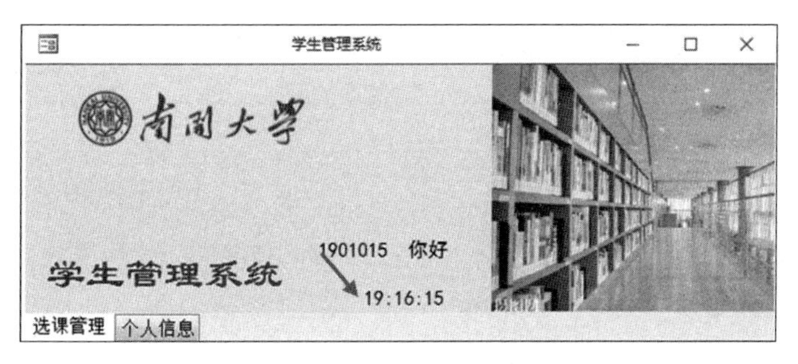

图 11-15 窗体页眉上的数字时钟

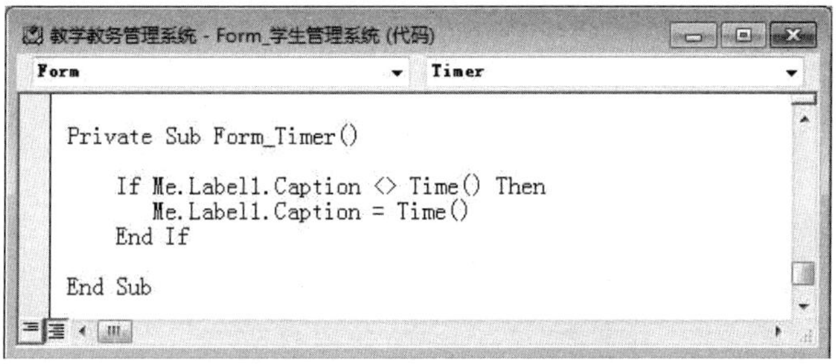

教学教务管理系统 - Form_学生管理系统 (代码)
Form
Timer
Private Sub Form_Timer()
If Me.Label1.Caption <> Time() Then
Me.Label1.Caption = Time()
End If
End Sub

图 11-16 数字时钟代码

轮播图
主体

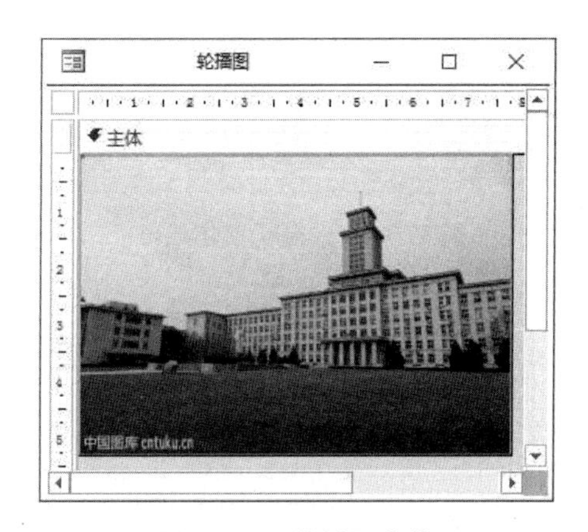

图 11-17 轮播图窗体

放到最后一张图片时返回第一张循环播放，用代码“Me. Image0. Picture＝picPath”显示当前图片。

实现这一功能时，要确保 D 盘的 PIC 文件夹中真的有 15 张图片，文件名从 1.jpg 到 15.jpg。

接下来，将窗体轮播图的边框去掉。这样作为子窗体嵌入的时候，就不会显示边框。把窗体的“自动调整”“适应屏幕”设为“是”，“记录选择器”“导航按钮”“分隔线”“控制框”都设为“否”，“边框样式”“滚动条”都设为“无”，如图 11-19 所示。

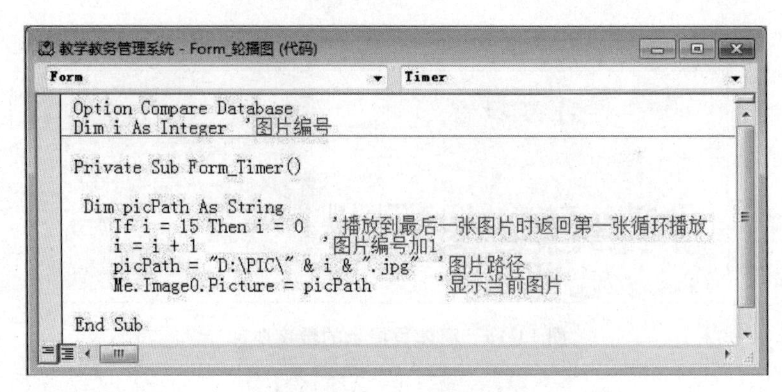

图 11-18 图片轮播代码

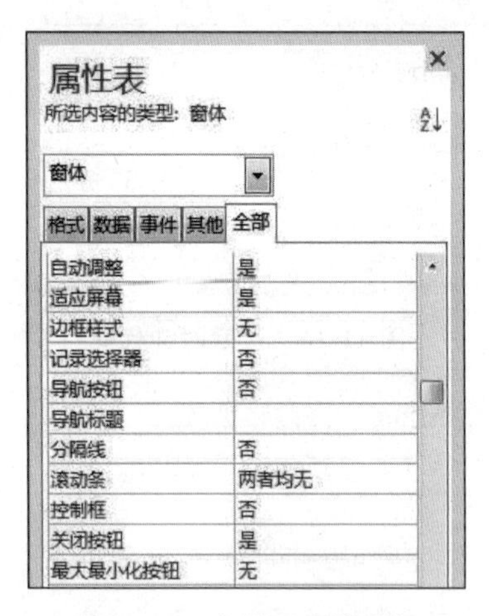

图 11-19 去掉子窗体边框

将轮播图作为子窗体嵌入学生管理系统窗体，如图 11-20 所示。

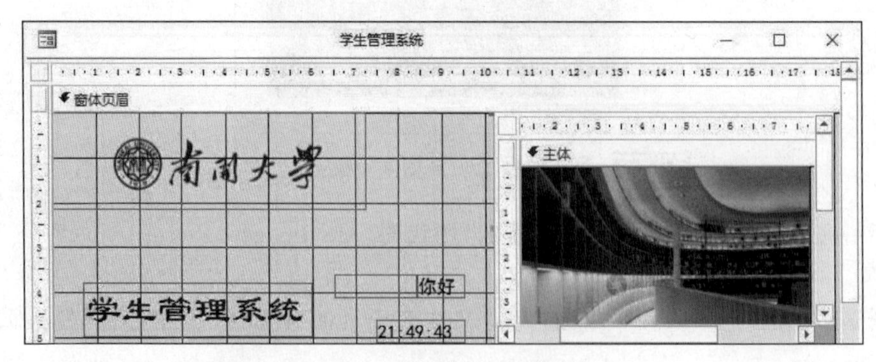

图 11-20 嵌入子窗体

在学生管理系统窗体中添加子窗体控件，设置“源对象”属性为“轮播图”窗体。从设计视图中看，子窗体是有边框的，但在主窗体切换到窗体视图后，子窗体边框消失。

11.5.3　选课管理模块

学生管理系统窗体的主体部分包含一个选项卡控件，其中有两个选项卡，一个是选课管理模块，另一个是个人信息模块。

选课管理模块包括四个功能，如图 11-21 所示。

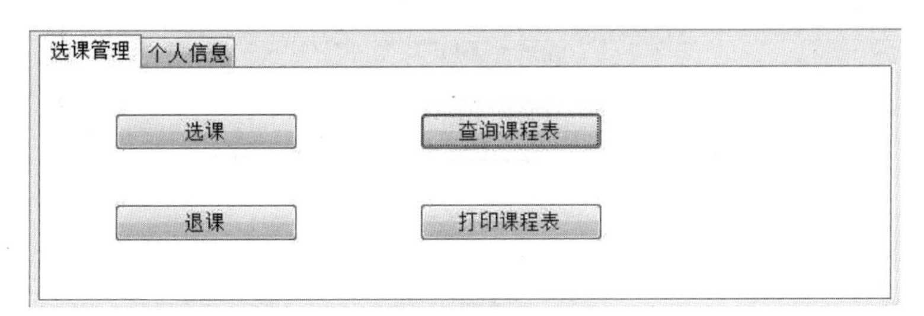

图 11-21　选课管理模块

1. 选课功能

选课窗体可以遍历课程表的每一门课程，当单击“选定当前课程”按钮时，将当前课程号、当前用户名，作为一个新记录，追加到选课成绩表中。选课窗体如图 11-22 所示。

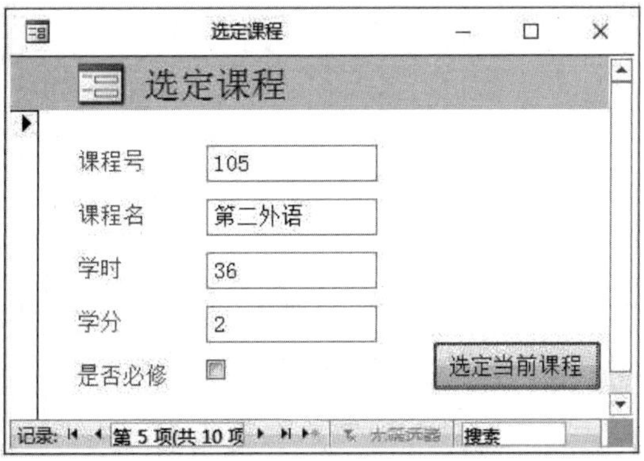

图 11-22　选课窗体

以课程表为数据源，用窗体向导创建一个窗体，即可完成选课窗体的基本界面。向导第一步如图 11-23 所示。

在创建好的课程表窗体上增加按钮“选定当前课程”并编辑按钮，单击 Click 事件代码如图 11-24 所示。

和注册代码一样，用 DoCmd 对象的 RunSql 方法运行一条 Insert Into 命令。将新的选课记录追加入选课成绩表。代码如下。

```
DoCmd.RunSQL "Insert Into 选课成绩(学号,课程号) Values(forms![学生管理系统]!
label29.caption, forms![选定课程]!课程号)"
```

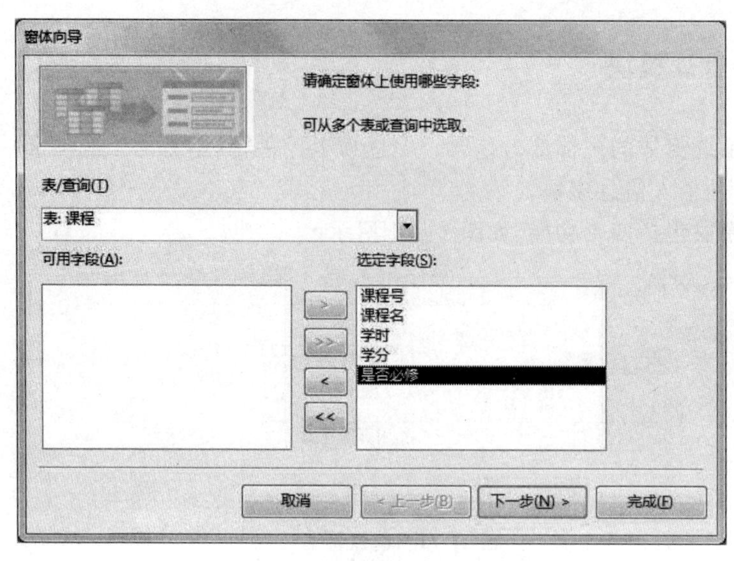

窗体向导
请确定窗体上使用哪些字段:
可从多个表或查询中选取。
表/查询(T)
表: 课程
可用字段(A):
选定字段(S):
课程号
课程名
学时
学分
是否必修
取消
< 上一步(B)
下一步(N) >
完成(F)

图 11-23　用向导创建课程表窗体

教学教务管理系统 - Form_选定课程 (代码)
Command20
Click
Option Compare Database
Private Sub Command20_Click()
DoCmd.RunSQL "INSERT INTO 选课成绩(学号,课程号) VALUES(forms![学生管理系统]!label29.caption, forms![选定课程]!课程号)"
End Sub

图 11-24　将新的选课记录追加入选课成绩表

2. 退课功能

退课窗体可以遍历当前用户选修的每一门课程,当单击“退订当前课程”按钮时,将当前用户的当前课程从选课成绩表中删除。退课窗体如图 11-25 所示。

退订课程
退订课程
课程号
103
课程名
数据库应用
学时
36
学分
3
是否必修
退订当前课程
记录: 第 1 项(共 3 项)
搜索

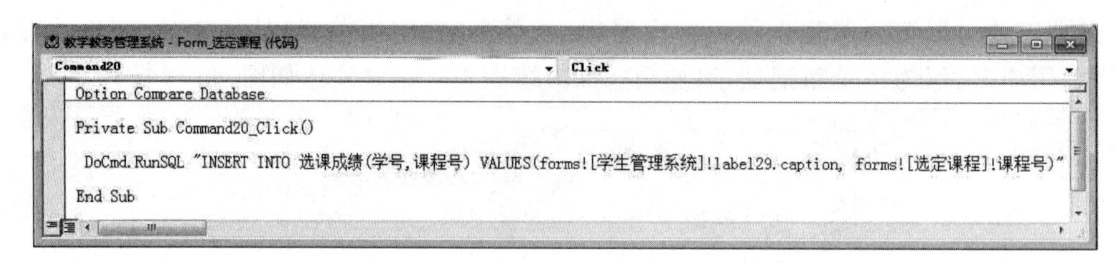

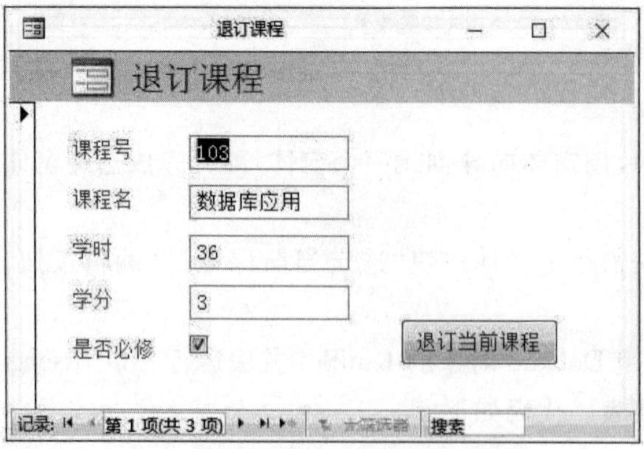

图 11-25　退课窗体

把选定课程窗体另存为一个副本，把它修改成退订课程窗体。首先修改数据源，使用9.4.4节介绍的方法，用查询生成器生成窗体数据源。在退课窗体的属性表窗格中，找到“记录源”属性，单击“…”按钮，打开查询生成器。查询生成器的设置如图11-26所示。

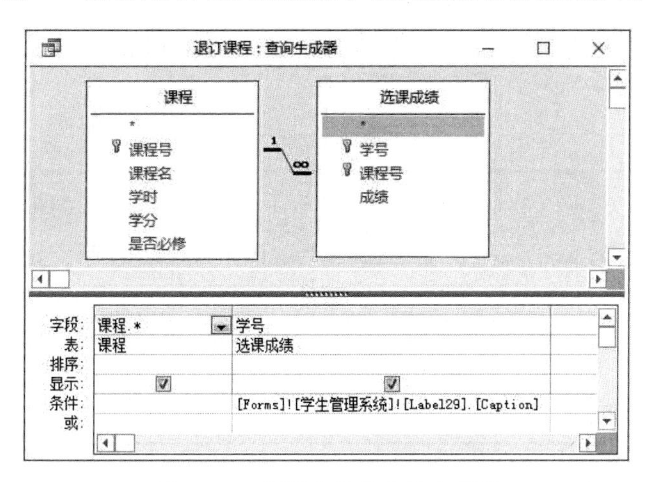

图 11-26　退课窗体的查询生成器

重要的是，数据源中的学号等于当前用户的用户名，这样就保证，退掉的课程一定是当前用户自己的。

修改按钮标题为“退订当前课程”，并编辑按钮单击 Click 事件代码，如图11-27所示。

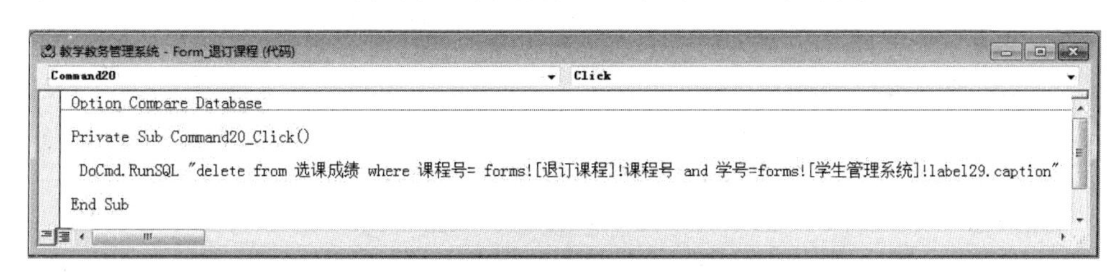

图 11-27　删除选课记录

和选课代码一样，用 DoCmd 对象的 RunSql 方法运行一条 Delete 命令。将当前选课记录删除。代码如下。

```
DoCmd.RunSQL "delete from 选课成绩 where 课程号=forms![退订课程]!课程号 and 学号
=forms![学生管理系统]!label29.caption"
```

3. 查询课程表

为了查询的方便，先创建一个类似例5-1的学生选课成绩单，把备用的字段都集中到一个查询文件中，查询包括以下信息，如图11-28所示。

用学生选课成绩单作为数据源，创建查询文件，文件名是“查询课程表”，SQL 语句如下。

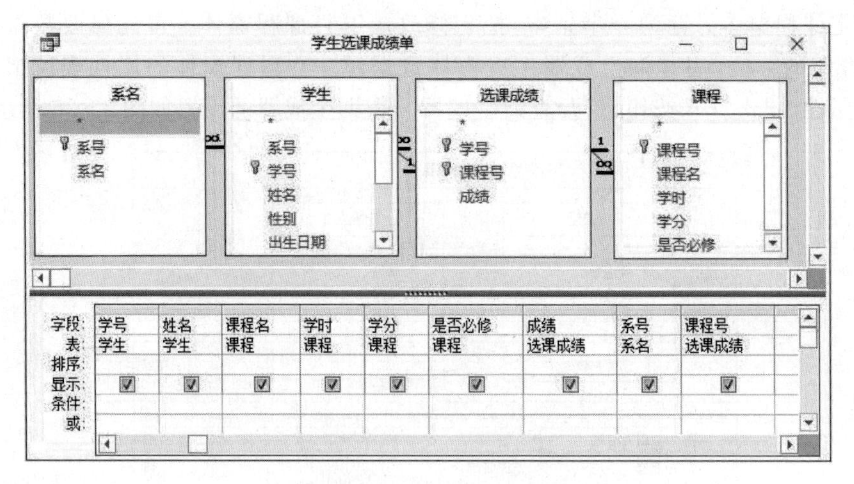

图 11-28　学生选课成绩单

```
Select 学号,课程名,学时,学分,是否必修
From 学生选课成绩单
Where 学号=[Forms]![学生管理系统]![Label29].[caption];
```

4. 打印课程表

同样以学生选课成绩单为数据源,用报表向导创建报表。向导的关键步骤如图 11-29 和图 11-30 所示。

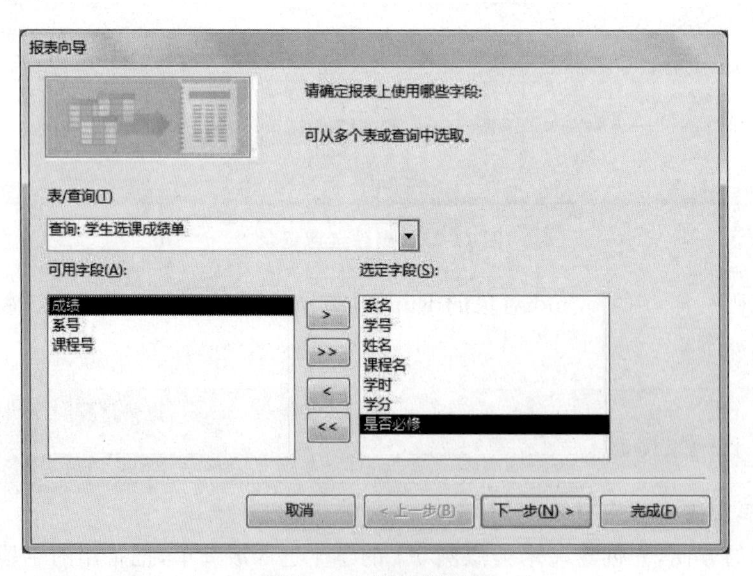

图 11-29　选定数据源

报表命名为“打印课程表”,设计视图如图 11-31 所示。

此时报表可以打印全部学生的成绩,要想仅打印当前用户的成绩,必须修改报表数据源。在属性表窗格中找到报表的“记录源”属性,修改其中的 SQL 语句如下。

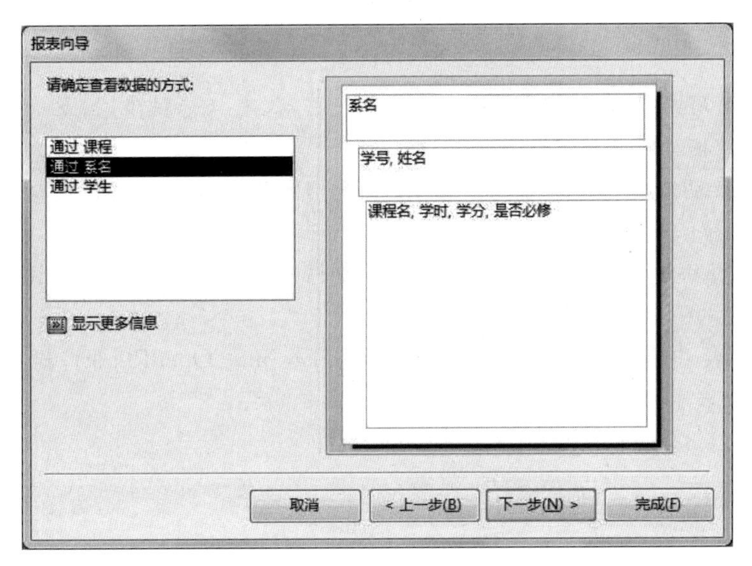

图 11-30　设置报表分级方式

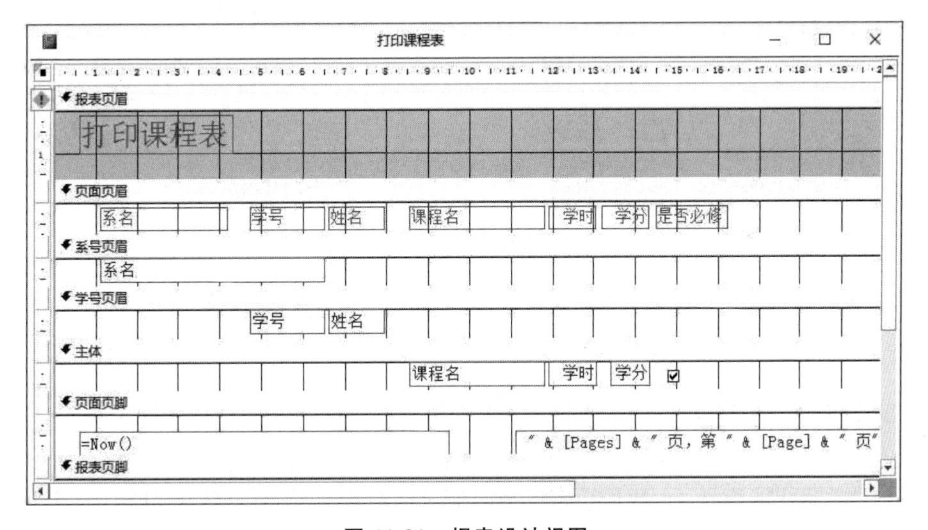

图 11-31　报表设计视图

```
Select 系名,学号,姓名,课程名,学时,学分,是否必修,系号
From 学生选课成绩单
Where 学号=[Forms]! [学生管理系统]! [Label29].[Caption];
```

这样,报表就可以仅打印当前用户的成绩单。

5. 集成选课管理模块

以上四个功能都编辑完毕,但是还没有和学生管理系统窗体发生联系,现在将以上四个数据库对象都下挂到选课管理模块的按钮上,实现选课管理功能。

注意

学生是普通用户，对所有数据，尤其是成绩数据，仅有只读权限，因此开发学生客户端，需要时刻注意数据库对象的只读属性。

选课、退课功能由窗体实现，使用代码 DoCmd. OpenForm 调用，其中，参数 acFormReadOnly 表示用只读方式打开。

查询课程表功能由查询文件实现，使用代码 DoCmd. OpenQuery 调用，其中，参数 acReadOnly 表示用只读方式打开。

打印课程表功能由报表实现，使用代码 DoCmd. OpenReport 调用，其中，参数 acViewPreview 表示用预览方式打开。

代码如图 11-32 所示。

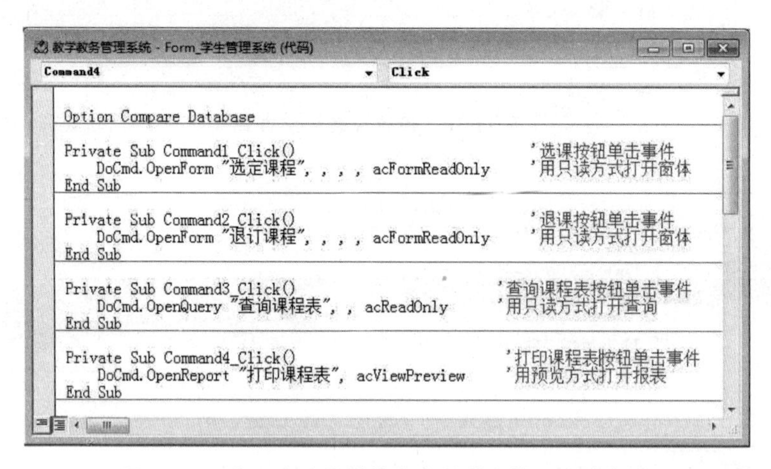

图 11-32　将四个功能模块集成到学生管理系统窗体

11.5.4　个人信息模块

在选课管理功能模块中，我们已经了解，在开发数据库应用系统的过程中，窗体、查询、报表的设计和调用方式。本系统的其他功能模块也大同小异，接下来，将仅展示功能模块的运行效果，希望读者能够亲自动手，尝试实现其具体功能。

个人信息模块也有四个功能，如图 11-33 所示。

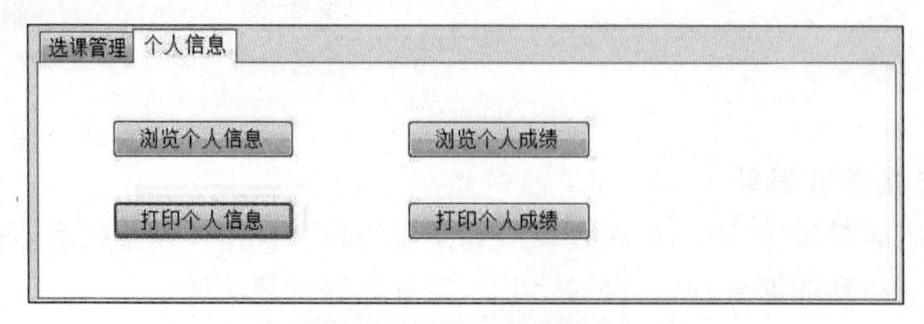

图 11-33　个人信息模块

1. 浏览个人信息功能

“浏览个人信息”窗体如图 11-34 所示。

图 11-34　“浏览个人信息”窗体

窗体由向导创建，设定窗体记录源如下。

```
SELECT 学号,姓名,性别,出生日期,入学成绩,是否保送
FROM 学生
WHERE 学号=[Forms]! [学生管理系统]! [Label29].[Caption];
```

2. 打印个人信息功能

“打印个人信息”窗体如图 11-35 所示。

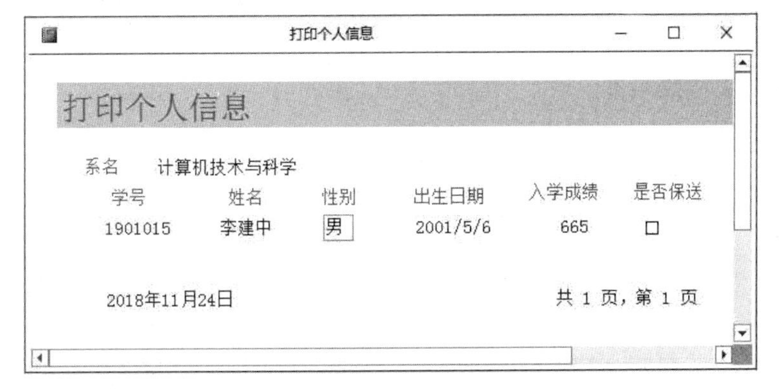

图 11-35　“打印个人信息”窗体

报表由向导创建，设定报表记录源如下。

```
Select 系名,学号,姓名,性别,出生日期,入学成绩,是否保送, 系名.系号
From 系名,学生
Where 系名.系号=学生.系号
      And 学号=[Forms]! [学生管理系统]! [Label29].[Caption];
```

3. 浏览个人成绩功能

“浏览个人成绩”窗体如图 11-36 所示。

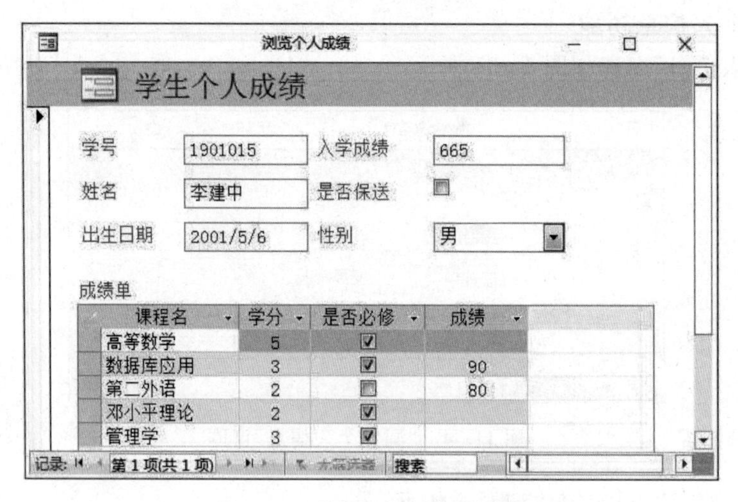

图 11-36 “浏览个人成绩”窗体

窗体由向导创建,设定窗体记录源如下。

```
Select 学号, 姓名, 性别, 出生日期, 入学成绩, 是否保送
From 学生
Where 学号=[Forms]! [学生管理系统]! [Label29].[Caption];
```

主窗体中的“成绩单”是一个子窗体,也可以由向导创建。子窗体的数据源是课程表和选课成绩表。

4. 打印个人成绩功能

“打印个人成绩”窗体如图 11-37 所示。

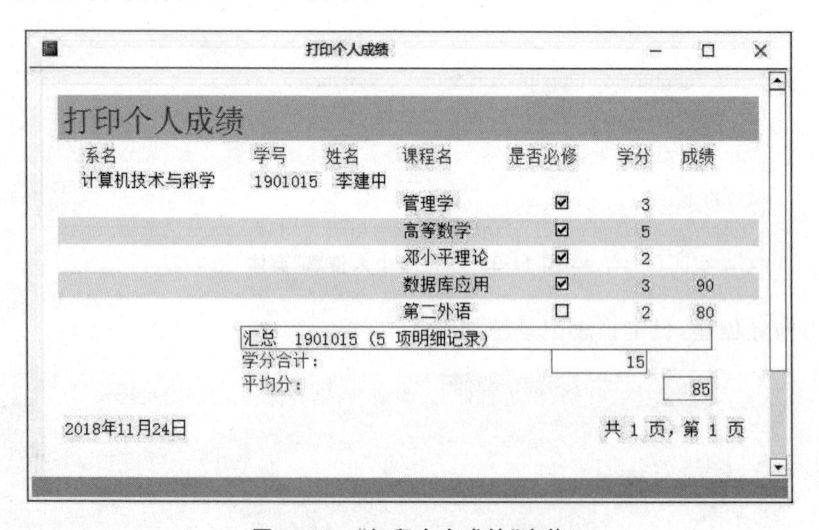

图 11-37 “打印个人成绩”窗体

报表由向导创建,设定报表记录源如下。

```
Select 学生选课成绩单.*
From 学生选课成绩单
Where 学号=[Forms]! [学生管理系统]! [Label29].[Caption];
```

5. 集成个人信息模块

将以上四个数据库对象都下挂到个人信息模块的按钮上，实现个人信息管理功能。同样需要注意对象的只读属性，代码如图 11-38 所示。

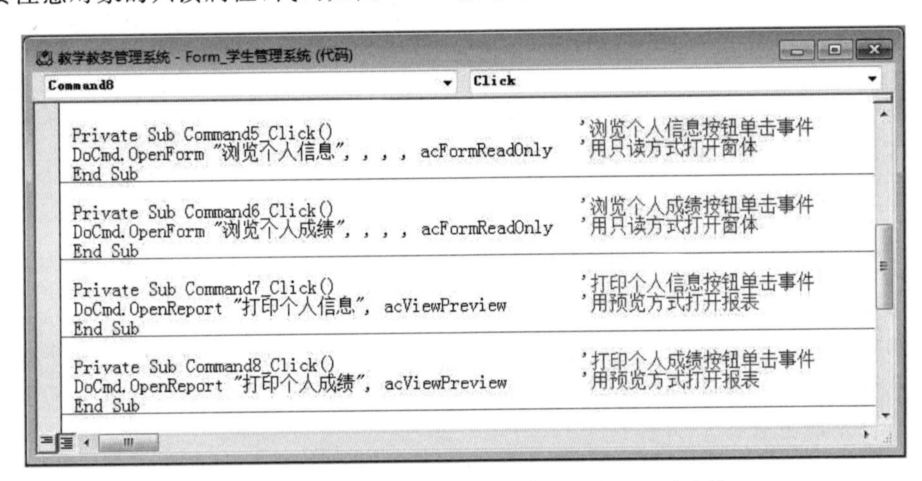

```
Private Sub Command5_Click()                                   '浏览个人信息按钮单击事件
DoCmd.OpenForm "浏览个人信息", , , , acFormReadOnly            '用只读方式打开窗体
End Sub

Private Sub Command6_Click()                                   '浏览个人成绩按钮单击事件
DoCmd.OpenForm "浏览个人成绩", , , , acFormReadOnly            '用只读方式打开窗体
End Sub

Private Sub Command7_Click()                                    '打印个人信息按钮单击事件
DoCmd.OpenReport "打印个人信息", acViewPreview                 '用预览方式打开报表
End Sub

Private Sub Command8_Click()                                    '打印个人成绩按钮单击事件
DoCmd.OpenReport "打印个人成绩", acViewPreview                 '用预览方式打开报表
End Sub
```

图 11-38 将四个功能模块集成到学生管理系统窗体

11.6 教学管理模块实现

教学管理模块直接引用了 7.3.2 节的实例，为了界面统一，也在窗体页眉部分增加了欢迎文字，数字时钟和轮播图。前面设计好的轮播图窗体，可以直接用来作为子窗体嵌入。

如图 11-7 所示，用户 1901011 在用户密码表中的权限为“管理员”，因此用该用户名登录，可以进入教学管理系统界面。

要实现该模块的功能，读者可以直接参考 7.3.2 节。

11.7 系统测试与发布

11.7.1 系统测试

先以管理员身份(1901011) 登录教学管理系统模块，单击“管理学生基本信息”按钮，添加一个学号为 1901038 的学生，姓名陈一，为其录入基本信息，如图 11-39 所示。

管理学生基本信息

管理学生基本信息

系号:06　出生日期: 2001/7/5

学号:1901038　入学成绩: 675

姓名:陈一　是否保送

性别:女

第一条　上一条　下一条　最后一条

查找记录　添加学生　删除学生

图 11-39　添加学生

注意

在编辑新学生的信息时,也必须遵守学生表的各种数据约束,这些约束功能不是我们在应用系统中以代码的形式实现的,而是由 DBMS 实现的,这就是数据库应用系统中的最底层——数据层的力量。

再以普通用户 1901038 的身份登录学生管理系统,发现用户名不存在,这时使用注册功能,在用户密码表中为陈一同学注册新用户。再次登录,发现登录成功。在学生管理系统窗体上,看到欢迎词"1901038 你好"。

陈一打开选课窗体,选定了高等数学、大学英语、数据库应用三门课程,此时单击"查询课程表"按钮,可以看到三门选定的课程,如图 11-40 所示。

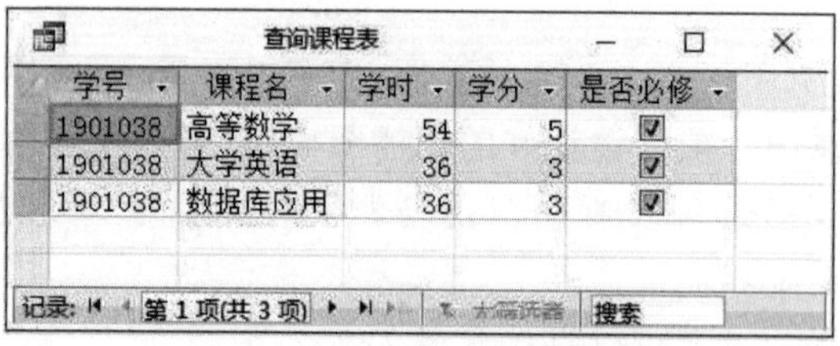

查询课程表

学号	课程名	学时	学分	是否必修
1901038	高等数学	54	5	☑
1901038	大学英语	36	3	☑
1901038	数据库应用	36	3	☑

记录: 第 1 项(共 3 项)　无筛选器　搜索

图 11-40　陈一选定三门课程

陈一打开退课窗体,看到共有三条记录可供浏览,她选定高等数学,单击"退课"按钮后,再单击"查询课程表"按钮,可以看到高等数学的选课信息被删除了,如图 11-41 所示。

查询课程表

学号	课程名	学时	学分	是否必修
1901038	大学英语	36	3	☑
1901038	数据库应用	36	3	☑

记录: 第 1 项(共 2 项)　无筛选器　搜索

图 11-41　陈一退订一门课程

此时浏览个人成绩，发现两门课程都没有成绩。到了期末，登录教学管理系统界面，打开“录入学生选课成绩”窗体，为陈一的两门课程录入分数，如图 11-42 所示。

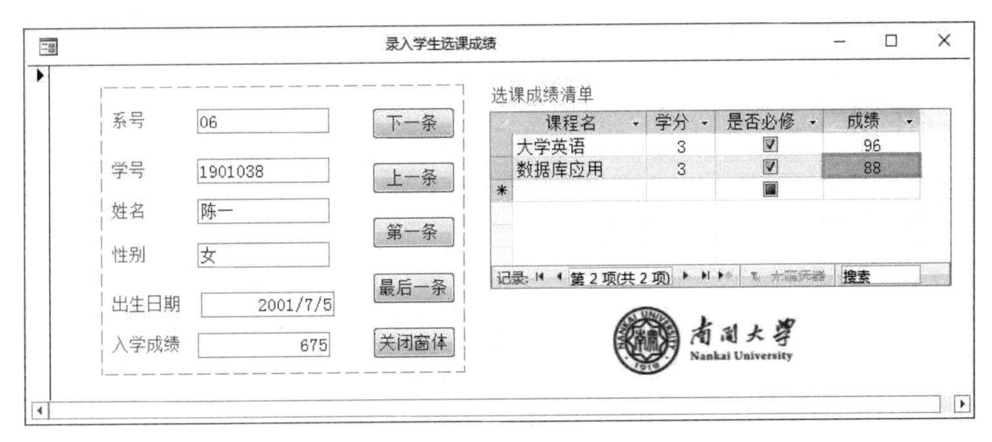

图 11-42 管理员录入分数

这时陈一登录学生管理系统，打开个人信息页面的“浏览个人成绩”窗体，可以查阅到自己的考试成绩，如图 11-43 所示。

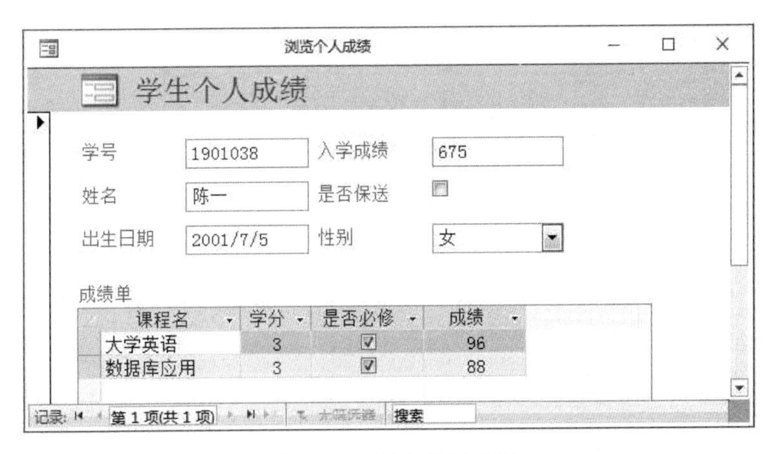

图 11-43 用户查阅成绩

11.7.2 系统发布

1. 设置自启动窗体

设置自启动窗体，让登录界面作为系统首页出现。打开 Access 2016“文件”→“选项”→“当前数据库”，设置应用系统程序标题为“南开大学教学教务管理系统”，设置应用程序图标，这里选用了一个南开大学的 Logo 作为应用程序图标。选定“显示窗体”为“登录界面”，如图 11-44 和图 11-45 所示。

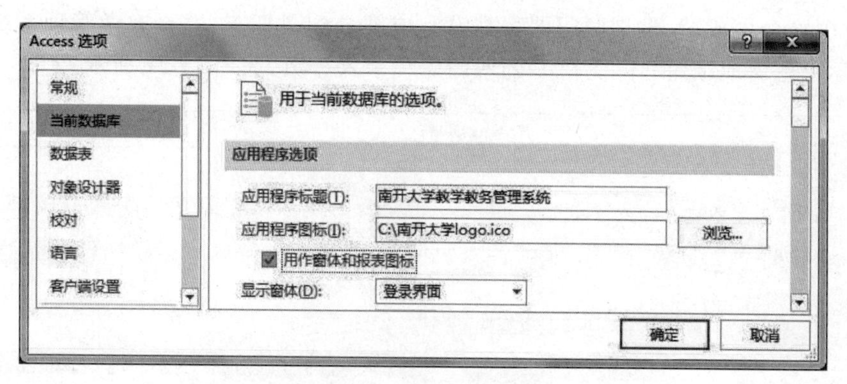

图 11-44　设置自启动窗体

图 11-45　应用程序 Logo

2. 最小化 Access 2016 界面

运行自己开发的应用系统时，Access 2016 的系统界面就显得多余了，为了编辑方便，我们不直接隐藏 Access 2016 系统界面，而是将其最小化，可以在登录界面窗体的 Load 事件中加上这样一句代码：

```
DoCmd.RunCommand acCmdAppMinimize
```

在教学管理或者学生管理窗体的 Unload 事件中再将其还原：

```
DoCmd.RunCommand acCmdAppMaximize
```

注意，最小化 Access 2016 系统界面会让我们开发的数据库对象一起消失，因此，使用这个功能的前提是，将应用系统中所有对象的“弹出方式”和“模式”属性设置为“是”。

如果还想让 Access 2016 系统界面出现，请在打开应用系统的同时按住 Shift 键。

3. 生成 ACCDE 文件

为了保护源码，避免非法操作，提高数据应用系统的安全性，可将测试通过的数据库文件另存为 ACCDE 文件，如图 11-46 所示。

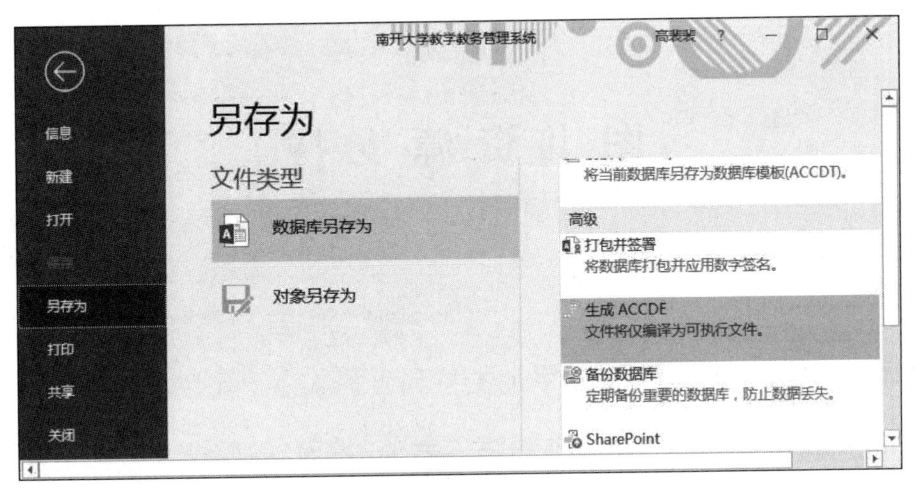

图 11-46　生成 ACCDE 文件

思考

本章介绍的小型桌面数据库应用系统，可以完成单机数据库系统的基本功能。但是，一个真正功能强大而完善的数据库系统平台离不开网络的支持，开发网络数据库系统需要研究基于 Web 的数据库接口技术，分别开发系统的 Web 服务器端和 Web 浏览器端的功能。希望读者能够通过本书的学习，了解数据库的数据管理方式和理念，并继续保持好奇心，保持继续学习的动力。

图书资源支持

感谢您一直以来对清华版图书的支持和爱护。为了配合本书的使用，本书提供配套的资源，有需求的读者请扫描下方的“书圈”微信公众号二维码，在图书专区下载，也可以拨打电话或发送电子邮件咨询。

如果您在使用本书的过程中遇到了什么问题，或者有相关图书出版计划，也请您发邮件告诉我们，以便我们更好地为您服务。

我们的联系方式：

地　　址：北京市海淀区双清路学研大厦 A 座 701

邮　　编：100084

电　　话：010－62770175－4608

资源下载：http://www.tup.com.cn

客服邮箱：tupjsj@vip.163.com

QQ：2301891038（请写明您的单位和姓名）

资源下载、样书申请

书圈

扫一扫，获取最新目录

用微信扫一扫右边的二维码，即可关注清华大学出版社公众号“书圈”。